Stegmann (Hrsg.)

Bodenreinigung

Hamburger Berichte
Band 6

Herausgegeben von
Professor Dr.-Ing. R. Stegmann

Stegmann (Hrsg.)

Bodenreinigung

Biologische und chemisch-physikalische Verfahrensentwicklung unter Berücksichtigung der bodenkundlichen, analytischen und rechtlichen Bewertung

Dokumentation des 2. SFB 188-Seminars in Hamburg 1993

Veranstalter:

Sonderforschungsbereich 188
Sprecher: Prof. Dr.-Ing. R. Stegmann

in Zusammenarbeit mit
T.U.H.H.-Technologie GmbH

und

ZARA
Zentrum für Altlastensanierung, Recycling und Abfallwirtschaft

Redaktion:

Dipl.-Ing. K. Hupe

Economica Verlag

Die Deutsche Bibliothek – CIP-Einheitsaufnahme

Bodenreinigung: biologische und chemisch-physikalische Verfahrensentwicklung unter Berücksichtigung der bodenkundlichen, analytischen und rechtlichen Bewertung; in Hamburg 1993 / veranst. vom Sonderforschungsbereich 188 in Zusammenarbeit mit T.U.H.H. Technologie GmbH und ZARA, Zentrum für Altlastensanierung, Recycling und Abfallwirtschaft. [Stegmann (Hrsg.)]. – Bonn: Economica Verl., 1993
(Hamburger Berichte; 6) (Dokumentation des ... SFB-188-Seminars; 2)
ISBN 3-87081-752-6
NE: Stegmann, Rainer [Hrsg.]; 1. GT; Sonderforschungsbereich Reinigung Kontaminierter Böden <Hamburg>: Dokumentation des ...

Druck: Weihert Druck GmbH, Darmstadt
Papier: hergestellt aus chlorfrei gebleichten Faserstoffen

ISBN 3-87081-752-6

Vorwort

Der Sonderforschungsbereich 188 „Reinigung kontaminierter Böden" der Deutschen Forschungsgemeinschaft (DFG) hat nun schon eine Lebensdauer von vier Jahren. Im Laufe dieser Zeit hat sich gezeigt, welche großen Wissenslücken auf diesem Gebiet vorhanden sind. Ich möchte hier nur einige Bereiche schlagwortartig benennen:

- Schadstoffbilanzen
- Einfluß der Humusstoffe
- PAK-Abbau
- Kolhlenwasserstoffanalytik nach H18
- Veränderung der Bodenstruktur

Diese und weitere Fragen werden im SFB 188 vertieft untersucht, wobei sich die interdisziplinäre Zusammenarbeit zwischen Ingenieuren und Naturwissenschaftlern unterschiedlicher Fachrichtungen als wesentliches Moment für den erzielten Wissenszuwachs erwiesen hat.

Dieses Buch beinhaltet die Beiträge, die auf dem zweiten SFB-Seminar vorgetragen und diskutiert worden sind. Der 1. Berichtsband (Hamburger Berichte 3) hat dabei noch mehr Grundlagencharakter, während hier wesentliche Erkenntnisse aus der SFB-Arbeit dargestellt werden. Der Themenkomplex wird durch Beiträge aus der Praxis ergänzt und abgerundet. Ein wesentliches Ziel dieses Bandes ist neben der Vorstellung der Ergebnisse auch die Rückkopplung mit der Praxis.

Es konnten nicht alle Teilprojekte des SFB 188 im Rahmen des Seminars vorgestellt werden; das hätte dessen Rahmen gesprengt. Bei zukünftigen SFB-Veranstaltungen werden die anderen Themen in den Vordergrund rücken. Im Anhang dieses Buches findet der Leser eine zusammenfassende Darstellung des Sonderforschungsbereiches.

Hamburg, im Januar 1993 R. Stegmann

Inhaltsverzeichnis

1. EINFÜHRUNG

Auf dem Boden der Tatsachen
Hamburgs Bodenschutzpolitik zwischen Vorsorge und Sanierung

F. VAHRENHOLT

Umweltbehörde der Freien und Hansestadt Hamburg, Steindamm 22, 2000 Hamburg 1

Wenn es heißt, jemand finde sich "auf dem Boden der Tatsachen" wieder, soll damit meistens ausgedrückt werden, daß er sich zu einem Höhenflug aufgeschwungen hatte und nun aber unsanft wieder gelandet ist. Die andere Möglichkeit: Es handelt sich um die selbstsichere Darstellung der eigenen realistischen Position in Abgrenzung zu irgendwelchen Wunschvorstellungen.

Was davon trifft zu, wenn es um Hamburgs Bodenschutzpolitik geht? Ich denke, wir müssen unsere Erfolge nicht verstecken und befinden uns auf einem gangbaren, allerdings mühsamen Weg. Gerade im Rückblick auf ein Jahr, in dem wir mit der teilweisen Rettung der Bille-Siedlung - deren anderer Teil aufgegeben werden muß - ein Zeichen gesetzt haben, muß man sagen: Bodenschutzpolitik bewegt sich in dieser Stadt nicht nur zwischen Vorsorge und Sanierung, sondern auch zwischen Optimismus und Skepsis.

In diesem Kreise wird es anschließend und morgen in sehr detaillierter Weise um technische und wissenschaftliche Verfahrensfragen beim Umgang mit kontaminierten Böden gehen. Der technische Bodenschutz ist auf dem Wege, zu einer eigenständigen und hochdifferenzierten Sparte zu werden. Ich muß vor Ihnen nicht betonen, wie sehr Hamburg davon bereits profitiert und welches Augenmerk wir gerade auf den Sonderforschungsbereich richten, den die Technische Universität Hamburg-Harburg gemeinsam mit der Universität Hamburg seit 1989 betreibt.

Die Praxis hält nach Kräften Schritt. Es gibt in Hamburg inzwischen drei Bodenwasch- und acht biologische Reinigungsanlagen, es gibt nicht nur ein Altlastenhinweiskataster und eine - jüngst aktualisierte - Prioritätenliste, sondern auch sichtbare Sanierungserfolge, und zwar im doppelten Sinn: Dringend benötigte Grundstücke stehen wieder zur Verfügung, was den Druck auf Freiflächen mindert, und gleichzeitig entstehen einbaufähige Recyclingprodukte. Bis inclusive 1991 sind 158 Altlasten erfolgreich saniert worden, wofür binnen vier Jahren über 150 Millionen Mark ausgegeben wurden. 48 weitere Sanierungen laufen derzeit; im 93'er Haushalt entfallen mehr als 3/4 aller Investitionen des Technischen Umweltschutzes, nämlich 65 Millionen Mark, auf die Sanierung von Altlasten, und die personelle Ausstattung ist - was dringend nötig war - verbessert worden.

Haben wir also alles im Griff? Müssen uns die jetzigen und womöglich künftigen Altlasten nicht mehr schrecken, weil wir ja wissen, wie mit ihnen umzugehen ist? Bei solchen Anwandlungen genügt zwecks Ernüchterung ein Blick in die Statistik, in die mittelfristige Finanzplanung und in die Industriegeschichte dieser Stadt.

Zu den bemerkenswertesten Sanierungsmaßnahmen, die im vergangenen Jahr begonnen wurden, gehörte der Bodenaustausch rund um das Goldbekhaus. Bemerkenswert nicht so sehr vom Volumen - obwohl teuer genug - und auch nicht von der Bedeutung und Medienwirksamkeit her, wo natürlich Boehringer und die Bille-Siedlung eher im Mittelpunkt standen. Aber was die Vorgeschichte und den Symbolgehalt angeht, ist die Goldbek-Story doch geradezu ein Romanstoff.

Vor hundert Jahren wurde die damals dort ansässige Firma wegen ihrer Erfolge bei der Bekämpfung der Cholera-Epidemie vom Senat ausgezeichnet. Lysol hieß das rettende Wort für Hunderte, womöglich Tausende, die dadurch vor Siechtum und Tod gerettet werden konnten. Aber genau dieses und andere Produkte, die dort in Winterhude hergestellt wurden, und die Art und Weise, wie sie hergestellt wurden, haben ihrerseits die heutige Altlast verursacht. Bis zu 15 Meter tief reichen die Verunreinigungen mit Phenol, Kresolen und Xylenolen, welches die Grundstoffe für Lysol und Sagrotan waren.

Es wurde am Goldbekkanal also im Prinzip dasselbe deutlich wie in der Bille-Siedlung, die ja ebenfalls auf einer Altlast stand, welche ihren Ursprung in vermeintlich segensreicher menschlicher Aktivität hatte. In dem Fall ging es um das Aufspülen von Hafenschlick Ende der 40er Jahre, für den die Siedler noch 5 Pfennig pro m^3 bezahlten, weil sie in ihren Gärten aus diesem nährstoffhaltigen Boden viel saftigeres Gemüse zu ziehen hofften. Gut und Böse lagen und liegen eben nicht immer so weit auseinander wie man gern denkt, und so teuer uns heute die Altlastensanierung kommt, so billig ist es, mit den Fingern auf frühere Generationen zu zeigen, die es oft einfach nicht besser wußten.

Der Blick auf diese beiden Beispiele der Industriegeschichte zeigt, daß wir noch mit einer Reihe von Überraschungen rechnen müssen. Die Konsequenz muß in einer Politik bestehen, die die Altlasten von morgen schon jetzt vermeidet. Das ist die allererste Konsequenz aus der Analyse der Industriegeschichte! Die nachfolgenden Generationen werden es uns danken, denn sie werden genug Probleme haben. Wir sollten es ihnen ersparen, daß sie mühsam und mit hohem Einsatz an Know-how, Verfahrenstechnik, qualifiziertem Personal, Zeit und Geld aus dem Boden das herausholen, sichern, einkapseln beziehungsweise wiederaufbereiten müssen, was besser nicht erst hineingelangt wäre.

Vorsorge ist also angesagt: Bodenrelevante Immissionen gilt es weiter zu vermindern und neue Altlasten gar nicht erst entstehen zu lassen. Ich sage dies auch mit Blick auf die anstehende Verabschiedung der TA Siedlungsabfall. Wenngleich die Altlastenpolitik dieser Bundesregierung in vielen Punkten unsere Kritik verdient, hat sie hier unsere Unterstützung. Die thermische Behandlung vor der Ablagerung ist ein Gebot der Vernunft. 1.500 Gramm Dioxin im bundesdeutschen Hausmüll, Resultat einer 40jährigen Chemiegeschichte der Nachkriegszeit, dürfen wir nicht in Deponien aufbewahren oder gar in Verteilungskreisläufe geben. Die "kalte Vorrotte" entzieht dem Kreislauf keine Schadstoffe; sie leitet diese entweder in den Wertstoff oder in den Boden weiter. Wer sich heute für Deponierung mit hohem Anteil organischer Materie einsetzt, gefährdet den Grundwasserschutz. Ein Aufschrei müßte durch die Medienlandschaft gehen!

Ich habe eben den Blick in die Statistik und in die mittelfristige Finanzplanung empfohlen, neben dem in die Stadtgeschichte. Die Zahl der Altlasten-Verdachtsflächen beträgt in

Hamburg annähernd 2.000; in diesem Jahrhundert werden wir die Liste nicht mehr abgearbeitet bekommen, schon gar nicht angesichts künftiger Finanzierungsprobleme der deutschen Einheit, die auch Hamburg nicht ungeschoren lassen.

Bei dieser Sachlage trifft uns das Urteil des OVG Hamburg in Sachen Georgswerder, das die verursachenden Firmen von einer Haftung freispricht. Ein Urteil mit verheerender bundesweiter Ausstrahlung einerseits; andererseits eine Bestätigung unserer Position gegenüber der Bundesregierung, daß ohne einen Altlastfonds, gespeist durch eine Chemikaliensteuer, wir nicht genügend schnell die Finanzmittel erschließen, die wir brauchen.

Wenn die Industriegeschichte so ist, wie sie ist, und die Finanzplanung begrenzt, dann stellt sich die Frage: Wer kann helfen bei dieser Sisyphusarbeit? Und damit, meine Damen und Herren, kommen Sie, kommen die Wissenschaft und die Umwelttechnik wieder ins Spiel. Denn zu erforschen und zu entscheiden ist nicht nur die Frage, wann mit welchen Methoden ein Gelände saniert werden muß, sondern auch: Was geschieht mit dem, was abgetragen, ausgehoben und weggefahren wird? Wie ist das Ziel zu erreichen, daß nicht mehr alles auf Sonderdeponien abgelagert werden muß? Bis zu welchem Punkt sind welche Böden mit welchen Schadstoffgehalten noch sanierungsfähig und für welchen Nutzungszweck wiederverwendbar, von der Gewerbeansiedlung über den Gemüsegarten bis zum Kinderspielplatz?

Mit schlüssigen Antworten auf diese Fragen, und mit vorzeigbaren Beispielen, steht und fällt logischerweise das Bodenrecycling. Zum einen müssen die noch bestehenden Akzeptanzprobleme gelöst werden, d.h. die Recyclingprodukte, die am Ende der Bodenwaschverfahren oder der mikrobiologischen Aufbereitung herauskommen, müssen auch Absatz finden. Das tun sie nur dann, wenn sie etwas taugen - und wenn die öffentliche politische Debatte über Grenzwerte etc. versachlicht wird. Was das betrifft, sollte sich die Wissenschaft gern stärker einmischen.

Solange die Devise lautet: "Wer den niedrigsten Grenzwert fordert, ist der beste Umweltpolitiker", sind einer solchen Versachlichung natürlich Grenzen gesetzt. Ich halte es für Unfug, gerade vor dem Hintergrund unserer Industriegeschichte, so zu tun, als könne man die Gesamtfläche Deutschlands wieder in einen vorindustriellen jungfräulichen Zustand zurückführen, wobei man in diesem Zusammenhang auch das Agro-Business getrost zur Industrie rechnen kann. Als die Menschen noch von der Jagd mit Pfeil und Bogen, vom Fischfang und vom Ackerbau ohne Pestizid- und Düngemitteleinsatz lebten, war der Boden weitgehend schadstoffarm. Wenn dagegen heute ein Industriegrundstück wiederverfüllt wird und dafür 5 ng Dioxin pro kg Boden als äußerste Grenze gefordert werden, wie es in anderen Bundesländern geschehen ist, dann ist das doch weltfremd, auch wenn fundamentalistische Umweltgruppen vielleicht Beifall spenden. Wahrscheinlich tun sie es gar nicht, denn dafür müßten es schon 0 ng sein.

Ich beharre darauf, daß die Sanierung eines Bodens von 1.000 ng/kg um 99 Prozent allemal sinnvoller ist als das Ganze auszukoffern und zu deponieren beziehungsweise - mangels Deponierungsmöglichkeit - liegenzulassen. Demgegenüber kann das letzte verbleibende Prozent, nämlich 10 ng, keinen Schaden mehr anrichten. Ich erinnere mich noch gut, wie wir im Falle der niedersächsischen und schleswig-holsteinischen Elbwiesen - dort ging es um 50 bis 100 ng pro kg - wegen dieser Position aus Kiel und Hannover kritisiert wurden. Was aber ist an den Elbwiesen passiert? Nicht viel.

Was wir zur Versachlichung dieser Debatte und zur Akzeptanzsteigerung brauchen, sind - ich fordere es mit Nachdruck immer wieder - gerichtfeste bundeseinheitliche Grenzwerte, Einbaunormen, Bewertungskriterien, differenziert nach Verwendungszweck. Dafür muß ein Bundesbodenschutzgesetz sorgen, welches die Maßstäbe vereinheitlicht und damit auch die Marktchancengleichheit von Recyclingprodukten aus den verschiedenen Bundesländern herstellt. Natürlich kauft niemand in Hamburg hergestellte Ziegel aus Elbschlick, solange sie als "Giftziegel" gelten. Nur eindeutige Kriterien in Verbindung mit einer zuverlässigen Güteüberwachung und Prüfzertifizierung können das ändern.

Im Rahmen eines Hamburgischen Landesbodenschutzgesetzes ist dies nicht zu regeln. Trotzdem haben wir als Bundesland auch gesetzgeberische Möglichkeiten, und mit denen nehmen wir uns selbst in die Pflicht, indem nämlich das neue Abfallwirtschaftsgesetz den Vorrang von Recyclingprodukten bei der Beschaffung der öffentlichen Hand festschreibt. Das ist auch in diesem Zusammenhang relevant.

Und einiges ist schon geschehen, um trotz des Ausbleibens bundeseinheitlicher Grenzwerte in Hamburg voranzukommen. Mit der Verabschiedung von Prüfwerten für Schwermetalle in Böden und von Sanierungsleitwerten für Mineralölkohlenwasserstoffe, für leichtflüchtige CKW, Aromate und Polycyclische Kohlenwasserstoffe hat der Senat Erfolge erzielt und auch der bundesweiten Diskussion Impulse gegeben.

Mit solch unspektakulären Schritten bewegen wir uns in Richtung auf ein umfassendes Instrumentarium, mit dessen Hilfe die Gefährdungsabschätzung und die Entscheidung über Sanierungsmaßnahmen beschleunigt werden und eine sicherere Basis bekommen. Kurz: Altlasten und akute Schadensfälle können effektiver saniert, brachliegende Grundstücke schneller wieder genutzt werden.

Meine Damen und Herren, der Bodenschutz ist ein großflächiges Feld, ein steiniger Acker, schweres Geläuf - was immer man assoziieren möchte. Er ist ein Fundament voraus-denkender Umweltpolitik und braucht seinerseits festen Untergrund, welcher nicht mit hart-gefrorenem Fundamentalismus zu verwechseln ist. Ich hoffe, daß Hamburgs Bodenschutz-politik mit Ihrer aller Hilfe einen festen Stand behält, und wünsche dem Seminar heute und morgen einen inhaltsreichen Verlauf.

2. BODENKUNDLICHE / ANALYTISCHE ASPEKTE

Bodenkundliche Grundlagen und der Einfluß von Ölkontamination auf bodenchemische Eigenschaften

A. WAGNER & G. MIEHLICH

Universität Hamburg, Institut für Bodenkunde, Allende Platz 2, 2 Hamburg 13

Einleitung und Grundlagen

Trotz seiner wichtigen Bedeutung als Lebens"grundlage" ist der Boden als schützenswertes Gut lange vernachlässigt worden. Böden fungieren für eine Reihe von Belastungspfaden als Schadstoffsenke und werden seit vielen Jahrzehnten anthropogen belastet. Dies dokumentiert sich heute in umfangreichen Katastern verunreinigter Flächen. Die gegenüber den Medien Luft und Wasser große Variabilität der stofflichen Zusammensetzung, in der Böden natürlicherweise vorliegen, stellt an die Reinigung solcher Standorte besondere Anforderungen.

Eines der Ziele des Sonderforschungsbereichs 188 ist die Optimierung von Reinigungsverfahren und der Analytik, vor allem für die in der Praxis schwer zu handhabenden Bodenmaterialien, also insbesondere die bindigen und die humusreichen Böden. Hervorzuheben ist dabei die Rolle der Humusfraktion als Senke für organische Schadstoffe und deren Abbauprodukte, die sich durch Festlegung in der org. Substanz der Analytik entziehen (bound residues) und dadurch Reinigungsleistungen verfälschen können.

Im Rahmen des Sonderforschungsbereichs werden auch die Veränderungen bodenchemischer Eigenschaften durch Ölverunreinigung und -dekontamination untersucht. Ein Schwerpunkt der Arbeiten liegt auf der Bestimmung des Einflusses von Öl auf die Nährstoff-Verfügbarkeit im Boden. Nährstoffe liegen nicht nur gelöst in der Bodenlösung vor, sondern sind zum größten Teil an geladenen Oberflächen von Austauschern reversibel adsorbiert. Als Austauscher fungieren die Tonminerale, die organische Substanz sowie die Eisen- und Manganoxide. Über die Untersuchung des Austauschverhaltens verschiedener Bioelemente sollen Erkenntnisse über Oberflächenaufbau und -reaktionen in ölverunreinigten Böden erhalten werden. Die Ergebnisse liefern Grundlagen für die Sanierungstechnik, die Beurteilung gereinigter Materialien und deren Wiederverwendbarkeit.

Ausgehend von der Annahme, daß Ölkontaminationen im Boden die Benetzbarkeit der Feststoffoberflächen und deren Ladungsverhältnisse verändern, ist zu erwarten, daß der Austausch von Bioelementen zwischen den Austauschern (Tonminerale, Oxide, Huminstoffe) und der Bodenlösung in Abhängigkeit von Intensität und Art der Ölkontamination sowie den abiotischen und biotischen Bodenmerkmalen behindert wird.

Material und Methode

Entsprechend der Aufgabenstellung des SFB 188 wurden kontaminierte und unkontaminierte Standorte ausgewählt und Bodentypen unterschiedlicher Substrate und Genese beprobt. Das Probenmaterial wurde homogenisiert, bodenphysikalisch und -chemisch charakterisiert und die Art der Ölkontamination analysiert. Somit stand für alle Teilprojekte einheitliches, definiertes Material zu Verfügung. Die Bodenmaterialien unterscheiden sich vordringlich in ihrer Korngrößenzusammensetzung und im Gehalt an den verschiedenen Austauscherfraktionen. Bei den Untersuchungen des Nährstoff-Austausches unter Öleinfluß werden zur Bestimmung der steuernden Faktoren auch Bodeneinzelfraktionen (Humus, Tonminerale, Oxide) eingesetzt. Für Versuche, bei denen Material im Labor kontaminiert wird stehen drei verschiedene Öle zur Verfügung.

Bodenmaterialien, unkontaminiert (für unterstrichenen Materialien werden nachfolgend Ergebnisse vorgestellt)

Von einer pseudovergleyten Parabraunerde aus Geschiebedecksand über Geschiebelehm wurden folgende Horizonte beprobt:

- Ah-Horizont (schwach lehmiger Sand, 6 % Ton, 1,1 % $C_{org.}$)
- Bt-Horizont (stark lehmiger Sand, 12 % Ton, 0,1 % $C_{org.}$)

Von einer Kleimarsch aus Klei über Niedermoor:

- Ap/Go/Gro-Horizonte: Klei-Mischmaterial (schwach schluffiger Ton, 54 % Ton, 2,3 % $C_{org.}$)
- nHGor/nH-Horizonte: Klei/Torf-Mischmaterial (schluffig toniger Lehm, 33 % Ton, 11 % $C_{org.}$)

Bodenmaterial, kontaminiert

- ausgekofferter Sand aus dem Bereich einer Dieselzapfsäule, Kontamination mit Dieselkraftstoff (Bodenart Sand; Kontamination 2.8 g/kg)
- inhomogenes Aufschüttungsmaterial von einem ehemaligen Busdepot, Kontamination mit Dieselkraftstoff (Bodenart sandig, toniger Lehm; Kontamination 8.0 g/kg)
- aufgespültes Material, Kontamination mit Marinediesel- und Schmieröl (Bodenart stark toniger Schluff; Kontamination 50-134 g/kg)

Bodeneinzelkomponenten

- Lagerstätten-Tonminerale (Bentonit, Illit, Kaolinit)
- org. Substanz (Oh-Material aus Rohhumusauflage, Bunkerde)
- Eisenoxid (Ferrihydrit)

Öl-Kontaminanten (Die Öle unterscheiden sich in Zusammensetzung und physikalischen Eigenschaften)

- Modellöl aus 8 Komponenten (n-/iso-/bi-cyclo-Alkane, PAK's)
- Schmieröl (Motorenschmieröl, v.a. hochsiedende Substanzen)
- Dieselöl

Die bodenchemische Charakterisierung der Bodenmaterialien erfolgte mit Standard-Methoden. Bei den Untersuchungen zum Öleinfluß zeigte sich jedoch, daß einige Methoden für ölkontaminierte Materialien (v.a. für im Labor künstlich kontaminierte Proben) nicht geeignet sind. Insbesondere in Standard-Schüttelversuchen traten unerwünschte Ölablösungen auf. Die Nährstoff-Verfügbarkeit wurden deshalb an einer Perkolationsanlage untersucht, in der die eingesetzten Materialien nicht bewegt werden.

In den Perkolationsversuchen wurde der Kationenaustausch von künstlich ölkontaminierten Bodenmaterialien untersucht. Dazu wurden unterschiedlich zusammengesetzte Bodenmaterialien (lufttrocken, 2mm gesiebt) mit steigenden Gehalten eines Modell- und eines Schmieröls versetzt, als Normpackung in einen Stechzylinder (250 ccm) der Perkolationsapparatur eingebaut und mit einer Austauschlösung (1 M NH_4NO_3-Lösung) perkoliert. Die in mehreren Fraktionen aufgefangenen Perkolate wurden auf die ausgetauschten Kationen Ca, Mg, K, Na und Al hin untersucht. Abbildung 1 zeigt den schematischen Aufbau einer Perkolationseinheit.

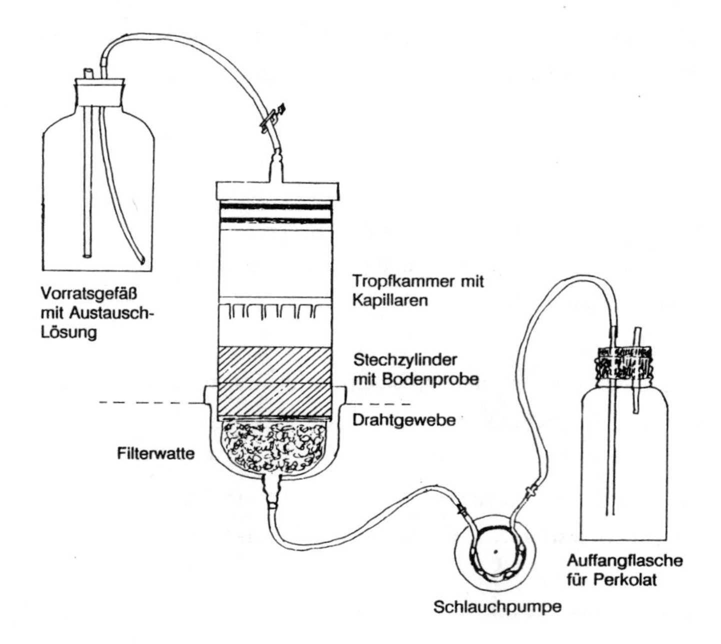

Abb. 1: Schematischer Aufbau einer Perkolationseinheit

Ergebnisse

Für die Untersuchungen mit den Bodenmaterialien und den Bodeneinzelkomponenten werden die Ergebnisse für den Calcium-Austausch dargestellt. Der Austausch weiterer Kationen wird am Beispiel des Ah-Materials gezeigt. Die %-Angaben der Kontaminationsstufen sind gewichtsbezogen.

Der Verlauf der Kurven der unkontaminierten Varianten zeigt, daß der größte Teil des Austausches relativ rasch, innerhalb des ersten 0,5 Liter erfolgt. Entsprechend erfolgte eine Aufteilung in kleinere Perkolatfraktionen. Bei einer Kontamination des Ah-Materials mit Modellöl ist der Austausch bei 1% bzw. 3% Öl leicht vermindert, bei einer 10% Kontamination deutlich herabgesetzt. Diese Effekte werden durch eine Schmieröl-Kontamination verstärkt. Bei 1% Öl entspricht die Calciummenge nach vollständigem Austausch zwar der der Nullvariante, der Austausch ist aber bereits verzögert. Ab 3% über 6% zu 10% Schmieröl ist eine kontinuierlich verstärkte Behinderung des Ca-Austausches festzustellen. Die Ca-Menge der 10% Variante entspricht nur noch 5% der Menge der unkontaminierten Proben (s. Abbildung 2a+b).

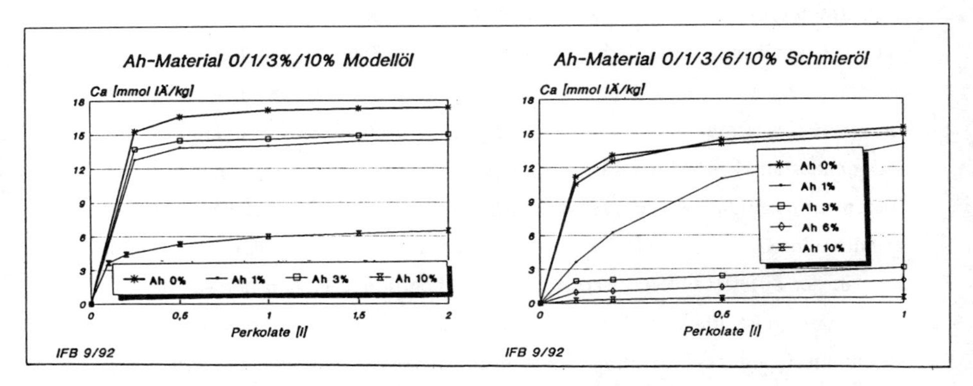

Abb. 2: Ca-Austausch im Ah-Material, (Summenkurven aus Einzelperkolaten), kontaminiert mit a) Modellöl (0/1/3/10%) b) Schmieröl (0/1/3/6/10%)

Bei den Versuchen mit dem Material des Bt-Horizontes, in dem fast ausschließlich die Tonminerale die Austauscher-Fraktion stellen, fand der Kationenaustausch bei einer Modellöl-Kontamination von 10% noch ungehindert statt. Er war hingegen bei einer Schmieröl-Kontamination , wie beim Ah-Material, stark herabgesetzt (s. Abbildung 3).

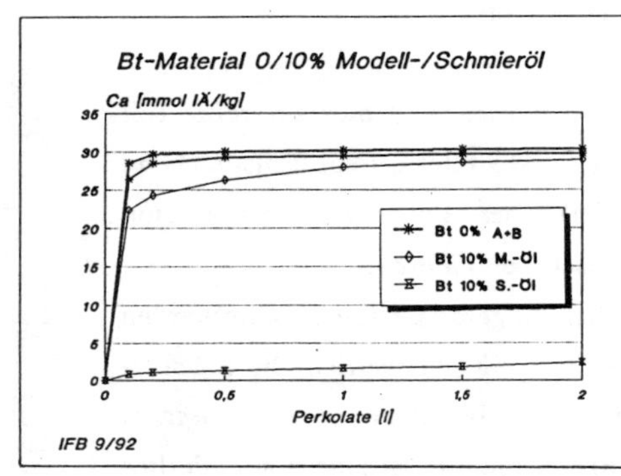

Abb. 3: Ca-Austausch im Bt-Material, kontaminiert mit Modell- bzw. Schmieröl (0/10%); (Summenkurve)

Die Präparation der Bodenmaterialien und deren Feuchtgewichte nach der Perkolation zeigen, daß bei einer Schmieröl-Kontamination ab 3% praktisch keine Durchfeuchtung der 2 mm Aggregate mit der Austauschlösung stattfindet. Diese läuft an den äußeren Oberflächen der Aggregate ab. Damit liegt die Hauptursache der Verminderung des Kationenaustausches durch Schmieröl in der Blockierung der inneren Oberflächen bzw. in der Herabsetzung der Zutrittsmöglichkeit der Austauschlösung. Beim Modellöl findet eine Durchfeuchtung des eingesetzten Materials bei der Perkolation statt, dementsprechend kann hier die Behinderung des Kationenaustausches auf eine partielle Belegung innerer und äußerer Aggregatoberflächen zurückgeführt werden. Hauptursache für das unterschiedliche Verteilungsverhalten der Öle und damit die verschiedenen Blockierungsmechanismen ist vor allem in der differierenden Viskosität der Öle begründet. Neben der Art der Ölkontaminanten ist offensichtlich der Anteil der verschiedenen Austauschern in den Bodenmaterialien von Bedeutung, wobei insbesondere die aufgetretenen Modellöl-Effekte zeigen, daß der organischen Substanz eine wichtige Rolle zukommt.

Die Ergebnisse wurden anhand von eingesetzten Bodeneinzelkomponenten (Bentonit für Tonminerale, Bunkerde für organische Substanz) überprüft. Bei den Versuchen mit Bentonit wurden die bereits beim Bt-Material festgestellten

Öleffekte bestätigt. Das Modellöl hatte keine, das Schmieröl dagegen deutlich abschwächende Wirkung auf den Kationenaustausch (s. Abbildung 4a). Die prozentuale Verringerung der ausgetauschten Kationenmengen durch das Schmieröl war beim Bentonit weniger weitreichend als beim Bt-Material. Aufgrund der größeren Oberfläche des Lagerstättentons wird hier ein höherer Anteil nicht ölbelegter Flächen vorliegen. Das Ausmaß des Öleinflusses wird demzufolge auch durch das Verhältnis Ölmenge und spezifische Oberfläche bestimmt.

Mit dem organischen Material (Bunkerde) konnte die beim Ah-Material erkennbare Tendenz, daß die Verminderung des Kationenaustausches besonders an der organischen Substanz ansetzt, verdeutlicht werden. Sowohl das mit Modellöl als auch das mit Schmieröl kontaminierte Material zeigte deutlich geringere Austauschraten als die Null-Varianten (s. Abbildung 4b), wobei die Wirkung beider Öl in etwa gleich groß war. Bei beiden ölkontaminierten Varianten traten Benetzungswiderstände, dh. eine direkte Blockierung der Oberflächen gegenüber der Austauschlösung, auf. Die bei Modellöl-Kontamination gegenüber dem sandig, humosen Ah-Material abweichenden Ergebnisse dieses stark sauren organischen Materials zeigen, daß auch die Materialbeschaffenheit (z.B. die Hydrophobie) eine wichtige Einflußgröße im System Boden/Öl/Wasser/Luft ist.

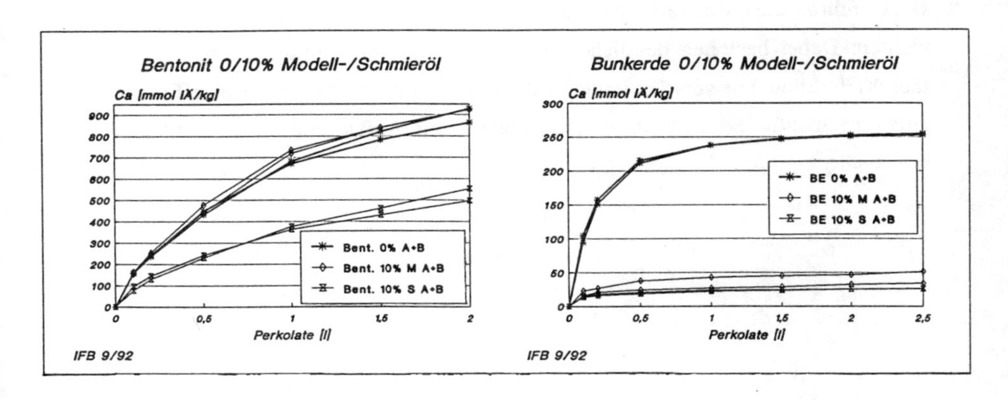

Abb. 4: Ca-Austausch in a) Bentonit b) Bunkerde, jeweils kontaminiert mit Modell- bzw. Schmieröl (0/10%); (Summenkurve)

Abbildung 5 zeigt das Austauschverhalten weiterer Kationen für das Ah-Material bei einer Modellöl-Kontamination. Beim Magnesium- und Kaliumaustausch ist gegenüber dem Calcium-Austausch (s. Abbildung 2) keine Abhängigkeit des Öleinflusses von Wertigkeit- bzw. Austauschstärke der Kationen erkennbar.

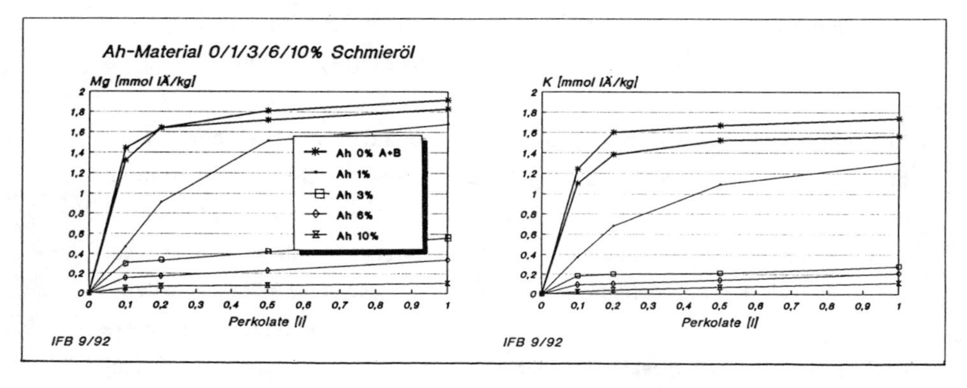

Abb. 5: Mg- und K-Austausch im Ah-Material, kontaminiert mit Schmieröl (0/1/3/6/10%); (Summenkurve)

Zusammenfassend läßt sich feststellen, daß Ölkontaminationen in Abhängigkeit von Art und Höhe der Kontamination zu verringerten Kationenaustauschraten im Boden führen, die durch verschiedene Zugänglichkeiten der Oberflächen verursacht werden. Dabei bestehen deutliche Unterschiede, je nach vorherrschender Austauscherfraktion. Die verschiedenen Einflußfaktoren verstärken sich, sind z.T. aber auch gegenläufig. Somit sind weitere Arbeiten zur Aufklärung dieser Vorgänge notwendig.

Der Einfluß steigender Diesel- und Schmierölkontaminationen auf die Aggregatstabilität und Verdichtbarkeit zweier Bodenmaterialien (Ah- und Bt-Material)

M. BERGHAUSEN, D. GOETZ und H. WIECHMANN

Institut für Bodenkunde, Universität Hamburg, Allende Platz 2, 2 Hamburg 13

EINLEITUNG UND FRAGESTELLUNG

Im Teilprojekt D2 des Sonderforschungsbereiches "Kontaminierte Standorte" wird zum einen der Einfluß von Diesel- und Schmieröl auf bodenphysikalische Eigenschaften im allgemeinen untersucht. Des weiteren soll die Frage geklärt werden, ob ein nach Sanierungen noch vorhandender Mineralölrestgehalt von 0.1 Gew.% insbesondere die bodenmechanischen Eigenschaften beeinträchtigt und somit die Wiederverwendbarkeit der gereinigten Materialien einschränkt.

In diesem Beitrag soll der Mineralöleinfluß auf zwei die bodenmechanischen Eigenschaften bestimmende Faktoren vorgestellt werden: die Wasserstabilität der Aggregate ohne Belastung und ihre Verdichtbarkeit unter Belastung und die daraus resultierende Lagerungsdichte. Das mit Wasser nicht mischbare, unpolare Mineralöl stellt eine 4. Phase im Boden dar. Die Auswirkung des Mineralöles auf die Summe der wirkenden Kräfte (Ko- und Adhäsionskräfte, Ober- und Grenzflächenenergie) und die Benetzbarkeit sollen mit Untersuchungen, die Summmeneffekte beschreiben, dargestellt werden.

VERWENDETES BODENMATERIAL UND MINERALÖL

Die Untersuchungen wurden an Mischproben eines AhAp-Horizontes (=Ah-Material) und SwBt- und SdSwBt-Horizontes (=Bt-Material) einer pseudovergleyten Parabraunerde aus Geschiebedecksand durchgeführt. Die Bodenmaterialien unterscheiden sich in ihrem Ton- und Humusgehalt (Tongehalt (Gew.%): Ah 6.3, Bt 12.3; C_{org} (Gew.%): Ah 1.10, Bt 0.14).

Bei dem verwendeten Mineralöl handelt es sich um Dieselkraftstoff und Schmieröl. Neben der stofflichen Zusammensetzung unterscheiden sie sich untereinander und auch im Vergleich zum Wasser in ihren physikalischen Eigenschaften wie Dichte und Viskosität (Dichte (kg/m^3): Diesel 843, Schmieröl 893, Wasser 998; kinematische Viskosität (m^2/s): Diesel 3.5 E^{-6}, Schmieröl 240.1 E^{-6}, Wasser 1.0 E^{-6}).

Alle Untersuchungen wurden an homogenisiertem lufttrockenen Bodenmaterial durchgeführt. Um einen Kontakt des Mineralöles mit der Bodenmatrix zu gewährleisten, wurde erst das unpolare Mineralöl, anschließend das polare Wasser hinzugefügt und eine 24-stündige Durchfeuchtungszeit unter Verdunstungsschutz eingehalten.

Das Bodenmaterial wurde mit 0.1, 1, 3 und 5 Gew.% Diesel bzw. Schmieröl versetzt. Die Kontaminationshöhe 0.1 Gew.% Mineralöl ist ein bei Sanierungen häufig geforderter Sanierungsleitwert. Die übrigen Varianten stellen oft vorkommende Kontaminationsgrade dar.

STABILITÄT DER AGGREGATE

Die Untersuchung der Aggregatstabilität erfolgte mittels Naßsiebung nach HARTGE & HORN (1989). Hierbei werden die Gewichtsanteile von Siebfraktionen der Maschenweite 5, 3, 2 und 1 mm nach Trocken- und Naßsiebung bestimmt. Die Veränderung des gewogenen mittleren Durchmessers (Δ GMD (mm)) gibt den Grad der Stabilität der Aggregate an: je niedriger der Δ GMD, desto stabiler sind die Aggregate.

In Abb.1 ist deutlich zu erkennen, daß die Aggregatstabilität sowohl bei Diesel- als auch Schmierölkontamination bei beiden Bodenmaterialien in allen Kontaminationsvarianten zunimmt. In allen Untersuchungsvarianten ist ein Mineralöleffekt bereits bei 0.1 Gew.% Kontamination zu erkennen und im Parallelversuch (hier n=2) zu reproduzieren. Ein deutlicher Mineralöleinfluß, der die von HARTGE & HORN (1989) angegebene Standardabweichung für Parallelversuche von 0.35 mm überschreitet, kann ab 3 Gew.% Diesel bzw. Schmieröl konstatiert werden.

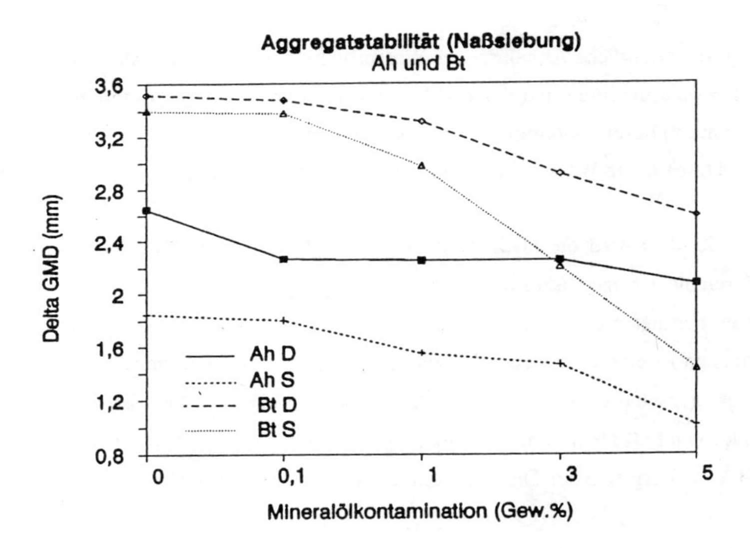

Abb.1: Aggregatstabilität Δ GMD (mm) des Ah- und Bt-Materials bei steigender Diesel bzw. Schmierölkontamination (D: Dieselkontamination; S: Schmierölkontamination; 0.1, 1, 3 und 5: Höhe der Kontamination in Gew.%)

Die erhöhte Stabilität mineralölkontaminierter Proben gegenüber unkontaminierten Proben kann auf eine schlechtere Benetzbarkeit der Aggregatoberflächen infolge aufliegender Ölfilme zurückgeführt werden. Die Aggregate werden hydrophob (MC GILL et al. (1981), RASIAH et al. (1990)). Trockene Aggregate weisen gegenüber feuchten eine höhere Stabilität auf.

Wasserbindevermögen (Wb)

Der o.g. Hydrophobierungseffekt des Mineralöles wurde mit der Neff-Enslin-Apparatur geprüft. Hierbei wird pulverisiertes Bodenmaterial auf eine Glasfilterplatte geschüttet, die mit einer wassergefüllten, luftfreien, am Ende offenen Meßpipette in Verbindung steht und ein Ablesen der aufgenommenen Wassermenge ermöglicht. Die Ergebnisse basieren auf 4-13 Parallelserien pro Bodenmaterial und Kontamination.

Abb.2 zeigt eine deutliche Abnahme des Wasserbindevermögens des Ah-Materials bei beiden Kontaminanten und des Bt-Materials bei der Schmierölkontamination. Dagegen nimmt Diesel-kontaminiertes Bt-Material um bis zu 4 Gew.% (s. 1 Gew.% Diesel-Variante) mehr Wasser auf als unkontaminiertes Material.

Besonders deutlich wird die Hydrophobierung bei der Ah Diesel-Variante. Dies könnte durch die geringe Viskosität und die damit guten Ausbreitungsmöglichkeiten des Diesels bedingt sein, so daß der Dieseleinfluß großflächig wirksam werden kann. Dagegen ist eine homogene Verteilung des Schmieröles infolge schlechterer Benetzungseigenschaften aufgrund der hohen Viskosität nicht gewährleistet, so daß der Schmieröleinfluß kleinräumiger zum Tragen kommt und somit die Wasserbindekapazität im Vergleich zur Dieselkontamination weniger stark beeinträchtig ist.

Das überraschende Ergebnis des erhöhten Wasserbindevermögens des mit Diesel versetzten Bt-Materials ist zur Zeit unerklärlich (s. Abb.2). Dies Ergebnis steht im Widerspruch zu der deutlich erhöhten Aggregatstabilität des mit Diesel versetzten Bt-Materials, so daß als Ursache hierfür eine Hydrophobierung der Aggregatoberfläche unwahrscheinlich aber dennoch nicht auszuschließen ist. Es sei daran erinnert, daß mit der Neff-Enslin-Apparatur pulverisiertes Bodenmaterial untersucht wird, so daß im Unterschied zu der Untersuchung der Aggregatstabilität vergleichsweise mehr Oberfläche für die Benetzung sowohl durch Diesel als auch Wasser zur Verfügung steht. Dies ließe jedoch ein vom Diesel unbeeinflußtes und nicht erhöhtes Wasserbindevermögen erwarten. Zu bemerken wäre noch, daß das Bt-Material im Unterschied zu dem Ah-Material einen geringeren Humusgehalt und einen höheren Tongehalt hat. Dies gilt jedoch für Diesel- bzw. Schmierölkontaminationen gleichermaßen. Das erhöhte Wasserbindevermögen allein des Bt D bleibt unerklärlich.

Die Hydrophobierung des Bodenmaterials zeigt sich insbesondere beim Ah bereits bei einer Kontaminationshöhe von 0.1 Gew.% Mineralöl. Eine Beeinträchtigung dieser Bodeneigenschaft ist somit auch nach Sanierungen für sandige, humushaltige Bodenmaterialien zu erwarten.

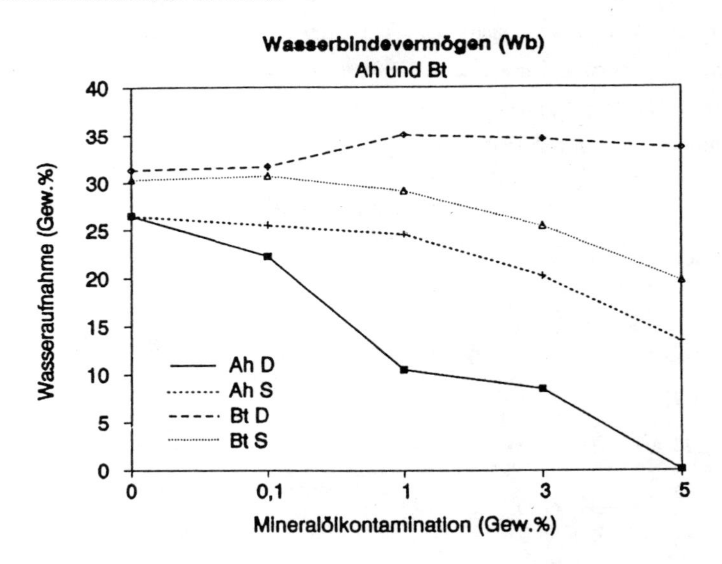

Abb.2: Wasserbindevermögen Wb (Gew.%) des Ah- und Bt-Materials bei steigender Diesel- und Schmierölkontamination (D: Dieselkontamination; S: Schmierölkontamination; 0.1, 1, 3 und 5: Höhe der Kontamination in Gew.%)

VERDICHTBARKEIT DER AGGREGATE

Die Untersuchungen wurden mit dem Proctorgerät nach DIN 18 127 (Ausführung A) durchgeführt. Angefeuchtetes Bodenmaterial wird mit einem automatisch betriebenen Fallgewicht maximal verdichtet. Anschließend wird das Trockengewicht bestimmt. Durch sukzessive Steigerung des Wassergehaltes der Probe ermittelt man den optimalen Wassergehalt (Proctorwassergehalt w_{pr}), bei dem die Probe auf das maximale Trockengewicht verdichtbar ist (Proctordichte δ_{pr}). Jede Proctorkurve basiert auf 7-14 Einzelversuchen.

Mineralölkontaminationen bewirken bei dem Ah- und Bt-Material sowohl bei Diesel als auch Schmieröl mit Ausnahme der Variante Ah und Bt mit 5 Gew.% Schmieröl eine Verringerung der maximalen Trockendichte (Proctordichte). Die zuvor dargestellte (s. Abb.1) erhöhte Stabilität der Aggregate bei Mineralölkontamination führt zu einer schlechteren Verdichtbarkeit im Proctorversuch und drückt sich bei steigender Mineralölkontamination in abnehmenden Lagerungsdichten aus. Dies bedeutet, daß die untersuchten Aggregate bis 5 Gew.% Dieselkontamination und 3 Gew.% Schmierölkontamination höheren Belastungen standhalten.

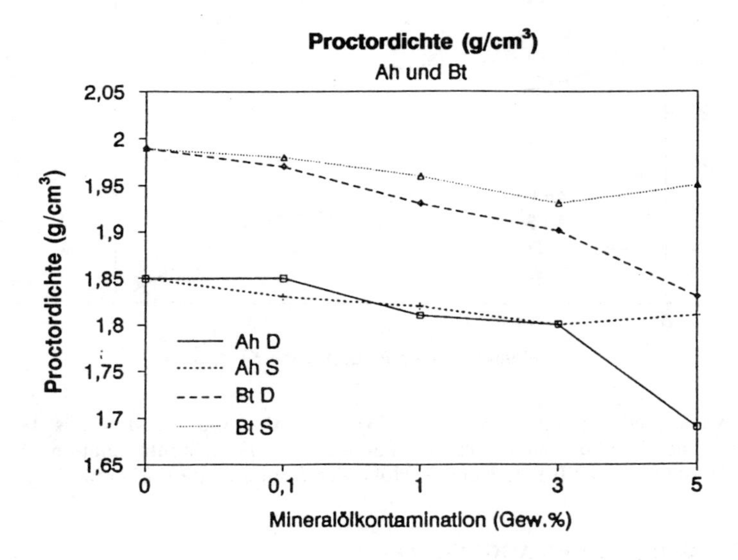

Abb.3: Maximale Trockendichte δ_{pr} (= Proctordichte (Gew.%)) des Ah- und Bt-Materials bei steigender Diesel- bzw. Schmierölkontamination (D: Dieselkontamination; S: Schmierölkontamination; 0.1, 1, 3 und 5: Höhe der Kontamination in Gew.%)

Sowohl beim Ah S als auch beim Bt S wird ab 5 Gew.% Mineralölkontamination die Erhöhung der Aggregatstabilität durch den "schmierenden" Einfluß des

Schmieröles überlagert. Die Lagerungsdichten steigen in beiden Fällen an. Dies ist vermutlich auf ein reibungsfreieres Aneinandervorbeigleiten der Bodenpartikeln zurückzuführen, das eine dichtere Packung und somit erhöhte Lagerungsdichte unter Belastung ermöglicht.

SCHLUßBETRACHTUNG

Die Aggregatstabilität des Ah- und Bt-Materials nimmt infolge der Hydrophobierung der Aggregatoberflächen zu. Die bei Mineralölanwesenheit verminderte Wasseraufnahmekapazität konnte mit Ausnahme der Variante Bt Diesel mit der Untersuchung zum Wasserbindevermögen nach Neff-Enslin nachgewiesen werden. Im Proctorversuch weisen die Aggregate des Ah- und Bt-Materials bei steigender Diesel- bzw. Schmierölkontamination eine verminderte maximale Trockendichte auf, sind folglich schlechter verdichtbar. Die beschriebenen Effekte sind meist bereits bei der dem Sanierungsleitwert entsprechenden Kontaminationshöhe von 0.1 Gew.% zu erkennen.

Diese Ergebnisse haben nicht nur Einfluß auf bodenmechanische Eigenschaften (Scherstabilität, Plastizitätsindex), sondern wirken sich auf die Wasserleitfähigkeit und somit auch auf den Stofftransport aus. Es ist mit einem unmittelbaren Einfluß auf die Permeabilität von Mineralöl und folglich auf die Mobilität in einem Schadensfall zu rechnen.

LITERATUR

DIN 18 127 (1987): Proctorversuch. Beuth Verlag, Berlin

HARTGE, K.H. & HORN, R. (1989): Die physikalische Untersuchung von Böden. 2. Aufl., Enke Verlag

MC GILL, W.B., ROWELL, M.J. & WESTLAKE, D.W.S. (1981): Biochemistry, Ecology, and Microbiology of Petroleum Components in Soil. Soil Biochemistry (ed. PAUL, E.A. & LADD, N.J.), Marcel Dekker, New York, Vol. 5

NEFF, H.K. (1988): Der Wasseraufnahme-Versuch in der bodenphysikalischen Prüfung und geotechnische Erfahrungswerte. Bautechnik 65, H. 5

RASIAH, V., VORONEY, R.P., GROENEVELT, P.H. & KACHANOSKI, R.G. (1990): Modifications in Soil Water Retention and Hydraulic Conductivity by an Oily Waste. Soil Techn., Vol. 3, No 4

Erfahrungen, Grenzen und Ausblicke der schnellen Vorortanalytik von organischen Schadstoffen

GERHARD MATZ

Technische Universität Hamburg-Harburg
Arbeitsbereich Meßtechnik
Harburger Schloßstr. 20 2100 Hamburg 90

1. Einleitung

Die Analytik von organischen Substanzen als Kontaminationen von Boden, Wasser und Luft stellt ein attraktives Arbeitsfeld für den Analytiker dar. Eine weitreichende Palette von Stoffen über einen weiten Bereich von Konzentrationen in sehr komplexen Matrizes muß durch Analyseverfahren mit vertretbarem Aufwand so sicher erfaßt werden, daß die Beschreibung der Umweltbelastung mit ausreichender Genauigkeit erfolgen kann.

Im Bereich der Altlastensanierung, sowohl bei der Erkundung als auch bei konkreten Maßnahmen wie Auskofferung oder Reinigung von Böden, führt die Dreidimensionalität und Inhomogenität der Verteilung der Schadstoffe im Untergrund zu sehr großen Probenzahlen, die zur Beschreibung des Problems analysiert werden müssen. Wenn die Analysen direkt vor Ort und schnell ausgeführt werden können, kann aufgrund der Analysenergebnisse Einfluß auf das Probenraster und den Ablauf der Arbeiten genommen werden. Dies ist das Ziel der entwickelten schnellen Vor-Ort-Analytik.

Die höchste analytische Aussagekraft über den weitesten Bereich von umweltrelevanten Schadstoffen besitzt die Gaschromatographie-Massenspektrometrie (GC-MS), allerdings auch mit höchstem apparativen und personellen Aufwand verbunden. Am Beispiel der Analytik organischer Substanzen im Boden, im Bereich der Altlastenanalytik, soll gezeigt werden, wie ein optimiertes GC-MS-Analyseverfahren vor Ort eingesetzt wird und daß der hohe Aufwand zur Gewinnung der Analysedaten gerechtfertigt ist.

2. GC-MS-Analyseverfahren

Die Basis der schnellen Vor-Ort-Analytik stellt das in Abb. 1 schematisch dargestellten GC-MS-Systems, ein speziell auf langzeitstabilen Betrieb im Feld ausgelegtes mobiles Massenspektrometer dar, das mit allem Zubehör in einem Meßfahrzeug untergebracht ist. Ausführlich sind die Analyseverfahren in [1] und [2] beschrieben. Über zwei unterschiedliche Gaschromatographen werden die Proben dem Massenspektrometer zugeführt.

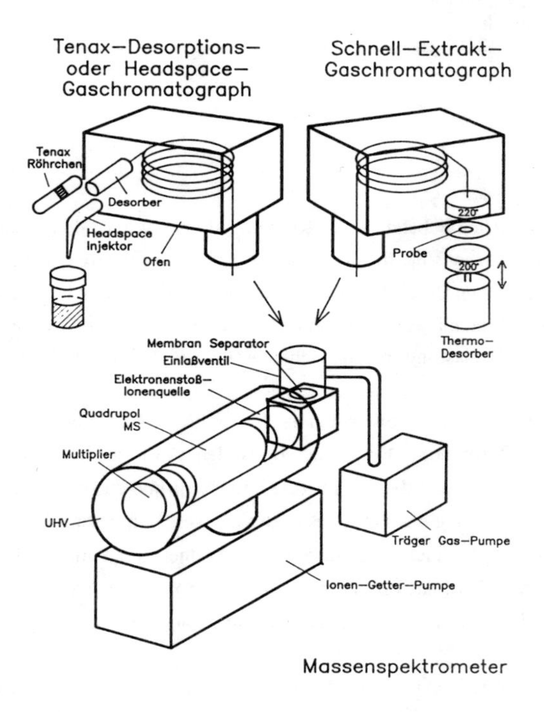

Abb. 1: Prinzipieller Aufbau des mobilen GC-MS-Analysensystems

Für die Analyse von leichtflüchtigen Stoffen, die als Headspaceproben oder auf Tenax adsorbierte Proben gesammelt werden, steht ein GC mit ca. 6 m langer Dickfilm-Kapillarsäule zur Verfügung. Die Trennung des Substanzgemisches, das Stoffe über einen Bereich der Flüchtigkeiten von z.B. Vinylchlorid bis Naphthalin umfassen kann, wird mit Temperaturprogramm durchgeführt und dauert ca. 5-10 Minuten. Die Nachweisgrenzen liegen im Bereich $\mu g/m^3$.

Mittel- und schwerflüchtige Stoffe werden direkt oder als Extrakt vom Boden über den Schnell-Extrakt-Gaschromatographen dem MS zugeführt. Zur Probenaufbereitung wird 3g Boden mit 10 ml Aceton und deuterierten Standards versehen und 3 min im Ultraschallbad behandelt. 10µl des Extraktes wird auf einem Teflon-Probenträger gebracht und von dort zur Injektion in den GC thermisch desorbiert. Im Schnellanalyseverfahren ohne GC-Trennung können ca. 15 Analysen pro Stunde durchgeführt werden (Abb.2).

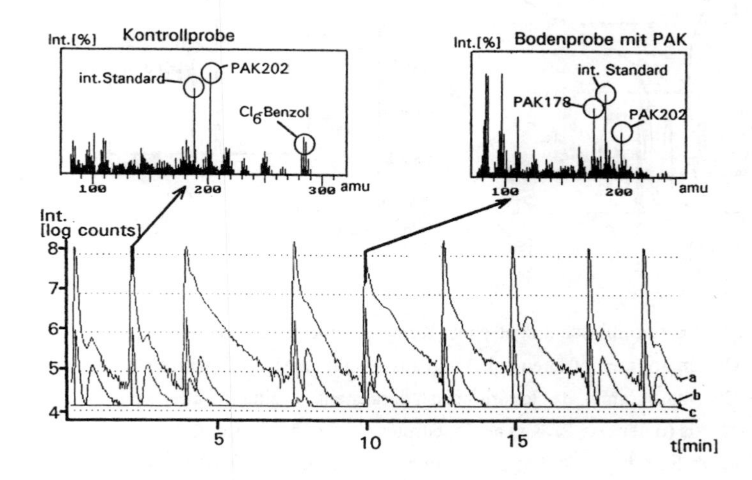

Abb. 2: Gaschromatogramm (unten) der Schnellanalyse ohne Auftrennung von 9 Bodenextrakten mit Darstellung von zwei Massenspektren (oben)

Wenn eine detaillierte Auskunft über die Inhaltsstoffe notwendig ist, kann mit Hilfe eines Temperaturprogramms im GC das Substanzgemisch in die Einzelkomponenten aufgetrennt und analysiert werden. Dieser Vorgang dauert typisch 5-10 min (Abb.3) bei Nachweisgrenzen im Bereich 1mg/kg Boden für Stoffe im Bereich der Flüchtigkeiten von Naphthalin bis Benzpyren.

Diese hauptsächlich auf Altlasten angewendeten Verfahren werden ergänzt durch Verfahren zur direkten Luftanalyse, Oberflächen- und Wasseranalyse.

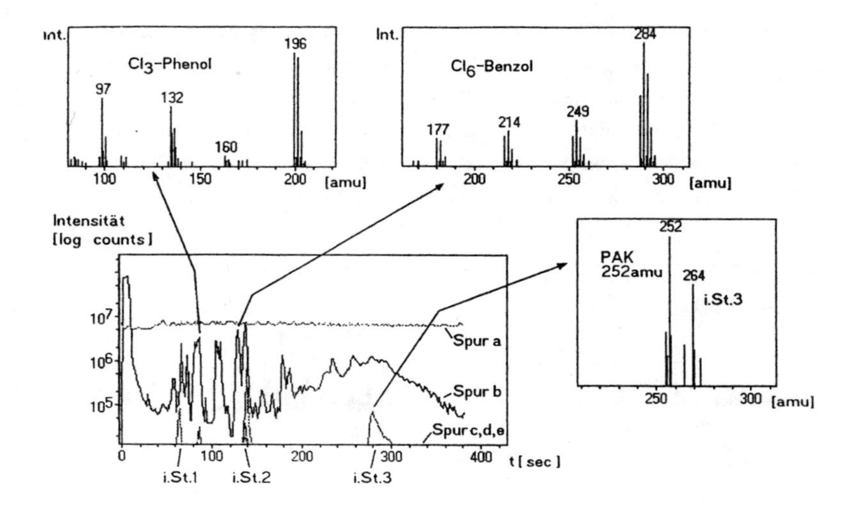

Abb. 3: Gaschromatographisch aufgetrennte Kontrollprobe in der Darstellung als Chromatogramm (unten links) und ausgewählten Massenspektren. Im Chromatogramm, das logarithmisch dargestellt ist, sind die internen Standards (deterierte PAK's) als Ionenspuren c,d,e, der Gesamtionenstrom als Spur b, sowie die Argonspur a zur Kontrolle des MS zu sehen

3. Erfahrungen in der Vor-Ort-Analytik

3.1. Internationaler Erfahrungsaustausch

Seit Mitte der 80er Jahre wird von der amerikanischen Umweltbehörde (US EPA) im Rahmen des Superfond nach Analyseverfahren gesucht, die im Altlastenbereich im Feld eingesetzt werden können. Den hohen Stellenwert, den das FIELD SCREENING in den USA hat, erkennt man daran, daß im Februar 93 das dritte EPA-Symposium (wird zweijährig veranstaltet) zu diesem Thema stattfindet, bei dem mit mehr als 130 Beiträgen, 1000 Teilnehmern und 50 Ausstellern gerechnet wird.

3.2. Vom Forschungsvorhaben zum Routinebetrieb

Die oben genannten GC-MS-Analyseverfahren sind in einem vom BMFT und Land Hamburg im Rahmen der Sanierung der Deponie Georgswerder geförderten Forschungsvorhaben (86-92) entwickelt worden. Sie werden den vielfältigen Aufgaben bei der Altlastenerkundung gerecht. Die Analyseverfahren wurden direkt im Feld bei zahlreichen Erkundungen von Altlasten, wie z.B. Georgswerder, Neuhöfer Straße, Veringstraße, Haltermann, Stülcken Werft, Norddeutsche Affinerie, Höltigbaum, Müggenburger Straße erprobt, weiterentwickelt und optimiert.

Die gewonnenen Ergebnisse standen ständig im kritischen Vergleich mit den Ergebnissen der Behördenlabors, die von klassischen Verfahren stammen. Diese Tatsache sowie die Förderung durch den kontinuierlichen Einsatz der Vor-Ort-Analytik bei praktischen Altlastproblemen der Hamburger Umweltbehörde und die konstruktive Zusammenarbeit mit der Behörde haben zu einen Entwicklungsstand geführt, der die Vor-Ort-Analytik auch als kommerzielle Alternative zur Laboranalytik bestehen läßt. Bundesweit sind derzeit ca. 10 mobile GC-MS-Analytikgruppen im Einsatz, die mit diesen Verfahren arbeiten und deren Erfahrungen ständig in die Weiterentwicklung einfließen.

Als Beispiele für den kommerziellen Routineeinsatz seien die zur Zeit laufende Erkundung der Deponie Stade Riensförde sowie das Sanierungsvorhaben Veringsstraße genannt, bei dem die Bodenaushubarbeiten durch begleitende Vor-Ort-Analytik optimiert wurde.

3.3. Fallstudien: Erkundung und Auskofferung

- Erkundung einer Altlast

Zur Erkundung einer Altlast werden durch Bohrtrupps in einem vorher festgelegten Raster Sondierungsbohrungen ausgeführt. Aus diesen Bohrungen werden je nach Fragestellung alle 50cm oder 1m Proben gewonnen. Wenn keine Vorkenntnisse über den Schadstoffinhalt existieren, insbesondere bei ehemaligen Deponien, ergibt sich die Notwendigkeit, alle Proben nach leicht bis schwerflüchtigen Stoffen zu untersuchen. Dies kann prinzipiell nur durch zwei unterschiedliche Analyseverfahren geschehen, dem sogenannten Headspace-GC-MS-Verfahren für leicht- bis mittelflüchtige Stoffe (z.B. Vinylchlorid bis Naphthalin) und Extrakt-GC-MS-Verfahren für mittel- bis schwerflüchtige Stoffe (z.B. Naphthalin bis Benzpyren). Neben den hierzu notwendigen zwei Proben werden Proben für weitergehende Analysen im Labor genommen.

Die in Crimptechnik verschlossenen Headspace-Proben müssen so schnell wie möglich nach der Probennahme analysiert werden, da sonst die leichtflüchtigen Substanzen ausgasen, während die Proben für die Extrakt-Analyse länger haltbar sind. Dies bestimmt den Arbeitsablauf, wenn das Analysensystem voll ausgelastet werden soll, wie folgt.

Solange bei den Bohrarbeiten keine auffälligen Ausgasungen auftreten, werden Proben gesammelt und nach Bohrfortschritt zur Analyse zum Meßfahrzeug gebracht. Die Headspaceproben werden sofort analysiert, Auffälligkeiten dem Bohrteam mitgeteilt. Die Extraktproben werden anschließend analysiert.

Im Routinebetrieb werden auf diese Weise im Mittel täglich mehr als 30 komplette GC-MS-Analysen durchgeführt. Im Idealfall sind alle Proben eines Bohrtages am Abend vermessen und die kompletten Ergebnisse können der Bauleitung übergeben werden. Dies trifft aus der Erfahrung zu, wenn die Proben von zwei Bohrteams, die je ca. eine Bohrung pro Tag erstellen, gewonnen werden.

Da die Bohrarbeiten aber in der Regel nicht mit konstanter Geschwindigkeit ablaufen, wird durch Probenorganisation dafür gesorgt, daß immer eine bestimmte Anzahl von Proben für die Analyse vorrätig ist. Die Reihenfolge der Analysen wird abhängig vom Bohrfortschritt von der Bauleitung bestimmt. Bei guter Abstimmung der Arbeiten zwischen Analytiker und Bauleitung gelingt auf diese Weise eine optimale Auslastung des Analysensystems, die Analysenergebnisse können jederzeit zum Festlegen neuer Bohrungen oder Bohrtiefen herangezogen werden und liegen mit dem Ende der Bohrungen komplett vor.

- Auskofferung einer Altlast

Bei der Altlast Veringstraße ist durch polyzyklische aromatische Kohlenwasserstoffe (PAK) belasteter Boden bis herab zu einem Grenzwert von 10 mg/kg ausgekoffert worden. Durch vorhergehende Rammkernsondierungen gab es eine grobe Vorstellung über die Ausmaße der Kontaminationen. Die genauen Grenzen des auszukoffernden Bereiches und partielle Besonderheiten der Schadstoffzusammensetzung sind jedoch parallel zu den Aushubarbeiten durch schnelle Extrakt-GC-MS-Analysen vor Ort bestimmt worden.

Das Probennahmeraster wurde so festgelegt, daß auf einer Fläche von ca. 4mx4m 5 Proben (d.h. eine Probe je 3 m^2) mit je 3g Oberflächenmaterial analysiert wurde. Bei Überschreitung des Sanierungsgrenzwertes wurde weiter ausgeschachtet und erneut analysiert. Auf diese Weise ergab sich, durch ca. 3000 GC-MS-Analysen bestimmt, eine durchschnittliche Tiefe der Auskofferung im Randbereich von ca 80 cm, im Kernbereich von ca. 2,5 m mit maximal 5m tiefen Aushebungen.

Nebenbei sind folgende analytische Probleme, die während der Baumaßnahmen auftraten, gelöst worden:
-Starke Ausgasungen sind mit Hilfe von Luft-GC-MS-Analysen hinsichtlich ihrer Zusammensetzung und Konzentration analysiert worden. Auf diese Weise konnten die Arbeitsschutzmessungen mit dem Photoionisationsdetektor, der nur die Angabe von Summenparametern zuläßt, abgesichert werden.
-Der Inhalt von ausgehobenen, teilweise noch gefüllten Fässern sowie kontaminierte Bauschuttfraktionen wurden analysiert.
-Mit Hilfe von ca. 1000 Extrakt-Schnellanalysen ist Kleiboden in zwei Chargen mit einer PAK-Belastung von größer oder kleiner 200 mg/kg getrennt worden, um sie gesondert der weiteren Behandlung zuzuführen.

Auch bei diesem Einsatzfall hing der Erfolg der analytischen Begleitung von der engen Abstimmung mit der Bauleitung ab. Eine ähnlich sichere Erfolgskontrolle und Optimierung der Sanierungsmaßnahme, ohne große Zeitverzögerung bei den Baumaßnahmen, ist ohne die direkte Vor-Ort-Analyse nicht möglich.

4. Grenzen

4.1. Analytische Grenzen

Die Analyseverfahren sind optimiert auf hohen Probendurchsatz, sowohl bei der Probenaufbereitung als auch der GC-MS-Analyse. Gleichzeitig ist in der Wahl von Aceton als Lösungsmittels auf Umweltverträglichkeit geachtet worden.

-Isomerentrennung
Im Vergleich zur klassischen Laboranalytik werden, bedingt durch die kurze Analysendauer und kurze GC-Säule die Isomeren in der Regel nicht gaschromatographisch aufgetrennt. Es hat sich jedoch gezeigt, daß es im Feld nicht nötig ist, die aus dem Labor bekannte, länger dauernde Isomerentrennung durchzuführen. Eine Isomereproblematik wie z.B. die genaue Festlegung der Benzpyrenisomere zur Toxizitätsabschätzung, kann durch wenige Vergleichsanalysen im Labor gelöst werden. Es hat sich gezeigt, daß die Isomerenmuster im Bereich der bereits untersuchten Altlasten nahezu konstant ist (+/-10%), sodaß in solchen Fällen mit Summenergebnissen einer Isomerengruppe aus der Schnellanalytik gearbeitet werden kann.

-Extraktionsausbeute
Die Verwendung von Aceton als Lösungsmittel hat sich als beste Alternative, aber bezüglich des Lösungsvermögens nicht optimal für jede Schadstoffart herausgestellt. Auf der anderen Seite spielt der Fehler, der bei der Bodenanalytik allgemein aufgrund der komplexen, häufig wechselnden Matrix auftritt, bei der Beurteilung der Analysen eine größere Rolle als der Unterschied in den Extraktionsausbeuten. Das bedeutet, daß die 3min dauernde Ultraschallextraktion in den meisten Fällen ein Ergebnis liefert, das der 12std Soxhlettextraktion entspricht. Dies ist durch zahlreiche Ringversuche nachgewiesen worden. Im Beispiel (Abb.4) sind die Ergebnisse für einen Bodenextrakt nach vier unterschiedlichen Verfahren analysiert, dargestellt.

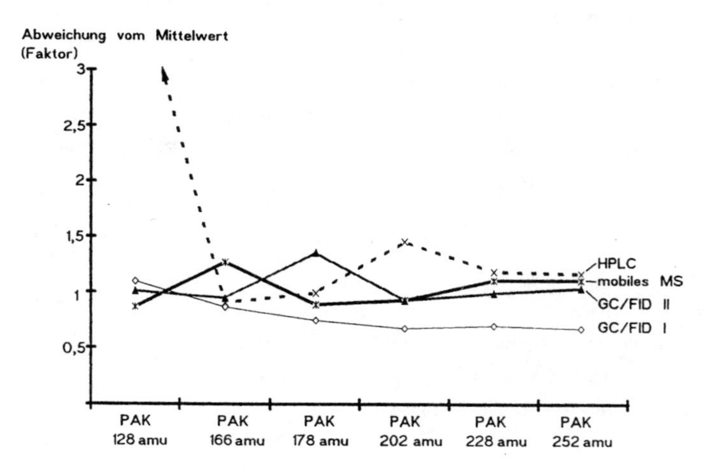

Abb. 4: Typisches Ergebnis eines Ringversuchs von Bodenextrakten mit PAK's
Die Analysenergebnisse der 4 Labors liegen im Bereich von 30% um den Mittelwert der jeweiligen PAK's, wobei z.B. PAK 252 dem Benzpyren entspricht

4.2. Qualitätsgrenzen
Aufgrund der kurzen Analysendauer kann die Qualität der Analysen durch Kontrollproben morgens und abends gesichert werden. Die Ergebnisse werden in das Kontrollblatt (Abb.5) eingetragen, aus dem Funktion bzw. Fehler des Verfahrens aufgedeckt und daraufhin abgestellt werden können.

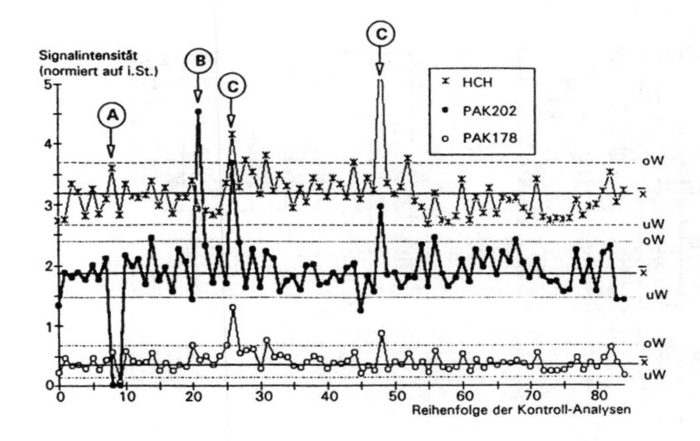

Abb. 5: Im Kontrollblatt werden die Tagesergebnisse bestimmter Stoffe aus den Kontrollanalysen zusammengestellt. Abweichungen vom Mittelwert weisen auf einen Fehler hin. Die Punkte C zeigen, daß sich der interne Standard zersetzt hat und neu angefertigt werden muß.

Daneben wird während der Arbeiten kontinuierlich die Güte der Analyse anhand der Signale der internen Standards kontrolliert, sodaß Fehler auffallen und sofort ohne folgende Falschanalysen behoben werden können. Für die Quantifizierung wird die Kalibrierkurve (Abb.6) herangezogen, deren linearer Verlauf über 4 Dekaden eine zuverlässige Konzentrationsberechnung im Bereich von 1 bis 1000 mg/kg erlaubt.

4.3. Kapazitätsgrenzen

Das Analytikteam, bestehend aus drei Mann Personal, führt mit den beschriebenen Verfahren und einem Analysesystem mehr als 30 GC-MS-Analysen mit GC-Trennung bzw. bis zu 80 Analysen ohne Trennung pro 8 std durch. Bei der oben beschriebenen Auskofferung beinhaltet das die Probennahme, Probenaufbereitung, Analyse, manuelle Auswertung, Protokollierung und Teilnahme an Baubesprechungen. Daneben muß das Analysensystem für neu auftretende Stoffe kalibriert werden. Mit diesen Aufgaben ist das Team gut ausgelastet, auf der anderen Seite rechtfertigt diese Auslastung den Betrieb der Vor-Ort-Analytik neben den anderen Vorteilen auch von der Kostenseite gegenüber der Laboranalytik.

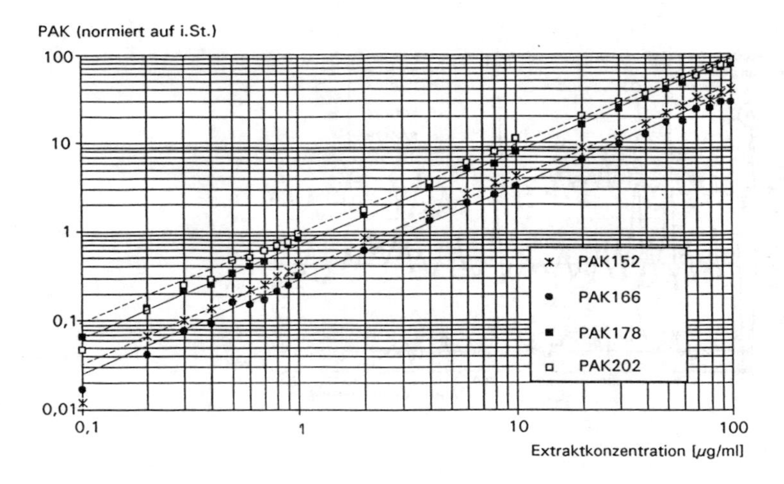

Abb. 6: Kalibrierkurve für die PAK's Acenaphthylen (152), Fluoren (166), Phenanthren, Anthrazen (178) und Pyren, Fluoranthen (202)

5. Ausblicke

- Analyse organischer Stoffe mit dem GC-MS

Die große Datenflut, die bei der Schnellanalytik entsteht, soll durch stärkere Automatisierung der Auswertung bis hin zur Protokollierung bewältigt werden. Zudem laufen Entwicklungen im Rahmen dieses SFB, auch die Probenaufbereitung mit Hilfe von Robotern weitgehend zu automatisieren. Diese Schritte werden dazu führen, daß das Bedienpersonal mehr Zeit für die Qualitätssicherung und Kontrolle der Analysedaten verwenden kann.

Die erreichte Qualität der Analytik rechtfertigt die stärkere Standardisierung der Verfahren, z.B. in Richtung eines Normverfahrens.

Für den Fall, daß über eine kontaminierte Fläche die Zusammensetzung der Kontamination sich nicht ändert, kann als Ergänzung zur Erhöhung der Probendurchsatzes mit Hilfe von einfacheren Geräten wie GC-PID oder GC-IMS analysiert werden.

- Röntgenfluoreszenz EDRFA für Vor-Ort-Schwermetallanalytik

Zur Erfassung der anorganischen Stoffe im Feld steht ein neues Energie-Dispersives-Röntgen-Fluoreszenz-Analysesystem zur Verfügung. Es zeichnet sich durch Anregung mittels Röntgenröhre im Bereich bis zu 50 keV aus und durch einen SiLi-Detektor, der seine hohe Auflösung durch Peltierkühlung ohne die üblich Flüssigstickstoffkühlung erreicht. Dieses Gerät hat bereits seine Feldtauglichkeit bewiesen. Anhand von Untersuchungen Blei-kontaminierter Böden und Vergleich mit Standard-Laborverfahren ist gezeigt worden, daß im für die Altlastsanierung interessierenden Konzentrationsbereich von 100-5000 mg/kg gut vergleichbare Ergebnisse innerhalb von ca. 5-10 min erreicht werden.

6. Zusammenfassung

Die mit der schnellen GC-MS-Analytik durchgeführten Erkundungs- und Sanierungsfälle haben gezeigt, daß die Vor-Ort-Analytik erstens eine kostengünstige Alternative zur herkömmlichen Laboranalytik darstellt und zweitens Vorteile aufweist, die die Bearbeitung von Altlasten sehr stark beschleunigt.

Die schnell zur Verfügung stehenden Ergebnisse erlauben die sofortige Reaktion der Bauleitung wie

- Änderung des Bohrrasters oder Probennahmerasters
- Führung der Bauarbeiten
- Sortieren von kontaminierten Böden während des Aushubs
- Schutz der Arbeitskräfte vor gefährlichen Stoffen.

Zudem stehen jeden Abend komplette Analysenberichte zur Verfügung, die das weitere Vorgehen entscheidend beeinflussen können.

Diese Gründe sowie die Vielseitigkeit der Analyseverfahren, mit denen jederzeit Spezialprobleme analytisch gelöst werden können, haben zu einer steigenden Akzeptanz der Behörden gegenüber der Vor-Ort-Analytik geführt.

Literatur

Matz, G., Schröder, W. (1990): Vor-Ort-Analytik mit einem mobilen Massenspektrometer, Veröffentlichung zu diesem Seminar

Matz, G., Schröder, W. (1990): Abschlußbericht zum vom BMFT/Land Hamburg geförderten Forschungsvorhaben im Rahmen der Sanierung Georgswerder, Teilvorhaben 10 Mobiles Massenspektrometer

Analytische Verfahren zur Bestimmung der Gehalte an Kohlenwasserstoffen und PAK in kontaminierten Böden

J. Bundt und H. Steinhart

1. Einleitung und Problemstellung

Der überwiegende Teil der aktuellen Schadensfälle und Altlasten im Boden resultiert aus Verunreinigungen mit Mineralölkohlenwasserstoffen und PAKs (**P**olycyclische **A**romatische **K**ohlenwasserstoffe). Bei der Erfassung von Art und Ausmaß der Bodenverunreinigungen sowie im Hinblick auf die Auswahl geeigneter Sanierungsmaßnahmen spielt die chemische Analytik eine wichtige Rolle.
Standardisierte oder gar normierte Analysenmethoden zur Erfassung mineralölstämmiger Kohlenwasserstoffe und PAKs im Boden gibt es zur Zeit noch nicht. Nach wie vor ist es üblich, die Bestimmungen der Kohlenwasserstoffe in Anlehnung an die für Wasser entwickelte DIN-Methode 38409 Teil 18 (DEV H-18) durchzuführen. In der Regel wird der mit dieser Methode gemessene Kohlenwasserstoffgehalt als direktes Maß für das Ausmaß einer Kontamination sowie für den Erfolg von Sanierungsmaßnahmen angesehen. Dieser IR-Summenparameter gibt jedoch weder Auskunft über die molekulare Zusammensetzung von Kohlenwasserstoffverunreinigungen noch über die stofflichen Veränderungen während einer Bodenbehandlung. Zur fundierten Beurteilung derartiger Kontaminationen, verbunden mit einer verläßlichen Gefährdungsabschätzung, ist es jedoch unerläßlich, aufwendigere analytische Verfahren heranzuziehen.
In der PAK-Analytik spielt die Einzelstoffbestimmung bereits eine wichtige Rolle. In Anlehnung an die Methode 610 der US-Umweltbehörde EPA (**E**nvironmental **P**rotection **A**gency) werden in vielen Fällen 16 PAKs aus dieser Stoffklasse als Leitsubstanzen herangezogen. Die Auswahl dieser PAKs ist jedoch nur sinnvoll, wenn als Kontaminationsquellen Emissionen der unvollständigen Verbrennung von organischen Materialien (Hausbrand, Industrie, Kfz-Abgase) in Betracht kommen. Bei anderen PAK-Kontaminationen, wie bei ehemaligen Gaswerksanlagen oder Kokereien, sollte jeweils im Einzelfall geprüft werden, ob die 16 EPA-PAKs die vorliegende Bodenverunreinigung sinnvoll und hinreichend repräsentieren.
Im vorliegenden Beitrag soll auf die Problematik der Analytik von mineralölbürtigen Kohlenwasserstoffen und PAKs in Böden eingegangen werden sowie geeignete Vorgehensweisen vorgestellt und diskutiert werden.

2. Stoffliche Zusammensetzung von Mineralölen und PAK-Gemischen

Zur Verdeutlichung der analytischen Problematik soll zunächst kurz auf die stoffliche Zusammensetzung von Mineralölen und PAK-Gemischen eingegangen werden.
Erdöle und deren Verarbeitungsprodukte (Mineralöle) sind natürliche Vielstoffgemische aus überwiegend aliphatischen und aromatischen Kohlenwasserstoffen, deren Siedebereiche sich über mehrere hundert Grad erstrecken können. Lediglich der Siedebereich des Benzins (bis 200 °C) mit seinen etwa 500 Verbindungen konnte bisher annähernd strukturell aufgeklärt werden (Matisova et al., 1985). Grundsätzlich läßt sich die Vielzahl der unterschiedlichen Kohlenwasserstoffe in folgende drei Stoffgruppen ähnlicher Struktur, den sogenannten Strukturtypen, unterteilen:

I. **Aliphatische Kohlenwasserstoffe:**
   n-Alkane (n-Paraffine),
   iso-Alkane (z.T. isoprenoider Natur wie Phytan und Pristan),
   Cycloalkane/Naphthene (alkylierte Cyclopentane und -hexane, cyclische Isoprenoide wie Sterane und Hopane).

II. **Aromatische Kohlenwasserstoffe:**
   Alkylierte (vor allem methylierte) 1- bis 5-Kernaromaten,
   Naphthenaromaten (wie alkylierte Indane und Tetraline).

III. **Polarer Rest:**
   Heterocyclen (S-, N- oder O-haltige aromatische Verbindungen),
   polare Kohlenwasserstoffe (wie Alkohole, Phenole und Carbonsäuren),
   hochmolekulare, asphaltenartige Strukturen.

Bei der Beurteilung einer mikrobiologischen Sanierungsmaßnahme sollte ein besonderes Augenmerk auf die Bestimmung der persistenten, aromatischen Kohlenwasserstoffe gelegt werden. Eine große Bedeutung, vor allem aus toxikologischer Sicht, spielen dabei die PAKs. Unabhängig von der Problematik, ob diese Verbindungsklasse überhaupt mikrobiell umgesetzt werden kann, ist hier die Frage des Metabolismus von besonderem Interesse, da letztendlich erst die reaktiven Umwandlungsprodukte der PAKs die eigentliche carcinogene und/oder mutagene Gefahr darstellen (Giftung).

PAKs entstehen einerseits bei der unvollständigen Verbrennung organischer Materialien und bei der Verkokung von Kohle (Pyrolyse), andererseits aber auch auf "natürlichem" Wege bei der Genese von Erdöl- und Kohlelagerstätten. Bei der Betrachtung der jeweiligen PAK-Profile sind jedoch große Unterschiede zu erkennen. Bei der unvollständigen thermischen Zersetzung verläuft der Bildungsweg meistens über Acetylenzwischenstufen und Radikalreaktionen zu thermodynamisch stabilen, unsubstituierten PAK-Grundkörpern, wobei die 16 EPA-PAKs die wichtigsten Vertreter dieser großen Stoffklasse sind. Dagegen dominieren im Mineralöl alkylsubstituierte PAKs einiger weniger Grundkörper, die sich im Laufe von Millionen Jahren aus vorhandenen biogenen Strukturen gebildet haben. Die Mehrzahl dieser PAKs sind Methylderivate der Grundkörper Naphthalin, Biphenyl, Fluoren, Phenanthren, Fluoranthen, Pyren, Benzo[a]fluoren, Benzo[a]anthracen, Chrysen, Benzo[b]fluoranthen und Benzo[e]pyren (Grimmer et al., 1983).

3. Analytik

3.1 Extraktion von Bodenproben

Neben der Sorgfalt bei der Probennahme und -vorbereitung bestimmt vor allem die Auswahl des Extraktionsverfahrens und des Extraktionsmittels das Ergebnis der Analytik. Die Komplexität des Vielstoffgemisches Mineralöl in Verbindung mit der vielschichtigen Matrix Boden erschwert die Erstellung einer allgemeinanwendbaren Vorgehensweise in der Analytik. Denn die Vollständigkeit der Extraktion hängt zum einen von der Art der Mineralöl- bzw. PAK-Kontamination und zum anderen von den gegebenen Bodenbedingungen wie Korngrößenverteilung, Humusgehalt und Mineralienzusammensetzung ab.

Der eigentlichen Bodenextraktion geht in den meisten Fällen eine Trocknung des Probenmaterials voraus. Diese Trocknung dient der Vermeidung von Emulsionsbildungen und soll der Tatsache Rechnung tragen, daß unpolare Lösungsmittel nicht mit der Bodenporenlösung und der Hydrathülle der Bodenpartikel in Wechselwirkung treten können.

Unter den Trocknungsverfahren ist die Verreibung mit Natriumsulfat, vor allem in Verbindung mit der Soxhlet-Extraktion, am weitesten verbreitet. Andere Trocknungsmethoden wie Luft-, Trockenschrank- (105 °C), Vakuum- oder Gefriertrocknung sind zeitaufwendiger und haben den Verlust an leichtflüchtigen Verbindungen (z.B. Naphthaline) zur Folge. Eigene Untersuchungen haben zudem gezeigt, daß bei der Extraktion naturfeuchter Bodenproben, vor allem in Verbindung mit der Ultraschallextraktion, höhere Ausbeuten erzielt werden.

Unter den Extraktionsverfahren kommen im wesentlichen folgende Methoden zur Anwendung: Die Kaltextraktion durch Ausschütteln oder Ultraschalleinwirkung und

die Heißextraktion am Rückfluß, im Soxtec-Gerät oder in einer Soxhlet-Apparatur.
Von uns bevorzugt wird die Ultraschallextraktion mit den entscheidenden Vorteilen der Zeitersparnis, dem geringeren Lösungsmittelverbrauch, dem reduzierten Verlust an leichtflüchtigen und thermolabilen Verbindungen sowie den z.T. höheren Extraktionsausbeuten (vor allem wichtig bei schluff- und tonhaltigen Bodenmaterialien). Durch den hochfrequenten (20-30 KHz) Schallwechseldruck kommt es zu Kavitationserscheinungen, die zu einem Aufbrechen der Bodenaggregate und einer verstärkten Turbulenz im Grenzschichtbereich führen. Dadurch wird der Stofftransport und -austausch erheblich verbessert und die Extraktionszeit entsprechend verkürzt. Jedoch müssen bei dieser Methode wichtige Randbedingungen eingehalten werden, um die Reproduzierbarkeit dieses Verfahrens zu gewährleisten. Hierzu gehören der Wasserstand im Ultraschallbad, die Eintauchtiefe der Probengefäße, die Temperatur, die Extraktionszeit, die Lösungsmittelmenge sowie die Stärke und Lage des Ultraschallfeldes.
Bei der Auswahl eines geeigneten Extraktionsmittels besteht immer das Bestreben, das Optimum für eine möglichst effektive Extraktion des Analyten bei möglichst geringer Erfassung von Begleitsubstanzen zu finden. Bisher haben sich besonders die halogenierten Lösungsmittel wie Dichlormethan und 1,1,2-Trichlortrifluorethan (Freon 113) sowie das Lösungsmittelgemisch Aceton/Cyclohexan (50:50, v/v) bewährt. In letzter Zeit kam zu den organischen Lösungsmitteln noch die vielversprechende Extraktion mit überkritischen Fluiden hinzu (SFE = **S**upercritical **F**luid **E**xtraction).
Bei der Extraktion von humusreichen Bodenproben sollte der Extraktion eine Verseifung mit methanolischer Kaliumhydroxid-Lösung folgen (Eschenbach et al., 1991). Durch diese alkalische Hydrolyse werden die Huminstoffe in Lösung gebracht, vorhandene Esterbindungen gespalten sowie die bevorzugt von PAKs ausgebildeten "Charge-Transfer-" (Ladungsübertragungs-) Komplexe gebrochen (Ziechmann, 1977). Die in Abbildung 1 dargestellten Ergebnisse einer Abbaustudie zeigen eindrucksvoll wie hoch die an die organische Substanz adsorbierten bzw. inkorporierten PAK-Anteile sein können.
Extraktionsergebnisse einer mit polaren aromatischen Kohlenwasserstoffen (möglichen Metaboliten) gespiketen Bodenprobe haben gezeigt, daß diese Verbindungsklasse mit den herkömmlichen Extraktionsverfahren (Soxhlet oder Ultraschall) und Extraktionsmitteln (Dichlormethan, Ethylacetat) nicht ausreichend erfaßt werden. Die Ergebnisse machen deutlich, daß aromatische Hydroxy- und Dihydroxyverbindungen derart stark an die Bodenmatrix gebunden werden, daß eine quantitative Erfassung dieser Stoffgruppe nicht gewährleistet ist (Ausbildung von "bound residues"). Lediglich die eingesetzten Keto- und Chinonverbindungen konnten mit

zufriedenstellenden Ausbeuten extrahiert werden. Es ist daher dringend erforderlich, zunächst von der analytischen Seite her sicherzustellen, daß keine gesundheitlich bedenklichen Stoffwechselprodukte im behandelten Boden zurückbleiben.

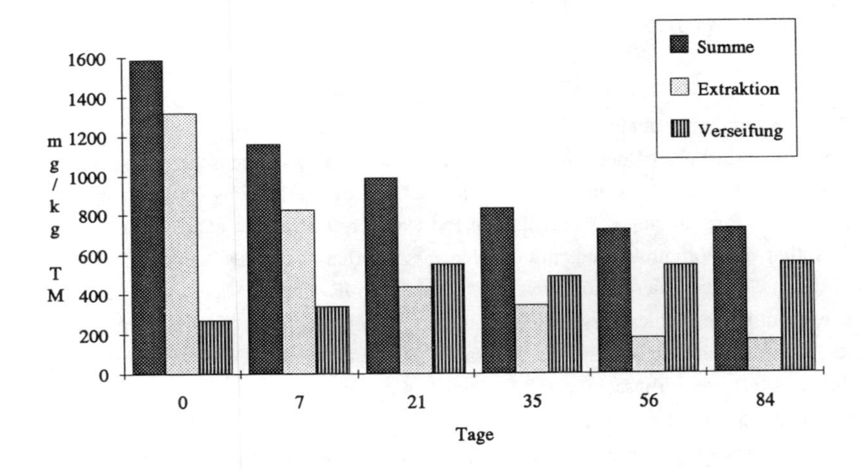

Abb.1: Ergebnisse einer PAK-Abbaustudie über 84 Tage (PAK-Altlast + Kompost im Verhältnis von 2:1; in Zusammenarbeit mit Prof. R. Stegmann). Angegeben sind die Werte der 16 EPA-PAKs aus Extraktion (Ultraschall, Ethylacetat), Verseifung und der Summe beider Verfahren.

3.2 Analysenmethoden

Es können generell zwei Arten der chemischen Analytik unterschieden werden: Die Bestimmung von Summenparametern und die Einzelstoffanalytik. Unter den Summenparametern werden zur ersten Orientierung der Schadenssituation folgende Untersuchungsmethoden vorgeschlagen:

1. Glühverlust,
2. Organischer Extrakt,
3. Spektroskopische Messungen (IR und UV),
4. Säulenchromatographische Strukturtypentrennung mit anschließender gravime trischer Bestimmung der Fraktionen,
5. Biotests.

Die Nachteile dieser Verfahren liegen darin, daß weder Aussagen über die molekulare Zusammensetzung noch über die stofflichen Veränderungen während einer Sanierungsmaßnahme möglich sind. Für eine fundiertere Aussage sollten daher folgende chromatographischen Analysenmethoden herangezogen werden:
1. GC-FID oder GC-MS,
2. HPLC-Fl/UV-DAD.

3.2.1 Summenparameter

Der Glühverlust einer Bodenprobe zeigt den Gesamtgehalt an organischer Substanz im Boden an (Humus und organische Schadstoffe). In Verbindung mit der gravimetrischen Bestimmung des organischen Extraktes ergibt sich ein erstes Maß für die Quantität der Verunreinigung mit Kohlenwasserstoffen und PAKs. Erste Hinweise über den Charakter dieser Kohlenwasserstoffe können IR- und UV-Spektren liefern.
Die quantitative Kohlenwasserstoffbestimmung mittels IR-Spektroskopie wird in der Regel in Anlehnung an die für Wasserproben entwickelte DEV H-18-Methode durchgeführt. Beim Einsatz dieser IR-Methode auf Bodenproben sind jedoch folgende wichtige Aspekte zu beachten:
1. Der Boden ist im Vergleich zum Wasser eine wesentlich komplexere und stärker variierende Matrix, so daß die Meßergebnisse von der Bodenart und dem eingesetzten Extraktionsverfahren abhängen.
2. Bei geringer Schadstoffkonzentration, z.B. am Ende einer Sanierung, ist keine Differenzierung zwischen originären, bodenbürtigen und mineralölstämmigen Kohlenwasserstoffen mehr möglich. Dies kann bei einem vorgegebenen Sanierungsleitwert eine unmittelbare Auswirkung auf die Dauer und den Erfolg einer Sanierungsmaßnahme haben.

3. Die Extinktion der aromatischen CH-Valenzschwingung besitzt im Vergleich zu den CH_2- und CH_3-Banden eine deutlich geringere Intensität. Bei einem hohen Gehalt an aromatischen Kohlenwasserstoffen werden daher systematisch zu niedrige Werte angezeigt. Es ist daher ratsam, die Kalibrierung möglichst mit der jeweiligen Mineralölkontamination durchzuführen und nicht mit dem in der Norm vorgeschlagenen gesättigten Kohlenwasserstoff Squalan.
4. Die chromatographische Aufreinigung über Aluminiumoxid zur Abtrennung lipophiler Stoffe, die nicht zur Gruppe der Kohlenwasserstoffe gehören, birgt einige Gefahren in sich. So werden mit dieser Methode auch die polaren Stoffwechsel-

produkte und ein Teil der aromatischen Kohlenwasserstoffe adsorbiert und somit der weiteren Untersuchung entzogen.
Die Kohlenwasserstoff-Gruppentrennung liefert nähere Informationen über die Veränderungen einer Mineralölkontamination im Laufe der Zeit, z.B. während einer biologischen Sanierung. Dazu werden die Bodenextrakte einer Flüssigkeitschromatographie im präparativen Maßstab unterzogen und die Fraktionen Aliphaten, Aromaten und polarer Rest gravimetrisch bestimmt (Püttmann, 1988). Während der Biodegradation kommt es innerhalb dieser Komponentenverteilung zu einer deutlichen Verlagerung von den aliphatischen Kohlenwasserstoffen hin zu den persistenteren polaren Verbindungen.

Biologische Testverfahren zur Schadstoffbewertung sind eine sinnvolle Ergänzung des Analysenspektrums zur Gefährdungsabschätzung und zur Beurteilung der biologischen Sanierungsmöglichkeit (Ahlf, 1992). Testverfahren liegen zum Teil vor (wie Leuchtbakterientest, Keimungs- und Wachstumstests, Enzymaktivitätstests), müssen aber noch den unterschiedlichsten Bodenverhältnissen und Kontaminationsarten angepaßt werden.

3.2.2. Detailanalytik

Zur fundierteren Beurteilung von Bodenkontaminationen mit Mineralölen ist der Einsatz aufwendigerer instrumentell-analytischer Verfahren unerläßlich. Die kapillargaschromatographische Analyse mit Flammenionisationsdetektion (FID) ist geeignet, einen Überblick über die Anwesenheit und Konzentration von Einzelverbindungen zu liefern. Über den Siedeverlauf können Informationen über die Mineralölart gewonnen werden, die für die Verunreinigung verantwortlich ist. Eine derartige "finger-print"-Analytik liefert daneben einen ersten Hinweis zum Degradationsgrad der Mineralölkontamination.

Die analytische Charakterisierung der aus toxikologischer Sicht relevanten aromatischen Kohlenwasserstoffe erfordert einen zusätzlichen Aufarbeitungsschritt. Mit der Festphasenextraktion (**S**olid **P**hase **E**xtraction = SPE) liegt eine schnelle, einfache und kostengünstige Methode vor, um die aromatischen Kohlenwasserstoffe aus der komplexen Mineralölmatrix zu isolieren (Bundt et al., 1991). Das verwendete System besteht aus einer 8 ml Glastrennsäule, gefüllt mit 2 g aktiviertem Kieselgel (40 µm Material), welches in zwei Teflonfritten eingebettet wird. Die Fraktionierung in die Strukturtypen Aliphaten, Mono-, Di- und Polyaromaten erfolgt mit einem n-

Pentan/Dichlormethan-Gemisch steigender Polarität. Diese Art der Trennung ist geeignet für Rohöle und deren Destillate (Benzine, Petroleum, Gasöle). Dagegen erfordern Schweröle (Motoren- und Schmieröle) mit einem relativ geringen Aromatenanteil einen zusätzlichen Anreicherungsschritt. Hierzu werden die aromatischen Kohlenwasserstoffe zunächst vom hohen Aliphatenanteil über eine Flüssig/Flüssig-Extraktion mit dem ternären Lösungsmittelgemisch Wasser (Phosphorsäure)/N-Methyl-2-Pyrrolidon/Cyclohexan angereichert und anschließend mittels der oben beschriebenen Festphasenextraktion weiter aufgereinigt (Paschke et al., 1992).
Bodenextrakte einer PAK-Kontamination lassen sich ebenfalls direkt über die Kieselgelphase aufreinigen und somit von aliphatischen und bodenbürtigen organischen Begleitsubstanzen befreien.

Die Identifizierung von Einzelverbindungen erfolgt nach gaschromatographischer Auftrennung über Retentionszeitenvergleich oder massenspektrometrisch (GC-MS). Die GC-MS-Technik bietet darüberhinaus die Möglichkeit, über die sogenannte SIM-Methode (**S**elective **I**on **M**onitoring) nur charakteristische Massenfragmente einer bestimmten Substanzklasse einzublenden (z.B. die Dimethylphenanthrene über die Massenspur m/z=206) und somit alle störenden Begleitstoffe auszublenden.
Während die Gaschromatographie in der Mineralöl- und PAK-Analytik sehr weit verbreitet ist, wird die HPLC bisher nur wenig eingesetzt. Die Vorteile der HPLC-Technik liegen jedoch in der kürzeren Analysenzeit, der Erfassung schwerverdampfbarer, hochmolekularer und polarer Verbindungen sowie in der selektiven und empfindlichen Detektion aromatischer Verbindungen (Bundt et al., 1992). Es können ohne weitere Aufreinigungsschritte das Abbauverhalten der aromatischen Kohlenwasserstoffe verfolgt und das Auftreten von polaren Metaboliten direkt erkannt werden. Letztere eluieren in der Reversed-Phase-Chromatographie im vorderen Chromatogrammbereich und werden somit von den übrigen Verbindungen abgetrennt. Der Einsatz eines Photodiodenarray-Detektors liefert über die Aufnahme von UV-Spektren erste Informationen über die Art eventuell auftretender Metaboliten.
Der entscheidende Nachteil gegenüber der Gaschromatographie liegt jedoch in der begrenzten Trennleistung der verfügbaren HPLC-Säulen, so daß eine möglichst selektive Detektion mittels wellenlängenprogrammierbarer Fluoreszenz- oder UV-Detektion erfolgen muß. Zur Bestimmung der 16 EPA-PAKs ist die HPLC sehr gut geeignet. Der für diese Trennung erforderliche Einsatz an teurem und gesundheitsgefährdenden Acetonitril kann über die Verwendung von Minibore-Säulen (2 mm ID) und einem ternären Gradienten mit Wasser/Methanol/Acetonitril drastisch

gesenkt werden.

Das in Abbildung 2 dargestellte Fließschema stellt die aufgeführten Methoden nochmals im Überblick zusammen:

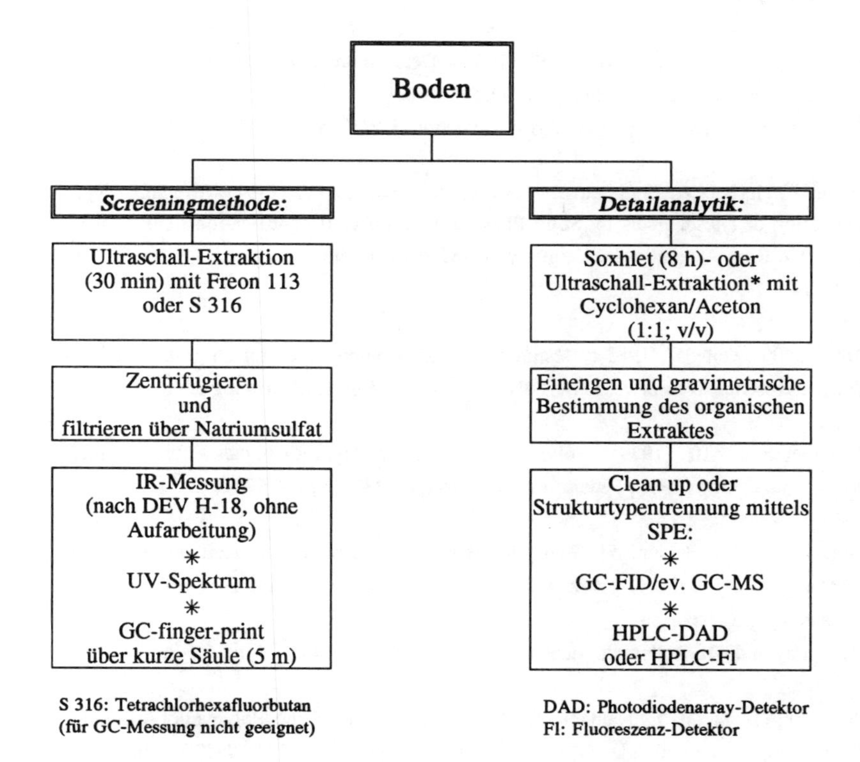

*Bei tonhaltigen Bodenmaterialien ist eine Dispergierung mit 0,4 N $Na_4P_2O_7$-Lösung vor der Extraktion ratsam. Bei humushaltigen Proben sollte der Extraktion eine Verseifung mit methanolischer KOH-Lösung folgen und eine Rückextraktion mit Cyclohexan.

Abb.2: Analysenmethoden zur Charakterisierung von Kohlenwasserstoffen und PAKs in kontaminierten Böden.

4. Literatur

Ahlf, W. (1992): Biotests für Bodenbelastungen: Wertvolle Bewertungshilfen. Altlasten, 1, 26-31

Bundt, J., Herbel, W., Steinhart, H. (1992): Determination of Polycyclic Aromatic Sulphur Heterocycles (PASH) in Diesel Fuel by High-Performance Liquid Chromatography and Photodiode-Array-Detection. HRC, 15, im Druck

Bundt, J., Herbel, W., Steinhart, H., Franke, S., Francke, W. (1991): Structure-Type Separation of Diesel Fuels by Solid Phase Extraction and Identification of the Two- and Three-Ring Aromatics by Capillary GC-Mass Spectrometry.
HRC, 14, 91-98

DIN 38409, Teil 18 (1981): Bestimmung von Kohlenwasserstoffen (DEV H-18). Normenausschuß Wasserwesen im DIN Deutsches Institut für Normung e.V.

EPA Method 610 (1979): Polynuclear Aromatic Hydrocarbons. Environmental Protection Agency (EPA), Federal Register, 44 (No. 233), 69514-69517

Eschenbach, A., Gehlen, P., Bierl, R. (1991): Untersuchungen zum Einfluß von Fluoranthen und Benzo[a]pyren auf Bodenmikroorganismen und zum mikrobiellen Abbau dieser Substanzen.
Mitteilungen d. Dt. Bodenkundlichen Gesellschaft, 63, 91-94

Grimmer, G., Jacob, J., Naujack, K.W. (1983): Profile of the Polycyclic Aromatic Hydrocarbons from Crude Oils. Part 3. Inventory by GC GC/MS. - PAH in Environmental Materials. Fresenius Z. Anal. Chem., 314, 29-36

Matisova, E., Krupcik, J., Cellar, P., Kocan, A. (1985): Quantitative Analysis of Hydrocarbons in Gasolines by Capillary Gas-Liquid Chromatography. II. Isothermal and Temperature-programmed Analysis. J. Chromatogr., 346, 177-190

Paschke, A., Herbel, W., Steinhart, H., Franke, S., Francke, W. (1992): Determination of Polycyclic Aromatic Hydrocarbons in Lubrication Oil. HRC, im Druck

Püttmann, W. (1988): Analytik des mikrobiellen Abbaus von Mineralöl in kontaminierten Böden. In: Wolf, K. (Hrg): Altlastensanierung '88, Bd 1, 189-199, Kluwer Academic Publishers, Dordrecht

Ziechmann, W. (1977): Molekülkomplexe bei Huminstoffen durch e-Donator- und e-Acceptor-Strukturen. Z. Pflanzenernähr. Bodenkd., 140, 133-150

Der Einfluß der Huminstoffe auf die biologische Bodenreinigung - Assoziation organischer Schadstoffe aus Mineralölkontaminationen.

HANS HERMANN RICHNOW, RICHARD SEIFERT und WALTER MICHAELIS

Institut für Biogeochemie und Meereschemie,
Bundesstraße 55, D-2000 Hamburg 13

Einleitung

Verfahren biologischer Bodenreinigung werden mit dem Ziel eingesetzt, organische Schadstoffe in eine umweltverträgliche Form umzuwandeln. Angestrebt ist dabei eine mikrobiologische Umsetzung des Schadstoffes zu Biomasse oder CO_2. Besonders bei resistenten Verbindungen, wie z.B. mehrkernigen polycyclischen Kohlenwasserstoffen (PAK), gelingt dies jedoch nur unvollständig. Häufig erfolgt der biologische Abbau nicht bis zu den gewünschten Endprodukten sondern führt zur Akkumulation von Zwischenprodukten, sogenannten Metaboliten, die sauerstoffhaltige Substituenten wie Keto-, Hydroxy- und Carboxyl-Gruppen enthalten. Die biochemischen Abbauwege, ihre Effektivität und Kinetik sind für mineralölstämmige Verbindungen und Xenobiotika in den letzten Jahren intensiv untersucht und diskutiert worden (Müller & Lingens, 1988; Gibson & Subramanian, 1984; Cernigilia & Heitkamp, 1989; Commandeur & Parson, 1990; Mahro & Kästner, 1992). Im Falle der PAKs sind einige der Metabolite gegenüber ihren Ausgangsverbindungen als toxikologisch wesentlich bedenklicher anzusehen (Daly et al., 1972; Gibson & Subramanian, 1984). Verglichen mit ihren relativ inerten Vorläufern sind diese Metabolite allgemein wasserlöslicher, besitzen eine höhere chemische Reaktivität und können wesentlich leichter mit organischen Bestandteilen von Böden reagieren. Mit einer Anbindung solcher Metabolite an die organische Bodenmatrix sollte eine deutliche Verminderung der akuten Toxizität der Schadstoffe verbunden sein. Nicht bekannt ist jedoch, in wieweit diese 'Neutalisation' permanent oder nur vorübergehend ist, und ob sie zu einer generell geringeren Bioverfügbarkeit der entsprechenden Schadstoffe führt.

Die Assoziation von organischen Schadstoffen und, besonders deren Metabolite, mit der Huminfraktion ist daher ein Prozeß, dem große ökologische Bedeutung zukommt. Für die Beurteilung einer Schadstoffbelastung bzw. des Erfolges einer biologischen Sanierungsmaßnahme spielt die Kenntnis über Art und Umfang solcher Assoziationen von Schadstoffen mit der Huminfraktion des Bodens eine zentrale Rolle.

Mit Huminstoffen assozierte Komponenten sind vielen Untersuchungsverfahren nicht zugängig; sie lassen sich nicht einfach mit Lösungsmitteln extrahieren. Entsprechend ist die Summe an verläßlichen analytischen Daten, die zu dieser Fragestellung verfügbar ist, relativ gering. Gegenwärtig werden daher eine Anzahl von Studien durchgeführt, um eine verbesserte Kenntnis der Bindungsformen von organischen Schadstoffen und deren Metaboliten an die Huminfraktion des Bodens zu gewinnen.

Umfang der Metabolitenbildung

Laborstudien zur mikrobiellen Umsetzung von radioaktiv markierten PAKs zeigen die quantitative Bedeutung der Metabolitenbildung. Bumpus (1989) konnte bei einer 27 tägigen Laborstudie mit *Phanerochaete chrysosporium* in einem Flüssigmedium einen effektiven Abbau (93%) markierten Phenanthrens erzielen (Abb. 1).

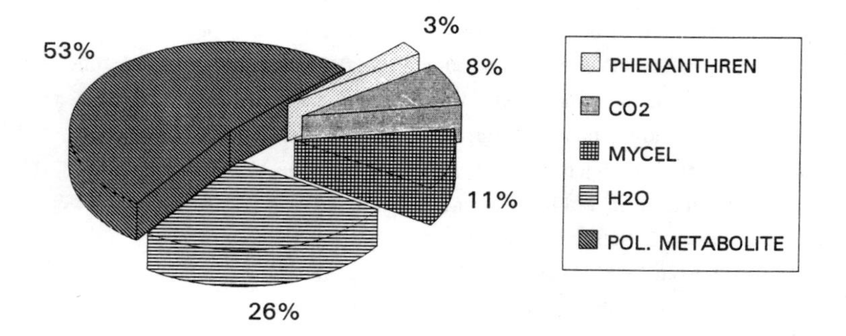

Abb. 1: Phenanthrenabbau und Metabolitenbildung in einer Flüssigkultur von *Phanerochaete chrysosporium* nach 27 Tagen Reaktionszeit (nach Bumpus, 1989).

Dabei wurden nur geringe Mengen zu CO_2 (7,9%) mineralisiert oder in der Biomasse gebunden (11,2%). Die wesentlichen Anteile der radioaktiven Markierung wurden als wasserlösliche Verbindungen (25,7%) und als polare, mit organischen Lösungsmitteln extrahierbare Metabolite (52,7%) aufgefunden.

Ensprechende Untersuchungen an Böden ergeben einen wesentlich geringeren Anteil an extrahierbaren Metaboliten (Abb. 2). Die radioaktive Markierung geht hier

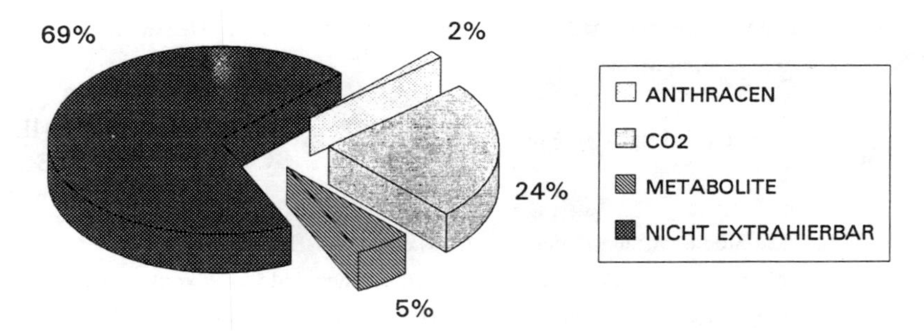

Abb. 2: Anthracenabbau und Metabolitenbildung nach 4 Monaten Reaktionszeit in einem Boden mit mineralöladaptierten Mikroorganismen.

vorrangig in die mit organischen Lösungsmitteln nicht extrahierbare Fraktion (Hosler et al., 1988). Dieser Anteil entspricht etwa den extrahierbaren, polaren Metaboliten der Flüssigkultur. Vergleichbare Untersuchungen für Anthracen zeigen ebenfalls polare, wasserlösliche Metabolite zu großen Anteilen (82%), während in Sedimenten bis über 90% der Aktivität gebunden vorliegen kann (Herbes, 1981).

Schadstoffbindung an Huminstoffe

Wesentliches Substrat für die Bindung von organischen Schadstoffen an Bodenbestandteile bilden Huminstoffe (Bollag & Loll, 1983), deren spezifische Oberfläche mit ungefähr 2000 m^2/g sehr viel größer als die der Tonminerale und Metalloxide ist (Weber, 1988).

Eine Bindung der Schadstoffe oder Metabolite an diese Huminstoffe stellt damit zunächst eine Schadstoffsenke dar; ein Effekt, den man unter anderem bei der Zugabe von huminstoffähnlichen Substraten wie Komposten bei der biologischen Sanierung nutzt. Zusätzlich stimuliert der Zusatz von Komposten dabei die Metabolisierung von PAKs zu CO_2 (Martens, 1982; Stegmann et al., 1991; Heerenklage et al., 1992). Eine Entgiftung durch Bindung an Bodenhuminstoffe sollte nach Bollag & Loll (1983) jedoch kritisch betrachtet werden, solange eine mögliche Remobilisierung des Schadstoffes aus einem Huminstoff nicht eindeutig geklärt ist.

Anhaltspunkte zur Beurteilung der Bindungsstabilität und möglichen Remobilisierung eines huminstoffgebundenen Schadstoffes liefern strukturchemische Untersuchungen. Die von uns angewendete strukturelle Analyse der huminstoffgebundenen Rückstände basiert auf einer selektiven Spaltung der Bindungen in der makromolekularen Huminstoffmatrix mit chemischen Methoden (Michaelis et al., 1989; Richnow et al., 1992). Die niedermolekularen Reaktionsprodukte werden isoliert und mit konventionellen chemischen Methoden wie GC und GC-MS auf den Gehalt an Schadstoffen und deren Metaboliten untersucht:

Boden PAK → HUMINSÄUREN —chemischer Abbau→ CHROMATOGRAPHIE GC/MS - ANALYSE

Für diese Studie wurden Bodenproben aus einem Ah-Horizont mit jeweils 100μg/g Naphthalin, Phenanthren, Anthracen Fluoranthen und Pyren kontaminiert und in einem Bioreaktor biologisch abgebaut. Die Versuchsbedingungen sind bei Mahro et al. (1993) in diesem Band beschrieben. Nach 100 Tagen Reaktionszeit wurde der Boden auf die Konzentrationen der Ausgangsverbindungen und Metabolite untersucht. Hauptaugenmerk lag dabei auf den Metaboliten, deren chemische Struktur Hinweise auf die Ausgangsverbindung liefert (Abb. 3). Zur Kontrolle wurde der unkontaminierte Referenzboden analysiert.

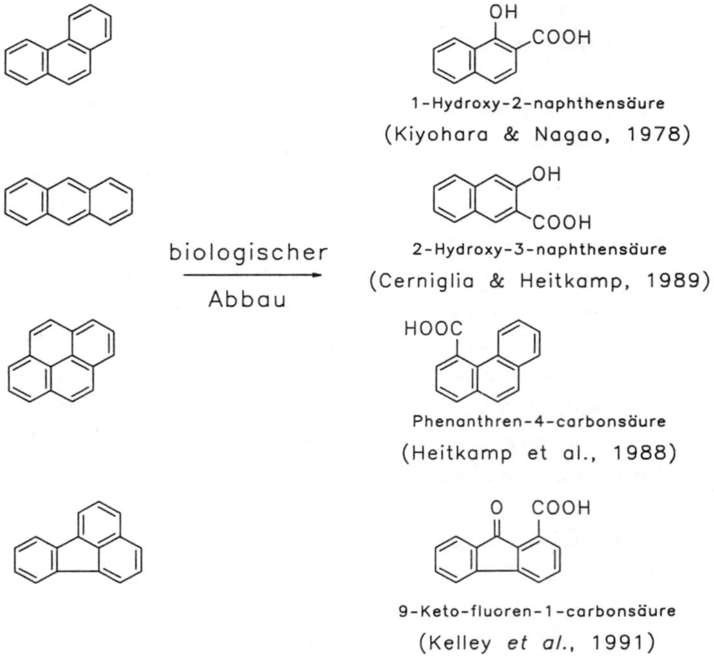

biologischer Abbau →

OH COOH
1-Hydroxy-2-naphthensäure
(Kiyohara & Nagao, 1978)

OH COOH
2-Hydroxy-3-naphthensäure
(Cerniglia & Heitkamp, 1989)

HOOC
Phenanthren-4-carbonsäure
(Heitkamp et al., 1988)

O COOH
9-Keto-fluoren-1-carbonsäure
(Kelley *et al.*, 1991)

Abb. 3: Polycyclische aromatische Kohlenwasserstoffe und deren Metabolite, die in dieser Studie untersucht wurden.

	REFERENZBODEN (Ah 1)		KONTAMINIERTER BODEN				
	Extraktion Boden	alk. Vers. Boden	Extraktion Boden		alk. Vers. Boden	alk. Vers. Huminsäuren	
	[ng/g]	[ng/g]	[ng/g]	[*]	[ng/g]	[ng/g]	[*]
Phthalsäure	tr.	2236	tr.		2816	1326	*47*
Hydroxy-naphthensäure	-.-	-.-	-.-		733	516	*70*
Phenanthren-4-carbonsäure	-.-	-.-	141	*23*	605	287	*47*
9-Keto-fluoren-1-carbonsäure	-.-.	-.-	-.-		480	248	*52*
Naphthalin	-.-	-.-	-.-		tr.	-.-	
Phenanthren	8	tr.	154	*11*	1348	632	*47*
Anthracen	10	tr.	27	*6*	475	415	*87*
Fluoranthen	44	tr.	525	*34*	1524	920	*63*
Pyren	22	tr.	413	*23*	1804	1266	*70*

tr. = Traces   * = Anteil an der Gesammtmenge aus der alkalischen Verseifung des Bodens [%]

Tab. 1: Konzentrationen der PAHs und einzelner Metabolite. (Extraktion: 2x Ethylacetat; 1x Dichlormethan/Methanol (v/v; 3/1), jeweils 15 min. Ultraschall. Alkalische Verseifung: 48 Std. Rückfluß unter Argonatmosphäre, 6% KOH in Methanol).

Der organische Kohlenstoffgehalt des Ah-Horizontes betrug 1,1%. Die Ergebnisse der Extraktion und des chemischen Abbaus sind in Tabelle 1 zusammengefaßt.

Naphthalin wurde weder im Referenzboden noch in der kontaminierten Probe nachgewiesen. Es konnten auch keine eindeutigen Metabolite von Naphthalin bestimmt werden.

Nur ein kleiner Teil der bei der alkalischen Verseifung des Gesamtbodens gefundenen Menge der nicht abgebauten PAKs ist mit organischen Lösungsmitteln extrahierbar (6 - 34%); ein weit größerer Anteil ist an die Huminsäuren gebunden (47 - 87%). Darüberhinaus ist ein geringerer Anteil (3 - 42%) an andere organische oder anorganische Bodenbestandteile gebunden. Insgesamt wurden von den pro Schadstoff eingesetzten 100μg/g kein Naphthalin, 1348 ng/g Phenanthren, 475 ng/g Anthracen, 1524 ng/g Fluoranthen und 1804 ng/g Pyren, entsprechend 0 bis 1,8%, wiedergefunden.

Polare Metabolite konnten nur in geringem Umfang extrahiert werden; signifikante Mengen wurden jedoch durch die esterspaltende Verseifung des Gesamtbodens freigesetzt. Sie bilden vermutlich estergebundene integrale Bestandteile der makromolekularen Huminstoffe. 47 - 70 % dieser gebundenen Metabolite sind mit den Huminsäuren assoziiert.

Neben spezifischen Metaboliten, in deren chemischer Struktur die Ausgangsverbindungen erkennbar sind, wurden auch Metabolite wie o-Phtalsäure in relativ großen Konzentrationen gefunden. Der Struktur dieser Produkte kommt jedoch keine "Markerfunktion" zu. Die hohe Konzentration der o-Phtalsäure im Referenzboden deutet dabei auf vornehmlich natürliche Quellen dieser Verbindung hin.

Metabolite, die durch den chemischen Abbau (alkalische Verseifung Boden) freigesetzt werden konnten und deren Bildung aus dem mikrobiologischen Abbau von PAKs in Flüssigkulturen beschrieben ist (Abb.3), sind Hydroxynaphthensäuren, Phenanthren-4-carbonsäure und 9-Keto-fluoren-1-carbonsäure. Eine ausgesprochene Anreicherung dieser spezifischen Metabolite in dem verseifbaren Teil des gesamten Bodens wurde jedoch nicht beobachtet. Nur etwa 480 bis 733 ng/g (ca. 0,5- 0,7% der jeweiligen 100 μg/g Ausgangsverbindung) konnten in dieser Fraktion nachgewiesen werden.

Zwischenprodukte des mikrobiologischen Abbaus von PAKs konnten auch bei der Untersuchung von Huminsäuren eines kontaminierten Standortes isoliert werden. In Analogie zum bakteriellen Abbau von Phenanthren (Abb. 3) können Methylphenanthrene also typische Erdölprodukte, mikrobiell vermutlich zu Methylhydroxynaphthensäuren degradiert werden. Solche Komponenten wurden aus den chemischen Abbauprodukten von Huminsäureisolaten dieses mineralölkontaminierten Bodens isoliert (Abb. 4). Dies legt nahe, daß die Bindung von PAK-Metaboliten an

Huminsäuren nicht auf die Bedingungen des Laborversuches beschränkt sondern vielmehr von genereller Bedeutung ist.

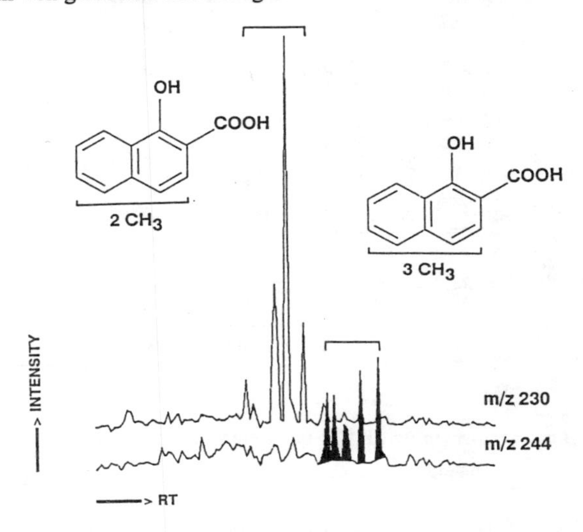

Abb. 4: Die Ionenchromatogramme m/z 230 und m/z 244 zeigen Hydroxynaphthensäuren mit 2 bzw. 4 Methylsubstituenten. Die methylierten Hydroxynaphthensäuren wurden durch den chemischen Abbau einer Huminsäure eines kontaminierten Standortes gewonnen.

Mit den in dieser Studie eingesetzten Verfahren des chemischen Abbaus läßt sich nur ein kleiner Teil von weniger als 5% der zugesetzten PAKs in Form der Ausgangsverbindungen und spezifischer Metabolite nachweisen. Als Folge der genannten Laborversuche mit markierten Verbindungen (Herbes, 1981; Hosler et al., 1988; Heerenklage et al., 1992) muß angenommen werden, daß ein großer Teil der nicht remineralisierten Kontaminanten bzw. ihrer Metabolite nach einem Mechanismus mit den Bodenhuminstoffen assoziiert, der mit den angewandten chemischen Abbaumethoden nicht nachweisbar ist. In Abbildung 5 sind mögliche Bindungen von organischen Schadstoffen und deren Metabolite an Huminstoffe in Abhängigkeit ihrer Bindungsstabilität zusammengestellt:

- Unpolare Komponenten können über van der Waal'sche Kräfte und hydrophobe Wechselwirkung an aliphatische Teilstrukturen der Huminstoffe angelagert werden (Müller-Wegener, 1988). Zum Beispiel kann die erhöhte Wasserlöslichkeit von aliphatischen Komponenten bei steigenden Huminsäuregehalten durch hydrophobe

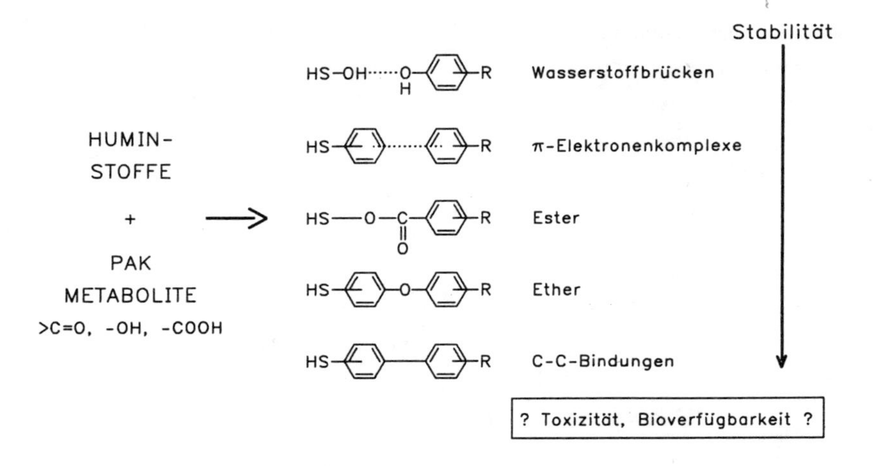

Abb. 5: Mögliche Bindungsformen von PAKs und deren Metabolite an Huminsäuren nach ansteigender Stabilität.

Wechselwirkung erklärt werden (Karickhoff, 1984). Bindungen über Van der Waal'sche Kräfte und hydrophobe Wechselwirkung besitzen eine relativ geringe Stabilität; in dieser Weise gebundene Komponenten sollten mit organischen Lösungsmitteln weitgehend extrahierbar sein.

- Die funktionellen Gruppen der Metabolite und Huminstoffe können Wasserstoffbrückenbindungen bilden. Die Stabilität der Wasserstoffbrückenbindung ist vom pH-Wert abhängig und wird von der Acidität des Bodens bestimmt. Die Bedeutung von Wasserstoffbrückenbindungen in Huminstoffen wurde von Schnitzer (1978) diskutiert.
- Elektronenaustauschkomplexe können sich zwischen aromatischen Teilstrukturen von Humin- und Schadstoffen bilden. Dieser Bindungstyp wurde von Ziechman (1980) für Huminstoffe eingehend beschrieben. Über Elektronenaustauschkomplexe gebundene Komponenten sind durch organische Lösungsmittel vermutlich nicht vollständig extrahierbar.
- Die Kondensation von Hydroxyl- und Carboxylgruppen kann zur Bildung von Esterbindungen führen. Mikrobiologisch gebildete Metabolite von PCBs und Methylphenanthrenen wurden als estergebundene Teilstrukturen in Huminsäuren nachgewiesen (Richnow et al., 1992). Estergebundene Komponenten werden bei der Verseifung freigesetzt.

- Phenolische Verbindungen können im natürlichen Bodenmaterial zu chinoiden Verbindungen oxidiert werden. Eine Anbindung von Chinonen, möglicherweise auch enzymkatalysiert, an Huminstoffe wird von verschiedenen Autoren vermutet (Ziechman, 1980; Martin et al., 1975; Rashid, 1985). Dabei können Phenylether-bindungen gebildet werden, die schwer hydrolisierbar sind und eine hohe Stabilität besitzen.
- Die oxidative Kopplung phenolischer Komponenten kann zu einer Kohlenstoff-Kohlenstoff Bindung an Huminstoffe führen (Flaig, 1977; Ziechmann, 1980). Phenoloxidierende und andere Enzyme spielen vermutlich eine wesentliche Rolle bei einer solchen Anbindung von Schadstoffen (Bollag & Loll, 1983; Bollag et al., 1988; Claus & Filip, 1991).

Mit der Extraktion und Verseifung werden nur die Komponenten erfaßt, die über weniger stabile Bindungen (van der Waal, Wasserstoffbrücken), π-Elektronen-komplexe und Esterbindungen assoziiert sind. Die Ergebnisse deuten darauf hin, daß der quantitativ überwiegende Teil der Metabolite über Bindungen hoher Stabilität festgelegt ist und nur sehr schwer remobilisiert werden kann.

Literaturverzeichnis

Bollag, J.M., Loll M.J. (1983): Incorporation of xenobiotics into soil humus. *Experientia* **39,** 1221-1230.

Bollag, J.M., Shuttleworth K.L., Anderson D.H (1988): Laccase-mediated detoxification of phenolic compounds. *Appl. Env. Microbiol.* **54**, 3086-3091.

Bumpus, J. (1989): Biodegradation of polycyclic aromatic hydrocarbons by Phanerochaete chrysosporium. *Appl. Environ. Microbiol.* **55**, 154-158.

Cerniglia, C.E., Heitkamp, M.A. (1989): Microbial degradation of polycyclic aromatic hydrocarbons in the aquatic environment. In *Metabolism of polycyclic aromaic hydrocarbons in the aquatic environment* (Hrsg. Varanasi, U.) 41-68, CRC Press Inc. Boca Raton, Florida.

Claus, H., Filip, Z. (1991): Phenoloxidierende und andere Enzyme als Mittel zur Umwandlung organischer Schadstoffe im Boden und Grundwasserbereich. *Forum Städte-Hygiene* **42**, 214-223.

Commandeur, L.C.M., Parson, J.R. (1990): Degradation of halogenated aromatic compounds. *Biodegradation* **1,** 207-220.

Daly, J.W., Jerina, D.M., Witkop, B. (1972): Arene oxides and the NIH shift: The metabolism, toxicity and carcinogenity of aromatic compounds. *Experientia* **28,** 1129-1264.

Flaig, W. (1977): Contribution of soil organic matter in the system soil - plant. In *Environmental Biogeochemistry and Geomicrobiology* (Hrsg. Krumbein, W. E.) **2**, 419-435, Ann Arbor, MI: Ann Arbor Science Publishers.

Gibson, D.T., Subramanian, V. (1984): Microbial degradation of aromatic hydrocarbons. In *Microbial degradation of organic compounds* (Hrsg. Gibson, D.T.) 181-252, Marcel Dekker, Inc.

Heerenklage, J., Breuer-Jammali, M., Kästner, M., Stegmann R., Mahro, B. (1992): Balance of anthracene and hexadecane degradation in soil-compost mixtures. *Soil Biol. Biochem.* im Druck.

Heitkamp, M.A., Franklin W., Cerniglia, C.E. (1988): Microbial metabolism of polycyclic aromatic hydrocarbons - isolation and characterization of a pyren-degradaing bacterium. *Appl. Environ. Microbiol.* **54**, 2549-2555.

Herbes, S.E. (1981): Rates of microbial transformation of polycyclic aromatic hydrocarbons in water and sediments in the vicinity of a coal-cooking wastewater discarge. *Appl. Environm. Microbiol.* **41**, 20-28.

Hosler, K.R., Bulman, T.L., Fowlie, P.J.A. (1988): Der Verbleib von Naphthalin, Anthracen und Benzpyren im Boden bei einem für die Behandlung von Raffinerieabfällen genutzten Gelände. In *Altlastensanierung 1988* (Hrsg. Wolf, K. et al.) 111-113, Kluwer, Dordrecht.

Karickhoff, S.W. (1984): Organic pollutant sorption in aquatic systems. *J. Hydraul. Eng.* **110**, 707-735.

Keeley, I., Freeman, J.P., Evans, F.E., Cerniglia, C.E. (1991): Identification of a carboxylic acid metabolite from the catabolism of fluoranthene by a *Mycobacterium sp.*. *Appl. Environ. Microbiol.* **57**, 636-641.

Kiyohara, H., Nagao, K. (1978): The catabolism of phenanthrene and naphthalene by bacteria. *J. Gen Microbiol.* **105**, 69-75.

Mahro, B., Kästner, M. (1993): Der mikrobielle Abbau polyzyklischer aromatischer Kohlenwasserstoffe (PAK) in Böden und Sedimenten: Mineralisierung, Metabolitenbildung und Entstehung gebundener Rückstände. *Bioengineering* **9**, im Druck.

Mahro, B., Kästner, M., Breuer-Jamali, M., Schäfer, G., Kasche, V. (1993): Untersuchungen zum Verbleib von polycyclischen aromatischen Kohlenwasserstoffen nach Zugaben von abbauaktiven Mikroorganismen. In *Reinigung kontaminierter Böden* (Hrsg. Stegmann, R.) Tagungsband SFB-Seminar, TUHH, im Druck.

Martens, R. (1982): Concentration and microbial mineralisation of four to six ring polycyclic aromatic hydrocarbons in composted municipal waste. *Chemosphere* **11**, 761-770.

Martin J.P., Haider, K., Bondietti E. (1975): Properties of model humic substances synthesized by phenoloxidase and auto-oxidation of phenols and other compounds formed by soil fungi. *Proceedings of the international meeting on humic substances, Nieuwersluis, 1972.* 171-186, PUDOC, Centre for Agricultural Publishing and Documentation, Wageningen.

Michaelis, W., Richnow, H.H., Jenisch, A. (1989): Structural studies of marine and riverine humic matter by chemical degradation. *Sci. Total Env.* **81/82,** 41-50.

Müller, R., Lingens, F. (1988): Der mikrobielle Abbau von chlorierten Kohlenwasserstoffen. *Wasser Abwasser* **129**, 55-60.

Müller-Wegener, U. (1988): Interaction of humic substances with biota. In *Humic substances and their role in the environment*. (Hrsg. Frimmel, F.H., Christman, R.F.) 179-192, Wiley & Sons Ltd.

Rashid, M.A. (1985): Geochemistry of marine humic compounds. Springer-Verlag, New York.

Richnow, H.H., Reidt, C., Seifert, R., Michaelis, W. (1992): Chemical cross-linking of xenobiotica and mineral oil constituents to humic substances derived from polluted environments. In *Proceedings of the 6th International Meeting of the Humic Substance Society, 1992* (Hrsg. Senesi, N., Miano, T.M.) Elsevier, Amsterdamm, im Druck.

Schnitzer, M. (1978): Humic substances: Chemistry and reactions. In *Soil organic matter* (Hrsg. Schnitzer, M., Khan, S.U.) Vol **8**. Elsevier Sci. Publish Co, Amsterdamm.

Stegmann, R. Lotter, S, Heerenklage, J. (1991): Biological treatment of oil-contaminated soils in bioreactors. *Proceedings of the internatioanl symposium "in situ and on-site bioreclamation, 1991"* San Diego, im Druck.

Weber, J.H. (1988): Binding and transport of metals by humic material. In *Humic substances and their role in the environment* (Hrsg. Frimmel, F.H., Christman, R.F.), 165-179. Wiley & Sons, 1988.
Ziechmann, W. (1980): Huminstoffe: Probleme, Methoden, Ergebnisse. Verlag Chemie, Weinheim.

3. BIOLOGISCHE VERFAHREN

Grundlagen des biologischen Abbaus von Xenobiotika.

von Rudolf Müller, Arbeitsbereich Biotechnologie II der Technischen Universität Hamburg-Harburg, Denickestraße 15, 2100 Hamburg 90.

Einleitung:

Die Fähigkeit von Mikroorganismen, verschiedene Moleküle abzubauen und sie dabei als Kohlenstoff-, Stickstoff-, Schwefel- oder Energiequelle zu nutzen, ist die Grundlage für alle biologischen Verfahren zur Sanierung von verunreinigten Böden. Daher sind die Kenntnisse dieser Abbauvorgänge eine wichtige Voraussetzung für die Beurteilung, welche Kontaminationen überhaupt biologisch behandelbar und welche Stoffe biologisch abbaubar sind. Bevor ich auf den Abbau der einzelnen Substanzklassen eingehe, möchte ich noch ein paar Bemerkungen machen, wie diese Erkenntnisse in der Regel gewonnen werden, da sich hieraus auch Konsequenzen für die Aussagen ergeben, die basierend auf diesen Kenntnissen gemacht werden können.

Wenn der biologische Abbau einer Substanz untersucht werden soll, wird üblicherweise ein Nährmedium, welches den zu untersuchenden Stoff als einzige C-, N-, oder S-Quelle enthält, mit einem Inoculum einer möglichst komplexen Mischung von Bakterien (Klärschlamm, Boden- oder Wasserproben) versetzt und inkubiert. Von Zeit zu Zeit wird eine Probe entnommen und auf ihren Gehalt an abzubauender Substanz untersucht. Wird ein Abbau festgestellt, dann wird ein Teil des Ansatzes in neues Medium gegeben und wiederum inkubiert. Nach mehreren Transfers werden aus den noch verbliebenen Bakterien diejenigen selektioniert, die den Schadstoff abbauen können. Mit diesen Reinkulturen wird dann versucht, die Abbauwege aufzuklären, indem man Zwischenprodukte in ihrer Struktur bestimmt und die einzelnen Schritte des Abbaus mit aus den Bakterien gereinigten Enzymen nachvollzieht. Hieraus ergeben sich schließlich Abbauschemata, wie ich sie im folgenden für die wichtigsten Schadstoffklassen kurz vorstellen möchte. Die Konsequenzen, die sich für die praktische Anwendung bei der biologischen Sanierung von kontaminierten Böden aus diesem Vorgehen ergeben, möchte ich am Ende dieses Beitrages diskutieren.

Aliphatische Kohlenwasserstoffe:

Aliphatische Kohlenwasserstoffe sind Hauptbestandteile des Erdöls und finden sich in vielen auf Mineralölprodukte zurückgehenden Verunreinigungen. Grundsätzlich werden Alkane von Bakterien leicht abgebaut. In der Regel beginnt der Abbau mit der Oxidation einer terminalen Methylgruppe zum Alkohol. Dieser wird dann über den Aldehyd zur Fettsäure oxidiert, welche schließlich der normalen ß-Oxidation unterliegt (siehe Abbildung 1).

$R\text{-}CH_3$ ----> $R\text{-}CH_2OH$ ----> R-CHO ----> R-COOH ----> ß-Oxidation

Abbildung 1: Der Abbau von Alkanen durch Oxidation einer terminalen Methylgruppe.

Neben dieser terminalen Oxidation wurde vor allem bei verzweigten und zyklischen aliphatischen Verbindungen auch eine interne Oxidation zu entsprechenden sekundären oder tertiären Alkoholen gefunden. Weitere Oxidationen führen dann schließlich zur Spaltung der Kohlenstoffkette und damit zum Abbau dieser Verbindungen. Prinzipiell ist jedoch zu sagen, daß in der Reihe lineare Alkane - Alkene - verzweigte und cyklische Alkane die Abbaubarkeit stark abnimmt. (Müller, 1992)

Aromatische Kohlenwasserstoffe:
Aromatische Verbindungen finden sich ebenfalls vor allem in Erdölprodukten und werden sowohl in Kraftstoffen als auch in Lösemitteln viel verwendet. Der prinzipielle Abbau des aromatischen Kerns sei am Beispiel des einfachsten Aromaten, des Benzols dargestellt (Müller & Lingens, 1983) (siehe Abbildung 2) Der Abbau von Benzol ist sehr genau untersucht worden. Alle Zwischenprodukte des Abbaus wurden isoliert, die beteiligten Enzyme charakterisiert, einige von ihnen wurden kloniert und ihre Gene sequenziert. Der bakterielle Abbau von Benzol beginnt mit einer Oxidation des Moleküls. Diese Oxidation wird durch ein aus drei Komponenten bestehendes Enzymsystem katalysiert, welches zwei Sauerstoffatome in das Molekül einführt und es entsteht ein *cis*-Dihydrodiol. Durch Markierungsexperimente konnte gezeigt werden, daß beide Sauerstoffatome aus der Luft stammen. Es wird daher vermutet, daß diese Reaktion über ein cyclisches Peroxid verläuft. Bei Eukaryonten dagegen wird zunächst ein Epoxid gebildet, welches dann zum *trans*-Dihydrodiol hydrolysiert wird.
Das Dihydrodiol wird im nächsten Schritt unter Abspaltung von Wasserstoff durch eine Dehydrogenase zu Brenzkatechin (engl. Catechol) umgesetzt. Dieses Brenzkatechin kann dann auf zwei verschiedene Arten weiter umgesetzt werden. Durch eine Dioxygenase wird entweder zwischen den OH-Gruppen (*ortho*) oder neben den OH-Gruppen (*meta*) ein Sauerstoffmolekül eingeführt und der Ring wird gespalten. Prinzipiell müssen also beim oxidativen Abbau von Aromaten zunächst zwei OH-Gruppen zur Aktivierung eingeführt werden.
Im *meta*-Weg wird der entstehende 2-Hydroxymuconsäuresemialdehyd entweder zur Säure oxidiert, welche dann decarboxyliert wird, oder aber vom Aldehyd wird direkt Ameisensäure abgespalten. Die entstehende Pentadiensäure lagert dann Wasser an und es entsteht 2-Keto-4-hydroxyvaleriansäure. Diese kann zu Acetaldehyd und Pyruvat (bzw. Essigsäure oder Acetyl-CoA und Brenztraubensäure) gespalten werden (siehe Abbildung 2).

Im *ortho*-Weg wird die erhaltene *cis-cis*-Muconsäure zu einem Lacton isomerisiert. Im nächsten Schritt wird dann die Doppelbindung isomerisiert. Das entstehende Dienlacton wird hydrolysiert zu ß-Ketoadipinsäure (deshalb auch ß-Ketoadipinsäureweg). Diese wird entsprechend dem Fettsäureabbau über den CoA-Ester zu Acetyl-CoA und Succinat, beides Produkte des Citratcyclus, abgebaut (siehe Abbildung 2).

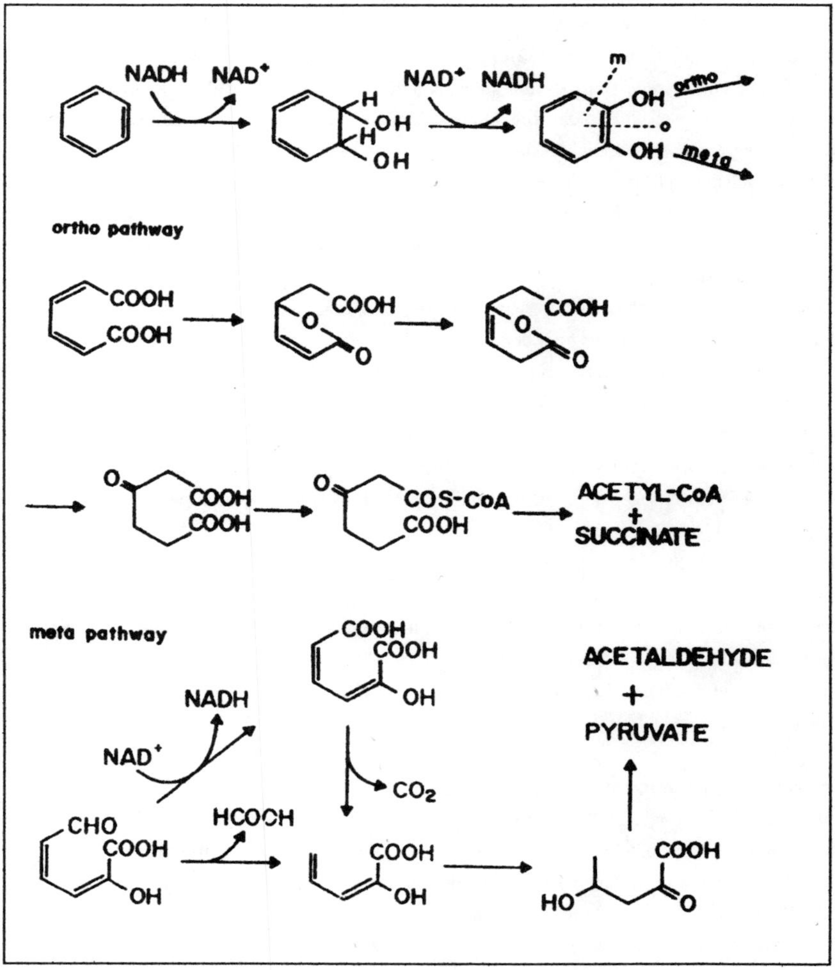

Abbildung 2: Die verschiedenen Abbauwege für Benzol.

Bei substituierten Aromaten gibt es zwei grundsätzliche Möglichkeiten des Abbaus. Entweder wird zuerst der Substituent abgespalten beziehungsweise verändert, und dann wird der Ring abgebaut, oder aber der Abbau des Aromaten erfolgt als ob der Substituent gar nicht vorhanden wäre, und es entstehen über entsprechend substituierte Zwischenprodukte die substituierten Endprodukte. In einigen Fällen führen die substituierten Endprodukte zu Problemen.

Für Toluol wurden entsprechend diesen Überlegungen zwei Abbauwege gefunden. Der weitverbreitete "normale" Abbauweg des Toluols verläuft über die Oxidation der Methylgruppe. Hierbei wird diese Gruppe über den Alkohol und den Aldehyd zur Säure oxidiert. Die entstehende Benzoesäure kann oxidativ decarboxyliert werden und es entsteht Brenzkatechin. Dieses wird in der Regel über den *meta*-Weg abgebaut. Die alternative Route des Abbaus geht über das Dihydrodiol zum Methylbrenzkatechin, welches *meta* gespalten wird. Im nächsten Schritt wird dann anstelle von Ameisensäure Essigsäure abgespalten.

Bei den Xylolen wird immer zunächst eine Methylgruppe oxidiert zur Säure. Nach Decarboxylierung entsteht dann entweder 3- oder 4-Methylbrenzkatechin, welches dann *meta* gespalten wird.

Bei den Kresolen wird zunächst der Ring zum Brenzkatechin oxidiert, es entsteht 3- oder 4-Methylbrenzkatechin, welches über den *meta*-Weg abgebaut wird.

Prinzipiell läuft der Abbauweg der mehrkernigen polycyclischen aromatischen Kohlenwasserstoffe (PAKs) ähnlich zum Benzolabbau (Cerniglia, 1984). Zuerst wird ein *cis*-Dihydrodiol durch eine Dioxygenase gebildet. Dieses wird durch eine Dehydrogenase zum Diol umgewandelt. Dann wird der Ring neben den OH-Gruppen gespalten. Im nächsten Schritt wird Pyruvat abgepalten. Nach der Eliminierung der Carboxylgruppe erhält man das Diol mit einem Ring weniger.

Für PAKs mit mehr als 3 Ringen konnte ein solches Abbauschema noch nicht aufgestellt werden. Allerdings konnte in letzter Zeit durch M.Kästner und B.Mahro auch das Wachstum von Bakterien auf Medien mit Pyren und Fluoranthen als einziger Kohlenstoffquelle eindeutig nachgewiesen werden. Der vollständige Abbauweg ist noch nicht geklärt, doch deuten die gefundenen Metabolite auf einen dem allgemeinen Schema entsprechenden Abbauweg hin.

Chlorierte Verbindungen:

Chlorierte Kohlenwasserstoffe werden häufig verwendet. Etwa 60% aller Produkte der chemischen Industrie hängen direkt oder indirekt mit der Kochsalzelektrolyse zusammen.

Von den chlorierten Aliphaten finden nur die chlorierten Methane (Tetrachlorkohlenstoff, Chloroform und Dichlormethan) und Ethane (Trichlorethan) beziehungsweise Ethene (Trichlorethen, Tetrachlorethen, PER) breitere Anwendung. Da sie gute Fettlöslichkeit besitzen und nicht brennbar sind, finden sie häufige Verwendung als Lösemittel (z.B. in der metallverarbeitenden Industrie zum Entfetten von Teilen oder in der chemischen Reinigung). Von den aromatischen Chlorkohlenwasserstoffen seien hier vor allem die chlorierten Phenole (z.B. PCP) die chlorierten Biphenyle (PCB) und die chlorierten Dibenzodioxine und -furane genannt. Aufgrund der Diskussion um die chlorierten Kohlenwasserstoffe in der Öffentlichkeit wird heute versucht, diese Stoffe durch andere zu ersetzen.

Für den biologischen Abbau von chlorierten Verbindungen wurden verschiedene Wege aufgezeigt. Der entscheidende Schritt des Abbaus ist in jedem Fall die Entfernung des Chloratoms. Hierfür gibt es vier grundsätzliche Möglichkeiten (Müller & Lingens, 1986, 1987) (siehe Abbildung 3):

1. Die hydrolytische Dehalogenierung: Hierbei wird das Chloratom durch eine OH-Gruppe aus dem Wasser ersetzt. Diese Reaktion ist chemisch eine nucleophile Substitution, die relativ leicht bei einer Reihe von aliphatischen Verbindungen abläuft.
2. Die Dehydrodehalogenierung: Hierbei wird das Chloratom zusammen mit einem Wasserstoffatom abgespalten. Eine solche Reaktion ist natürlich nur bei aliphatischen Chlorkohlenwasserstoffen möglich, die an dem zum Chlor benachbarten Kohlenstoff mindestens ein Wasserstoffatom besitzen.
3. Die reduktive Dehalogenierung: Hierbei wird das Chloratom durch ein Wasserstoffatom ersetzt. Das heißt, der Chlorkohlenwasserstoff wird als Oxidationsmittel benutzt. Er selbst wird bei dieser Reaktion reduziert. Man kann hierbei von einer Chlorkohlenwasserstoffatmung sprechen. Diese Reaktion ist natürlich sehr vom Redoxpotential abhängig. Dabei ist es so, daß die höher chlorierten Chlorkohlenwasserstoffe besser reduziert werden können als die niedrig chlorierten. Am besten reduktiv dechloriert werden daher Tetrachlormethan, Perchlorethylen und hochchlorierte polychlorierte Biphenyle (PCBs). Der Energiegewinn errechnet sich aus der Differenz zwischen dem Reduktionsvorgang und dem damit gekoppelten Oxidationsvorgang.
4. Die oxidative Dehalogenierung: Bei der oxidativen Dehalogenierung wird der Kohlenstoff, an den das Chlor gebunden ist, oxidiert. Bei aliphatischen Verbindungen entstehen instabile Hydroxy-Chlorverbindungen, die spontan das Chlor abspalten, während bei aromatischen Verbindungen unter Chlorabspaltung die Dihydroxyverbindungen entstehen, die wir beim normalen Aromatenabbau bereits kennengelernt haben (siehe Abbildung 3).

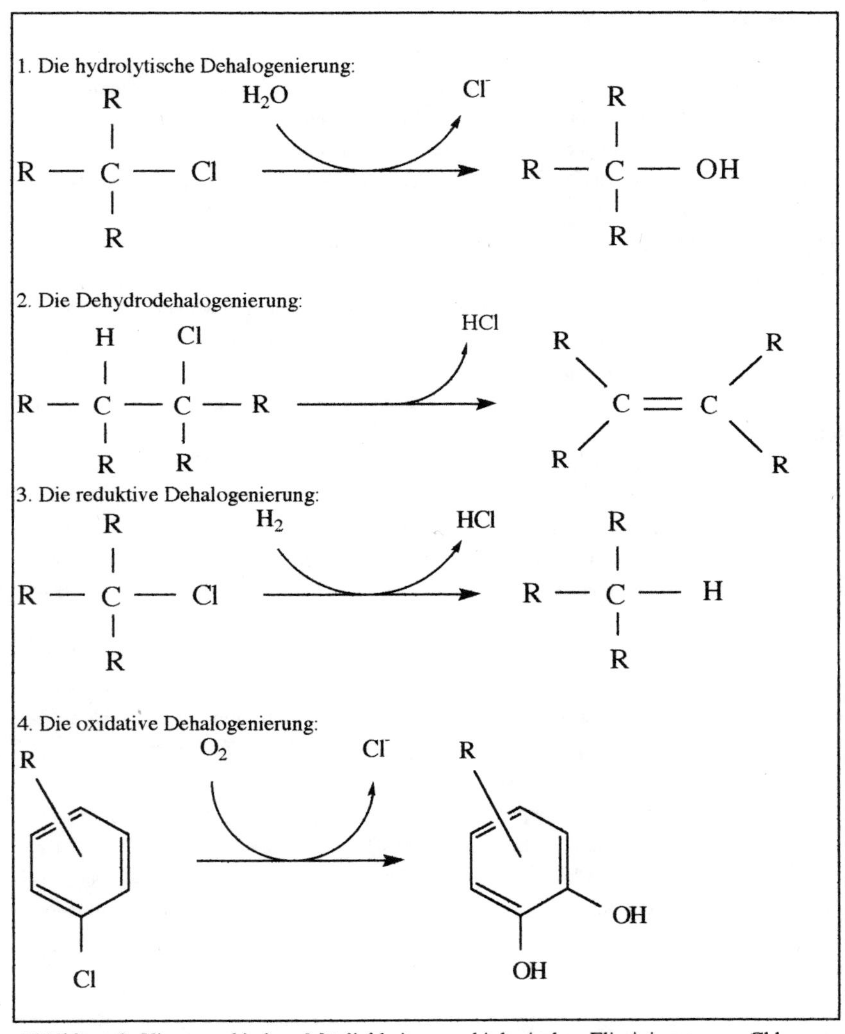

Abbildung 3: Vier verschiedene Möglichkeiten zur biologischen Eliminierung von Chlor aus chlorierten Kohlenwasserstoffen.

Sulfonierte Verbindungen

Sulfonsäuren finden Verwendung als Detergentien in Waschmitteln, Shampoos usw. (z.B. LAS = p-Phenylsulfonsäuren mit C10 - C14 Alkylresten). Die Weltjahresproduktion dieser LAS beträgt ca. 1 Mio. to. Daneben finden auch Naphthalinsulfonsäuren und andere aromatische Sulfonsäuren als Detergentien Verwendung (sogenannte harte Detergentien, weil schwerer biologisch abbaubar).

Bei Untersuchungen zum Abbau von Sulfonsäuren wurden zwei Strategien angewendet. Zum einen wurden die Sulfonsäuren als C-Quelle eingesetzt (Diekmann et al., 1988), zum anderen auch als S-Quelle (Zürrer et al.,1987). Beide Wege führten zum Erfolg. Bei der Untersuchung mit Naphthalinsulfonsäuren wurden Bakterien gefunden, die eine Dioxygenase besitzen, die unter Einführung zweier OH-Gruppen die Sulfonsäure abspaltet. Es entsteht Dihydroxynaphthalin, das dann im normalen Abbauweg für Naphthalin abgebaut wird. Bei einigen Isomeren führt die Dioxygenase zu Verbindungen, die durch diese Bakterien nicht weiter abgebaut werden. Bei den Untersuchungen mit den Sulfonsäuren als S-Quellen wurden verschiedene Bakterien gefunden, von denen keines die Verbindungen auch als C-Quelle nutzen konnte. Die Untersuchung dieser Bakterien ergab, daß sie mindestens 16 verschiedene sulfonierte Aromaten desulfonieren konnten, darunter 1- und 2-Naphthalinsulfonsäure, Benzolsulfonsäure und Aminobenzol- sulfonsäure. Das Enzym, das die Sulfonsäuregruppe abspaltete, war sauerstoffabhängig, die eingeführte OH-Gruppe stammte aus molekularem Sauerstoff, so daß es sich hierbei um eine Monooxygenase handeln dürfte (Zürrer et al., 1987) (siehe Abbildung 4)

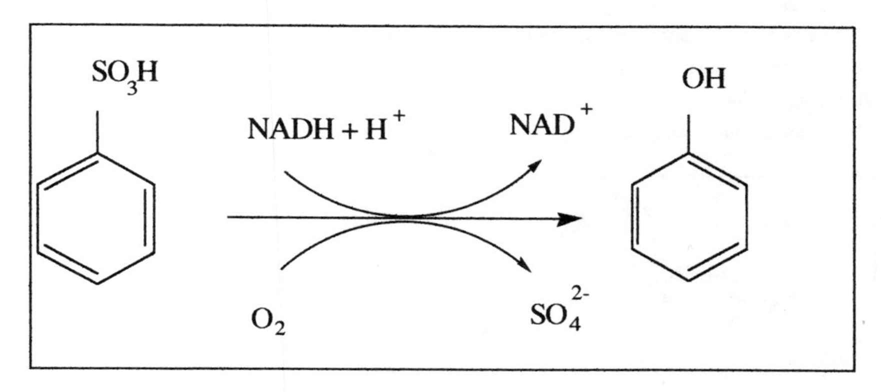

Abbildung 4: Reaktion der Sulfonsäure Monooxygenase:

Nitroverbindungen:

Von den Nitroverbindungen sind vor allem Nitrobenzole, Nitrophenole und Trinitrotoluol von Bedeutung. Die meisten Nitroverbindungen werden zur Synthese von Anilinen und damit zur Farbstoffsynthese eingesetzt.

Der biologische Abbau von Nitroverbindungen kann auf zwei verschiedene Arten erfolgen. Unter aeroben Bedingungen kann die Nitrogruppe durch eine sauerstoffabhängige Oxygenase als Nitrit abgespalten werden und man enthält das entsprechende Phenol. (Spain et al., 1979; Zeyer & Kearney, 1984; Zeyer & Kocher, 1988) (siehe Abbildung 5).

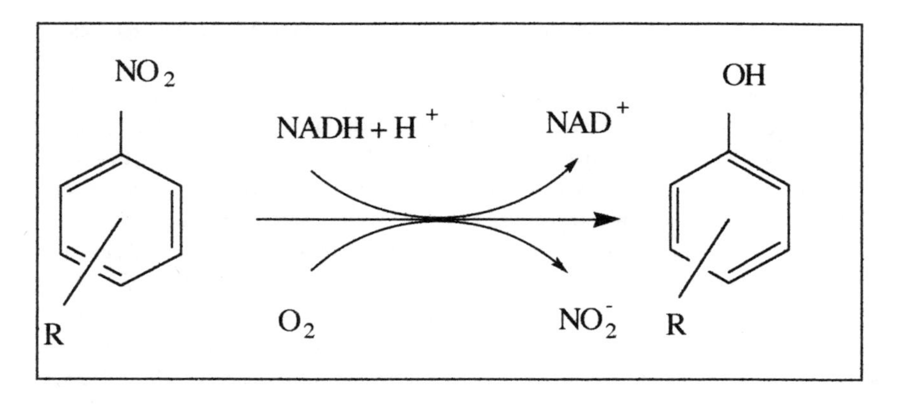

Abbildung 5: Oxidativer Abbau von Nitroverbindungen.

Unter anaeroben Bedingungen kann die Nitrogruppe durch Reduktasen schrittweise über die Nitroso- und die Hydroxylaminverbindung zum Amin (Anilin) abgebaut werden. Interessanterweise kann eine ganze Reihe von Bakterien diese Reduktion auch unter aeroben Bedingungen durchführen (Schackmann & Müller, 1991) (siehe Abbildung 6). Die Aniline können dann durch eine Dioxygenase zu den Brenzkatechinen umgewandelt werden. Allerdings ist hierfür Sauerstoff notwendig, so daß unter anaeroben Bedingungen die Aniline akkumulieren und in der Regel polymerisieren. Diese Polymerisate sind oft toxisch.

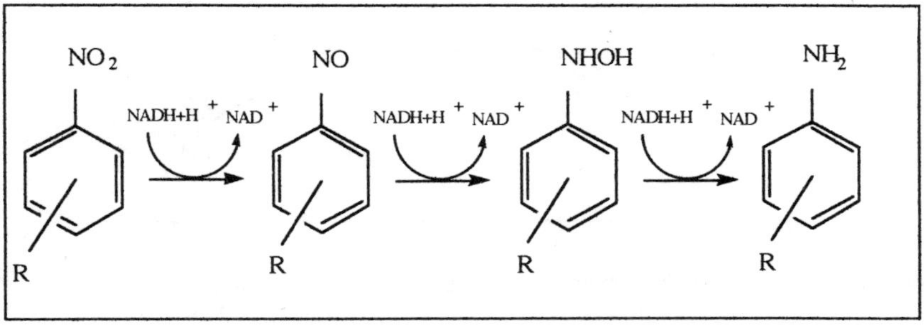

NO_2 — $NADH+H^+$ / NAD^+ → NO — $NADH+H^+$ / NAD^+ → $NHOH$ — $NADH+H^+$ / NAD^+ → NH_2 (R R R R)

Abbildung 6: Reduktiver Abbau von Nitroverbindungen

Probleme bei der Übertragbarkeit von Laborversuchen in die Praxis der Bodensanierung:

In den vorhergehenden Kapiteln wurde gezeigt, daß im Labor der biologische Abbau von fast allen Schadstoffen, die in unserer Umwelt vorkommen, erreicht wurde. Hieraus ergibt

sich die Frage, warum es dann überhaupt Probleme mit diesen Verbindungen in der Umwelt gibt.
Als erstes wäre es denkbar, daß die richtigen Bakterien nicht an der Stelle der Verunreinigung vorhanden sind. Alle bisherigen Studien haben jedoch gezeigt, daß wenn eine Substanz abbaubar ist, und wenn die Bedingungen für den Abbau gegeben sind, in der Regel auch ein Abbau erfolgt. Das heißt, die Bakterien für den Abbau sind in der Regel vorhanden. Hierfür spricht auch, daß der Zusatz von abbauenden Bakterien zu verunreinigten Böden keine nennenswerte Steigerung des Abbaus erbrachte. Dieser geringe Effekt der zugesetzten Bakterien kann jedoch auch noch andere Ursachen haben. In der Regel werden die Bakterien in ein Ökosystem eingebracht, indem ihre ökologische Nische bereits von anderen Bakterien besetzt ist. Da die schadstoffabbauenden Stämme aber nicht darauf selektioniert wurden, sich in einem solchen Ökosystem durchzusetzen, werden sie sich in der Regel nicht etablieren und daher auch keinen Abbau bewirken.
Was sind jedoch die Bedingungen, die oft den Abbau von Schadstoffen im Boden verhindern, obwohl die entsprechenden Bakterien vorhanden sind? Ein Faktor, der hier eine sehr wichtige Rolle spielt, ist Sauerstoff. In vielen Abbauwegen spielen Oxygenasen eine zentrale Rolle. Daher ist in vielen Fällen Sauerstoff für den Abbau der limitierende Faktor. In anderen Fällen können jedoch auch Stickstoff oder Phosphor die limitierenden Faktoren sein. So konnte in einigen Fällen der Abbau von Kontaminationen allein dadurch erreicht werden, daß genügend Sauerstoff, Stickstoff und Phosphor zur Verfügung gestellt wurde.
Ein weiteres Problem für die Abbaubarkeit kann die Konzentration des Schadstoffes sein. Viele Stoffe werden von Bakterien nur in einem relativ engen Konzentrationsbereich abgebaut. Ist die Konzentration zu hoch, wirkt die Substanz auf die Bakterien toxisch und es erfolgt kein Abbau. Ist die Konzentration zu niedrig, erfolgt keine Induktion der Abbauenzyme und es wird ebenfalls kein Abbau beobachtet. Ein wichtiger Faktor in diesem Zusammenhang ist die Bioverfügbarkeit. So kann in Böden durch die Adsorption an Partikel die in der wässrigen Phase verfügbare Schadstoffmenge sehr stark reduziert sein. Zum Beispiel können größere Ölklumpen von Bakterien nur an der Oberfläche angegriffen werden. Daher ist der Abbau solcher Klumpen in Böden extrem langsam.
Ein weiterer Faktor, der in der Regel bei den oben beschriebenen Abbauversuchen nicht untersucht wurde, ist die Wirkung von anderen ebenfalls anwesenden Schadstoffen. So konnte gezeigt werden (Rojo et al., 1987), daß bei einer Mischung aus Chlor- und Methylaromaten die falschen Enzyme die falschen Substrate angreifen, und daß sich dadurch Zwischenprodukte anhäuften, die die Bakterienkulturen vergifteten. Bedenkt man jedoch, daß ein einfaches Mineralöl bereits aus mehreren hundert Verbindungen besteht, so ist einsichtig, daß eine Prüfung der Effekte aller Einzelverbindungen auf den Abbau aller anderen Verbindungen nicht möglich ist. Daher muß immer in jedem Einzelfall geprüft werden, ob und wieweit ein im Labor mit Reinsubstanzen und Reinkulturen gefundener Abbau auch in der Praxis unter den jeweils gegebenen Bedingungen abläuft.

Literatur:

Cerniglia, C.A. (1984). Microbial metabolism of polycyclic aromatic hydrocarbons. *Adv. Appl. Microbiol.,* **30**, 31-71.

Diekmann, R., Nörtemann, B., Hampel, D. & Knackmuss, H.-J. (1988). Degradation of 6-naphthalene-2-sulfonic acid by mixed cultures: kinetic analysis. *Appl. Microbiol. Biotechnol.,* **29**, 85-88.

Müller, R. (1992). Bacterial degradation of xenobiotics. In *Microbial control of Pollution.* eds. J.C. Fry, G. M. Gadd, R. A. Herbert, C. W. Jones, I. A. Watson-Craik. Soc. gen. Microbiol. Symp. **48**, 35-57. Cambridge University Press.

Müller, R. & Lingens F. (1983). Oxygenation pathways in bacteria. In *Biological oxidations*, eds. Sund, H. & Ullrich, V., pp. 278-287. Berlin: Springer Verlag.

Müller, R. & Lingens F. (1987). Mechanismen der mikrobiellen Dehalogenierung von Chlorkohlenwasserstoffen. *GIT Suppl.,* **5**, 4-9.

Müller, R. & Lingens, F. (1986). Microbial degradation of halogenated hydrocarbons: A biological solution to pollution problems? *Angew. Chem., Int. Ed. Engl.,* **25**, 779-789.

Rojo, F., Pieper, D. H., Engesser, K.-H., Knackmuss, H.-J. & Timmis, K. N. (1987). Assemblage of *ortho* cleavage route for simultaneous degradation of chloro- and methylaromatics. *Science,* **238**, 1395-1398.

Schackmann, A. & Müller, R. (1991). Reduction of nitroaromatic compounds by different *Pseudomonas* species under aerobic conditions. *Appl. Microbiol. Biotechnol.,* **34**, 801-813.

Spain, J. C., Wyss, O. & Gibson, D. T. (1979). Enzymatic oxidation of p-nitrophenol. *Biochem. Biophys. Res.Commun.,* **88**, 634-641.

Zeyer, J. & Kearney, P. C. (1984). Degradation of o-nitrophenol and m-nitrophenol by a *Pseudomonas putida. J. Agric. Food Chem.*, **32**, 238-242.

Zeyer, J. & Kocher, H.P. (1988). Purification and characterization of a bacterial nitrophenol oxygenase which converts ortho-nitrophenol to catechol and nitrite. *J. Bacteriol.,* **170**, 1789-1794.

Zürrer, D., Cook, A.M. & Leisinger, T. (1987). Microbial desulfonation of substituted naphthalenesulfonic acids and benzenesulfonic acids. *Appl. Environ. Microbiol.*, **53**, 1459-1463.

Untersuchungen zum Verbleib von polyzyklischen aromatischen Kohlenwasserstoffen in kontaminierten Böden nach Zugabe von Abbau-aktiven Mikroorganismen

B. MAHRO, M. KÄSTNER, M.BREUER-JAMMALI , G.SCHAEFER und V.KASCHE
Arbeitsbereich Biotechnologie II, Technische Universität Hamburg-Harburg, Denickestr. 15, 2100 Hamburg 90

Zusammenfassung

Der mikrobielle Abbau von polyzyklischen aromatischen Kohlenwasserstoffen (PAK) durch Bakterien und Pilze wurde bisher vorwiegend in Flüssigkulturen untersucht. Dabei wurden verschiedene Bakterienstämme beschrieben, die auf PAK mit bis zu vier kondensierten aromatischen Ringen als alleiniger Kohlenstoff- und Energiequelle wachsen können. Eine zweite Gruppe von Mikroorganismen kann PAK dagegen nicht vollständig mineralisieren; sie kann diese Verbindungen jedoch in partiell oxidierte Produkte überführen (kometabolischer Abbau). Diese Oxidationsprodukte, die Hydroxy oder Carboxylgruppen tragen, akkumulieren in den Kulturen und werden üblicherweise von denselben Organismen nicht weiter abgebaut. Eine dritte Gruppe von Mikroorganismen (Weißfäulepilze) kann PAK durch unspezifische Radikalreaktionen oxidieren, welche durch die Aktivität ligninolytischer Enzyme katalysiert werden. Diese Reaktionen produzieren Arylradikale, Arenoxide sowie phenolische oder chinoide Produkte. Dnaben können Weißfäulepilze allerdings auch einen kleinen Anteil der PAK vollständig in CO_2 umsetzen. Das Ausmaß dieser Mineralisierung ist von der jeweiligen Ausgangsverbindung abhängig.

Gegenüber Flüssigkulturen ist die Untersuchung des PAK-Abbaus in Boden-und Bodenkompostsystemen erheblich komplizierter (Wassergehalte < Wasserhaltekapazität des Bodensmaterials). Aufgrund analytischer Probleme ist es sehr schwer zu unterscheiden, ob das Verschwinden der PAK im Boden auf biologischen Abbau oder abiotische Prozesse der Festlegung an der Bodenmatrix zurückzuführen ist. Ein Beispiel für diese Problematik ist die Beobachtung, daß höhermolekulare PAK, die in Flüssigkulturen nicht abgebaut werden, in Böden jedoch ohne erfaßbare Akkumulation von Transformationsprodukten verschwinden können. Für diese Beobachtung können zwei Möglichkeiten der Erklärung herangezogen werden. Einmal kann angenommen werden, daß es zu einer sehr starken Adsorption der PAK an die organische Matrix des Bodens kommt, wodurch die Verbindungen einer analytischen Erfassung entzogen werden. Die zweite Erklärung beruht auf der Annahme von kovalenten Bindungen der PAK oder ihrer Oxidationsprodukte an Huminstoffe im Boden. Zusätzlich kann auch die Polymerisation von PAK-Metaboliten das Verschwinden vortäuschen. Die zweite Erklärung ist wesentlich wahrscheinlicher, da phenolische PAK-Oxidationsprodukte oder Radikale oxidative Kopplungsreaktionen initiieren können. Auf Grund dieser Eigenschaften können die Verbindungen direkt am Humifizierungsprozess im Boden teilnehmen.

Mechanismen des mikrobiellen PAK-Abbaus

Als polyzyklische aromatische Kohlenwasserstoffe (PAK) bezeichnet man Verbindungen, deren Grundgerüst aus zwei oder mehreren kondensierten (anellierten) Benzolringen besteht. Die Gruppe der PAK hat in den letzten Jahren aus umweltpolitischer Sicht große Bedeutung erlangt, da viele Altlaststandorte, insbesondere auf ehemaligen Kokerei- oder Gaswerksgeländen, hohe PAK-Konzentrationen im Boden enthalten. Da einige der Verbindungen dieser Stoffklasse ein stark mutagenes bzw. kanzerogenes Potential besitzen, gilt es, eine Gefährdung des Menschen durch Sanierung der kontaminierten Böden auszuschalten. Als eine Möglichkeit zur Sanierung PAK-kontaminierter Gelände werden von einer Reihe von Firmen biotechnische Verfahren angeboten. Diese Verfahren beruhen u.a. auf wissenschaftlichen Untersuchungen, in denen gezeigt worden ist, daß es sowohl bei Pilzen als auch bei Bakterien Spezies gibt, die die Fähigkeit besitzen, einige der PAK-Verbindungen partiell oder vollständig zu metabolisieren.

Typen des mikrobiellen PAK-Abbaus und deren Charakteristika

Vergleicht man die in der Literatur für Bakterien und Pilze beschriebenen PAK-Abbauwege im einzelnen, so können 3 Typen des Abbaus unterschieden werden (Mahro & Kästner, 1993):

Typ 1: vollständige Mineralisierung: intrazellulär; vollständiger Abbau des Ringgerüsts, theoretisch keine Metabolitenbildung bzw. -Akkumulation, CO_2 als Hauptprodukt

Typ 2: kometabolische Transformation: (extra- oder intrazellulär; partielle Oxidation des Ringgerüsts, in der Regel Akkumulation teiloxidierter Metabolite, CO_2 als mögliches Produkt

Typ 3: unspezifische radikalische Oxidation: extrazellulär; Initialoxidation durch Radikalbildung, ungerichtete Weiterreaktion des Oxidationsprodukts, CO_2 als mögliches Produkt

Die Biochemie des mineralisierenden bzw. kometabolischen Abbaus (Weg 1 und 2) ist in den letzten 20 Jahren intensiv in Flüssigkulturen untersucht und in verschiedenen Übersichtsartikeln dargestellt worden (Cerniglia, 1984; Gibson & Subramanian, 1984; Cerniglia & Heitkamp, 1989). Zweifelsfrei ist, bisher allerdings nur für Bakterien, der mineralisierende Abbau von PAK mit zwei und drei kondensierten Ringsystemen beschrieben worden. Bei vier Ringsystemen (Pyren) besteht noch Unklarheit, ob der Abbau ausschließlich mineralisierend verläuft oder zumindest partiell ko-metabolisch ist.

Beim PAK-Abbau durch vollständige Mineralisierung (Typ 1) wird die Oxidation durch die Inkorporation eines Sauerstoffmoleküls in den aromatischen Ring eingeleitet. Die Reaktion wird von einer Dioxygenase katalysiert und führt zur Bildung eines cis-Dihydrodiol-Intermediats. Das cis-Dihydrodiol wird zu einer Dihydroxyverbindung rearomatisiert und unter erneuter Beteiligung einer Dioxygenase wird anschließend der Ring extradiol gespalten. Danach kommt es zur Abspaltung von Pyruvat, der entstandene Aldehyd wird weiter zu seiner entsprechenden Säure oxidiert und diese anschließend decarboxyliert. Der weitere Abbau mündet letztlich in die für einfache Aromaten beschriebenen Mineralisationswege.

Der kometabolische PAK-Abbau (Typ 2) unterscheidet sich sowohl hinsichtlich des Abbauweges als auch hinsichtlich der dabei potentiell entstehenden Metabolite deutlich von dem mineralisierenden Abbau, da der kometabolische Stoffwechsel nach der initialen Oxidation meist auf einer sehr frühen Stufe zum Erliegen kommt. Da es dabei, insbesondere bei höher kondensierten PAK, häufig nicht einmal zu einer Ringspaltung kommt, können in Reinkulturen ggf. phenolische, karboxylierte oder chinoide Derivate der PAK-Ausgangsverbindungen als dead-end Produkte akkumulieren. Darüberhinaus transformieren alle bisher untersuchten Pilze (-anders als die PAK-mineralisierenden Bakterien-) PAK unter kometabolischen Bedingungen zu trans-Diol Intermediaten. Pilze wie auch Säugetierzellen benutzen somit im Unterschied zu den meisten Bakterien einen Monooxygenase-katalysierten Mechanismus der initialen PAK-Oxidation. In letzter Zeit gibt es Befunde, die auch bei Bakterien auf das Vorkommen einer Monooxygenase-katalysierten PAK-Oxidation hinweisen (Heitkamp et al., 1988).

Die unspezifische radikalische PAK-Oxidation (Typ 3) durch Weißfäule Pilze ist erstmals im Jahre 1985 beschrieben (Bumpus et al.,1985) und eindeutig bisher nur für diese Organismengruppe nachgewiesen. Auffälligstes Charakteristikum des Schadstoffabbaus durch Weißfäule-Pilze ist, daß dieser eng mit der Fähigkeit zum Ligninabbau korreliert ist und die Pilze sich nach bisherigen Befunden während der initialen PAK-Oxidation offensichtlich des gleichen Enzymsystems bedienen wie beim Ligninabbau (Sanglard et al.,

1986). Die Eigenschaften des Lignin-abbauenden Enzymsystems erscheinen aus sanierungstechnischer Sicht für kontaminierte Böden vorteilhaft, da wichtige Mängel anderer Abbauwege vermieden werden:

1. Ligninasen wirken als Peroxidasen und damit - bezogen auf das organische Molekül - weitgehend substratunspezifisch. Das eigentliche Substrat des Enzyms ist Wasserstoffperoxid, das zu einer radikalisch initiierten Oxidation führt.

2. Ligninasen wirken extrazellulär und sind imstande wasserunlösliche Substrate wie Lignin oder organische Schadstoffe umzusetzen. Das System kann somit auch mit Schadstoffen umgehen, die nicht wasserlöslich oder sogar an Feststoffen sorbiert sind.

3. Ligninase-katalysierte Schadstoff-Umsetzungen können, sofern H_2O_2 nicht limitiert ist, als Reaktionen erster Ordnung beschrieben werden. Dies bedeutet, daß die Reaktionsgeschwindigkeit von der Schadstoffkonzentration abhängig ist.

4. Anders als bei spezifischen Enzymumsetzungen ist die Regulation des Ligninase-Enzymsystems von der Konzentration des Schadstoffs selbst unabhängig.

Verglichen mit dem kometabolischen Abbau führt die unspezifische Oxidation von PAK mit Hilfe von Weißfäule-Pilzen in Flüssigkulturen jedoch in höherem Umfang zur Bildung von Metaboliten.

Grundstrukturen der PAK-Oxidationsprodukte

Die im vorausgehenden Teil beschriebenen Abbautypen der PAK durch Mikroorganismen führen zu Sauerstoff-haltigen, phenolischen bzw. chinoiden Produkten, welche sich in der Anzahl der eingebauten Sauerstoffatome und in ihrer stereochemischen Struktur unterscheiden (Zusammenstellung der bisher in der Literatur beschriebenen Metabolite in Kästner et al., 1993). Die schematischen Abbauwege für die vollständige Mineralisierung (Typ 1) und die kometabolische Transformation (Typ 2) sind in Abb. 1 dargestellt. Bei mehrkernigen PAK verläuft die vollständige Mineralisierung in der Regel über α-Hydroxykarbonsäuren der jeweils (n-1)-kernigen Verbindung (Abb. 2; Guerin & Jones, 1988). Für die unspezifischen radikalischen Oxidationen (Typ 3) lassen sich solche Schemata nicht angeben, da die radikalisch initiierten Reaktionen zu sehr verschiedenen Produkten führen können. Neben phenolischen Oxidationsprodukten können sie auch Polymerisate und Konjugationen an anderen organischen Molekülen, wie z. B. Huminstoffen erzeugen.

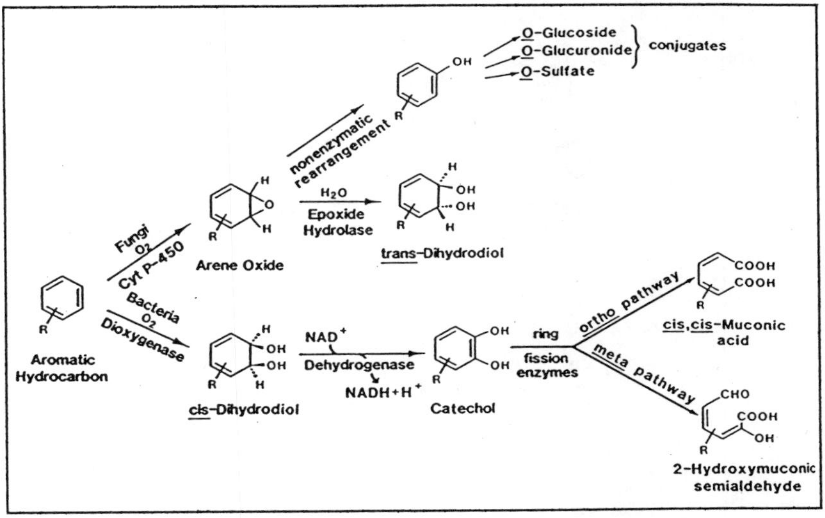

Abb. 1: Mechanismen des PAK Abbaus bei Prokaryonten und Eukaryonten (Cerniglia, 1984)

Die Experimente zur Aufklärung des mikrobiellen PAK-Abbaus wurden bisher im Labor meistens in flüssigen Medien mit Reinkulturen durchgeführt. In diesem Zusammenhang muß darauf hingewiesen werden, daß in Arbeiten zur Identifizierung von Metaboliten eines Stoffwechselweges die Kulturbedingungen so gewählt werden, daß eine Anreicherung dieser Produkte erreicht wird, um deren Struktur zu aufzuklären. Es muß daher unter Umweltbedingungen speziell geprüft werden, welche Abbauprodukte tatsächlich auftreten. Außerdem stellen die in biochemischen Untersuchungen gefundenen Mineralisations- und Transformationswege bzw. -Raten stellen eher das maximale biologische Abbaupotential und nicht so sehr die tatsächliche Eliminierung in der Umwelt bzw. in Böden dar. Gerade weil die Stoffgruppe der PAK aber die ökotoxikologisch bedenklichsten Verbindungen der Mineralölkohlenwasserstoffe enthält, ist zum Abbau unter Umweltbedingungen speziell im Hinblick auf die z. T. umstrittenen biologischen Sanierungen von kontaminierten Böden eine eindeutige Beweisführung notwendig. Diese Beweisführung ist nur durch eine Bilanzierungen des Kohlenstoffumsatzes möglich. Bilanzierungen erfordern einen hohen versuchstechnischen und analytischen Aufwand und sind im Boden bisher nur unter Verwendung radioaktiv oder mit anderen Isotopen markierter Ausgangssubstanzen durchführbar. Die Stoffe müssen vor und nach dem

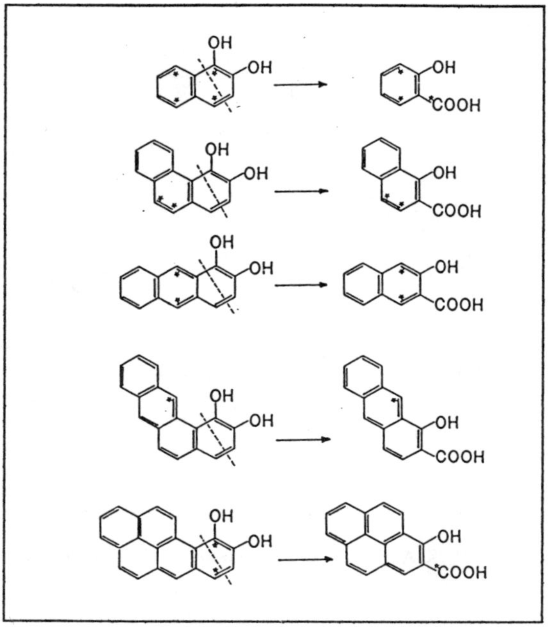

Abb. 2: Akkumulierende Intermediate der PAK während der vollständigen Mineralisation (Guerin & Jones, 1988)

mikrobiellen Abbau gemessen und der Umsatz zu Metaboliten, Abbauprodukten und Biomasse in den verschiedenen Eliminierungspfaden (Boden, Luft u. Wasser) ermittelt werden. In Folge dieses analytischen Aufwandes liegen derartige Bilanzierungen für PAK in Böden bisher nur in sehr beschränktem Umfang vor.

Bilanzierungsuntersuchungen zum PAK-Abbau im Boden

Bei der Untersuchung des mikrobiellen PAK-Abbaus im Boden ergeben sich zunächst einmal analytische Probleme. Das Verschwinden der PAK oder anderer Xenobiotika in Bodenkulturen kann nicht zwangsläufig mit einem biologischen Abbau gleichgesetzt werden, da auch Sorptionsphenomene im Boden beachtet werden müssen.

Kontaminiert man ein luftgetrocknetes Bodenmaterial künstlich mit verschiedenen PAK und stellt danach den Wassergehalt auf 60 % der maximalen Wasserhaltekapazität ein, so finden sich bei der Extraktion mit organischen Lösungsmitteln (Ethylacetat) zunächst nahezu 100 % der Stoffe wieder. Über einen Inkubationszeitraum von 25 Tagen nehmen die Konzentrationen der eingebrachten Stoffe jedoch exponentiell um mehr als 50 % ab (Abb. 3). Führt man zu diesem Zeitpunkt nach der Extraktion mit organischen Lösungsmitteln eine weitere Extraktion durch (Huminsäure-Extraktion in alkalischer Methanollösung; Eschenbach et al., 1991), so werden außer beim Naphthalin die Ausgangskonzentrationen wiedergefunden. Hieraus muß geschlossen werden, daß die Stoffe sich in der organischen Matrix des Bodens vor der Analytik "verstecken" können.

Wird das oben genannte Bodenmaterial über einen längeren Zeitraum inkubiert, dann ergibt sich ab dem 25. Tag ein Abbau der PAK - hier am Beispiel des Pyrens -, der auch bei der Huminsäureextraktion zu beobachten ist (Abb. 4). Der Anteil der mit organischen Lösungsmitteln extrahierbaren PAK nimmt stetig ab.

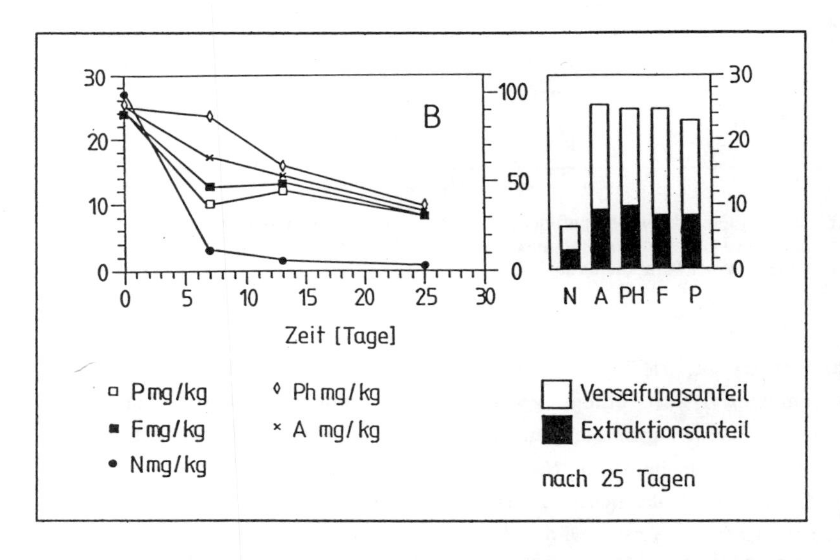

Abb. 3: Abnahme der PAK-Konzentrationen im Bodenmaterial eines Ah-Horizontes einer Parabraunerde. (N = Naphthalin, Ph = Phenanthren, A = Anthracen, F = Fluoranthen, P = Pyren)

Die absolute Menge des mit der Huminsäureextraktion extrahierbaren Anteils bleibt jedoch gleich. Dieses Ergebnis deutet darauf hin, daß der an der organischen

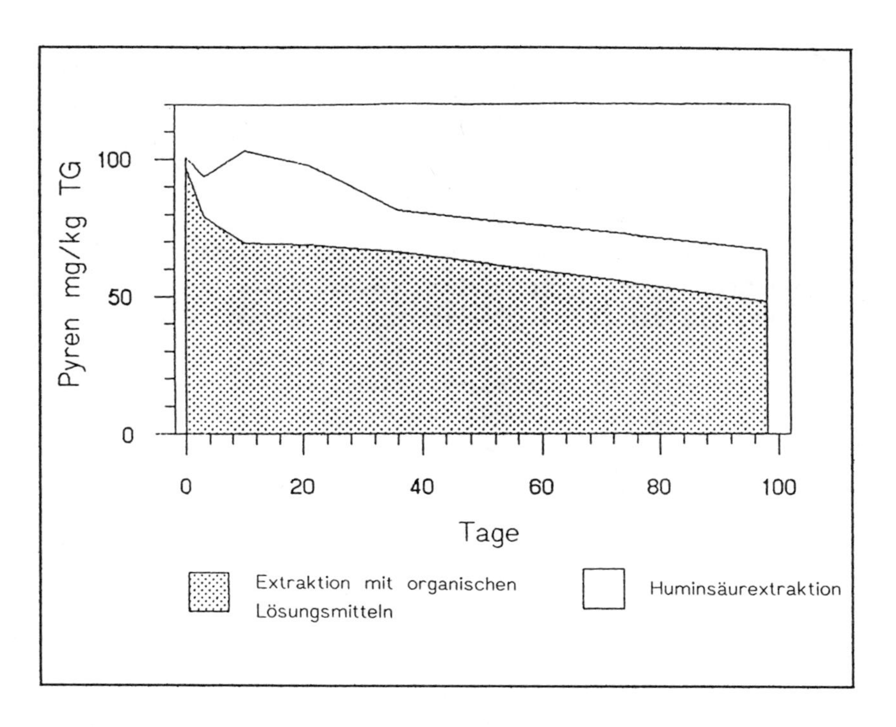

Abb. 4: Vergleich der wiedergefundenen Pyrenkonzentrationen bei Extraktion mit einem organischem Lösungsmittel und anschließender Huminsäureextraktion (Bodenmaterial: Ah-Horizont einer Parabraunerde)

Bodenmatrix sorbierte Teil der PAK nicht abgebaut wird. Wird dagegen das gleiche Bodenmaterial mit einem gealterten Biokompost (aus der Harburger Biomüllkompostierungsanlage) gemischt und kontaminiert, dann beginnt bereits nach 10 Tagen der mikrobielle Abbau. Nach 36 Tagen ist kaum noch Pyren nachweisbar. (In gleicher Weise verhalten sich auch Phenanthren, Anthracen und Fluoranthen; Daten nicht gezeigt.) Bei diesem Versuch wird auch der bei der Huminsäureextraktion wiederfindbare Anteil der PAK mit in den Abbau einbezogen (Abb. 5).

Bei der Untersuchung eines mit PAK kontaminierten Standortes in Hamburg ließen sich Reinkulturen von Bakterien isolieren, die auf Naphthalin, Phenanthren, Anthracen, Fluoranthen und Pyren als alleiniger Kohlenstoff und Energiequelle wachsen konnten (Kästner et al., 1991). Mit Bodenmaterial aus diesem Standort wurde folgender Versuch durchgeführt, um zu untersuchen, warum am Standort selber kaum ein Abbau der

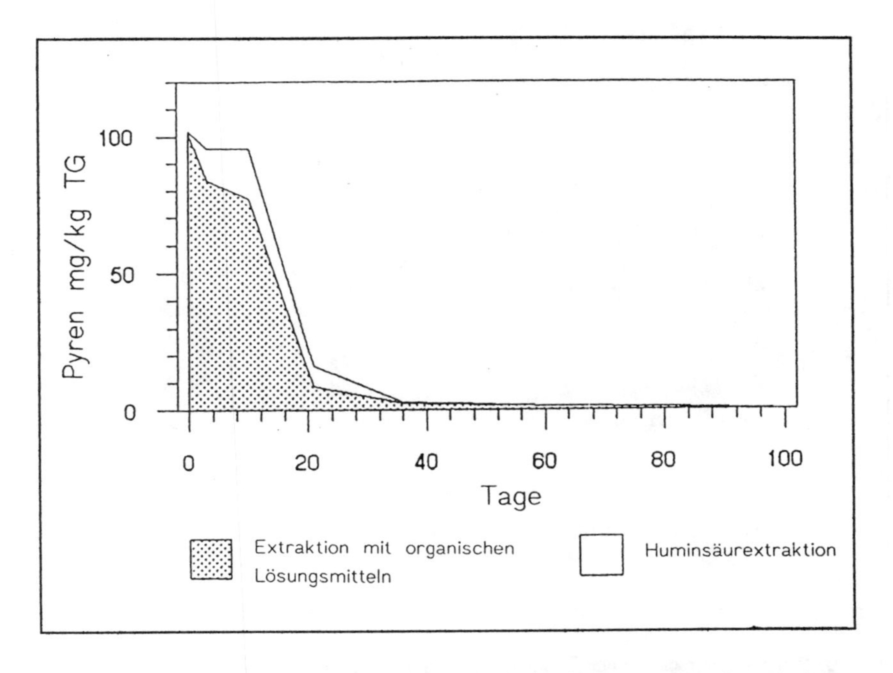

Abb. 5: Vergleich der wiedergefundenen Pyrenkonzentrationen bei Extraktion mit einem organischem Lösungsmittel und anschließender Huminsäureextraktion (Bodenmaterial: Ah-Material gemischt mit Biokompost, 2:1, TG:TG)

Schadstoffe stattfindet. Dazu wurden sterilisierter, unbehandelter sowie mit Stickstoff und Phosphor beaufschlagter Boden über 70 Tage inkubiert. In diesen Kulturen fand, außer beim Naphthalin, kein signifikanter Abbau der PAK statt (Abb. 6). Das bedeutet, daß N und P in diesem Boden nicht limitierend auf den Abbau wirken. In zusätzlichen Kulturen wurde dem Boden noch eine Mischung der isolierten Reinkulturen bzw. Biokompost zugesetzt. Bei diesen Ansätzen ergab sich ein deutlicher Abbau der PAK. Erstaunlicherweise ergibt sich bei Kompostzusatz ein gegenüber dem Bakterienzusatz verbesserter Abbau, obwohl im Kompost selbst keine Mikroorganismen gefunden wurden, die mit den oben genannten PAK wachsen können.

Daraus muß geschlossen werden, daß es sich beim PAK-Abbau in den Kompostansätzen vorwiegend um einem kometabolischen Abbau (Typ 2) oder einem Abau durch unspezifische Oxidationen (Typ 3) handelt. Folglich ist auch mit der Bildung einer größeren

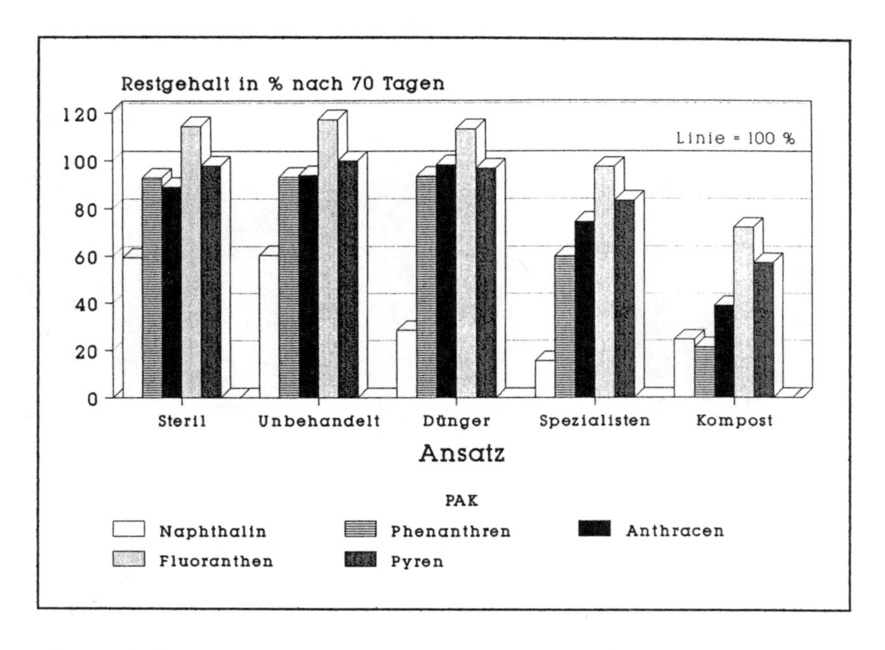

Fig. 6: Wirkung verschiedener Zusätze auf den PAK-Abbau im Boden eines kontaminierten Standortes (Daten summiert aus Extraktion mit Ethylacetat und nachfolgender Huminsäureextraktion; entnommen aus Diplomarbeit G.Schaefer, 1992, unveröffentlicht)

Steril: 2 g/kg $HgCl_2$
Dünger: (150:10:1 = C:N:P-Verhältnis); 2 g N/kg dw [$(NH_4)_2SO_4$] ; 0.2 g P/kg dw (K_2HPO_4)
"Spezialisten": eine Mischung von vier PAK-abbauenden Stämmen, die aus dem Standort isoliert wurden (0.5 * 10^9 Zellen/g TG von jedem Stamm)
Boden/Kompost-Mischung: Mischung im Verhältnis 2:1 (TG:TG)

PAK-Ausgangskonzentrationen:	Boden	Boden/Kompost (mg/kg TG)
Naphthalin:	1100	410
Phenanthren:	1400	950
Anthracen:	180	120
Fluoranthen:	1480	1000
Pyren:	1250	860

Menge an Metaboliten zu rechen. Um diesem Problem nachzugehen, wurden in Kooperation mit der Arbeitsgruppe von Prof. Stegmann (SFB-Teilprojekt B3) Bilanzierungsversuche Versuche mit radioaktiv markierten Substanzen durchgeführt. Die Versuche erfolgten in Bioreaktoren mit Boden/Kompost-Mischungen, die mit ^{14}C-

markiertem Anthracen bzw. Hexadekan kontaminiert wurden. Nach 100 Tagen Inkubation wurden im Kontrollreaktor A (Ah-Bodenmaterial) noch nahezu 100 % der eingebrachten Radioaktivität bei Verbrennung des Bodens wiedergefunden. Mit der organischen bzw. der Huminsäureextraktion konnten ebenfalls 90 % wiedergefunden werden (Abb. 7).

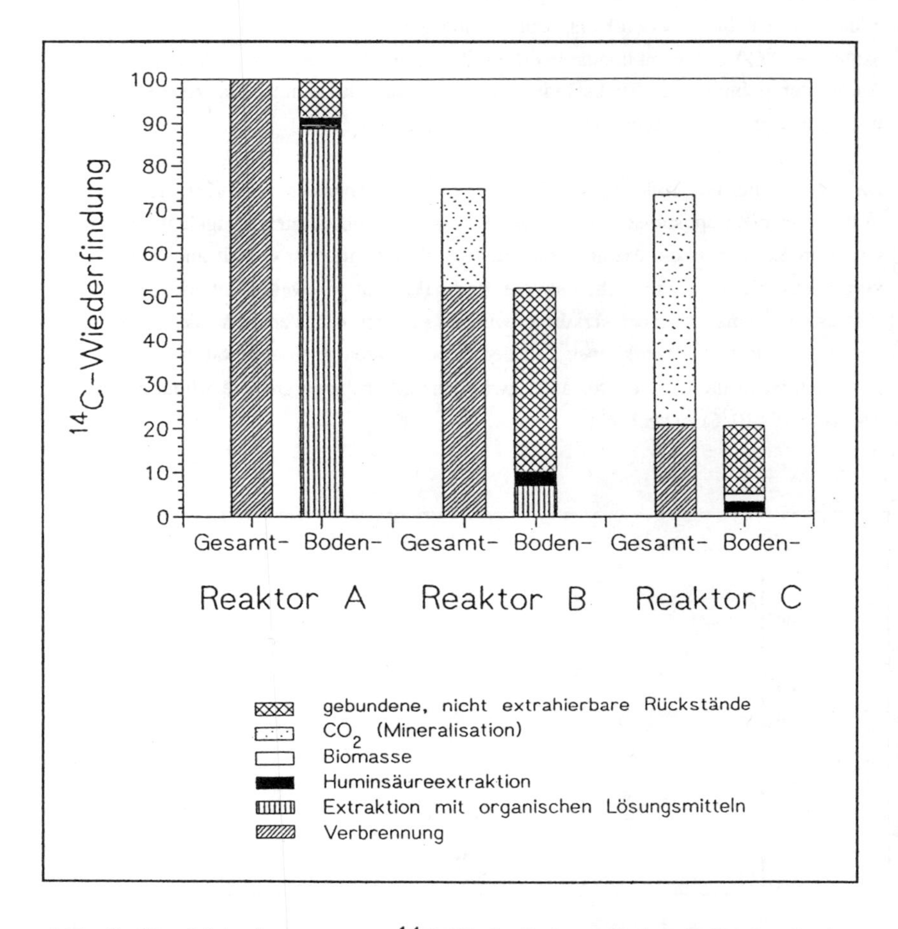

Abb. 7: Vergleich der gesamten ^{14}C-Wiederfindung (linker Balken) mit der Wiederfindung im Boden (rechter Balken) Reaktor A: Ah-Bodenmaterial kontaminiert mit Anthracen Reaktor B: Ah-Bodenmaterial/Kompost, 2:1, kontaminiert mit Anthracen Reaktor B: Ah-Bodenmaterial/Kompost, 2:1, kontaminiert mit Hexadekan

In Reaktor B (Boden/Kompostmischung, 2:1; kontaminiert mit Anthracen) wurden nach der gleichen Zeit noch 50 % der eingebrachten Radioaktivität im Boden wiedergefunden, von der aber nur 10 % mit den verschiedenen Extraktionen aus dem Boden herausgelöst werden konnten. Die im Boden verbleibenden 40 % der Radioaktivität müssen daher als "gebundene, nicht extrahierbare Rückstände" angesehen werden, wie sie auch aus der Pestizidforschung bereits bekannt sind (Führ et al., 1985). Zu ähnlichen Effekten kommt es auch in Reaktor C (Boden/Kompostmischung, 2:1), der mit dem mikrobiell leicht abbaubaren ^{14}C-Hexadekan kontaminiert wurde. Allerdings beträgt bei diesem Stoff der Anteil der gebundenen Rückstände nur 20 % und der Anteil der zu ^{14}C-CO_2 mineralisierten Ausgangsubstanz 54 % (Heerenklage et al., 1993)

Da offensichtlich ein großer Teil der beim biologischen Abbau entstehenden Metabolite in der Boden/Kompostmischung an der organischen Bodenmatrix festgelegt werden, wurde in Reaktor B die extrahierbare Radioaktivität mit dem Gehalt an Anthracen verglichen. Dabei ergab sich, daß die Radioaktivität im wesentlichen durch die Ausgangssubstanz Anthracen verkörpert wurde. Lediglich zum Versuchsende stellte das Anthracen nur noch einen kleinen Teil der extrahierbaren Radioaktivität dar (Abb. 8). Demnach ist in diesem Reaktor auch zwischenzeitlich keine größere Bildung freier Metabolite (< 10 %) zu beobachten.

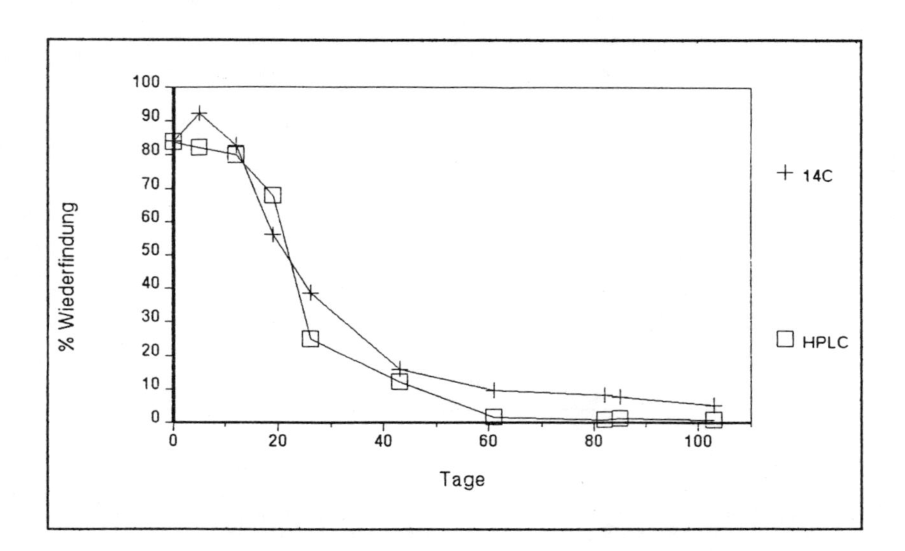

Abb. 8: Vergleich der Anthracen- und der ^{14}C-Gehalte in den Extrakten des Reaktors C.

Heitkamp et al. (1987) fanden bei Bilanzierungsversuchen mit der autochtonen Mikroflora aus verschiedenen Sedimenten eine Mineralisierung von Naphthalin zu CO_2, die wahrscheinlich auf den Abbautypen 1 und 2 beruht. Auffällig war dabei jedoch, daß die Mineralisierungsraten der Sedimente um mehr als den Faktor 2 voneinander abwichen. Die höchste Rate wurde in dem Sediment erreicht, das aus einem mit Kohlenwasserstoffen belasteten Ökosystem stammt. Die Bilanzierung ergab eine 60 - 70 %ige Mineralisierung des eingesetzten Naphthalins. Etwa 5-8 % der eingesetzten Radioaktivität wurde als nicht extrahierbarer Rückstand bei der Verbrennung des Sedimentes gefunden, wobei nicht unterschieden wurde, ob es sich dabei um Biomasse, fest gebundene Transformationsprodukte oder Naphthalin selbst handelte. Lediglich 1 bis 3 % der eingesetzten Radioaktivität konnten als polare Metabolite extrahiert werden. Dabei handelte es sich um die Verbindungen cis-1,2-Dihydroxy-1,2-DihydroNaphthalin und 1-Naphtol als primäre Oxidationsprodukte und Salicylsäure als weitergehendes Abbauprodukt. Das trans-1,2-Dihydroxy-1,2-DihydroNaphthalin als typische Indikatorsubstanz für den Abbau durch Monooxygenasen wurde jedoch nicht gefunden, obwohl 1-Naphtol als Abbauprodukt von Pilzen beschrieben wurde. Die als erheblich reaktiver beschriebenen Zwischenprodukte des pilzlichen Abbauweges mit Monooxygenasen, wie z. B. Arenoxide, konnten nicht nachgewiesen werden.

Bei Versuchen zum biologischen Abbau der mehrkernigen PAK konnten Heitkamp & Cerniglia (1989) zeigen, daß in Mikrokosmen aus Sedimenten der Grad der Mineralisierung von verschiedenen PAK durch Zugabe von Bakterien wesentlich gesteigert werden konnte. Der Zusatz von Pyren-verwertenden Mycobakterien führte zu einer Mineralisierung von 40 % des Pyrens gegenüber nahezu keiner im unbeaufschlagten Sediment. Die Autoren konnten zeigen, daß die meisten der in den Mikrokosmen verbleibenden extrahierbaren Rückstände aus dem radioaktiv markierten Pyren stammen. Die Rückstände besitzen die gleichen Eigenschaften wie die in früheren Arbeiten (Heitkamp et al., 1988) identifizierten Metabolite 4-Phenanthroesäure, 4-Hydroxyperinaphtenon bzw. die anderer wesentlich polarerer Abbauprodukte des Pyrens. Nähere Angaben zur Menge der extrahierbaren und gebundenen Rückstände wurden jedoch nicht gemacht.

Für Bodenkulturen mit Wassergehalten unterhalb der Wasserhaltekapazität der Böden sind nur wenige Arbeiten zur Bilanzierung des PAK-Abbaus verfügbar. Derartige Versuche sind wesentlich komplexer, da im Boden die mikrobielle Aktivität zusätzlich noch von weiteren Parametern wie Wassergehalt, Porenraum, Sorptivität, Säure- und Basenaustauschkapazität etc. bestimmt wird. Hosler et al. (1988) führten vergleichende Untersuchungen zum Verbleib von radioaktiv markiertem Naphthalin, Anthracen und

Benz(a)pyren mit Bodenproben aus Deponien von Raffinerieabfällen durch. Die Autoren fanden nach 4 Monaten eine weitgehende Mineraliserung von Naphthalin (73 %) gegenüber einer wesentlich geringeren bei Anthracen (23 %) und nur 6,6 % CO_2-Freisetzung aus Benz(a)pyren. Wie auch bei den hier dargestellten Versuchen verblieb bei Anthracen ein großer Teil der Radioaktivität als nicht extrahierbarer Rückstand im Boden (65 %), während beim Benz(a)pyren der größte Teil noch als Ausgangssubstanz vorlag. Im Vergleich zu Böden oder Sedimenten erfolgt in stark huminstoffhaltigen Systemen wie Kompost z. T. ein verbesserter mikrobieller Abbau der PAK. Martens (1982) fand, daß in verschiedenen Hausmüllkomposten 3 - 6 kernige PAK (Anthracen, Benz(a)anthracen, Benz(a)pyren und Dibenz(a,h)anthracen) innerhalb von 10 Wochen einer Mineralisierung unterworfen werden, die in reifem Kompost bis zu 50 % für die 3- und 4-kernigen PAK bzw. 20 % für die 5- und 6-kernigen PAK beträgt. (Tab. 6). Angaben über die Art der im Boden verbleibenden Rückstände wurden in dieser Arbeit jedoch nicht gemacht. Es ist aber zu vermuten, daß auch in diesen Versuchen ein großer Teil der im Boden verbleibenden Radioaktivität festgelegt wurde. Da bisher nur Bakterien gefunden wurden, die max. 4-Ring-PAK mineralisieren können, und außerdem in reifem Kompost vorwiegend Actinomyceten und Pilze gefunden werden, kann davon ausgegangen werden, daß hier der Abbau wesentlich auf Transformationen des Typs 2 und unspezifischen Oxidationen des Typs 3 beruht. Ein Teil der dabei entstehenden Oxidationsprodukte muß dann allerdings von der gesamten Mikroorganismenpopulation "synergistisch" weiter bis zum CO_2 umgesetzt werden, um die doch relativ hohen Mineralisierungsraten zu erklären.

Die Umsetzung eines gewissen Anteils der PAK zu CO_2 kann allerdings auch als "Nebenreaktion" der unspezifischen Oxidation (Typ 3) in einzelnen Organismen erfolgen. Sanglard et al. (1986) konnten zeigen, daß Ligninasen des Weißfäule Pilzes Phanerochaete chrysosporium nur Oxidationsprodukte aus Benz(a)pyren erzeugen, während der intakte Pilz immerhin 19 % bis zum CO_2 umsetzen kann. Andererseits führt der Abbau mit diesen Organismen im Boden auch zu einer erhöhten Bildung von nicht extrahierbaren, gebundenen Rückständen (Qiu & McFarland, 1991). Die Wasserlöslichkeit der PAK und damit verbunden die Bioverfügbarkeit scheint bei den Peroxidase- abhängigen Prozessen nur eine untergeordnete Rolle zu spielen.

Der Kenntnistand aus der Literatur läßt sich dahingehend zusammenfassen, daß der Grad der Mineralisierung und der Transformation der PAK mit zunehmendem Molekulargewicht bzw. der Anzahl der aromatischen Ringsysteme abnimmt, während die im Boden oder Sediment verbleibende Restmenge der Ausgangssubstanzen ansteigt (Kästner et al., 1993). Die Menge der gebildeten polaren Metabolite und der gebundenen

Rückstände ist andererseits von der Umgebungsmatrix (organischer Feststoff- bzw. Wassergehalt) abhängig und davon, daß die Stoffe überhaupt einem biologischen Umsatz unterliegen. Das Ausmaß der gesamten Abbauaktivität ist vom jeweiligen Boden bzw. Sediment abhängig, wobei der Gehalt an organischen Stoffen und der anthropogene Einfluß offensichtlich eine positive Rolle spielen.

Die nicht extrahierbaren, gebundenen Rückstände ihrerseits können selbst wieder verbesserte Substrate für unspezifische Oxidationen durch Weißfäulepilze sein (Haider & Martin, 1988). Phanerochaete chrysosporium setzte aus 4-Cl-Brenzkatechin und Anilinhydrochlorid nach 18 Tagen nur 2,4 bzw 5,6 % $^{14}C\text{-}CO_2$ frei, während in der gleichen Zeit aus gebundenen Rückständen, die aus den o. g. Substanzen hergestellt wurden, immerhin 35,5 bzw. 20,1 % $^{14}C\text{-}CO_2$ gebildet wurden. Unterstellt man, daß ahnliche Phänomene auch für die gebundenen Rückstände aus den PAK gelten, dann ist bei diesem Weg, wenn auch verzögert, ebenfalls ein sukzessiver Abbau bis zum CO_2 zu erwarten. Allerdings ist anzunehmen, daß die Raten dieses Abbaus denen des allgemeinen turn- overs der Huminstoffe gleichen, wie das für Rückstände aus Pestiziden und Herbiziden bereits nachgewiesen wurde (Führ et al., 1985).

Huminstoffe als Reaktionsmatrix biologischer PAK-Umsetzungen

Im allgemeinen wird mit Humus eine komplexe Mischung aus schwer abbaubaren, braunen, kolloidalen Substanzen im Boden bezeichnet, die unter natürlichen Bedingungen aus verrottendem Material von verschiedenen Organismen (Pflanzen, Tiere und Mikroorganismen) gebildet werden. Humus oder Huminstoffe haben relativ definierte chemische und physikalische Eigenschaften, obwohl sie keine einheitliche Molekularstruktur besitzen. Sie sind das Produkt bestimmter Häufigkeiten bzw. Wahrscheinlichkeiten von chemischen Reaktionsfolgen an einzelnen Bausteinen, die beim Aufbau dieser hochmolekularen, polymeren Substanzen beteiligt sind (Ziechmann, 1980).

Die Grundbausteine der Huminstoffe sind vielfach über Sauerstoffbrücken miteinander verbunden, daher spielen phenolische Komponenten beim Auf- und Abbau der Huminstoffe eine wesentliche Rolle und können bis zu 30 % des Gewichtes der Polymere ausmachen. Sie entstehen vorwiegend beim Abbau der Lignine, die Bestandteile verholzten Pflanzenmateriales sind. Beispielsweise wurden Benzo- und Naphtochinone in Anteilen bis zu 10-15 Gewichtsprozent gefunden (zit. aus Bollag & Loll, 1983). Dabei muß erwähnt werden, daß chinoide und phenolische Metabolite auch als Abbauprodukte der

PAK auftreten (Cerniglia, 1984; Cerniglia & Heitkamp, 1989) und folglich ebenfalls in den Aufbau von Huminstoffen einbezogen werden können.

Die Art und Häufigkeit der Seitengruppen sind für die chemischen Eigenschaften der Huminstoffe verantwortlich. Sie können als Bindungsstellen für Aminosäuren, Kohlenhydrate, Produkte des Stoffwechsels von Organismen sowie Xenobiotica und deren Abbauprodukte fungieren. Darüberhinaus haben Huminstoffe auch Bereiche, die hydrophobe Eigenschaften besitzen und an die Kohlenwasserstoffe adsorbieren können. Neben der normalen Adsorption an organische Verbindungen können einige PAK durch π-Elektronenaustausch mit benzoiden und chinoiden planaren Randgruppen der Huminstoffe eine komplexartige Bindung (Elektronen-Donator-Akzeptor-Komplex) eingehen (Ziechmann, 1980). Freie Radikale, die eine kovalente Einbindung der PAK und deren Metabolite einleiten könnten, wurden ebenso in relativ hohen Konzentrationen nachgewiesen (zit. aus Bollag & Loll, 1983). Diese Radikale können an phenolischen Dihydroxy-Verbindungen weitere Hydroxylgruppen einführen und ermöglichen dadurch eine mehrdimensionale Vernetzung (Ziechmann, 1980). In diesem Zusammenhang ist die Fähigkeit von Weißfäulepilzen zu erwähnen, die mit Peroxidradikalen den Lignin- wie auch den Schadstoffabbau einleiten.

Besondere Wechselwirkungen haben Huminstoffe mit Tonmineralen. Komplexe Huminstoffmoleküle können über Metallkationen direkt an sie gebunden werden. Außerdem haben Tonminerale und einige anorganische Salze, die in Böden vorkommen, die Eigenschaft, oxidative Kopplungsreaktionen zu katalysieren. Benzol und phenolische Komponenten können durch diese Stoffe polymerisiert werden. An solche Polymerisate binden Aminosäuren, Aminozucker und Peptide durch spontane autoxidative Prozesse (Bollag & Loll, 1983).

Geht man von einer Genese der Huminstoffe aus, deren initialer Bestandteil die durch Radikale initiierte Polymerisation von aromatischen Verbindungen ist (Ziechmann, 1981), so können besonders PAK und deren Metabolite daran teilnehmen. In der daran anschließenden Konformationsphase, in der auch Nicht Huminstoffe (Abbauprodukte von Naturstoffen) in das Humifizierungsgeschehen einbezogen werden, können die PAK und deren Metabolite ebenfalls wieder teilnehmen. Mit dieser Betrachtung wird das gegenüber dem Hexadekan wesentlich größere Ausmaß der gebundenen, nicht extrahierbaren Rückstände aus PAK im Boden verständlich, wenn die Verbindungen in die organische Bodenmatrix kovalent eingebaut werden. Diese Festlegung erklärt auch, warum im Boden nur wenige freie Metabolite der PAK gefunden wurden. Damit hat die Festlegung aber auch eine detoxifizierende Funktion für das Ökosystem Boden, da die

Stoffe nicht mehr verfügbar sind. Vor diesem Hintergrund hat die vielfach auf empirischen Erfahrungen beruhende, Abbau-verbessernde Wirkung von organischen Zuschlagstoffen wie Kompost, Rindenmulch usw. bei biologischen Sanierungen von kontaminierten Böden eine Berechtigung.

Modellvorstellungen zum Schicksal der PAK im Boden

Aus den obigen Ausführungen lassen sich folgende Modellvorstellungen zum Schicksal der PAK beim Abbau im Boden ableiten (Abb. 9). Dabei können die PAK einerseits unter Bildung von Biomasse, H_2O und CO_2 mineralisiert werden (Weg 1) und andererseits entweder als originäre Komponente oder als Metabolite in eine Humifizierung einbezogen werden (Weg 2). In Böden mit geringen Gehalten an Huminstoffen kann letzterer Weg auch die Bildung von höhermolekularen Strukturen (Polymerisate) aus PAK und deren Metaboliten beinhalten.

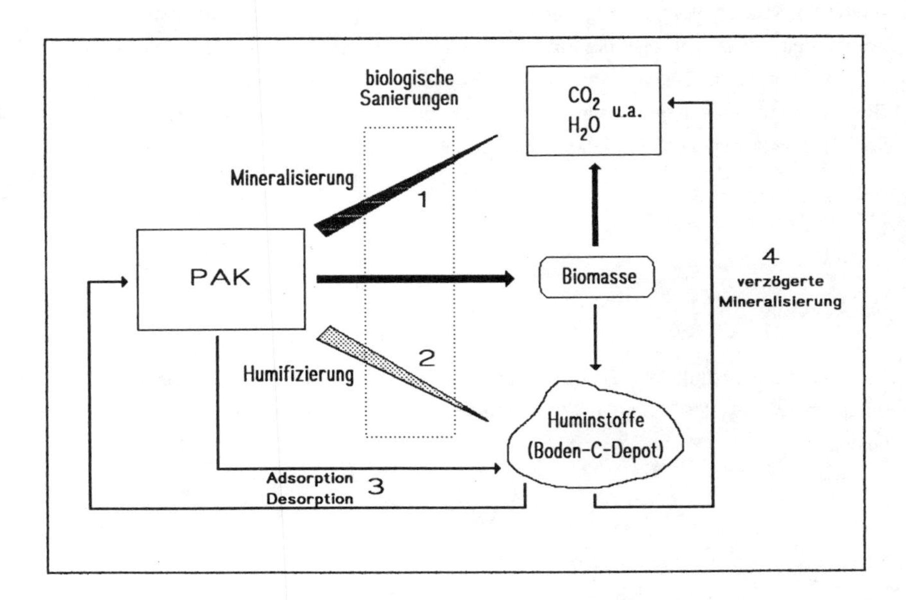

Abb. 9: Schema der möglichen Eliminierungspfade beim biologischen Abbau der PAK im Boden (Mahro & Kästner, 1993)

Biologische Sanierungen von PAK-kontaminierten Böden bewegen sich daher immer Bereich beider möglicher Wege. Das Boden-Kohlenstoff-Depot kann seinerseits wiederum eine verzögerte Mineralisierung der eingebauten Stoffe ermöglichen (Weg 4) und zu sorptiven Effekten (Weg 3) gegenüber den PAK oder deren Metaboliten führen.

Die Mineralisierung durch Mikroorganismen, die PAK als alleinige C- und Energiequelle nutzen können, erfordert eine gute Bioverfügbarkeit der Verbindungen im Porenwasser des Bodens, da solche Organismen die PAK in die Zelle hineinschleusen müssen. Demgegenüber ist der ko-metabolische Abbau oder die unspezifische Oxidation bei Mikroorganismen erleichtert, die diese Stoffe nicht in die Zellen transportieren müssen. Sie können mit Exoenzymen auch weniger gut bioverfügbare oder sogar sorbierte PAK angreifen, da hier nur das Zusammentreffen der Enzyme und der PAK-Moleküle notwendig ist. Dabei kann jedes entstehende Transformationsprodukt prinzipiell auch rein chemisch sofort mit der organischen Bodenmatrix in der Umgebung weiterreagieren. Auch der geringere Einfluß des Wassergehaltes könnte hierauf zurückzuführen sein. Als Konsequenz ergibt sich aus den Darstellungen, daß kometabolisch bzw. unspezifisch oxidierende Mikroganismen gegenüber mineralisierenden Mikroorganismen unter bestimmten Umständen sogar bessere Stoffeliminierungsleistungen zeigen können, wenn es um komplexe, Feststoff-gebundene Schadstoffe geht. Vergleichsdaten aus Bilanzierungen dazu liegen bisher jedoch noch nicht vor. Ebenso ist auch das weitere Schicksal der gebundenen Rückstände aus den PAK noch unklar.

Danksagung

Die Forschungen zu diesem Thema wurden von der DFG im Rahmen des Sonderforschungsbereiches 188 "Reinigung kontaminierter Böden " (Teilprojekt B1) finanziell unterstützt.

Literatur:

Bollag, J.-M., Loll, M.J. (1983): Incorporation of xenobiotics into soil humus.

Experientia, 39, 1221-1231.

Bumpus, J.A., Tien, M., Wright, D., Aust, S.D. (1985): Oxidation of persistant environmental pollutants by a white rot fungus. Science, 228, 1434-1436.

Cerniglia, C.E. (1984): Microbial metabolism of polycyclic aromatic hydrocarbons. Adv. Appl. Microbiol., 30, 31-71.

Cerniglia, C.E., Heitkamp, M.A. (1989): Microbial degradation of polycyclic aromatic hydrocarbons (PAH) in the aquatic environment. In: Varanasi, U. (ed.): Metabolism of polycyclic aromatic hydrocarbons in the aquatic environment, p 41-68. CRC-Press, Boca Raton.

Eschenbach, A., Gehlen, P., Bierl, R. (1991): Untersuchungen zum Einfluß von Fluoranthen und Benzo(a)pyren auf Bodenmikroorganismen und zum Abbau dieser Substanzen. Mitteilungen d. Dt. Bodenkundlichen Gesellschaft, 63, 91-94.

Führ,F., Kloskowski,R., Burauel, P.-W. (1985): Bedeutung der gebundenen Rückstände. In: Bundesministerium f. Ernährung, Landwirtschaft und Forsten (Hrsg.): Pflanzenschutzmittel im Boden. Berichte über Landwirtschaft, 198. Sonderheft. Verlag Paul Parey, Hamburg/Berlin.

Gibson, D.T., Subramanian, V. (1984): Microbial degradation of aromatic hydrocarbons. in: Gibson, D.T. (ed): Microbial degradation of organic compounds. M.Dekker Inc., New York und Basel, 181-252

Guerin, W.F., Jones, G.E. (1988): Two-stage mineralization of phenanthrene by estuarine enrichment cultures. Appl. Environ. Microbiol, 54, 929-936.

Haider, K.M., Martin, J.P. (1988). Mineralization of ^{14}C-labelled humic acids and of humic-acid bound ^{14}C-xenobiotics by Phanerochaete chrysosporium. Soil Biol. Biochem., 20, 425-429.

Heerenklage,J., Breuer-Jammali, M., Kästner, M., Lotter, S., Stegmann, R. , Mahro, B. (1993): Balance of anthracene and hexadecane degradation in soil/compost mixtures. Manuskript in Vorbereitung.

Heitkamp, M.A., Freeman, J.P. , Cerniglia, C.E. (1987): Naphthalene biodegradation in environmental microcosms: Estimates of degradation rates and charakterization of metabolites. Appl. Environ. Microbiology, 53, 129-136.

Heitkamp, M.A., Freeman, J.P., Miller, D.W., Cerniglia, C.E. (1988): Pyrene degradation by a Mycobacterium sp.: Identification of ring oxidation and ring fission products. Appl. Environ. Microbiol., 54, 2556-2565.

Heitkamp, M.A., Cerniglia, C. E. (1989): Polycyclic aromatic hydrocarbon degradation by a Mycobacterium sp. in microcosms containing sediment and water from a pristine ecosystem. Appl. Environ. Microbiol., 55, 1968-1973.

Hosler, K.R., Bulman, T.L., Fowlie, P.J.A. (1988): Der Verbleib von Naphthalin, Anthracen und Benz(a)pyren im Boden bei einem für die Behandlung von Raffinerie~ abfällen genutztem Gelände. In Altlastensanierung `88 (K. Wolf, W. J. van den Brink und F. J. Colon, eds.) pp. 111-113. Kluwer Academic Publisher, Dordrecht/Boston/ London.

Kästner, M., Breuer, M., Mahro, B. (1991): Bakterien-Isolate aus unterschiedlichen Altlastenstandorten zeigen ein vergleichbares Abbauprofil für PAK und Ölkomponenten. Gas- und Wasserfach, Wasser - Abwasser, 132, 253-255.

Kästner, M., Mahro, B., Wienberg, R. (1993): Biologischer Schadstoffabbau in kontaminierten Böden unter besonderer Berücksichtigung der polyzyklischen aromatischen Kohlenwasserstoffe. Hamburger Berichte 5, Economica Verlag, Bonn, im Druck.

Mahro, B., Kästner, M. (1993): Der mikrobielle Abbau polyzyklischer aromatischer Kohlenwasserstoffe (PAK) in Böden und Sedimenten. Bioengineering,9, in Druck.

Martens, R. (1982): Concentrations and microbial mineralization of four to six ring polycyclic aromatic hydrocarbons in composted municipal waste. Chemosphere, 11, 761-770.

Sanglard, D., Leisola, M.S.A., Fiechter,A. (1986): Role of extracellular ligninases in biodegradation of benzo(a)pyrene by Phanerochaete chrysosporium. Enzyme Microb. Technol., 8, 209-213.

Qiu, X., McFarland, M.J. (1990): Bound residue formation in PAH contaminated soil composting using Phanerochaete chrysosporium. Hazardous Waste & Hazardous

Materials, 8, 115-126.

Ziechman, W. (1980): Huminstoffe: Probleme, Methoden, Ergebnisse. Verlag ChemieWeinheim.

Anwendung von Testsystemen zur Bilanzierung und Optimierung des biologischen Schadstoffabbaus

K. HUPE, J. HEERENKLAGE, S. LOTTER, R. STEGMANN

Technische Universität Hamburg-Harburg, Arbeitsbereich Abfallwirtschaft und Stadttechnik, Harburger Schloßstraße 37, D-2100 Hamburg 90

ZUSAMMENFASSUNG

Zur Bilanzierung und Optimierung biologischer Bodensanierungsverfahren werden verschiedene geschlossene Testsysteme im Labormaßstab vorgestellt: Glasgefäße, Respirometer und Reaktorsysteme. Anhand beispielhafter Ergebnisse werden die Systeme verglichen.

EINLEITUNG

Da die alleinige Messung der Schadstoffkonzentrationen zur Beschreibung des Schadstoffabbaus nicht ausreicht, nimmt bei der Behandlung kontaminierter Böden die Bilanzierung des Schadstoffumsatzes eine zentrale Stellung ein. Für eine vollständige Bilanzierung des Schadstoffumsatzes ist die Messung sämtlicher gasförmiger und flüssiger Emissionen sowie der verbleibenden Reststoffe im Boden erforderlich.

Das Teilprojekt B3 "Reinigung kontaminierter Böden in Bioreaktoren" des Sonderforschungsbereiches (SFB 188) "Reinigung kontaminierter Böden" verfolgt u.a. das Ziel, die Verbindung zwischen den Laborergebnissen des Schadstoffabbaus und den praktischen Verfahren der Bodensanierung herzustellen. Dabei geht es vor allem um die Aufklärung und Beschreibung der Mechanismen und Prozesse während der Reinigung kontaminierter Böden; die Ergebnisse sind Grundlage für eine Optimierung der Verfahren. Die ingenieurwissenschaftliche Orientierung des Projektes basiert auf einer engen Kooperation mit den naturwissenschaftlich ausgerichteten Projekten des SFB, so daß auch die komplexen Fragen der Biologie und Analytik in der erforderlichen Tiefe behandelt und berücksichtigt werden. Die folgenden Fragen standen im Vordergrund:

- Optimierung der biologischen Bodenreinigung in Bioreaktoren (Wassergehalt, Temperatur, Nährstoffe, Sauerstoffversorgung, Lösungsvermittler)
- Detaillierte und aussagekräftige Analytik zur Prozeßbeschreibung und Erfolgskontrolle
- Bilanzierung der Schadstoffumsetzung (Mineralisation, Ausgasung, Festlegung)
- Beschleunigung der biologischen Prozesse durch den Einsatz von Mischreaktoren

ANGEWANDTE METHODEN

Um im SFB systematische Untersuchungen durchführen zu können, wurde zunächst mit einem "Modellboden" gearbeitet, der definiert mit Dieselöl (s. Tab. 1) verunreinigt wurde.

Bei dem Modellboden handelt es sich um Material aus einem A_h-Horizont, das bodenkundlich ausgewählt und charakterisiert wurde (Beschreibung des Materials: Goetz et al., 1990; Miehlich & Wagner, 1990). Dieser humusangereicherte Boden ist aufgrund seines hohen Sandanteils als relativ einfach zu behandelnder Boden zu betrachten. Um ein möglichst homogenes Material zu erhalten, wurde in den hier durchgeführten Versuchsreihen der Boden auf ≤ 2000 µm abgesiebt.

Tab. 1: Zusammensetzung des in den Versuchen eingesetzten Dieselöls (Steinhart et al., 1989)

Stoffgruppe	Konzentration
n-Alkane	31,9 %
restliche Aliphaten	39,8 %
Monoaromaten	16,4 %
Diaromaten	8,0 %
Polyaromaten	3,9 %

Bei Untersuchungen an synthetisch kontaminierten Böden wird die Ölkonzentration in der Regel auf 1 Gewichtsprozent (Gew.-%) der Bodentrockensubstanz eingestellt. Die Reinigung des Bodens wird bei hohen Feststoffgehalten durchgeführt ("Trockenverfahren"). Der optimale Wassergehalt liegt bei 60-70 % der maximalen Wasserkapazität.

VERSUCHSANLAGEN

Alle zur Bilanzierung und Optimierung biologischer Bodenbehandlungsverfahren eingesetzten Systeme sind geschlossen, was eine notwendige Voraussetzung zur Aufstellung von Bilanzen darstellt.

Für Optimierungsuntersuchungen bezüglich der Milieubedingungen (Temperatur, Wassergehalt, Zuschlagstoffe) bieten sich spezielle Glasgefäße und Respirometer an.

Glasgefäße (Volumen 1.5 Liter)

Gasdicht verschlossene Glasgefäße (Batchansätze) stellen ein besonders einfaches System für Abbauuntersuchungen dar (Abb. 1).

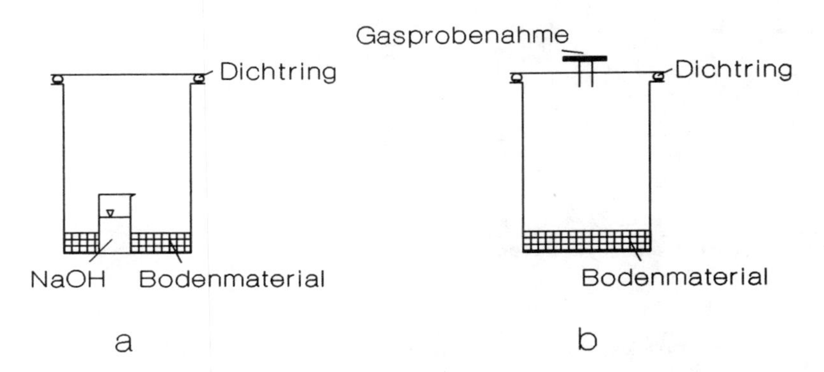

Abb. 1: 1,5-Liter Bachtansätze; a: Bestimmung der CO_2-Freisetzung durch Absorption in NaOH; b: Bestimmung gasförmig emittierender Stoffe mittels GC-Messung

In ihnen wird diskontinuierlich die CO_2-Freisetzung durch Absorption in Natronlauge mittels Titration mit HCl bestimmt. Gasförmig emittierende Schadstoffe können ebenfalls erfaßt werden (GC-Messung). Darüber hinaus werden die Bodenproben auf schadstoffrelevante Parameter analysiert. Aufgrund des relativ geringen Versuchsaufwandes kann eine große Anzahl von Ansätzen parallel untersucht werden.

Respirometer (Volumen 250 ml)

Im Respirometer wird der biochemische O_2-Verbrauch kontinuierlich gemessen. Der Aufbau und das Funktionsprinzip des Meßgerätes sind in Abb. 2 schematisch dargestellt.

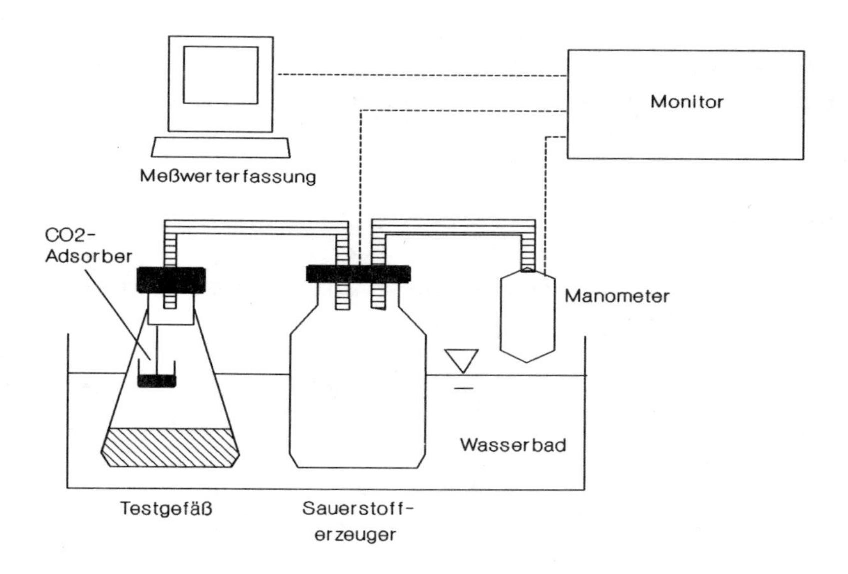

Abb. 2: Funktionsprinzip der Respirometer

Durch die Adsorption des infolge der biochemischen Abbauprozesse gebildeten CO_2 an Natronkalk-Plätzchen entsteht in den geschlossenen Glasgefäßen ein Unterdruck, der über ein Manometer die elektrolytische Sauerstofffreisetzung aus $CuSO_4$ bewirkt. Durch die Kopplung der Meßeinheit mit einem PC ist eine kontinuierliche Erfassung des

Sauerstoffverbrauchs (mg O_2) möglich. Zur Beschreibung des Abbaufortschritts im Respirometer können während einer Versuchsreihe Gefäße ausgebaut und das darin enthaltene Bodenmaterial analysiert werden. Das System bietet in der Regel Platz für 12 Testgefäße.

REAKTORSYSTEME

Reaktorsysteme werden in verschiedenem Maßstab (Volumen 3 Liter, 6 Liter oder 90 Liter) eingesetzt, um die Bedingungen in einer zwangsbelüfteten Miete oder in Großreaktoren zu simulieren. Die Belüftung erfolgt kontinuierlich mittels Druckluft, wobei die Ausgasung in diesen Systemen gut erfaßt werden kann. Abb. 3 zeigt eine Prinzipskizze eines statischen Glasbioreaktors einschließlich einer kontinuierlichen Meßwerterfassung und -steuerung.

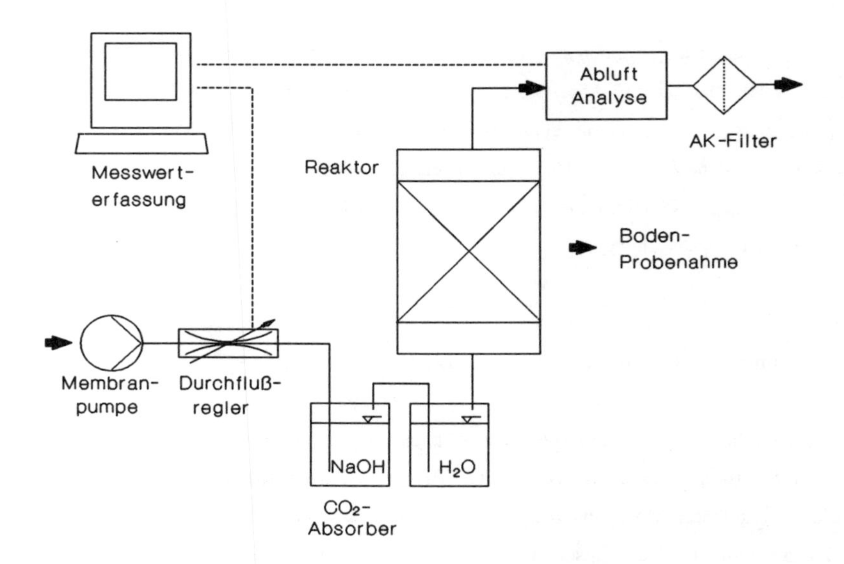

Abb. 3: Prinzipskizze der statischen Bioreaktoren zur Behandlung kontaminierter Böden

Statische Glasbioreaktoren (Volumen 3 Liter, 6 Liter)

Die Bioreaktoren wurden im Rahmen des F+E-Vorhabens im Arbeitsbereich entwickelt und aufgrund der in den Versuchsreihen gemachten Erfahrungen ständig verbessert. Im unteren Teil des Reaktors befindet sich ein Sieb, auf welches der Boden gefüllt wird. Am Reaktor sind in verschiedener Höhe Probenahmestutzen angebracht. Die geregelte Belüftung erfolgt von unten nach oben, wobei die zugeführte CO_2-freie Luft durch eine mit Wasser gefüllte Waschflasche geleitet wird, um eine Austrocknung des Bodens zu verhindern. In der Abluft wird kontinuierlich die CO_2-Konzentration mittels IR (Infrarotphotospektrometer) und die TOC-Konzentration mittels FID (Flammen-Ionisations-Detektor) erfaßt. Weitere Gasproben können mit einer Spritze durch ein Septum aus dem oberen Teil des Reaktors gezogen und anschließend in einen GC injiziert werden.

DYNAMISCHE TESTSYSTEME

Neben den statischen kommen auch dynamische Testsysteme in verschiedenem Maßstab (1,5 Liter Batchansätze, 3 Liter Schaufelmischer-Reaktoren) zum Einsatz. Durch den Einsatz dynamischer Reaktorsysteme soll insbesondere bei der Behandlung bindiger Böden ein verbesserter Schadstoffabbau erzielt werden. Eine Vermeidung bzw. Verminderung der Pelletbildung bei der dynamischen Behandlung der Böden erfordert noch weitere Untersuchungen.

Schaufelmischer-Reaktoren (Volumen 3 Liter)

Der Schaufelmischer-Reaktor (Abb. 4) besteht aus einem zylindrischen Glasgehäuse. Die in den Stirnseiten des Reaktors gasdicht gelagerte Antriebswelle wird über einen stufenlos regelbaren Motor angetrieben. An der Welle können verschiedene Mischwerkzeuge zur optimalen Durchmischung angebracht werden. In der Mitte des Glasgehäuses ist ein Probenahmestutzen angebracht. Der Reaktor wird über die Stirnflächen definiert begast. Zur kontinuierlichen Messung des CO_2 und TOC im Abluftstrom des Reaktors wird ein Infrarotgerät und ein FID (TOC-Messung) eingesetzt.

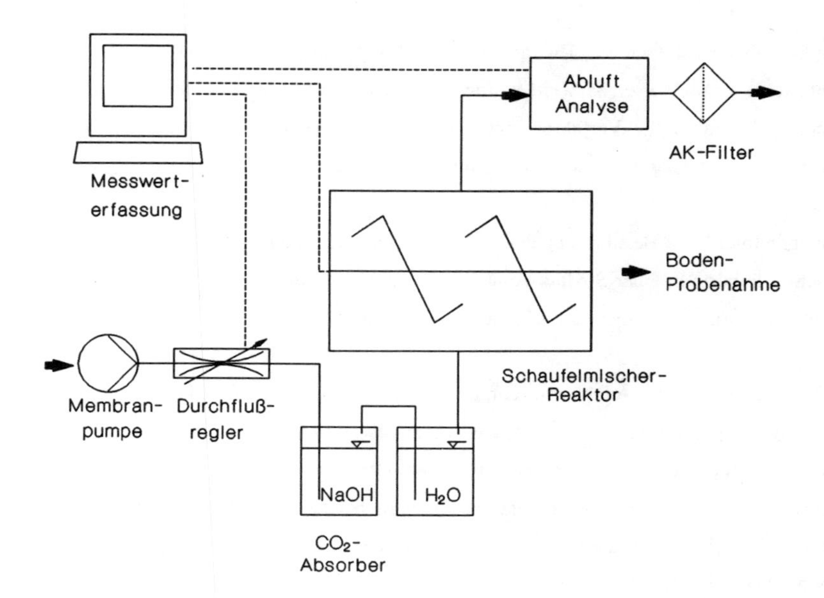

Abb. 4: Schematische Darstellung der Schaufelmischer-Reaktoren zur Behandlung kontaminierten bindigen Bodenmaterials

ANALYTIK

Der biologische Abbau der Kontamination wird auf der Grundlage folgender Parameter beschrieben:

- Kontamination (Öl)
- Gasphase
- Boden
- Biomasse

Kontamination

Da die in den Bodenproben enthaltenen Stoffe nicht direkt meßbar sind, erfordert die Analyse des Ölgehaltes in den Böden einen Aufschluß oder eine Elution. Das Aufschlußverfahren wird vom Untersuchungsparameter bestimmt, wobei ein vollständiger

Aufschluß anzustreben ist. Die quantitative Bestimmung des Ölgehaltes erfolgt auf unterschiedliche Weise: Es werden gravimetrische, chromatographische und infrarotphotospektrometrische Verfahren eingesetzt. Der Einsatz der verschiedenen Analyseverfahren ist abhängig von der jeweiligen Fragestellung.

Die gravimetrische Bestimmung des Kohlenwasserstoffgehaltes in Bodenproben erfolgt nach Extraktion in einer Soxhlet-Apparatur unter Verwendung verschiedener Lösungsmittel (Toluol, Petrolether usw.)(Steinhart et al., 1989).

Chromatographische Analyseverfahren (Gaschromatograph, Hochdruckflüssigkeitschromatograph) haben den Vorteil, daß sie zur Bestimmung von Einzelkomponenten geeignet sind. In Zusammenarbeit mit dem Institut für Lebensmittelchemie der Universität Hamburg wurde eine gaschromatographische Methode entwickelt, mit der sowohl Einzelstoffe als auch Stoffgruppen quantifiziert werden können (Steinhart et al., 1989). Dabei werden die einzelnen n-Alkane C_{10} bis C_{24}, sechs relevante iso-Alkane und die Summe der Einzelstoffe zwischen den n-Alkanen bestimmt.

Zur Quantifizierung der Summe der Kohlenwasserstoffe in Anlehnung an DIN 38 409 Teil 18 (kurz H18; Anonymus, 1981) wird eine Ultraschallextraktion durchgeführt. Diese Extraktionsmethode ist aufgrund des geringeren Lösungsmitteleinsatzes gegenüber der Soxhlet-Extraktion als umweltfreundlicher einzustufen. Ferner wird der Zeitaufwand erheblich reduziert, und es werden höhere Wiederfindungsraten erreicht. Die quantitative Analyse erfolgt mittels IR-Spektroskopie.

Gasphase

In der Gasphase werden die Parameter CO_2 und TOC (Total Organic Carbon) sowie flüchtige Öl-Komponenten gemessen. Zur Bestimmung des Abbaugrades ist die exakte Erfassung der Konzentration und der Gesamtmenge an CO_2 in der Abluft von entscheidender Bedeutung. Die Messung der CO_2-Freisetzung erfolgt bei den Reaktorsystemen mittels GC (diskontinierlich) oder IR (kontinuierlich). Bei diskontinuierlicher Messung im GC wird die aus dem Abluftstrom gezogene Probe direkt in den GC eingespritzt; die CO_2-Bestimmung erfolgt mit einem WLD (Wärmeleitfähigkeits-Detektor). Mittlerweile ist eine kontinuierliche Erfassung der CO_2-Freisetzung mittels IR für die Glasbioreaktoren installiert.

Bei der TOC-Bestimmung wird ebenfalls die aus dem Abluftstrom gezogene Probe direkt in den GC eingespritzt. Die Kalibrierung und Auswertung erfolgt nach einer Vorschrift des VDI zur Abluftkontrolle (Anonymus, 1980). Eine Kontrolle der Methode mit Octadekan ergab eine Wiederfindungsrate von 100 %. Eine kontinuierliche TOC-Bestimmung erfolgt für die Bioreaktoren in einem FID.

Boden

Die Bodenanalytik umfaßt in Abhängigkeit von der Zielsetzung der jeweiligen Versuchsserie die Parameter TOC, CSB (Chemischer Sauerstoffbedarf), TKN (Total Kjeldahl Nitrogen) und pflanzenverfügbarer Stickstoff, Gesamt-Phosphor und pflanzenverfügbarer Phosphor sowie pH-Wert und Leitfähigkeit des Bodens.

Der Gesamtkohlenstoff (TC) setzt sich zusammen aus dem anorganischen (TIC) und dem organischen (TOC) Kohlenstoff. Der organische Kohlenstoff (TOC) stellt einen besonders wichtigen Parameter dar und berechnet sich über die Differenz aus den meßtechnisch erfaßten Größen TC und TIC. Er beinhaltet sowohl die Biomasse (BIO-C) und den analysierbaren Kohlenstoff der Kontamination, als auch die derzeit noch nicht quantifizierbaren Anteile an Humus/Kompost (HUM-C) und nicht extrahierbaren Rückständen (bound residues: BR-C). Die Abb. 5 zeigt die Anteile der verschiedenen Parameter bezogen auf den Gesamtkohlenstoffgehalt für zwei untersuchte real kontaminierte Böden, denen 20 Gew-% (bzgl. Trockengewicht Boden) Kompost zugemischt worden war. Bei den verwendeten Böden handelt es sich um ein mit polyzyklischen aromatischen Kohlenwasserstoffen (PAK) verunreinigtes Bodenmaterial (Kontamination: 43 g/kg TG-Boden) und einen mit Schmieröl belasteten Boden (Kontamination: 200g/kg TG-Boden). Es wird deutlich, daß die Verteilung des Kohlenstoffes insbesondere in kontaminierten Böden sehr unterschiedlich sein kann. Eine möglichst detaillierte Analytik des TOC ist von daher wünschenswert.

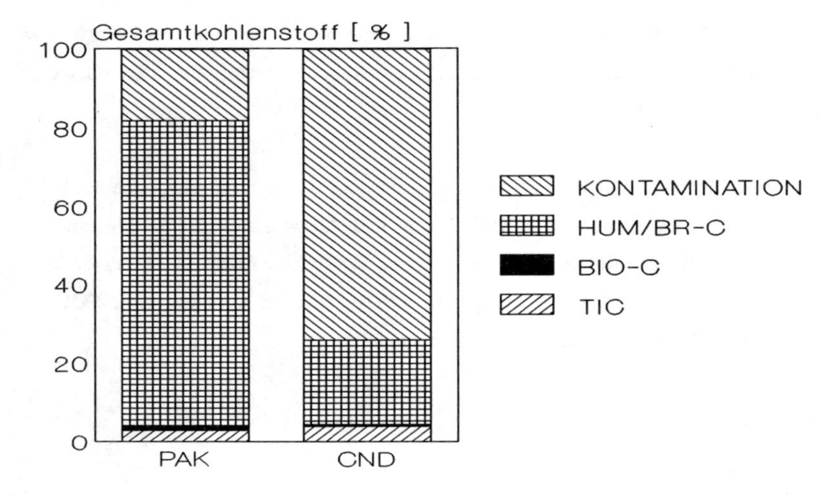

Abb. 5: Verteilung des Kohlenstoffs in Boden/Kompost-Gemischen (B:K = 2:1). PAK: PAK-kontaminierter Boden; CND: Schmieröl-kontaminierter Boden (Brumm, 1992)

Biomasse

Die Bestimmung der Biomasse erfolgte mit Hilfe der Substrate-Induced-Respiration Methode (SIR) nach Anderson & Domsch, 1978, modifiziert nach Beck (Beck, 1984) im Respirometer. Hierbei wird über die erhöhte CO_2-Produktion nach Glukosezugabe die Biomasse errechnet.

UNTERSUCHUNGSPROGRAMM UND ERGEBNISSE

Bestimmung der Substratatmung

Die im Respirometer durchgeführten Versuchsreihen zur Optimierung und Bilanzierung der biologischen Umsetzungsprozesse werden häufig mit dem Parameter Sauerstoffverbrauch pro g Kohlenwasserstoffe ausgewertet (mg O_2/g KW). Die zur Berechnungen dieser "Substratatmung" zugrundeliegenden Annahmen sollen an dieser Stelle erläutert werden.

Für die Bestimmung des spezifischen Sauerstoffverbrauchs (Substratatmung) wird die Differenz des jeweiligen Sauerstoffverbrauchs aus dem kontaminierten und dem unkontaminierten Versuchsansatz gebildet und auf die zugegebene Kohlenwasserstoffmenge bezogen. Die Sauerstoffdifferenz resultiert aus dem Ölabbau (Kästner et al, 1992). Ein typisches Beispiel für den O_2-Verbrauch einer unkontaminierten und einer mit Dieselöl kontaminierten Boden/Kompost-Mischung ist in Abb. 6 dargestellt.

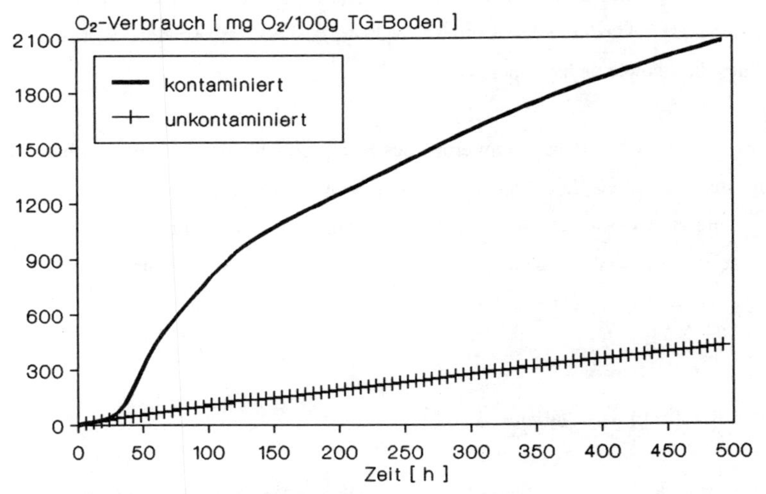

Abb. 6: Summenkurve des O_2-Verbrauchs eines Boden/Kompost-Gemisches (kontaminiert und unkontaminiert)

Die Summenkurve des Sauerstoffverbrauchs des unkontaminierten Ansatzes verhält sich linear, während aus der Mineralisation des Öls ein für Substratumsetzungen typischer Kurvenverlauf resultiert.

Wirkung der Kompostzugabe

In ersten Untersuchungen erwies sich die Zugabe von Kompost in bezug auf einen beschleunigten Schadstoffabbau als sehr günstig. Der unterschiedlich schnelle Schadstoffabbau in Abhängigkeit von der Zugabe von Komposten unterschiedlichen Reifegrades und deren Wirkungsmechanismen wurden in verschiedenen Versuchsserien im Respirometer untersucht. Folgende Einflußgrößen können von Bedeutung sein:

- Wechselwirkungen der organischen Matrix des Kompostes (Humus) sowie der huminstoffkorrelierten Mikroflora mit dem Schadstoff
- Animpfung durch eine im Kompost vorhandene schadstoffverwertende Mikroflora
- Düngungseffekte durch den Kompost (Nährstoffzugabe, insbesondere Stickstoff und Phosphor, sowie andere Spurenstoffe)

Im Respirometer wurden die Optimierung des Kompostalters, der Einfluß verschiedener Kompostmengen sowie die Wirkung der Zudosierung von Stickstoff untersucht. Bei den zugegebenen Komposten handelt es sich um Biokompost, der aus im Haushalt getrennt gesammelten vegetabilen Küchen- und Gartenabfällen entstanden ist und sehr geringe Schadstoffbelastungen aufweist.

Einfluß der Kompostzugabemenge

Es konnte gezeigt werden, daß eine Kompostzugabe im Verhältnis Boden/Kompost von 2:1 den Ölabbau signifikant beschleunigt. Dieser Kompostanteil ist jedoch für praktische Sanierungen zu hoch. In der Bundesrepublik wird im Rahmen von Mietenverfahren häufig ein Volumenverhältnis von ca. 9:1 (Boden/Zuschlagstoff) angewandt. Aus diesem Grund wurden im Respirometer die Mischungsverhältnisse Boden/Kompost von 2:1, 4:1 und 8:1 (bezogen auf Trockengewicht) untersucht. Die Dieselölzugabe betrug einheitlich 1 Gew.-% bzgl. Boden-Trockengewicht. Die Temperatur wurde auf 22° C eingestellt.

In Abb. 7 sind die Summenkurven des Sauerstoffverbrauchs für die beschriebene Versuchsserie dargestellt. Bei allen Ansätzen betrug die lag-Phase ca. 2 Tage. Es zeigt sich, daß mit abnehmendem Kompostgehalt die Summe des O_2-Verbrauchs aus der Ölumsetzung ebenfalls abnimmt. Darüber hinaus wird das Maximum des Sauerstoffverbrauchs pro Stunde desto schneller erreicht, je größer der Kompostgehalt ist. Dabei ist bei dem jeweiligen Maximum auch die Gesamtsubstratatmung größer (Stegmann et al., 1991).

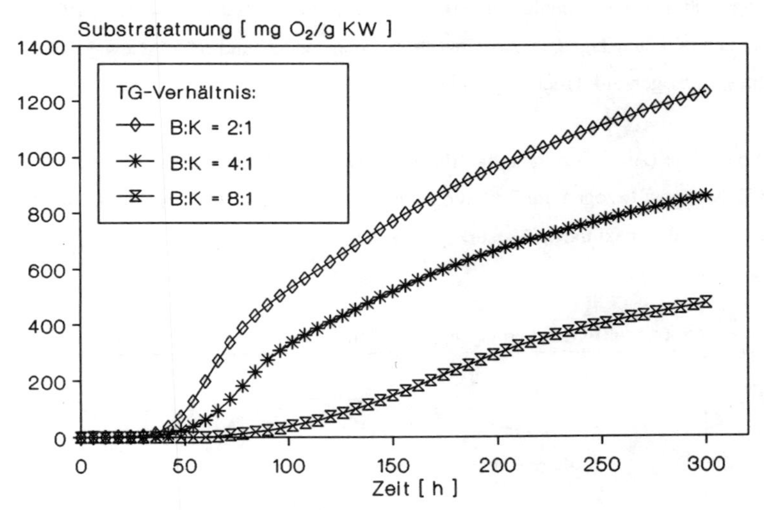

Abb. 7: Summenkurven des O_2-Verbrauchs ölkontaminierten Bodenmaterials von verschiedenen Boden/Kompost-Gemischen (Stegmann et al., 1991)

Optimierung des Wassergehaltes

Dem Wassergehalt kommt eine in bezug auf die Mikroflora besondere Bedeutung zu, da die Bodenmikroorganismen in dünnen Wasserfilmen metabolisieren, die die Feststoffpartikeln ganz oder teilweise umhüllen. Für mikrobielle Aktivitäten liegt der günstigste Wassergehalt zwischen 50 und 80% der maximalen Wasserkapazität des Bodens (Filip, 1990).

Für die Optimierung des Wassergehaltes bietet sich ebenfalls das Respirometer als Testsystem an. Nachfolgend soll eine Optimierungsuntersuchung des Wassergehaltes für ein real kontaminiertes Bodenmaterial beschrieben werden.

Bei dem Bodenmaterial (schwach schluffiger Sand) handelt es sich um mit Hochsiedeölen (ca. 10.000 mg KW/kg TG-Boden) kontaminiertes Material eines ehemaligen Tankstellengeländes. Die maximale Wasserkapazität (bestimmt nach Kretzschmar, 1986) der Versuchsmaterialien lag bei 22,6 Gew-% für den Boden und 156,1 Gew-% für den Kompost (bezogen auf Trockengewicht).

Die Ergebnisse (Abb. 8) zeigen, daß für das verwendete Boden/Kompost-Gemisch (20 Gew-% Kompost bezogen auf Trockengewicht) der optimale Wassergehalt (T = 30°C) bei ca. 68 % der maximalen Wasserkapazität liegt.

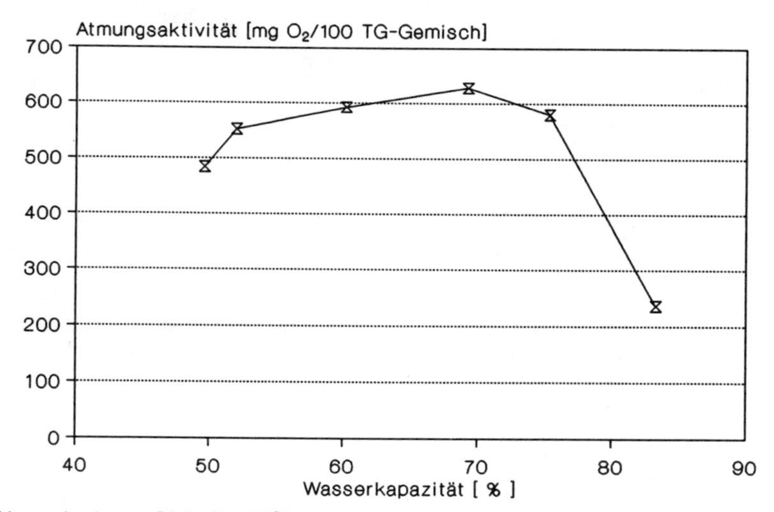

Abb. 8: Optimierung des Wassergehaltes im Respirometer bei 30°C für ein real kontaminiertes Bodenmaterial

BILANZIERUNG DER UMSETZUNG DES ÖL-KOHLENSTOFFS

Auf der Grundlage der Ergebnisse umfangreicher Versuchsreihen, die in statischen Bioreaktoren durchgeführt wurden, ist ein Bilanzierungsansatz zur Umsetzung des Öl-Kohlenstoffs entwickelt worden. In den durchgeführten Untersuchungen wurden die in Tab. 2 aufgelisteten Parameter gemessen.

Tab. 2: Untersuchungsparameter und Analysemethoden für Bilanzierungsansatz (Lotter et al., 1991)

Parameter	Analysemethode
Kohlenwasserstoffgehalt im Boden	DIN H18 nach Ultraschallextraktion
CO_2 im Abluftstrom	Gaschromatograph mit WLD
Biomasse	SIR-Methode im Respirometer
TOC im Abluftstrom	Gaschromatograph mit FID

Die Bilanzierungsrechnung basiert auf der vereinfachenden Annahme, daß die erhöhten CO_2-, TOC- und Biomasse-Konzentrationen durch die Ölzugabe verursacht werden. Deshalb wurde mit den jeweiligen Differenzwerten zwischen kontaminiertem und unkontaminiertem Versuchsansatz gerechnet. Dieser Ansatz beschreibt nur zum Teil die sich verändernden Bedingungen im Boden nach der Ölzugabe, liefert aber in erster Näherung gute Hinweise bezüglich der Umsetzung der Kontamination. Der C-Gehalt der gemessenen Kohlenwasserstoffkonzentrationen wird über den Kohlenstoffgehalt im Ausgangsöl abgeschätzt. Die Elementaranalyse des Ausgangsöls ergab einen Kohlenstoffgehalt von 86,1 % (Francke, 1990).

In Abb. 9 ist die C-Bilanz des Öl-Kohlenstoffs für eine Boden/Kompost-Mischung während der Behandlung im statischen Bioreaktor dargestellt, die auf der Basis verschiedener Versuchsreihen entstanden ist. Sie stellt keine mathematische Auswertung dar sondern verdeutlicht die grundlegenden Prozesse modellhaft.

Es konnte stets eine Lücke in der Bilanzsumme festgestellt werden. Die analytisch gemessene Kohlenwasserstoffverminderung kann quantitativ nicht durch die Umsetzung zu CO_2, Ausgasung oder die Entstehung von Biomasse erklärt werden. Die schwachen und/oder starken Wechselwirkungen mit der Humusmatrix des Kompostes sind hier von besonderer Bedeutung (Lotter et al., 1990; Lotter et al., 1992). Die möglichen Wechselwirkungen wurden in verschiedenen Arbeitsgruppen des SFB 188 untersucht und beschrieben (Gerth et al., 1990; Kästner et al., 1992). Für die biologische Sanierung ist von Bedeutung, ob die Festlegung an den Bodenpartikeln und/oder in der Humusmatrix reversibel oder irreversibel ist.

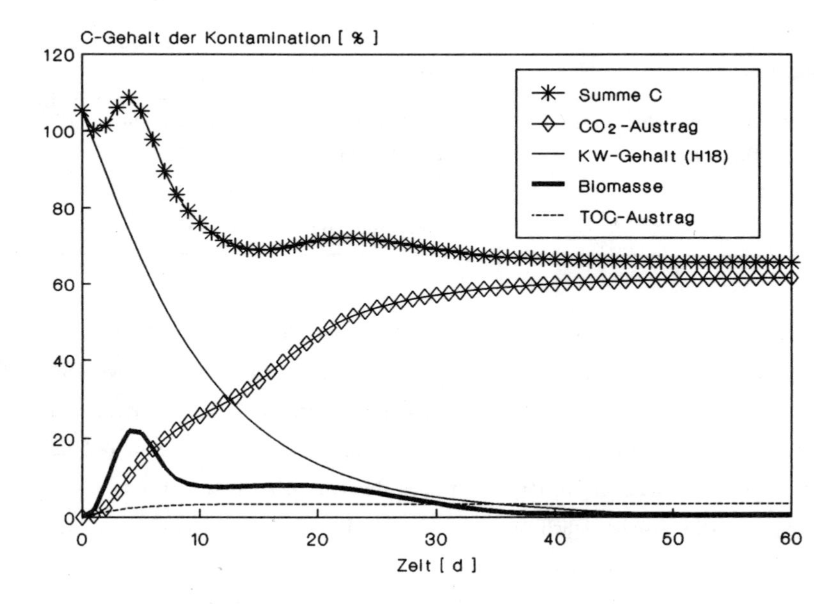

Abb. 9: Modelldarstellung einer Kohlenstoffbilanz des Öl-Kohlenstoffs bei der Behandlung eines künstlich ölkontaminierten Bodenmaterials mit Kompostzugabe im statischen Bioreaktor bei 30° C (Lotter et al., 1992)

Im Fall einer dauerhaften Lücke in der C-Bilanz ist von der Bildung gebundener Rückstände auszugehen, die sich den hier angewandten Methoden einer meßtechnischen Bestimmung entziehen. Die Analytik zur Bestimmung des Schadstoffeinbaus in die Humusmatrix befindet sich noch in der Entwicklung (Michaelis et al., 1991). Geht die Bilanz nach einer gewissen Zeit auf, so kann daraus geschlossen werden, daß die festgelegten Stoffe u.U. im Zuge des Humusabbaus freigesetzt und biologisch abgebaut werden.

Wird bei gleicher Vorgehensweise eine C-Bilanz für einen Reaktor erstellt, welcher nur mit Boden (ohne Kompostaddition) befüllt ist, so geht die Bilanz im Rahmen der Meßgenauigkeit des eingesetzten Systems auf (100 ± 15%) (Stegmann et al., 1991). Da der Humusanteil im Boden deutlich geringer ist als im Kompost, weist dies zusätzlich auf die Bedeutung der Wechselwirkungen des Kompostes mit den Schadstoffen hin.

VERGLEICH DER TESTSYSTEME

Die drei statischen Testsysteme Respirometer, Batchansatz und Bioreaktor können für Voruntersuchungen und Optimierungen biologischer Sanierungsverfahren (Trockenverfahren) eingesetzt werden. Die Ergebnisse sollten möglichst vergleichbar sein. Jedes System hat seine spezifischen Anwendungsmöglichkeiten und Vorteile:

- Das Respirometer bietet sich an, wenn die kontinuierliche, sehr exakte und reproduzierbare Erfassung des Sauerstoffverbrauchs von Bedeutung ist (Voruntersuchungen, Optimierungen, Bestimmung von Einflußfaktoren).

- Die Batchansätze stellen ein sinnvolles System für Langzeituntersuchungen dar. In den gasdicht verschlossenen Ansätzen kann die CO_2-Produktion bestimmt werden (NaOH-Absorption oder GC-Messung), ferner können Bodenproben analysiert werden. Hier ist auf eine ausreichende O_2-Versorgung zu achten.

- Die statischen Bioreaktoren simulieren eine Bodenreinigung mit stärkerem Praxisbezug. Insbesondere das Ausgasen von Schadstoffkomponenten ist durch entsprechende Messungen in der Abluft erfaßbar. Bei diesem System kann eine intensive analytische Begleitung durch Messungen in der Abluft und häufige Probenahme an den seitlichen Stutzen erfolgen, da ausreichend Material zur Verfügung steht. Damit ist dieses Testsystem besonders für Langzeituntersuchungen geeignet.

Die Vergleichbarkeit der drei statischen Systeme wurde im Rahmen von Versuchsserien bei 30° C untersucht. Das künstlich kontaminierte Bodenmaterial wurde im Verhältnis 2:1 mit Kompost gemischt. Der Wassergehalt wurde auf 60% der maximalen Wasserkapazität eingestellt. Als Vergleichsparameter dienten der Sauerstoffbedarf im Respirometer, die CO_2-Produktion in den Batchansätzen und den Bioreaktoren, die Kohlenwasserstoffkonzentration in allen drei Systemen sowie die Biomasse im Respirometer und den Bioreaktoren. Abb. 10 zeigt die Ergebnisse (Abnahme der Kohlenwasserstoffkonzentrationen) einer Versuchsserie.

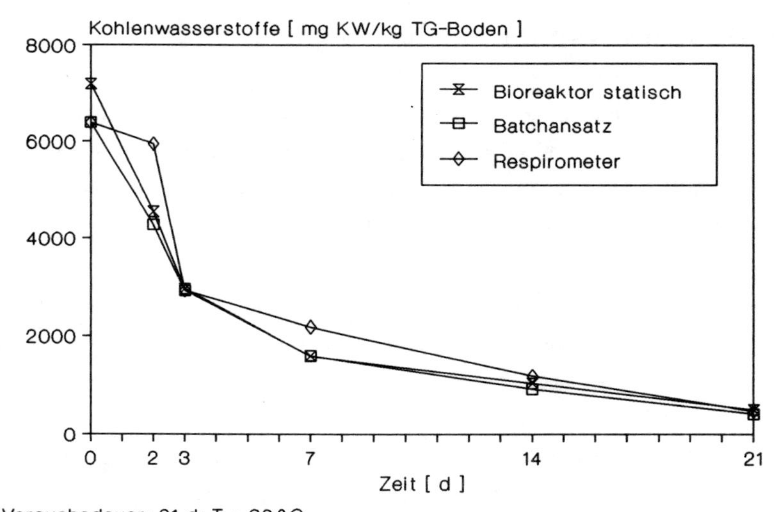

Abb. 10: Vergleich der drei eingesetzten Testsysteme: Respirometer, Batchansatz, 3l-Glasreaktor: Kohlenwasserstoffabnahme im Boden im Laufe der Versuchsserie (Stegmann et al., 1991)

Nach 21 Tagen lagen die Kohlenwasserstoffkonzentrationen in den drei Testsystemen bei 400 bis 500 mg/kg TS Boden. Angesichts der Problematik von Bodenprobenahmen und der Inhomogenitäten kann die Übereinstimmung der Werte an gleichen Probenahmetagen als gut bezeichnet werden.

BEHANDLUNG IN DYNAMISCHEN REAKTOREN

Erste Untersuchungen zum Einsatz dynamischer Reaktorsysteme zur Behandlung von mit Öl kontaminierten Böden wurden in Batchversuchen bei verschiedenen Temperaturen (10° C, 20° C, 30° C) durchgeführt. Für die Untersuchungen wurde ein künstlich mit Dieselöl kontaminiertes Bodenmaterial (Boden eines A_h-Horizontes) mit 20 Gew.-% Kompostmaterial gemischt. Der Wassergehalt wurde auf ca. 60% der maximalen Wasserkapazität eingestellt. Um eine ausreichende Sauerstoffversorgung zu gewährleisten, wurden alle Ansätze täglich ca. 90 Sekunden belüftet. Bei den "dynamischen" Ansätzen wurde in dieser Zeit das Material mit einem Laborspatel gerührt. Die Versuchsdauer betrug 49 Tage. Innerhalb dieser Zeit wurde die CO_2-Produktion und der Kohlenwasserstoffgehalt im Boden analog zu DIN H18 mit vorheriger Ultraschallextraktion ermittelt.

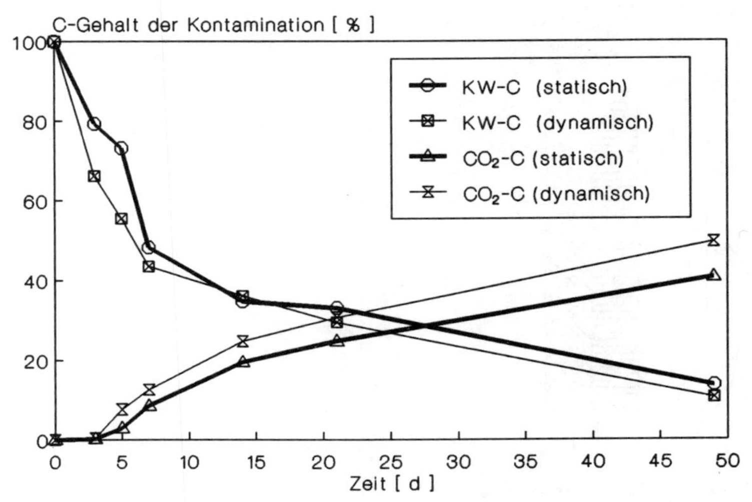

Abb. 11: Vergleich der Kohlenstoffumsetzung der Kontamination bei statischer bzw. dynamischer Behandlung in Batchansätzen

Abb. 11 zeigt die Ergebnisse dieser Versuchsserie bei 20°C. Demnach wirkt sich bei 20°C die dynamische Behandlung positiv auf den Abbau der Kontamination aus. Auch wenn die gemessene Kohlenwasserstoffverminderung nicht allein durch die Umsetzung zu CO_2 erklärt werden kann, scheinen weitere Untersuchungen auf dem Gebiet der dynamischen Behandlung kontaminierter Böden sinnvoll.

Die Darstellung der Temperaturabhängigkeit der Abnahme des Kohlenwasserstoffgehaltes scheint zu verdeutlichen, daß sich eine dynamische Behandlung kontaminierten Bodenmaterials insbesondere bei niedrigen Temperaturen positiv auf das Versuchsergebnis auswirkt (s. Abb. 12). Weitere Untersuchungen auf diesem Gebiet, die auch in Zusammenarbeit mit anderen Teilprojekten des SFB 188 durchgeführt werden, sollen Aufschluß über die Ursache des unterschiedlichen Abbauverhaltens geben.

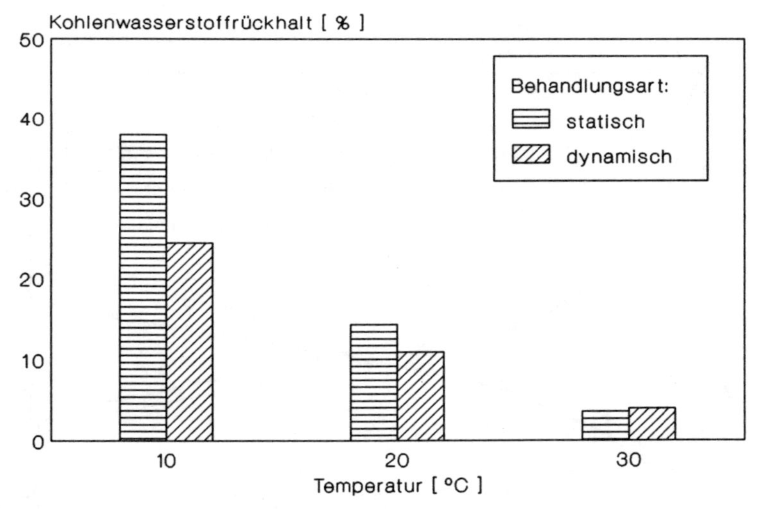

Abb. 12: Einfluß der Temperatur auf die Verminderung des Kohlenwasserstoffgehaltes bei statischer und dynamischer Behandlung in Batchansätzen

RESÜMEE UND AUSBLICK

Die bisherigen Untersuchungen haben gezeigt, daß die verwendeten Testsysteme ein sinnvolles und wichtiges Hilfsmittel zur Bilanzierung und Optimierung des biologischen Schadstoffabbaus darstellen.

Die Batchansätze und Respirometer erwiesen sich insbesondere für Vorversuche zur Optimierung der Milieubedingungen (Wassergehalt, Temperatur, Zuschlagstoffe, Kompostmenge, Kompostalter usw.) als gut geeignet. Zur Bilanzierung des Schadstoffabbaus ist allerdings ein höherer meßtechnischer Aufwand notwendig. Um alle Abbau- und Emissionspfade erfassen und analysieren zu können, bietet sich der Einsatz geschlossener zwangsbelüfteter Glasbioreaktorsysteme mit kontinuierlicher analytischer Erfassung des Abluftstromes (CO_2, TOC) an.

Insbesondere bei geringeren Betriebstemperaturen (10° C, 20° C) scheint sich der Einsatz von Mischreaktoren positiv auf den biologischen Schadstoffabbau auszuwirken. Einen Schwerpunkt weiterer Untersuchungen wird die Optimierung von Schaufelmischer-Reaktoren darstellen, wobei die Vermeidung bzw. Verminderung der Pelletbildung bei der dynamischen Behandlung der Böden von ausschlaggebender Bedeutung ist. Darüberhinaus sind die Mischhäufigkeit und die Art und Menge der Zuschlagstoffe zu optimieren. In diesem Zusammenhang ist auch ein Vergleich der Abbaukinetiken in statischen und dynamischen Reaktoren durchzuführen.

In weiteren Untersuchungen sollen die erarbeiteten Methoden (Optimierung im Batchansatz/Respirometer, Bilanzierung in Reaktoren, Beschreibung und Verminderung der Pelletbildung) verbessert und auf bindigere Böden (Böden des B_t-Horizontes und Klei) und schwerer abbaubare Kontaminationen (Schmieröl und PAK) ausgedehnt werden.

Die Bildung von nicht bioverfügbaren (nicht extrahierbaren) Restkontaminationen soll im Rahmen der Kooperation im Sonderforschungsbereich 188 aufgeklärt werden (Wechselwirkung der Kontaminationen mit Humus/Kompost). Dabei sind die Prozesse des Kohlenstoffumsatzes im Boden eingehend zu betrachten.

Eine wesentliche Aufgabe für zukünftige Arbeiten stellt die Erarbeitung geeigneter Bemessungsparameter für die Behandlung kontaminierter Böden in Trockenverfahren dar.

LITERATURVERZEICHNIS

Anderson, J.P.E., Domsch, K.H. (1978): A physiological method for the quantitative measurement of microbial biomass in soils. Soil Biol. Biochem., 10, 215-221

Anonymus (1980): Messen von flüchtigen organischen Verbindungen, insbesondere von Lösemitteln, mit dem Flammen-Ionisations-Detektor (FID). VKI 3481, Blatt 3, VDI-Richtlinien

Anonymus (1981): Bestimmung von Kohlenwasserstoffen (H18). DIN 38409, Teil 18, Deutsche Einheitsverfahren zur Wasser-, Abwasser- und Schlammuntersuchung; Summarische Wirkungs- und Stoffkenngrößen (Gruppe H18), Beuth Verlag GmbH, Berlin

Beck, T. (1984): Mikrobiologische und biochemische Charakterisierung landwirtschaftlich genutzter Böden, I. Mittelung: Die Ermittlung einer Bodenmikrobiologischen Kennzahl. Zeitschrift für Pflanzenernährung und Bodenkunde, Band 147, Heft 1, 456-467

Brumm, A. (1992): Untersuchungen zur Schadstoffumsetzung in zwei kontaminierten Böden (Schmieröl- und PAK-Kontamination), Forschungsbericht an der Technischen Universität Hamburg-Harburg, Arbeitsbereich Abfallwirtschaft und Stadttechnik, unveröffentlicht

Filip, Z. (1990): Biologisch Verfahren. In: Altlasten, Erkennen · Bewerten · Sanieren (Hrsg. Weber), Springer-Verlag, Berlin/Heidelberg/New York

Francke, W. (1990): Teilprojekt "Mikroanalytische Untersuchungen an kontaminierten Böden: Erfassung und Quantifizierung ausgewählter Schadstoffe in unbehandeltem und behandeltem Material" im SFB 188. Mitteilung in der SFB-Arbeitsgruppe "Analytik", unveröffentlicht

Gerth, J., Förstner, U. (1990): Bindung organischer Spurenstoffe durch Bodenkomponenten in wäßrigen und ölhaltigen Systemen. In: Reinigung kontaminierter Böden (Hrsg. Stegmann, Franzius), Economica Verlag, Bonn

Goetz, D., Wiechmann, H., Berghausen, M. (1990): Teilprojekt "Einfluß von Öl-kontaminationen auf bodenphysikalische und -mechanische Eigenschaften von kontaminierten Standorten" im SFB 188. Mitteilungen in der SFB-Arbeitsgruppe "Boden", unveröffentlicht

Kästner, M., Heerenklage, J., Breuer-Jammeli, M., Lotter, S., Stegmann, R., Mahro, B. (1992): Evaluation of the degradation of anthracene and hexadecane in soil/compost mixtures. Veröffentlichung in Vorbereitung

Kretzschmar, R. (1986): Kulturtechnisch-bodenkundliches Praktikum, Ausgewählte Laboratoriumsmethoden. Institut für Wasserwirtschaft und Landschaftsökologie der Christian-Albrechts-Universität Kiel, 20-25

Lotter, S., Stegmann, R., Heerenklage, J. (1990): Grundlegende Untersuchungen zur Optimierung der biologischen Reinigung ölkontaminierter Böden. In: Altlastensanierung '90 (Hrsg. Arendt, Hinsenveld, van den Brink), Dritter Internationaler KfK/TNO-Kongress über Altlastensanierung, Band II, 1071-1078, Kluwer Academic Publisher, Drodrecht/Boston/London

Lotter, S., Stegmann, R., Heerenklage, J. (1992): Carbon balance and modelling of oil degradation in soil bioreactors. In: Proceedings of the International DECHEMA-Symposium "Soil Decontamination Using Biological Processes", Karlsruhe, Dezember 1992, Veröffentlichung in Vorbereitung

Michaelis, W., Richnow H.H. (1991): Teilprojekt "Chemische Wechselwirkung von Erd-ölkontaminationen und deren Abbauprodukten mit der Humusfraktion von Böden" im SFB 188, unveröffentlicht

Miehlich, G., Wagner, A. (1990): Teilprojekt "Veränderung bodenchemischer Eigenschaften durch Ölverunreinigung und -dekontamination" im SFB 188. Mitteilung in der SFB-Arbeitsgruppe "Boden", unveröffentlicht

Stegmann, R., Lotter, S., Heerenklage, J. (1991): 'Biological treatment of oil-contaminated soils in bioreactors',in R.E. Hinchee and R.F. Olfenbuttel (eds.), On-Site Bioreclamation, First In Situ and On-Site Bioreclamation Symposium, Butterworth-Heinemann, 188-208

Steinhart, H., Herbel, W., Bundt, J., Paschke, A. (1989): Teilprojekt "Mineralöllasten - ihre Identifikation und Analytik zur Optimierung ihres biochemischen und chemischen Abbaus unter besonderer Berücksichtigung mehrcyclischer Aromaten" im SFB 188. Mitteilung in der SFB-Arbeitsgruppe "Analytik", unveröffentlicht

Untersuchungen zur Stoffbilanz und Metabolitenbildung an Weißfäule-Mieten mit PAK-belastetem Boden

M. ZARTH

Umweltbehörde der Freien und Hansestadt Hamburg, Amt für Umweltschutz, Fachamt Altlastensanierung, Amelungstr. 3, 2000 Hamburg 36

VERANLASSUNG

In der Altlast "Veringstraße 2" lagern etwa 6000 m^3 Auffüllboden, die vor allem mit Polycyclischen Aromatischen Kohlenwasserstoffen (PAKs) belastet sind. Das Sanierungskonzept sah eine mikrobiologische off-site Behandlung vor. Die Ausschreibung gewann diejenige Firma, die ein Weißfäule-Biobeet-Verfahren angeboten hatte.

Vorversuche hatten gezeigt, daß die PAK-Belastungen bis auf die vorgeschriebenen Grenzwerte reduziert werden können. Allerdings bestehen für dieses von Firmenseite entwickelte Verfahren noch eine Reihe weitergehender Fragen zu seiner Wirksamkeit insgesamt, unter Berücksichtigung aller ökologisch relevanter Fragen. Insbesondere ist noch wenig über die Bildung eventuell toxischer Metabolite und über die Festlegung nicht abgebauter PAKs in der Bodenmatrix bekannt. Um diesen Fragen nachzugehen, soll der erste großtechnische Einsatz des Weißfäule-Biobeet-Verfahrens durch wissenschaftliche Untersuchungen begleitet werden, die zusammengefaßt sind in dem Verbundvorhaben "Sanierungsbegleitende Untersuchungen zur Stoffbilanz und zur Metabolitenbildung bei der Durchführung eines Weißfäule-Mietenverfahrens zur Reinigung des PAK-kontaminierten Bodens von dem Sanierungsfall "Veringstraße 2";

Kurztitel: Wissenschaftliches Begleit-Untersuchungsprogramm (WUP) Veringstraße.

HAUPTZIELE

Hauptziel des WUP Veringstraße ist es, zu untersuchen, wie weit das durch die PAKs bedingte Gefährdungspotential in den Weißfäule-Biobeeten reduziert wird. Das Gefährdungspotential wird im wesentlichen durch den Verbleib der PAKs bestimmt. Die in Betracht zu ziehenden Verbleibpfade (mikrobiologische Abbau-, Transport- und abiotische Prozesse) sind in Abb. 1 dargestellt. Die wesentlichen Fragen zum Verbleib der PAKs sind:

1. Welcher Anteil der PAKs wird zu ökotoxikologisch unproblematischen Mineralisierungsprodukten oder Biomasse abgebaut?
2. Welcher Anteil der PAKs wird nicht mikrobiologisch abgebaut, und wie stark sind diese PAKs in der Bodenmatrix festgelegt?
3. Welcher Anteil der PAKs wird zu möglicherweise ökotoxikologisch relevanten Metaboliten umgebaut?
4. Welcher Anteil dieser Metaboliten verbleibt in welcher Form im sanierten Boden?
5. Welche Anteile der PAKs bzw. der Metaboliten werden während Auskofferung, Bodensiebung, Biobeet-Aufbau und -Betrieb aus dem Boden in die Luft verlagert?

Die Untersuchungen zum Verbleib der PAKs sowie einige darüberhinausgehende Untersuchungen sollen außerdem auch auf folgende Fragestellungen hin ausgewertet werden:

6. Welche biotischen und abiotischen Prozesse sind für den Verbleib der PAKs entscheidend?
7. Welche Betriebs- und sonstigen Parameter steuern in welcher Form diese Prozesse?

Die Kenntnisse über die wesentlichen Prozesse und die sie steuernden Parameter werden es ermöglichen, über den konkreten Sanierungsfall hinausgehende Aussagen zur prinzipiell möglichen Leistungsfähigkeit und zu den Grenzen des Weißfäule-Pilzverfahrens zu treffen. Außerdem werden sich für zukünftige Sanierungsfälle Hinweise für die verfahrenstechnische Optimierung ergeben.

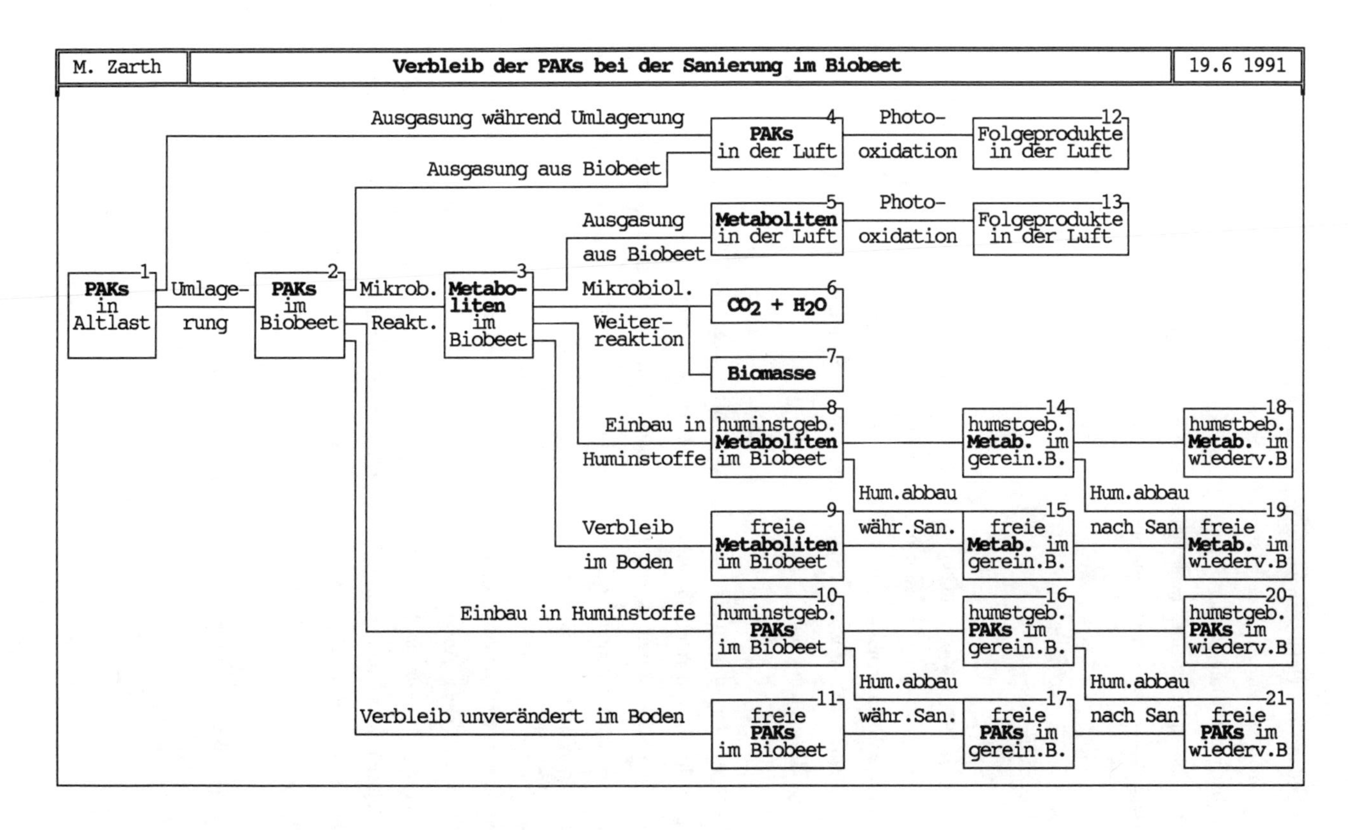

Abb. 1: Verbleib der PAKs bei der Sanierung im Biobeet

Die Reduzierung des Gefährdungspotentials kann nicht nur durch die o.g., im wesentlichen chemisch-analytischen Ansätze bestimmt werden. Eine weitere Möglichkeit ist, die toxikologischen Wirkungen der Schadstoffe direkt zu bestimmen. Hierfür kommen eine Reihe von biologischen und gentoxikologischen Wirkungstests in Frage. Sie sollen als Ergänzung zu den anderen Untersuchungen ebenfalls bei WUP eingesetzt werden.

NEBENZIELE

Für die o.g. Untersuchungen stehen nur in begrenztem Umfang erprobte Untersuchungsmethoden zur Verfügung. Es sollen deshalb einige dringend erforderliche bzw. vielversprechende Untersuchungsmethoden weiter- bzw. neu entwickelt werden. Außerdem sollen Empfehlungen erarbeitet werden, welche Methoden für die Überwachung zukünftiger Sanierungsfälle geeignet sind.

Der Boden des Sanierungsfalls Veringstraße ist nicht ausschließlich mit PAKs belastet, sondern auch mit Mineralölkohlenwasserstoffen, Phenolen und anderen organischen und anorganischen Schadstoffen. Soweit diese Schadstoffe mit den Untersuchungen zum PAK-Verbleib interferieren können, z.B. indem sie die Analytik stören, sollen sie ebenfalls im Rahmen von WUP berücksichtigt werden.

Die Reduzierung des Gefährdungspotentials kann nicht nur durch die o.g., im wesentlichen chemisch-analytischen Ansätze bestimmt werden. Eine weitere Möglichkeit ist, die toxikologischen Wirkungen der Schadstoffe direkt zu bestimmen. Hierfür sind eine Reihe von biologischen und gentoxikologischen Wirkungstests mehr oder weniger gut geeignet. Sie sollen als Ergänzung zu den anderen Untersuchungen ebenfalls bei WUP eingesetzt werden.

Die Ziele des WUP Veringstraße sind in der Abb. 2 schematisch dargestellt.

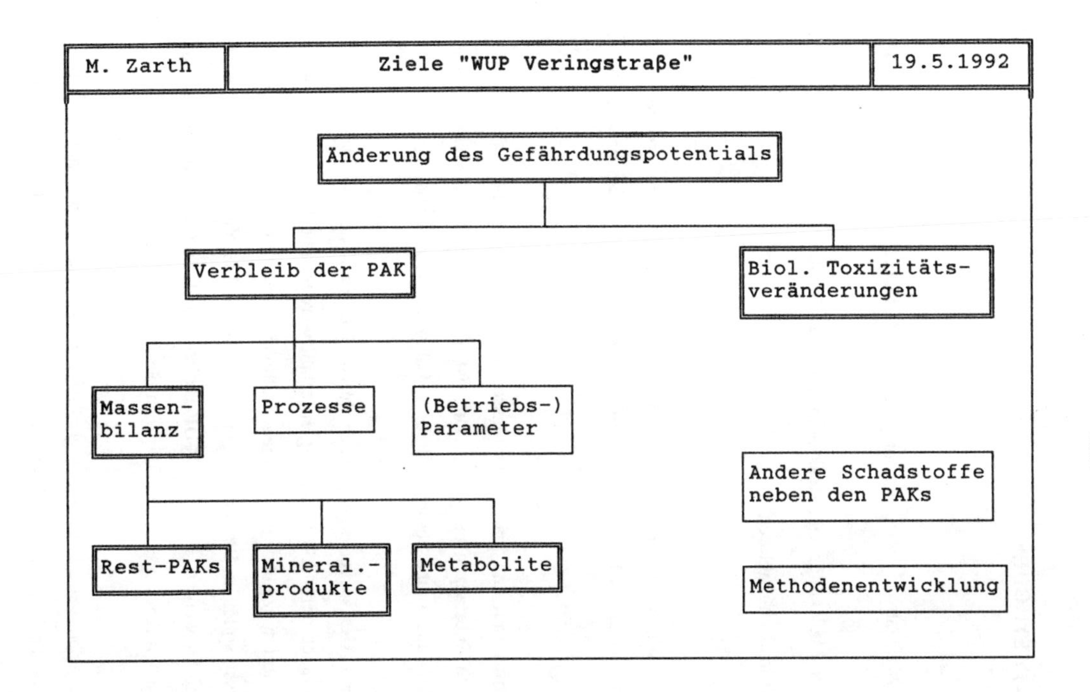

Abb. 2: Ziele "WUP Veringstraße"

UNTERSUCHUNGSMETHODEN

Die Untersuchungen sollen

- im technischen Maßstab an zwei der insgesamt 13 Biobeete des Sanierungsfalls Veringstraße 2,
- im halbtechnischen Maßstab an vier Reaktoren mit 100 l Inhalt
- im Labormaßstab in Kleinreaktoren

durchgeführt werden.

Durch diesen Ansatz sollen Maßstabseffekte erkennbar und die Übertragbarkeit der Ergebnisse aus dem Labor und halbtechnischen auf den technischen Maßstab sichergestellt werden.

Für eine möglichst umfassende und quantitative Massenbilanzierung über alle Verbleibpfade werden C-14-markierte Substanzen eingesetzt. Dies ist allerdings nur mit wenigen ausgewählten PAK-Verbindungen und ausschließlich im Labormaßstab möglich.

Um den Verbleib der PAKs zu verfolgen, sollen durch eine intensive PAK-Analytik die PAK-Fraktionen incl. auch der stärker festgelegten erfaßt werden. Die Metaboliten sollen möglichst umfassend mit speziellen analytischen Methoden identifiziert und quantifiziert werden. Diese Analysen sollen an Proben sowohl der Labor- und Großreaktoren wie auch der Biobeete durchgeführt werden. Die zwei WUP-Biobeete und die Großreaktoren sollen im Verlaufe der geplanten 2,5 Jahre an 16 Terminen beprobt werden.

Um Hinweise auf möglicherweise vorhandene gentoxische Metaboliten zu erhalten, sollen zudem an ausgewählten Proben gentoxikologische Wirkungstests durchgeführt werden.

Wegen der starken Inhomogenitäten der Bodenbelastung ist mit einer erheblichen Streuung der Analyseergebnisse zu rechnen. Um den Einfluß dieser Inhomogenitäten besser erfassen zu können, sind zusätzlich zur Labor-Analytik eine statistisch aussagekräftige Anzahl von

PAK-Schnellanalysen mit dem Mobilen Massenspektrometer (MM-1) an den für die Mischproben vorgesehenen Einzelproben sowie an verschiedenen Bodenfraktionen vorgesehen. Mit den PAK-Schnellanalysen sollen auch die Veränderungen der Inhomogenitäten durch die Mischvorgänge bei Auskofferung und Mietenaufbau verfolgt werden.

Die Schadstofffrachten, die in die Luft verlagert werden, sollen möglichst umfassend qualitativ und quantitativ mit neu zu entwickelnden Methoden unter Einsatz eines Massenspektrometers erfaßt werden.

Um die Vergleichbarkeit der Prozesse in den Labor- und Großreaktoren sowie dem Biobeet festzustellen, ist es erforderlich, die Milieubedingungen (u.a. Temperatur, Feuchte, Nährstoffgehalt, pH-Wert, Redoxpotential, Humusgehalt, Zuschlagstoffe, Bodenkennwerte) und die mikrobiologische Aktivität (u.a. Mikroorganismenbesatz, CO_2-Atmung der Mikroorganismen, O_2, C-org., C/N-Verhältnis) regelmäßig an den WUP-Biobeeten und Großreaktoren sowie teilweise an den Laborreaktoren zu messen. Diese Daten werden zudem Hinweise auf die den Verbleib der PAKs beeinflussenden Prozesse und Parameter liefern.

Die Firma, die die Biobeete betreibt, führt im Rahmen der vertraglichen und genehmigungsrechtlichen Regelungen eigene Bestimmungen von PAKs und Milieubedingungen durch. Außerdem werden zur Festlegung der Auskofferungsgrenzen und zu Arbeitsschutzzwecken ständig vor Ort Schnellanalysen mit dem Mobilen Massenspektrometer durchgeführt. Auch diese Daten sollen im Rahmen von WUP zusammen mit allen anderen Daten ausgewertet werden.

Aufgrund der natürlichen Gegebenheiten sowie der Betriebsaktivitäten der Sanierungsfirma werden die Parameter, die die Abbauprozesse bestimmen, räumlich und zeitlich in gewissem Umfang schwanken. Alle gewonnenen Daten sollen auf diese Schwankungen hin systematisch ausgewertet werden, um dadurch Erkenntnisse über die prozeßbestimmenden Parameter zu erhalten. Eine darüber hinausgehende gezielte Änderung der Parameter soll weder an den Biobeeten noch in den Großreaktoren erfolgen. Der Betrieb der Biobeete liegt ausschließlich in der Zuständigkeit der Sanierungsfirma. Nur in den Laborreaktoren sind in begrenztem Umfang derartige Parametervariationen vorgesehen, um den Einflüssen von Bodenart, Strohzuschlag, Belastungshöhe und abiotischen Prozessen nachzugehen. Die Laborreaktoren werden pro Ansatz 6 Monate lang betrieben, so daß 4 nacheinandergeschaltete Serien durchgeführt werden können.

PROJEKTORGANISATION

Das Verbundvorhaben "WUP-Veringstraße" besteht aus 10 Teilprojekten, die von 9 verschiedenen Arbeitsgruppen im Auftrag des Fachamtes Altlastensanierung durchgeführt werden (vgl. Tab. 1).

Die Arbeiten der Teilprojekte stehen in einem sehr engen fachlichen Zusammenhang. Ein Optimum an Erkenntnissen wird nur dann zu erzielen sein, wenn die Ergebnisse in der Zusammenschau, teilprojektübergreifend ausgewertet werden. Außerdem erfordert eine möglichst effektive Durchführung des Projektes eine kontinuierliche Fortschreibung des Arbeitsplanes auf der Grundlage der jeweils vorliegenden und teilprojektübergreifend ausgewerteten Ergebnisse. Um dies zu gewährleisten, sind pro Teilprojekt vier Zwischen- und ein Abschlußbericht vorgesehen, mit jeweils einer sich anschließenden Projektbesprechung. Zusätzlich sollen im Rahmen des Teilprojektes 0 Gesamtprojekt-Zwischen- und Abschlußberichte erstellt und die fachliche Gesamtprojekt-Steuerung vorgenommen werden.

Das WUP Veringstraße muß zeitlich streng parallel zum Betrieb der Biobeete, der derzeit für 2,5 Jahre geplant ist, durchgeführt werden. Das letzte halbe Jahr von WUP ist vor allem für die Auswertung der Ergebnisse und das Verfassen der Abschlußberichte vorgesehen.

Tab. 1: Projektübersichtsplan (Stand: 07.10.1992)

TP Nr.	Institution/ Projektleiter	Untersuchungsbereiche (Untersuchungsmethoden)
1	Umweltbehörde Hamburg/ Dr. Sellner	a) Mikrobiologische Aktivität,biologische Wirkungstests b) Standard-Labor Analytik
2	Uni Hamburg, Institut für Bodenkunde/ Dr. Götz	Alle Probenahmen am Biobeet; Milieubedingungen; Auslaufverhalten
3	TU Hamburg-Harburg/ Prof. Stegmann, Dr. Mahro	Verbleib der PAKs, (Untersuchungen in Labor- und Großreaktoren); Metabolitenbildung
4	Büro und Labor Dr. Wienberg, Hamburg	Verbleib der PAKs (C14-Untersuchungen)
5	RWTH-Aachen/ Dr. Püttmann	Metabolitenbildung (Spezialanalytik)
6	TU Hamburg-Harburg/ Prof. Matz	Ausgasungsverhalten bei Auskofferung, Bodenaufbereitung, Mieten- und Großreaktorbetrieb
7	MM1-MOBILAB Hamburg GmbH/ Kübler	a) Inhomogenitäten der PAK-Belastung (MM1-Schnellanalytik) b) Auskofferungsgrenzen, Arbeitsschutz (MM1-Schnellanalytik)
8	Preußag Noell Wassertechnik GmbH	PAK-Analytik und Milieubedingungen für Eigenüberwachung
9	Uni Hamburg, Lehrstuhl für Hygiene/ Prof. Pfeiffer	Gentoxikologische Wirkungstests (Amestests)
0	Büro und Labor Dr. Wienberg, Hamburg	Projektsteuerung, insb. Berichtswesen

4. CHEMISCH - PHYSIKALISCHE VERFAHREN

Grundlagenuntersuchungen zur mechanischen Bodenaufbereitung

PROF. DR.-ING. J. WERTHER UND DIPL.-ING. M. WILICHOWSKI

Technische Universität Hamburg-Harburg, Arbeitsbereich Verfahrenstechnik I, Denickestraße 15, 2100 Hamburg 90

1. Einführung

Die Sanierung kontaminierter Böden gewinnt heutzutage zunehmend an Bedeutung, insbesondere in Anbetracht der immer noch wachsenden Zahl an Verdachtsflächen. Waren 1983 lediglich 28.000 Verdachtsflächen erfaßt, hat sich ihre Zahl bis Ende dieses Jahres nicht zuletzt durch die neu hinzugekommenen Verdachtsflächen in den neuen Bundesländern auf ca. 135.000 erhöht (Franzius, 1992). Schätzungen zufolge ist mit einer Gesamtanzahl von ca. 180.000 kontaminierten Flächen zu rechnen (Franzius, 1991a).

Viele dieser kontaminierten Flächen sind dringend sanierungsbedürftig, um einerseits einer bereits bestehenden oder drohenden Gefährdung des Grundwasserleiters entgegenzuwirken oder andererseits das Gelände einer Wiedernutzung zugänglich zu machen.

Bei akuten Gefährdungen von Mensch und Umwelt stehen zunächst Sicherungsmaßnahmen wie Einkapselung des Kontaminationsherdes durch Oberflächenabdeckungen und Spundwände oder hydraulische Maßnahmen im Vordergrund, durch die die Kontaminationspfade in Luft und Grundwasser unterbunden werden können. Für die Sanierung kontaminierter Standorte sind darüber hinaus in den vergangenen Jahren zahlreiche verschiedene Technologien entwickelt worden, die zum Teil bereits großtechnisch eingesetzt werden. Die verschiedenen Verfahrensvarianten lassen sich grundsätzlich drei Kategorien zuordnen:

1. thermische Verfahren (Drehrohrofen, Wirbelschichtofen, Vakuumdestillation)
2. biologische Verfahren (in-situ, Mieten, Bioreaktoren)
3. chemisch-physikalische Verfahren
   - Extraktionsverfahren mit organischen Lösungsmitteln

- Extraktion mit Säuren oder Laugen (Entfernung von Schwermetallen, Cyaniden, etc.)
- Waschverfahren mit Wasser (ggf. mit Zusätzen von Lösungsvermittlern)

Allerdings fehlt es heutzutage noch an wissenschaftlich fundierten Erkenntnissen, die eine Beurteilung der Einsetzbarkeit der verfügbaren Sanierungstechnologien für einen vorliegenden Anwendungsfall zulassen. Hier sind Grundlagenuntersuchungen zur Charakterisierung kontaminierter Böden hinsichtlich der Bodenstruktur, der Schadstoffbindung innerhalb des Bodengefüges und der daraus resultierenden Schlußfolgerungen für die Beurteilung der Sanierungsmöglichkeiten mit unterschiedlichen Methoden notwendig. Inzwischen befassen sich mehrere Gruppen von Naturwissenschaftlern und Ingenieuren an verschiedenen Forschungseinrichtungen mit der Untersuchung der Grundlagen von Sanierungstechnologien (vgl. z.B. Render et al., 1992; Schneider, 1992; Stegmann, 1991).

Der vorliegende Beitrag befaßt sich ausschließlich mit Waschverfahren, die als fluide Phase Wasser verwenden. Dabei soll versucht werden, die zugrundeliegenden Mechanismen sowie die Möglichkeiten und Grenzen der Bodenwaschverfahren aufzuzeigen. Zur Zeit ist eine Vielzahl von Bodenwaschverfahren auf dem Markt verfügbar, von denen einige bereits im großtechnischen Maßstab ihre Eignung zur Entfernung organischer und anorganischer Kontaminationen bewiesen haben. Als Beispiele sind hier die Verfahren der Firmen Harbauer (Hennig, 1991; Hennig & Werner, 1990), Hafemeister (Aust, 1990), Philipp Holzmann (Balthaus, 1989), Klöckner bzw. Nordac (Heimhardt, 1988; Lorenz, 1990; Norddeutsches Altlastensanierungszentrum, 1991), Lurgi (Rosenstock & Hankel, 1990; Hankel et al., 1992), Preussag (Rittmann, 1990; Preussag Informationsschrift, 1992) und Terracon (Terracon Informationsschrift, 1992) zu nennen. Eine umfassende Zusammenstellung der physikalisch-chemischen Sanierungsverfahren wurde von Franzius (1991b) in einem Übersichtsbeitrag erstellt.

An der Technischen Universität Hamburg-Harburg und der Universität Hamburg befassen sich verschiedenste Fachrichtungen im Rahmen des Sonderforschungsbereiches 188 "Reinigung kontaminierter Böden" der Deutschen Forschungsgemeinschaft mit der Untersuchung der wissenschaftlichen Grundlagen und der Erarbeitung von Kriterien zur Beurteilung von Sanierungsverfahren. Um die Vergleichbarkeit der Ergebnisse unterschiedlicher Verfahren innerhalb des Sonderforschungsbereiches zu gewährleisten, wurden die Untersuchungen im ersten Schritt auf mineralölkontaminierte Böden beschränkt.

Im vorliegenden Beitrag werden Ergebnisse des von den Verfassern bearbeiteten Teilprojektes "Verfahrenstechnische Charakterisierung und mechanische Aufbereitung kontaminierter Böden" vorgestellt. Darüber hinaus wird über erste Untersuchungen zur Anwendung der Flotation zur weiteren Aufbereitung der bei Bodenwaschverfahren anfallenden Feinkornfraktion berichtet.

2. Charakterisierung kontaminierter Bodenmaterialien

Für die Untersuchungen zur Charakterisierung und mechanischen Aufbereitung kontaminierter Böden standen vier kontaminierte Böden von unterschiedlichen Standorten zur Verfügung. Die Eigenschaften der untersuchten Böden sind in Tabelle 1 zusammengestellt.

Tab. 1: Eigenschaften der verwendeten Bodenmaterialien

NMS	Herkunft:	Neumünster, ehemaliges Tankstellengelände
	Kontamination:	Dieselkraftstoff und Hochsiedeöl
	Belastung:	ca. 9900 ppm (mg/kg TS)
	Schadensalter:	kontinuierliche Kontamination über Jahre
	Bodenaushub	September 1989
	Bodenart:	schwach schluffiger Sand
LKS	Herkunft:	Hamburg-Lokstedt Gartengelände (Privathaushalt)
	Kontamination:	leichtes Heizöl
	Belastung:	ca. 2300 ppm (mg/kg TS)
	Schadensalter:	ca. 2 Jahre
	Bodenart:	schwach lehmiger Sand
LUE	Herkunft:	Lüneburg, ehemaliges Tankstellengelände
	Kontamination:	Dieselkraftstoff
	Belastung:	ca. 2000 ppm (mg/kg TS)
	Schadensalter:	ca. 20 Jahre
	Bodenart:	schluffig-lehmiger Sand
CND	Herkunft:	Hamburg-Bergedorf, ehemalige Farbenfabrik
	Kontamination:	Schmieröl
	Belastung:	ca. 99000 ppm (mg/kg TS)
	Schadensalter:	ca. 20 Jahre
	Bodenart:	sandiger Schluff

2.1 Korngrößenverteilung

In der Abb. 1 sind die Korngrößenverteilungen der vier untersuchten, mineralölkontaminierten Böden NMS, LKS, LUE und CND dargestellt. Es muß an dieser Stelle darauf hingewiesen werden, daß die Korngrößenverteilungen nicht nach bodenkundlichen Vorschriften bestimmt wurden. Die in der Bodenkunde übliche Vorbehandlung (Behandlung des Bodens zunächst mit Wasserstoffperoxid dann mit Salzsäure) dient der Zerstörung von Huminstoffen und Carbonaten sowie der Lösung verkittender Eisen- und Manganverbindungen. Auf diese Weise werden sämtliche Bodenaggregate in ihre Primärpartikeln zerlegt. Demgegenüber wurden hier die vorliegenden Korngrößenverteilungen ohne diese Vorbehandlung bestimmt, da man in der Verfahrenstechnik daran interessiert ist, die Partikelgrößenverteilung möglichst in dem Zustand zu messen, wie er in den entsprechenden Apparaten vorliegt.

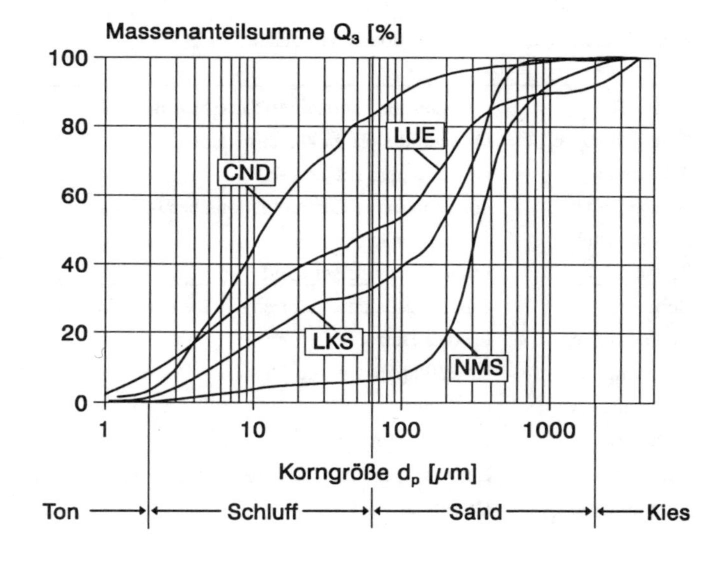

Abb. 1: Korngrößenverteilungen der vier untersuchten Böden

Die verwendeten Böden repräsentieren aufgrund ihrer Korngrößenverteilungen unterschiedlichste Texturen. So handelt es sich bei den Boden NMS um einen Sandboden mit nur ca. 8 % Schluffanteil. Die Böden LKS und LUE weisen zunehmend höhere Schluffanteile auf. Der Boden CND schließlich enthält ca. 80 % Schluff und nur noch 15 % Sandpartikeln.

2.2 Korngrößenabhängige Schadstoffverteilung

Bereits in den 70er Jahren wurde bei der Untersuchung schwermetallbelasteter Flußsedimente festgestellt, daß die Kontaminationen vorwiegend im Feinkornanteil des Materials aufkonzentriert sind (z.B. Lichtfuß uind Brümmer, 1977). Diese Beobachtung führte zur Entwicklung von Technologien, bei denen zusammen mit dem Feinkornanteil annähernd die gesamte Schadstofffracht aus dem kontaminierten Baggergut abgetrennt wird (Werther et al., 1988). Abhängig von der Bodenart und -struktur führten entsprechende Untersuchungen bei kontaminierten Böden zu ähnlichen Ergebnissen, so daß die Untersuchung der Korngrößenverteilung und der korngrößenabhängigen Schadstoffverteilung bereits wichtige Hinweise über die Anwendbarkeit von Bodenwaschverfahren liefern kann.

In der Abb. 2 sind die Korngrößenverteilungen als Massensummenverteilungen und die ihnen zugeordneten korngrößenabhängigen Schadstoffverteilungen beispielhaft für zwei der untersuchten Böden dargestellt. Die Mineralölbelastung wurde mittels Ultraschall-Extraktion und IR-Photometrie in Anlehnung an die DIN 38 409 (H18) bestimmt. Das Verhältnis der Größe der schraffierten Fläche für ein Korngrößenintervall zur insgesamt schraffierten Fläche entspricht dabei dem Massenanteil des Schadstoffes in der jeweiligen Kornfraktion an der Gesamtbelastung des Bodens. Diese Art der Auftragung läßt bereits einige Rückschlüsse auf die Möglichkeit einer Bodenreinigung durch ein Waschverfahren zu.

So könnten beispielsweise beim dieselkraftstoffkontaminierten Boden NMS durch eine Abtrennung der Fraktion unterhalb von 100 µm bereits 85 % der Schadstoffe aus dem Bodenmaterial entfernt werden. Der Massenanteil der abgetrennten Feinkornfraktion würde dabei nur 8 % der gesamten Bodenmasse betragen. Die einfache Abtrennung der hoch schadstoffhaltigen Feinkornfraktion ermöglicht also in diesem Fall bereits eine weitgehende Reinigung des Bodens.

Im Gegensatz dazu würden bei einer Abtrennung der Feinkornfraktion unterhalb von 100 µm beim Boden LUE zwar 93 % der Schadstoffe aus dem Boden entfernt werden, aber diese Schadstoffmasse wäre an 55 % der Bodenmasse gebunden. In diesem Fall ist allein mit der Abtrennung einer Feinkornfraktion sicher keine Reinigung des Bodens in größerem Umfang möglich, weil die anfallenden Mengen an höher kontaminiertem Material einfach zu groß sind. Hier müßte sich eine Weiterbehandlung der stark belasteten Feinkornfraktion anschließen.

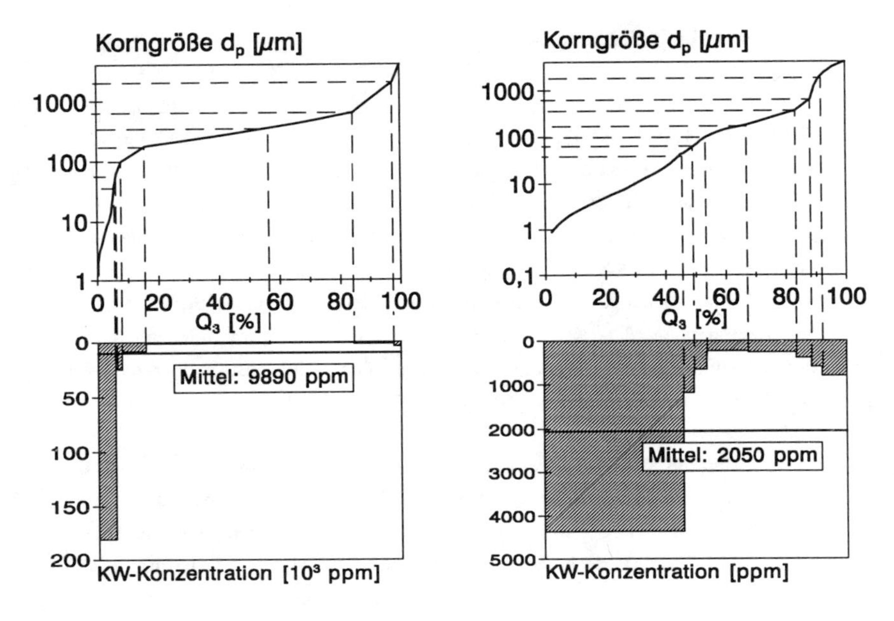

Abb. 2: Korngrößenverteilungen und korngrößenabhängige Schadstoffverteilungen für zwei mineralölkontaminierte Böden (links: NMS; recht: LUE)

Da in allen derzeit angebotenen Waschverfahren die Feinkornfraktion unterhalb einer vom Verfahren abhängigen Korngröße ausgeschleust wird, läßt sich anhand der korngrößenabhängigen Schadstoffverteilung bereits der durch die Klassierung zu erwartende Reinigungserfolg abschätzen. Die hier beschriebene Bestimmung der fraktionellen Schadstoffverteilung wird bereits von einigen Anbietern von Bodenwaschverfahren als Voruntersuchung zur Durchführbarkeit einer naßmechanischen Reinigung belasteter Böden durchgeführt.

2.3 Modell einer Schadstoffschicht

Die bei vielen Böden beobachtbare Aufkonzentrierung der Schadstoffe im Feinkornbereich läßt vermuten, daß es sich dabei um einen Effekt handelt, der durch die starke Zunahme der spezifischen Oberfläche kleiner Partikeln bedingt ist. Für die untersuchten Böden wurde daher geprüft, ob die Schadstoffverteilung mit der Oberflächenverteilung korreliert ist. Die Oberflächenverteilungen wurden unter der Annahme kugelförmiger

Partikeln aus den Korngrößenverteilungen errechnet. Mit Hilfe der statistischen Momente lassen sich Korngrößenverteilungen in Oberflächenverteilungen umrechnen,

$$Q_2(d_p) = \frac{\int_{d_{p,min}}^{d_p} d_p^{-1} \cdot q_3(d_p)\, d(d_p)}{\int_{d_{p,min}}^{d_{p,max}} d_p^{-1} \cdot q_3(d_p)\, d(d_p)} \qquad (1)$$

Da aufgrund der Korngrößenanalyse mit dem Laserbeugungsspektrometer die Ergebnisse für einzelne Korngrößenklassen vorliegen, muß die Umrechnung durch Diskretisierung der Verteilungsdichtefunktion $q_3(d_p)$ erfolgen. In Gl. (1) wird deutlich, daß die Wahl des kleinsten Partikeldurchmessers $d_{p,min}$ für die Berechnung der Oberfläche von großer Bedeutung ist. In Anlehnung an die minimale Partikelgröße, die mit der Laserbeugungsspektrometrie detektierbar ist, wurde deshalb als untere Grenze eine Partikelgröße von 0,5 µm gewählt.

Die Schadstoffverteilungssumme Q_{KW}, d.h. der kumulierte und normierte Schadstoffgehalt, wurde aus den Schadstoffgehalten c_i der insgesamt N_{max} Korngrößenfraktionen $(d_{p,i-1}, d_{p,i})$ unter Berücksichtigung der Massenanteile $\Delta Q_{3,i}$ berechnet.

$$Q_{KW}(d_p) = \frac{\sum_{i=1}^{N} c_i \cdot \Delta Q_{3,i}}{\sum_{i=1}^{N_{max}} c_i \cdot \Delta Q_{3,i}} \qquad (2)$$

In der Abb. 3 ist für die beiden Böden NMS und LKS die Schadstoffverteilungssumme Q_{KW} und die Oberflächenverteilungssumme Q_2 gegen die Korngröße aufgetragen. Die Abbildung läßt für diese beiden Böden einen recht deutlichen Zusammenhang zwischen der Schadstoffverteilung und der Oberflächenverteilung erkennen. Der Darstellung ist zu entnehmen, daß beispielsweise beim Boden NMS unterhalb einer Korngröße von 100 µm 78% der Gesamtoberfläche des Bodens und 85 Gew.-% der gesamten Kontamination des Bodens enthalten sind.

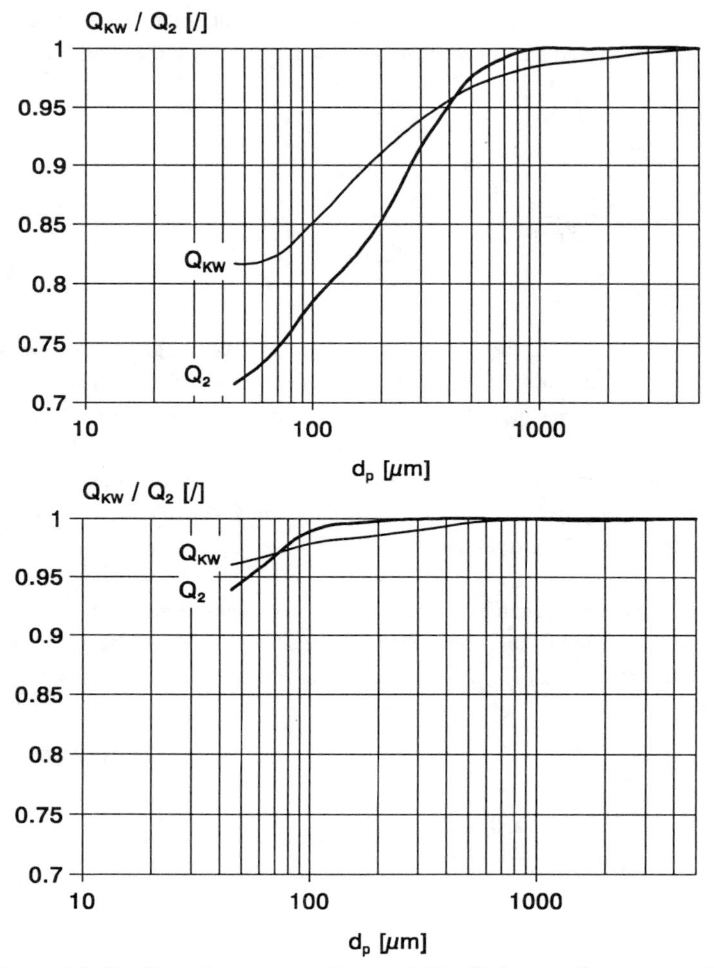

Abb. 3: Schadstoffverteilungssumme Q_{KW} und Oberflächenverteilungssumme Q_2 für die Böden NMS (oben) und LKS (unten)

Für die beiden stark schluffhaltigen Böden LUE und CND ließ sich aufgrund der starken Neigung zur Agglomeratbildung kein derartiger Zusammenhang feststellen.

Aufgrund der in der Abb. 3 dargestellten Untersuchungsergebnisse für die weniger schluffhaltigen Böden kann als einfache Modellvorstellung postuliert werden: Alle Partikeln sind mit einer gleichmäßig verteilten Kohlenwasserstoffschicht überzogen.

Dann müßte aus der fraktionellen Schadstoffverteilung die Dicke s_i dieser Kontaminationsschicht für jede Korngrößenfraktion berechenbar sein. Aus der Korngrößenverteilung $Q_3(d_p)$ läßt sich die volumenbezogene Oberfläche S_v eines Partikelkollektivs errechnen. Mit der Feststoffdichte ρ_s, die mit einem Heliumpyknometer bestimmt wurde (für den Boden NMS ist ρ_s z.B. 2538 kg/t TS), folgt für die massenbezogene Oberfläche S_m:

$$S_m = \frac{S_v}{\rho_s} \qquad (2)$$

Wird die massenbezogene Oberfläche S_m mit den Oberflächenanteilen $\Delta Q_{2,i}$ einzelner Korngrößenfraktionen i gewichtet, so erhält man den Anteil der massenbezogenen Oberfläche $S_{m,i}$, der in der Korngrößenfraktion i enthalten ist:

$$S_{m,i} = S_m \cdot \Delta Q_{2,i} \qquad (3)$$

Entsprechend kann der Volumenanteil $V_{KW,i}$ der Schadstoffe in der Korngrößenfraktion i aus der Schadstoffverteilungssumme Q_{KW} und der Schadstoffdichte ρ_{KW} (für die Kontamination des Bodens NMS zu 900 kg/t bestimmt) errechnet werden:

$$V_{KW,i} = \frac{\Delta Q_{KW,i}}{\rho_{KW}} \qquad (4)$$

Bezieht man das in der Korngrößenfraktion $(d_{p,i-1}, d_{p,i})$ vorliegende Schadstoffvolumen $V_{KW,i}$ auf die in dieser Fraktion vorliegende Oberfläche $S_{m,i}$, so erhält man die korngrößenabhängige Dicke s_i der Kohlenwasserstoffschicht auf den Partikeloberflächen.

$$s_i = \frac{V_{KW,i}}{S_{m,i}} \qquad (5)$$

Die Abb. 4 zeigt am Beispiel des Bodens NMS die so errechneten Dicken der Kohlenwasserstoffschicht in den einzelnen Kornfraktionen, die hier zwischen etwa 0,1 und 1 µm liegen. Die errechnete, verhältnismäßig gleichmäßige Oberflächenbelegung kann dahingehend interpretiert werden, daß zumindest bei den gröberen Partikeln ein oberflächenabtragendes Waschverfahren zu einer Reinigung des Bodens führen sollte.

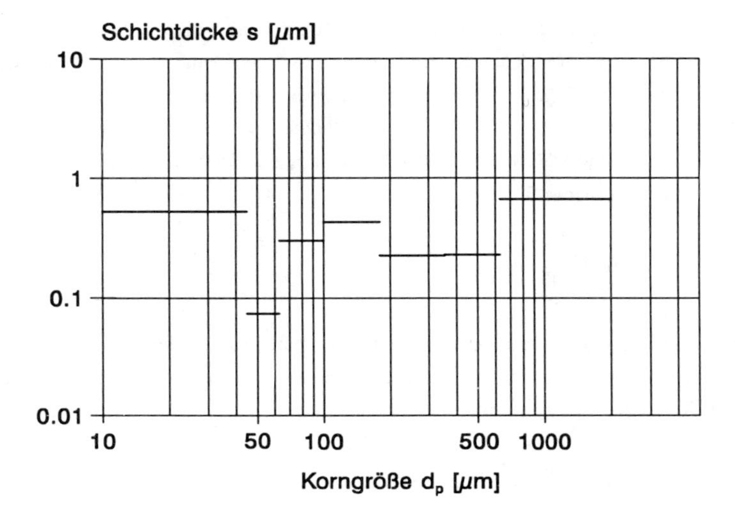

Abb. 4: Berechnete korngrößenabhängige Schichtdicke der Kontamination am Beispiel des Bodens NMS

Die so postulierte Belegung von Bodenpartikeln mit einer Schadstoffschicht wird an späterer Stelle noch für die Beurteilung der Wirkung von Bodenwaschverfahren zur Reinigung mineralölbelasteter Böden von Bedeutung sein.

3. Untersuchungen zur Bodenwäsche

3.1 Aufbau der Versuchsanlage zur Bodenwäsche

Für die Untersuchung der Grundlagen von Bodenwasch- und Klassierverfahren wurde eine Versuchsanlage im Labormaßstab aufgebaut. Das Fließbild der Anlage ist in Abb. 5 dargestellt. Der kontaminierte Boden wird zunächst im Dispergierbehälter DB suspendiert. Hier werden durch den Rührer bereits grobe Agglomerate aufgelöst. Die Suspension wird anschließend mit der Schlauchpumpe P1 in das Strahlrohr S gefördert, das mit einem Hochdruckwasserstrahl (Druck bis zu 100 bar) beaufschlagt wird. Durch die intensive Partikelbeanspruchung im Strahlrohr mit anschließender Prallkammer werden noch vorhandene Agglomerate weiter aufgeschlossen; gleichzeitig werden durch die in der Strömung herrschenden Scherkräfte die Kontaminationen von den Partikeloberflächen abgelöst und in der Suspension emulgiert. Die Suspension wird aus dem Pumpensumpf PS1 über das Schwingsieb SS geleitet, auf dem die Korngrößenfraktion oberhalb 0,35 mm abgetrennt wird. Die Grobkornfraktion wird im Querstromklassierer QSK nachgewaschen, in dem Leichtstoffe und nicht abgesiebte Feinkornpartikeln abgetrennt werden. Aus dem Unterlauf des Querstromklassierers gelangt das gereinigte Bodenmaterial in den Sedimentationsbehälter SB1, aus dem es abgezogen werden kann. Der Siebdurchgang wird zur weiteren Aufbereitung über den Pumpensumpf PS2 dem Hydrozyklon HZ zugeführt, dessen Trennkorngröße bei ca. 0,02 mm liegt. Der Hydrozyklon-Unterlauf, der die Kornfraktion von 0,02 bis 0,35 mm enthält, wird im Sedimentationsbehälter SB3 eingedickt und gegebenfalls der gereinigten Bodenfraktion zugeschlagen. Der Hydrozyklon-Überlauf mit der hochkontaminierten Feinkornfraktion wird im Sedimentationsbehälter SB2 zusammen mit dem Querstromklassierer-Überlauf eingedickt. Hier fällt ein hochbelastetes Schadstoffkonzentrat an, das entsorgt oder mit anderen Verfahren weiterbehandelt werden muß.

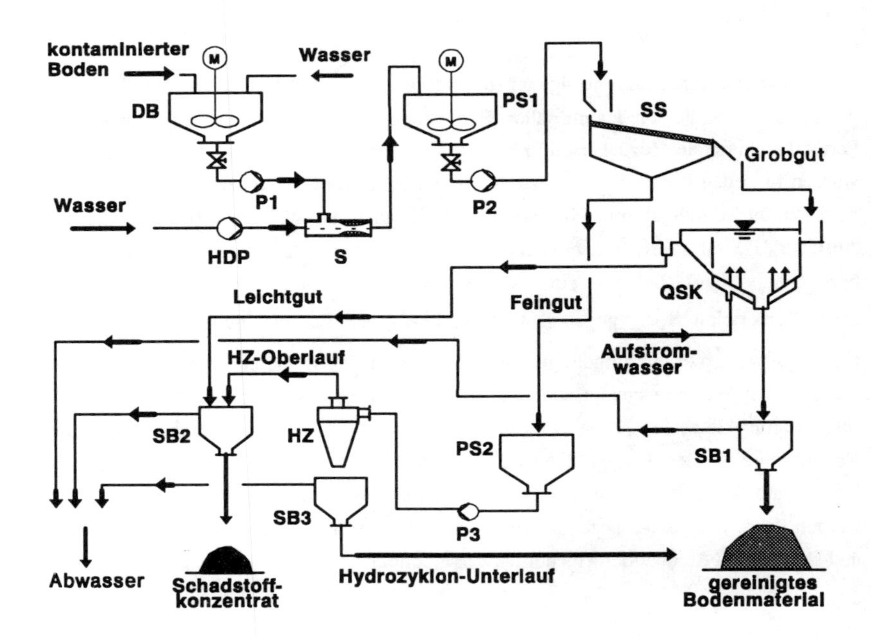

Abb. 5: Fließbild der Versuchsanlage zur Bodenwäsche (DB: Dispergierbehälter; P1, P2, P3: Pumpen; HDP: Hochdruckpumpe; S: Strahlrohr; PS1, PS2: Pumpensumpf; SS: Schwingsieb; QSK: Querstromklassierer; HZ: Hydrozyklon; SB1, SB2, SB3: Sedimentationsbehälter)

3.2 Untersuchungen zur Desagglomeration im Bodenwaschprozeß

Je nach Bodenstruktur und -zusammensetzung sowie den vorliegenden Partikel-Schadstoff-Bindungen kann eine Bodenwäsche mit unterschiedlichen Methoden durchgeführt werden.

Wenn - abhängig von der Partikelgrößenverteilung des Bodens - hinreichend viel Feststoffoberfläche in der Feinkornfraktion vorliegt, kann diese hochkontaminierte Partikelfraktion durch Klassierverfahren als Ganzes abgetrennt werden. Andererseits ist bei gröberen Partikeln durch die Einwirkung von mechanischer Energie - gegebenenfalls unter Zusatz von Lösungsvermittlern - eine Ablösung der Kontaminationen von den Partikeloberflächen möglich. Schließlich können einzelne Bestandteile, die wie z.B. Kohle- oder Holzpartikeln eine hohe Schadstoffaffinität aufweisen, insbesondere im Grobkornbereich aufgrund von Dichteunterschieden aus dem Bodenmaterial heraussortiert werden.

Voraussetzung für einen erfolgreichen Abtrag der Schadstoffe von den Partikeloberflächen ist die Freilegung aller Partikeloberflächen, d.h. die Zerstörung aller Partikelagglomerate. Zur Überprüfung der Desagglomeration während der Bodenwäsche wurden für jeden Boden Waschversuche bei unterschiedlichen Drücken des Hochdruckwasserstrahls durchgeführt. Für die Korngrößenanalysen wurden Proben direkt am Auslaß des Strahlrohres entnommen. In der Abb. 6 ist das Verhältnis der volumenbezogenen Oberfläche S_V zur volumenbezogenen Oberfläche bei vollständiger Desagglomeration $S_{V,\infty}$ gegen den massenbezogenen Energieeintrag E_m durch den Hochdruckwasserstrahl aufgetragen. Das Kriterium "vollständige Desagglomeration" wurde in der Weise festgelegt, daß eine Vergleichsprobe des jeweiligen Bodenmaterials solange mit Ultraschall behandelt wurde, bis sich bei weiterer Beschallung keine Veränderung in der Korngrößenverteilung mehr ergab. Dieser Zustand wurde als Endzustand definiert, der mit rein mechanischen Desagglomerationsmaßnahmen erreicht werden kann. Der massenbezogene Energieeintrag errechnet sich aus Volumenstrom $\dot{V}$ und Druckabfall Δp über den Hochdruckwasserstrahl und dem Feststoffmassenstrom $\dot{m}_s$,

$$E_m = \frac{\dot{V} \cdot \Delta p}{\dot{m}_s} \qquad (6)$$

Die Abbildung zeigt, daß die beiden weniger schluffhaltigen Böden NMS und LKS bei einem Energieeintrag von ca. 14 kWh/t TS bereits vollständig desagglomeriert werden. Der Energieeintrag liegt in der Größenordnung der bei Naßmahlprozessen üblicherweise aufzuwendenden Energie (Schubert, 1975a). Die Böden LUE und CND können dagegen mit der eingesetzten Versuchsanordnung nicht vollständig aufgeschlossen werden. Durch die Hochdruckwäsche werden hier beim Boden LUE nur ca. 95% und beim stark schluffhaltigen Boden CND nur ca. 80% der Gesamtoberfläche freigelegt. Die Grundvoraussetzung für eine erfolgreiche Reinigung des Bodenmaterials - die Freilegung der Partikeloberflächen zum Abtrag oberflächlicher Kontaminationsschichten - ist bei diesen Böden mit der hier untersuchten Verfahrensweise der Hochdruckwäsche unter den gewählten Prozeßbedingungen also nur teilweise gegeben. Die ungenügende Dispergierung kann dabei auf den hohen Feinkornanteil der beiden Böden LKS und CND zurückgeführt werden. Aus der Zerkleinerungstechnik ist bekannt, daß bei Prallzerkleinerung in einem Trägermedium im Feinstkornbereich erhebliche Energieverluste auftreten (Schubert, 1975a). Das in Abb. 6 dargestellte Ergebnis läßt vermuten, daß das in entsprechenden Versuchen festgestellte mangelhafte Ergebnis der Bodenreinigung für den Boden CND nicht nur auf die Korngrößenverteilung bzw. den hohen Schluffanteil, sondern auch auf die unzulängliche Desagglomeration zurückzuführen ist.

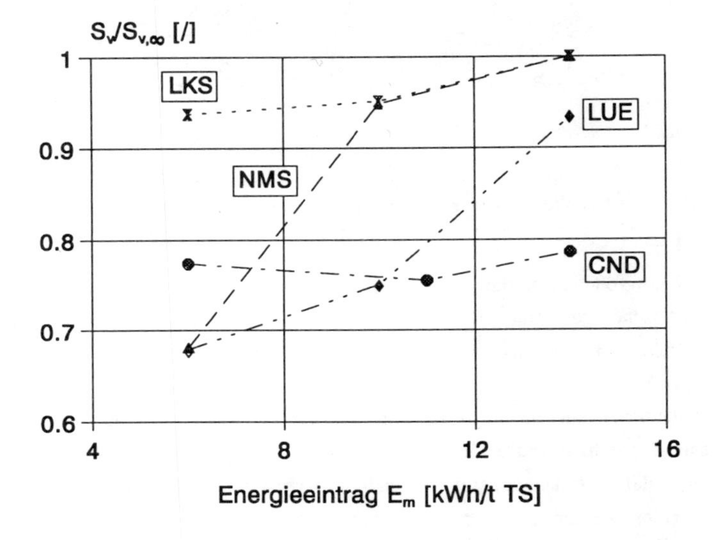

Abb. 6: Verhältnis der volumenbezogenen Oberfläche S_V zur volumenbezogenen Oberfläche nach vollständiger Desagglomeration $S_{V,\infty}$ bei unterschiedlichen Energieeinträgen E_m (kWh/t Boden-TS) während der Hochdruckwäsche für die vier untersuchten Böden

3.3 Untersuchungen zur korngrößenabhängigen Wirkung der Bodenwäsche

Hierzu wurden Proben der kontaminierten Böden bei einem Wasserdruck von 100 bar gewaschen und mit einer Naßsiebung fraktioniert. In Abb. 7 sind beispielhaft für den Boden NMS die fraktionellen Mineralölgehalte vor und nach der Wäsche sowie die daraus berechneten Reinigungsgrade dargestellt.

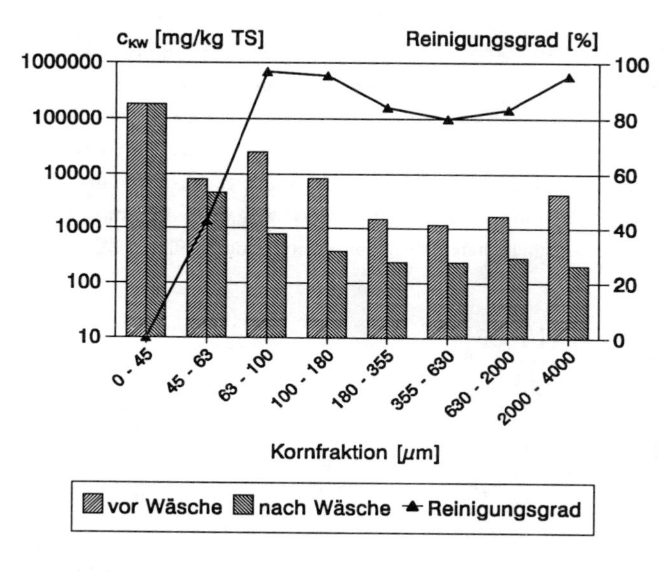

Abb. 7: Korngrößenabhängige Mineralölkonzentrationen c_{KW} vor und nach der Wäsche des Bodens NMS mit einem Hochdruckwasserstrahl sowie fraktionelle Reinigungsgrade (Wasserdruck: 100 bar)

Man sieht deutlich, daß bis hinab zu einer Korngröße von 63 µm der fraktionelle Reinigungsgrad oberhalb von 80 % liegt. Zunächst ist dieser Reinigungseffekt so zu interpretieren, daß auf den äußeren Partikeloberflächen angelagerte Kontaminationsschichten abgelöst werden. Darüber hinaus haben zahlreiche mikroskopische Aufnahmen gezeigt, daß stark kontaminierte Schluffpartikeln von den Oberflächen der Sandpartikeln entfernt werden, was letztlich als Desagglomerationseffekt zu charakterisieren ist. Die Aufnahmen zeigen jedoch auch, daß Schadstoffe aus Oberflächenvertiefungen und Poren nicht entfernt werden können. Sie verbleiben als Restbelastung im gereinigten Bodenmaterial. In der Korngrößenfraktion zwischen 45 und 63 µm gelingt die Reinigung nur noch zu ca. 40 %. In der Fraktion unterhalb 45 µm dagegen ist keine Reinigungswirkung meßbar; hier ist sogar ein geringfügiger Anstieg der Kohlenwasserstoffkonzentration durch die Verlagerung der abgelösten Kontaminationen in diese Fraktion zu beobachten. Eine Bilanzierung der fraktionellen Kohlenwasserstoffgehalte zeigte, daß die Kohlenwasserstoffe nahezu quantitativ im Bodenmaterial verblieben sind. Der Anteil der mit dem Waschwasser ausgetragenen Kontaminationen war vernachlässigbar.

Dieses Ergebnis wird von Untersuchungen gestützt, die am Institut für Aufbereitungstechnik der RWTH Aachen durchgeführt wurden (Schneider, 1992). Dort wurden die Adsorptionsmechanismen bei einer Kontamination von Quarzpartikeln mit Tetradecan als Repräsentant für Mineralöle untersucht. Dabei konnte einerseits gezeigt werden, daß es bei Zugabe von Kohle zu einer Umverteilung des bereits an Sandpartikeln adsorbierten Tetradecans in die Kohlefraktion kommt, die ein wesentlich höheres Adsorptionsvermögen für unpolare Kohlenwasserstoffe als Quarz aufweist. Andererseits zeigt jedoch auch die mineralische Feinkornfraktion eine sehr starke Bindungsfähigkeit für das eingesetzte Tetradecan. Die Verteilungskoeffizienten (bezogen auf das Verteilungsgleichgewicht $\text{Öl}_{\text{am Feststoff}} \Leftrightarrow \text{Öl}_{\text{im Wasser}}$) steigen mit abnehmender Korngröße drastisch an, und zwar stärker, als es dem Oberflächenzuwachs entspricht. Diese Ergebnisse bestätigen die im Kaptitel 2.1.2 diskutierte Schadstoffverteilung der beiden dargestellten Böden. Die Feinstkornfraktion wirkt somit, wie im Falle des Bodens NMS bereits gezeigt, als starker Sammler für die im Waschprozeß von der Grobkornfraktion abgelösten Kohlenwasserstoffe.

Die im Kapitel 2.3 bereits beschriebene Berechnung der Ölfilmdicken wurde auch für das im Bodenwaschprozeß behandelte Material durchgeführt. Die so ermittelten Filmdicken sind in Abb. 8 den Filmdicken des unbehandelten Bodenmaterials gegenübergestellt. Die Abbildung verdeutlicht, daß in den Korngrößenfraktionen oberhalb 45 µm der Ölfilm weitgehend abgetragen wurde. Die abgelösten Kontaminationen wurden anschließend an der Feinkornfraktion adsorbiert, was allerdings aufgrund der sehr großen spezifischen Oberfläche feinster Partikeln nur zu einer sehr geringen Zunahme der Filmdicke führte, die in der Abbildung nicht deutlich wird. Die in der Grobkornfraktion noch immer vorhandene Restbelastung führt Schneider (1992) auf die Existenz mechanisch nicht zu entfernender Restfilme zurück. In Untersuchungen, in denen ölbenetzte Glasoberflächen sehr starken hydrodynamischen Scherbeanspruchungen ausgesetzt wurden, verblieben auf den Glasoberflächen Restfilme, deren Dicke in der Größenordnung von 0,01 µm lagen (Bikermann, 1958). Diese Dicke entspricht etwa der Reichweite der van der Waals-Kräfte. In Übereinstimmung mit diesen Untersuchungen zeigen die Ergebnisse in Abb. 8, daß bei dem Boden NMS die Filmdicken der Grobkornfraktion von 0,1 bis 1 µm durch die Bodenwäsche auf Werte zwischen 0,01 und 0,1 µm reduziert wurden. Wie bereits erwähnt, zeigten mikroskopische Aufnahmen, daß die Kontaminationen in den Vertiefungen der Bodenpartikeln einer mechanischen Beanspruchung nicht zugänglich sind. Mit diesem Effekt lassen sich die im Vergleich zu den Ergebnissen von Bikermann bis zu einer Zehnerpotenz größeren Restfilmdicken erklären.

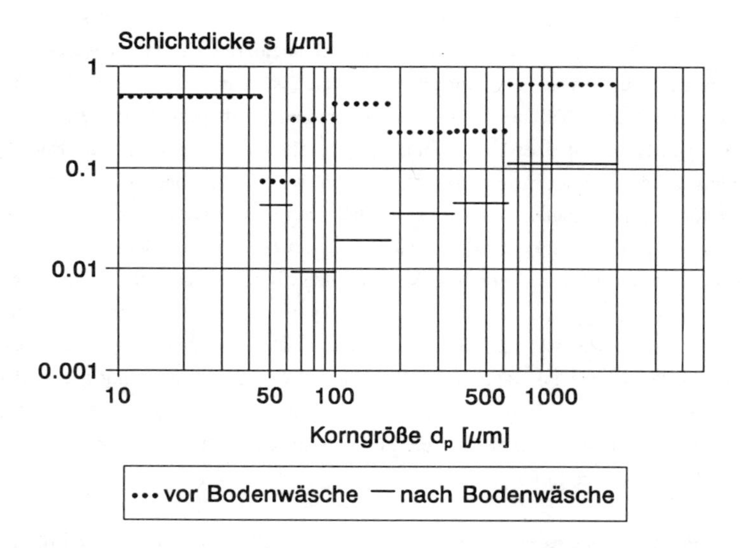

Abb. 8: Berechnete korngrößenabhängige Schichtdicke der Kontamination für den Boden NMS vor und nach der Bodenwäsche

3.4 Versuche zur mechanischen Aufbereitung kontaminierter Böden

Die in den Untersuchungen zur verfahrenstechnischen Charakterisierung gewonnenen Erkenntnisse über die Mechanismen der Bodenwaschverfahren wurden mit Versuchen in der Laboranlage zur Bodenwäsche, in der die einzelnen Trennoperationen der Siebung, der Querstrom- und der Hydrozyklonklassierung kombiniert sind, verglichen. Die Bilanzierung der einzelnen Trennstufen erfolgte dabei getrennt, um die Effektivität einzelner Trennschritte beurteilen zu können.

Nachfolgend soll ein Versuchsergebnis zur mechanischen Aufbereitung des kontaminierten Bodens NMS exemplarisch vorgestellt werden. Die Bodenprobe wurde zunächst in ca. 8 l Wasser suspendiert und mit einem Hochdruckwasserstrahl von 100 bar gewaschen. Die anfallende Suspension wurde anschließend mit den verschiedenen Trennverfahren in hochbelastete Feinkornfraktionen und eine geringer belastete Grobkornfraktion getrennt. Die im folgenden angegebene Bilanz basiert auf Meßdaten. Es treten deshalb in der Gesamtbilanz von Schadstoff bzw. Feststoff Differenzen auf, die abhängig von den Analysenverfahren bis zu 10 % betragen können. In den Schadstoffbilanzen ist nur die Feststoffphase berücksichtigt, weil Untersuchungen des Mineralölgehaltes der wässrigen Phase gezeigt haben, daß der Anteil der in die wäßrige Phase übergehenden Schadstoffe unter etwa 1 % liegt.

Als Maß zur Beurteilung der Effizienz des Bodenwasch- und Klassierverfahrens ist der Bodenreinigungsgrad RG üblich, der als Verhältnis der Konzentrationsdifferenz zwischen der Schadstoffbelastung des Eingangsmaterials c_{ein} und der Belastung des gereinigten Materials c_{aus} zur Schadstoffbelastung des Eingangsmaterials c_{ein} definiert ist,

$$RG = \frac{c_{ein} - c_{aus}}{c_{ein}} \qquad (7)$$

In der Abb. 9 ist die Bilanz des Waschversuches dargestellt. Aus der in der Wäsche anfallenden Suspension wurde in der Naßsiebung mit Spülung des Siebrückstandes eine mit 319 mg/kg TS gering belastete Grobkornfraktion abgetrennt. Der Siebdurchgang wurde anschließend dem Hydrozyklon zugeführt. Aus der Feinkornfraktion wurde im Hydrozyklon bei einem Trennkorndurchmesser von 20 µm ein hochbelastetes Konzentrat von einer geringer belasteten Fraktion abgetrennt. Als Feinkornfraktion konnte hier ein mit ca. 170.000 ppm sehr stark belastetes Schadstoffkonzentrat abgezogen werden, das nur noch 4,6 Gew.-% der eingesetzten Bodenmasse ausmacht. Stellt man für diesen Fall an den gereinigten Boden sehr hohe Anforderungen, so wäre nur die Grobkornfraktion aus der Naßsiebung wiederverfüllbar, die allerdings nur einen Anteil von 36 % an der Gesamtmasse des Eingangsbodenmaterials ausmacht. Für diesen Fall ergäbe sich dann allerdings ein Bodenreinigungsgrad von 97 %. Bei einer industriellen Folgenutzung könnte aber auch eine höhere Restbelastung des gereinigten Bodenmaterials eventuell akzeptiert werden. Wenn beispielsweise die Grobkornfraktion der Naßsiebung mit der Grobkornfraktion des Hydrozyklons vermischt würde, erhielte man eine Restkontamination von ca. 1500 mg/kg TS, was einem Bodenreinigungsgrad von noch 85 % entspräche. Der Vorteil hierbei läge darin, daß nur 4,6 Gew.-% des Bodens als Schadstoffkonzentrat zu entsorgen wären.

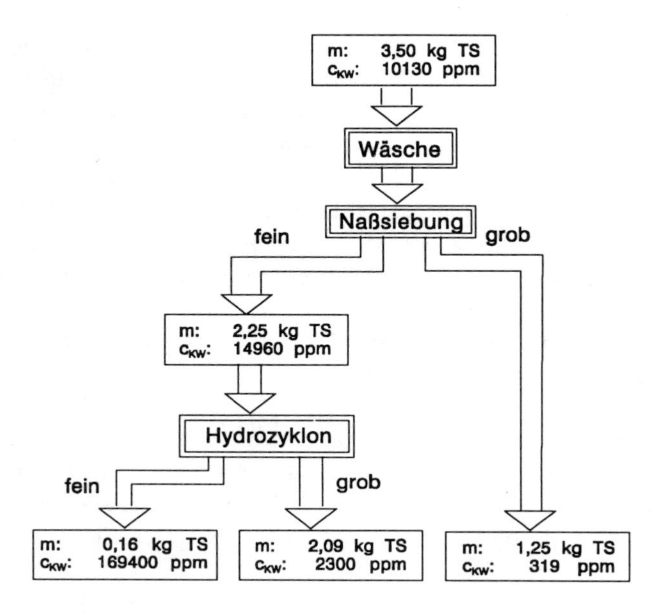

Abb. 9: Bilanz eines Wasch- und Klassierversuches des kontaminierten Sandbodens vom Standort Neumünster, Trennung durch Naßsiebung und Hydrozyklonklassierung, (c_{KW}: Kohlenwasserstoffkonzentration)

Untersuchungen zur Abtrennung schadstoffhaltiger Leichtgutfraktionen haben gezeigt, daß aufgrund des geringen Gehaltes an leichten organischen Bestandteilen der Einsatz des Querstromklassierers im vorliegenden Fall nicht zu einer deutlichen Abnahme der Schadstoffgehalte der gewaschenen Grobgutfraktion führt. Das vorstehende Ergebnis verdeutlicht, wie für den mineralölkontaminierten Sandboden vom Standort Neumünster bereits mit einer vergleichsweise einfachen Versuchsanordnung eine effiziente Reinigung möglich ist.

Mit derselben Versuchsanordnung wurden auch zahlreiche Wasch- und Klassierversuche mit den anderen Böden durchgeführt. Je nach Korngrößenverteilung und Schadstoffgehalt konnten mehr oder wenig gering belastete Grobkornfraktionen sowie stark schadstoffhaltige Feinkornfraktionen gewonnen werden. Das in den Untersuchungen eingesetzte Waschverfahren hat sich dann als umso effektiver erwiesen, je größer der Grobkornanteil des eingesetzten Bodens und je stärker die Kontaminationen im Feinkornbereich akkumuliert waren. Tendenziell lassen sich diese Ergebnisse unter

Berücksichtigung der verfahrensspezifischen Gestaltung der verwendeten Aufbereitungsapparate auch auf großtechnische Waschverfahren übertragen.

Anhand des Beispieles wird deutlich, wie durch eine geeignete Kombination der Bodenwäsche mit entsprechenden Trennoperationen und die Auswahl der Feststoffströme, die für den Wiederverfüllung des Geländes genutzt werden sollen, die Reinigungsergebnisse den gestellten Anforderungen angepaßt werden können.

4. Untersuchungen zur Weiterbehandlung der bei der Bodenwäsche anfallenden hochkontaminierten Feinkornfraktion durch Flotation

Sowohl anhand der vorliegenden Untersuchungsergebnisse als auch aufgrund zahlreicher großtechnischer Einsätze kann festgestellt werden, daß mit Bodenwaschverfahren eine effektive Reinigung kontaminierter Böden möglich ist, sofern seitens der Bodenstruktur und Schadstoffverteilung günstige Voraussetzungen für den Einsatz derartiger Verfahren bestehen. Die Bodenwäsche stößt allerdings dann an ihre Grenzen, wenn der Feinkornanteil, der nicht oder nur ungenügend gereinigt werden kann und deshalb abgetrennt werden muß, einen größeren Massenanteil einnimmt. Der abgetrennte Feinkornanteil muß heute noch immer deponiert werden, so daß Bodenwaschverfahren mit zunehmendem Feinkornanteil aufgrund der hohen Deponiekosten ihre wirtschaftlichen Vorteile gegenüber kostenintensiveren Verfahren wie z.B. der Verbrennung verlieren. Als Grenze für den Einsatz physikalischer Bodenwaschverfahren wird derzeit ein maximaler Feinkornanteil (Partikeldurchmesser unter 63 µm) von 20% bis 25% angegeben (Der Rat von Sachverständigen für Umweltfragen, 1990; Thomé-Kozmiensky, 1990; Neeße & Grohs, 1991).

Um Bodenwaschverfahren auch zur Reinigung stark feinkornhaltiger Böden einsetzen zu können, muß deshalb nach Technologien zur Weiterbehandlung des stark kontaminierten Feinkornanteils gesucht werden. Hierzu werden derzeit Verfahren zur thermischen Behandlung (Martin, 1990) sowie zur biologischen Reinigung (Parthen et al., 1990; Knackstedt et al., 1992) entwickelt. Im vorliegenden Beitrag wird die Flotation als ein weiteres Verfahren zur Feinkornaufbereitung behandelt, mit dem durch eine selektive Sortierung aus der stark belasteten Feinkornfraktion eine nur noch gering belastete Fraktion abgetrennt werden soll, die zur Wiederverwendung geeignet ist. Gleichzeitig wird der belastete Bodenanteil mengenmäßig weiter reduziert.

4.1. Voraussetzungen zum Einsatz der Flotation zur Bodenaufbereitung

Die bislang in der Bodenwäsche üblichen Trennverfahren nutzen physikalische Eigenschaften wie die Partikelgröße, Feststoffdichte und die Sinkgeschwindigkeit zur Auftrennung des Bodenmaterials. Die Flotation dagegen nutzt zur Trennung die unterschiedlichen Oberflächeneigenschaften der in einem Haufwerk enthaltenen Partikeln. Bei Einblasen von Luft in eine Suspension lagern sich hydrophobe Partikeln an die ebenfalls hydrophobe Grenzfläche Blase/Wasser an und werden zusammen mit der Luftblase an die Oberfläche transportiert. Von dort können sie in Form eines Schaumes abgetrennt werden. Dabei können wie z.B. in der Erzaufbereitung die Oberflächeneigenschaften bestimmter Feststoffkomponenten durch Zugabe spezieller Konditionierungsmittel gezielt verändert werden, so daß eine selektive Abtrennung des gewünschten Minerals möglich wird.

Eine Auftrennung der in der Bodenwäsche anfallenden Feinkornfraktion in belastete und unbelastete Partikeln sollte im Falle von Mineralölkontaminationen aufgrund der unterschiedlichen Oberflächeneigenschaften belasteter und unbelasteter Partikeln möglich sein. Die Anwendung der Flotation setzt allerdings voraus, daß in der zu behandelnden Feinkornfraktion neben kontaminierten Partikeln auch unkontaminierte Partikeln in ausreichender Zahl vorhanden sind, daß also nicht alle Partikeln gleichmäßig mit einer Kontaminationsschicht überzogen sind. Im Boden können Schadstoffe sehr kleinräumig auftreten, so daß ihre Verteilung nach Art und Menge oft sehr heterogen ist (Friesel et al., 1988). Auch wenn, wie im Kapitel 2.3 gezeigt, die Schadstoffverteilung mit dem Modell einer annähernd gleichmäßigen Belegung aller Partikeln mit einer Kohlenwasserstoffschicht beschreibbar ist, kann insbesondere im Feinstkornbereich auch bei kontaminierten Bezirken des Bodens davon ausgegangen werden, daß nicht alle Partikeln mit einer Schadstoffschicht belegt sind. Bei einer Ölkontamination wird sich das versickernde Öl auf den unmittelbar zugänglichen Oberflächen verteilen. Feststoffaggregate werden auf ihrer äußeren Oberfläche benetzt, schirmen aber die im Inneren befindlichen Partikeln von der Ölphase ab. Werden diese Aggregate im Verlauf des Bodenwaschprozesses aufgeschlossen, finden sich die unkontaminierten Partikeln in der Feinkornfraktion wieder, aus der sie flotativ abtrennbar sein sollten. Bedenkt man weiterhin, daß im Gegensatz zur Grobkornfraktion, die überwiegend aus Quarzen besteht, in der Feinstkornfraktion verschiedene Tonmineralien mit unterschiedlichen Adsorptionsvermögen für organische Kontaminationen sowie die stark schadstoffadsorbierenden Huminstoffe enthalten sind, ist hier sogar von einer ungleichmäßigen Kontamination der einzelnen Komponenten auszugehen. Durch eine selektive

Abtrennung der stark kontaminierten Komponenten sollte demnach eine Reduzierung des Schadstoffgehaltes der verbleibenden Feinkornfraktion erreicht werden können.

4.2. Untersuchungen zum Flotationsmilieu

Die Selektivität und damit der Erfolg eines Flotationsverfahren hängen entscheidend von der Oberflächenbeschaffenheit der in der Suspension vorliegenden Partikeln ab. Die Oberflächeneigenschaften lassen sich dabei durch Veränderungen der chemischen Zusammensetzung der Trübe sowie durch Zusatz geeigneter Flotationsreagenzien beeinflussen. Die wichtigsten Einflußgrößen sind dabei

- pH-Wert der Trübe
- Art und Menge zugesetzter Schäumer
- Art und Menge zugesetzter Sammler.

In den meisten Anwendungsfällen muß der Suspension ein Schäumer zugesetzt werden, der den an der Suspensionsoberfläche entstehenden Schaum stabilisiert, so daß er abgetrennt werden kann. Sammler dagegen werden mit dem Ziel eingesetzt, bestimmte Komponenten eines Partikelkollektivs selektiv zu hydrophobieren. Sie sind tensidähnlich aufgebaut, wobei sich endständige, aktive Gruppen an bestimmte Mineralien anlagern und es somit zu einer Hydrophobierung der Partikeloberfläche kommt.

Nach Schubert (1975b) sind Ladungsänderungen auf den Oberflächen auch stark vom pH-Wert abhängig. Für oxidische Mineralien gilt z.B.

$$MOH_2{}^+{}_{(s)} \Leftrightarrow MOH_{(s)} + H^+{}_{(aq)} \Leftrightarrow MO^-{}_{(s)} + 2\,H^+{}_{(aq)}$$

wobei M für Si in Quarz oder Al für Al_2O_3 usw. steht. Die z.B. auf Quarzen chemisorbierten OH-Gruppen können H^+-Ionen adsorbieren bzw. abspalten, womit entsprechende Ladungsveränderungen auf der Mineraloberfläche verbunden sind. Aus der obigen Beziehung geht unmittelbar die Abhängigkeit der Oberflächenladung und des Ladungsnullpunktes vom pH-Wert hervor.

4.3. Ergebnisse zur flotativen Abtrennung kontaminierter Bodenanteile

Die Untersuchungen zur Aufbereitung des Feinkornanteils durch Flotation wurden mit dem in Abb. 10 dargestellten Versuchsaufbau durchgeführt. Als Flotationsgefäß dient eine Gaswaschflasche mit einer eingeschmolzenen Fritte der Porosität 4 (Porendurchmesser ca. 60 µm), mit der die Flotationsluft in der Flotationszelle dispergiert wird. Der Magnetrührer dient einerseits der Vermischung der Suspension, andererseits werden die an der Fritte entstehenden Gasblasen noch vor ihrem spontanen Abriß abgeschert, so daß sehr feine Blasen erzeugt werden. Der während der Flotation entstehende Schaum gelangt über den Schaumaustrag auf ein Nutschenfilter, auf dem der flotierte Feststoff entwässert wird. Zur Bestimmung der Flotationskinetik wird die zeitliche Zunahme der Flotatmasse von einer Waage mit angeschlossenem PC aufgenommen.

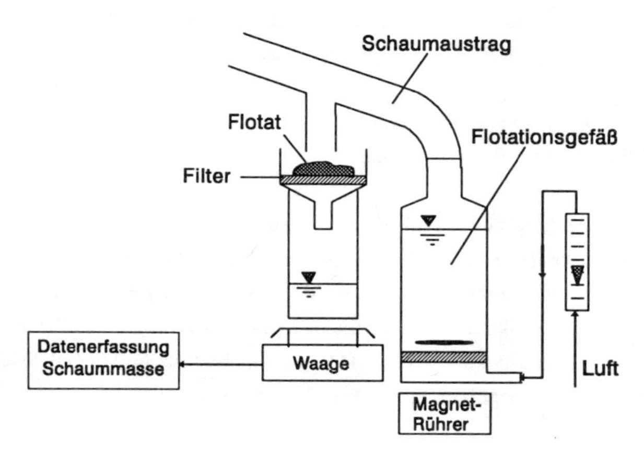

Abb. 10: Versuchsaufbau zur Untersuchung der Flotationseigenschaften feinkornhaltiger Feststoffsuspensionen

Als Versuchsgut diente das nach der Bodenwäsche mit dem Hydrozyklon-Unterlauf abgetrennte Feinkornmaterial des Bodens vom Standort Neumünster mit einem Korngrößenspektrum von 0 bis ca. 300 µm. Vor den jeweiligen Flotationsversuchen erfolgte die pH-Wert-Einstellung sowie die Konditionierung mit den entsprechenden Flotationsreagenzien. Als Sammler wurde ein sulfogruppenhaltiger anionischer Sammler (OMC 5020 der Fa. Henkel), als Schäumer ein Gemisch aus Fettalkoholen (OMC 6009 B der Fa. Henkel) eingesetzt. Der pH-Wert der Trübe wurde mit Schwefelsäure bzw. Natronlauge eingestellt.

Für die Beurteilung des Flotationsprozesses werden verschiedene Größen herangezogen, die folgendermaßen definiert wurden. Der Feststoffabscheidegrad β_S, gibt an, welcher Massenanteil des Materials mit dem Flotat (Schaum) abgetrennt wird:

$$\beta_s = \frac{m_{s,Flotat}}{m_{s,Zulauf}} \tag{8}$$

Der Ölabscheidegrad β_{KW} entspricht in äquivalenter Weise dem Massenanteil der Kohlenwasserstoff-Kontamination, der mit dem Flotat abgetrennt wird.

$$\beta_{KW} = \frac{m_{KW,Flotat}}{m_{KW,Zulauf}} \tag{9}$$

Das Anreicherungsverhältnis α schließlich erlaubt eine Beurteilung der Selektivität des Flotationsprozesses. Es ergibt sich aus dem Quotienten von β_s und β_{KW}.

$$\alpha = \frac{\beta_{KW}}{\beta_s} \tag{10}$$

$\alpha = 1$ bedeutet, daß lediglich eine Teilung des Materials ohne Reduzierung des Schadstoffgehalts im Flotationsrückstand stattgefunden hat. $\alpha > 1$ dagegen entspricht der gewünschten Anreicherung der Kontaminationen im Flotat und einer entsprechenden Reduzierung der Belastung im Flotationsrückstand.

Im ersten Schritt wurde die pH-Abhängigkeit des Flotationsprozesses untersucht. In Abb. 11 sind die Anreicherungsverhältnisse α bei unterschiedlichen pH-Werten der Suspension aufgetragen. Der Darstellung ist zu entnehmen, daß eine selektive Abtrennung kontaminierter Partikeln nur im sauren Bereich unterhalb eines pH-Wertes von ca. 4 möglich ist. Oberhalb dieses pH-Wertes liegt das Anreicherungsverhältnis bei ca. 1, so daß nur eine Teilung der Probe in jeweils gleich stark belastete Fraktionen stattfindet.

Die Bestimmung des isoelektrischen Punktes des eingesetzten Materials mit einem Oberflächenladungsdetektor (PCD 02 der Fa. Mütek, Herrsching) ergab, daß der Ladungsnullpunkt des eingesetzten Bodenmaterials bei einem pH-Wert von 2,3 und damit im Bereich des pH-Wertes liegt, bei dem nach Abb. 11 eine besonders hohe Selektivität der flotativen Trennung erzielt wird. Die Ladungsnullpunkte vieler Silikate werden ebenfalls in pH-Bereichen zwischen 2 und 4 erreicht (Schubert, 1975b). Die Übereinstimmung des für die Flotation optimalen pH-Wert-Bereiches mit dem isolektrischen Punkt ist möglicherweise auf eine selektive Agglomeration unkontaminierter Quarzpartikeln durch die Aufhebung elektrostatischer Abstoßungskräfte zurückzuführen, so daß nur die kontaminierten Primärpartikeln flotiert werden.

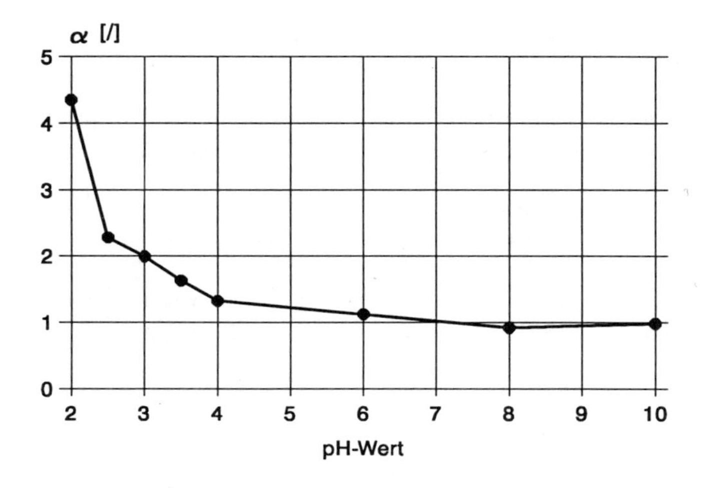

Abb. 11: pH-Abhängigkeit des Anreicherungsverhältnisses α (Boden: NMS, Unterlauffraktion aus Hydrozyklonklassierung; Sammlerkonzentration: 600 g/t TS, Schäumerkonzentration: 800 g/t TS)

In weiteren Untersuchungen wurde der Einfluß unterschiedlicher Konzentrationen der zugesetzten Flotationsreagenzien untersucht. In der Abb. 12 sind das Anreicherungsverhältnis α, der Feststoffabscheidegrad β_S sowie der Reinigungsgrad RG bezogen auf den Flotationsrückstand für unterschiedliche Konzentrationen des Schäumers OMC 6009 B dargestellt. In den Versuchen wurde die Sammlerkonzentration (OMC 5020) mit 800 g/t TS konstant gehalten. Die Ergebnisse der Versuche deuten darauf hin, daß der Schäumer auch Sammlereigenschaften besitzt. So steigt mit zunehmender Schäumerkonzentration der Feststoffabscheidegrad β_S an, wobei gleichzeitig die Selektivität - ausgedrückt durch α - abnimmt. Durch die steigende Schäumerkonzentration werden offenbar auch gering belastete Partikeln hydrophobiert und ausgetragen. Der Reinigungsgrad steigt dabei von ca. 20 % auf über 50 % an.

Entsprechende Untersuchungen wurden für unterschiedliche Konzentrationen des Sammlers OMC 5020 durchgeführt, wobei eine konstante Schäumerkonzentration von 800 g/t TS eingehalten wurde. Wie der Abb. 13 zu entnehmen ist, scheint der verwendete Sammler nur einen geringen Einfluß auf das Trennergebnis auszuüben. Alle Größen ändern sich mit zunehmender Sammlerkonzentration nur geringfügig, wenn sich auch bei einer Konzentration von 600 g/t TS ein leichtes Maximum des Reinigungsgrades andeutet. Die Reinigungsgrade liegen dabei bezogen auf den Flotationsrückstand in der Größenordnung von 70 - 80 %.

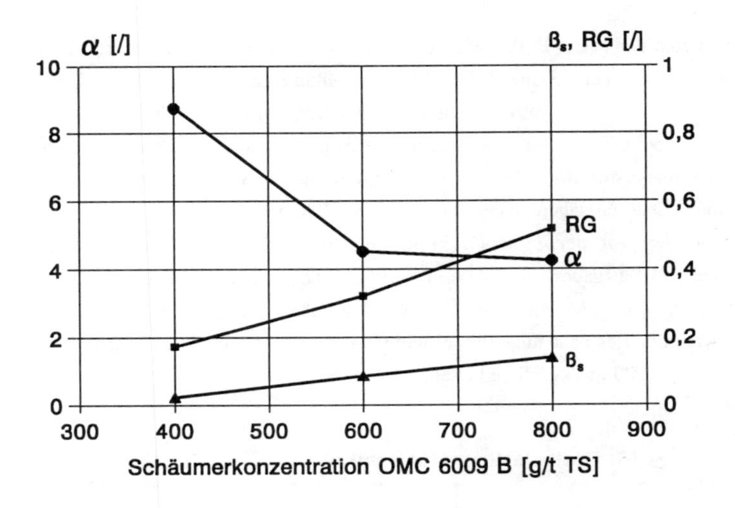

Abb. 12: Anreicherungsverhältnis α, Feststoffabscheidegrad β_S und Reinigungsgrad RG für unterschiedliche Schäumerkonzentrationen (Sammlerkonzentration: 800 g/t TS; pH-Wert: 3,5)

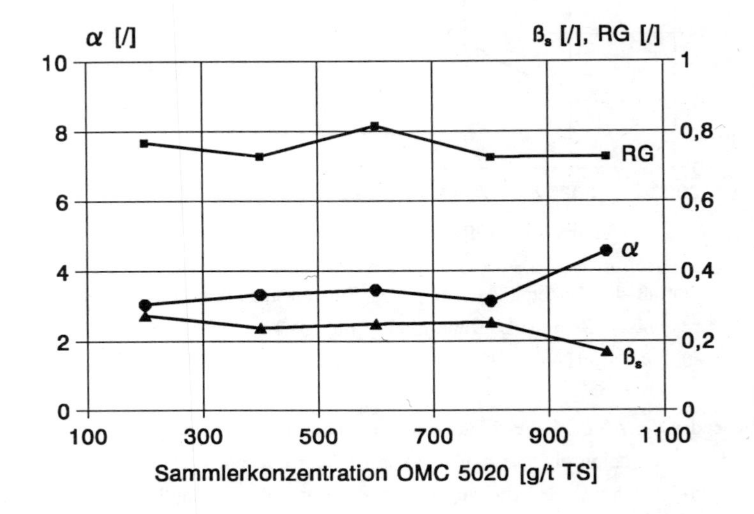

Abb. 13: Anreicherungsverhältnis α, Feststoffabscheidegrad β_S und Reinigungsgrad RG für unterschiedliche Sammlerkonzentrationen (Schäumerkonzentration: 800 g/t TS; pH-Wert: 3,5)

Heterogenitäten des in der Bodenwäsche eingesetzten Materials führten dazu, daß die in den verschiedenen Versuchen in der Hydrozyklonklassierung angefallenen Unterlauffraktionen voneinander abweichende Mineralölgehalte aufwiesen. Mit den unterschiedlichen Chargen konnte geprüft werden, inwieweit der Kohlenwasserstoffgehalt des Eingangsmaterials den Flotationsprozeß beeinflußt. Die Mineralölgehalte der untersuchten Chargen lagen dabei zwischen ca. 3000 und ca. 6000 mg/kg TS. Alle Chargen wurden vor der Flotation in gleicher Weise mit den Flotationsreagenzien konditioniert. Die Ergebnisse in Abb. 14 zeigen, daß sich zwar Unterschiede in den Abscheidegraden von Mineralöl und Feststoff ergeben, daß es aber in allen Fällen möglich war, die Restbelastung des Flotationsrückstandes auf einem relativ niedrigen Niveau von ca. 1000 mg/kg TS zu halten.

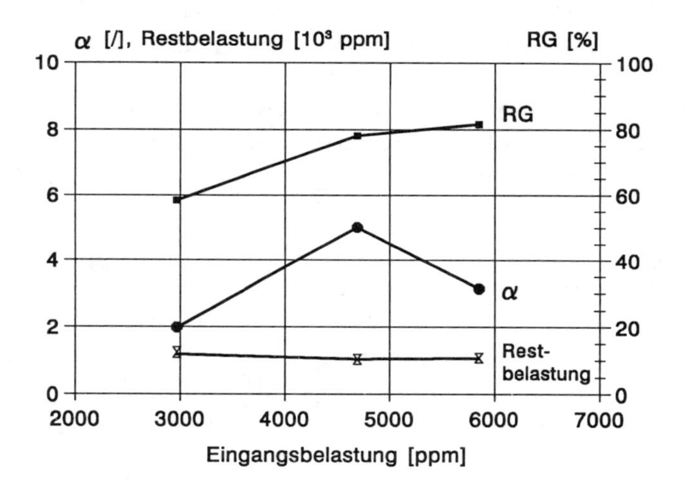

Abb. 14: Einfluß der Mineralölbelastung des Eingangsmaterials auf das Flotationsergebnis (Sammlerkonzentration: 600 g/t TS; Schäumerkonzentration: 800 g/t TS; pH-Wert: 3,5)

Abschließend ist in Abb. 15 die Bilanz eines typischen Flotationsversuches dargestellt. Von der in der Flotation eingesetzten Feinkornfraktion mit einem Mineralölgehalt von 4700 ppm konnten 84 % der Eingangsmasse als Flotationsrückstand mit einer Restbelastung von ca. 1000 ppm abgetrennt werden. Der Reinigungsgrad, bezogen auf das Eingangsmaterial der Flotation, beträgt dabei 78 %. Diese Fraktion könnte mit der in der Regel wesentlich geringer belasteten Grobkornfraktion aus der Bodenwäsche vermischt und wiedereingebaut werden, sofern die geforderten Sanierungsziele dieses erlauben. Das mit ca. 23.500 ppm stark belastete Flotat macht dagegen nur 16 % der Eingangsmasse der Feinkornfraktion aus und muß einer weiteren Behandlung oder Deponierung zugeführt werden. Durch die weitere Aufkonzentrierung der Schadstoffe bei gleichzeitiger Reduzierung der Reststoffmenge können somit kostenintensivere Behandlungsverfahren deutlich entlastet werden.

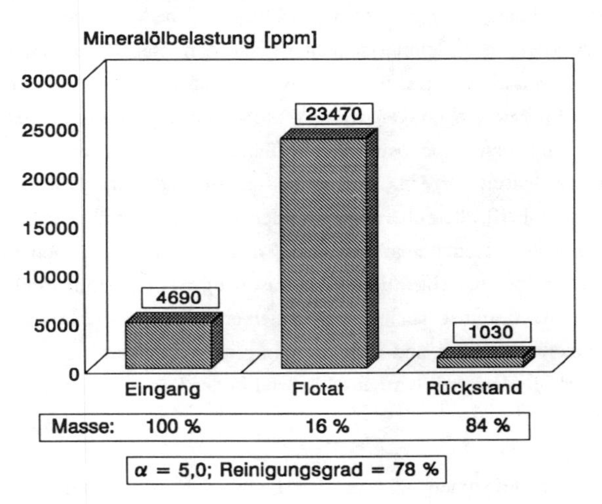

Abb.15: Bilanz eines Flotationsversuches zur Aufbereitung der Hydrozyklon-Unterlauffraktion des Bodens vom Standort Neumünster (Sammlerkonzentration: 600 g/t TS; Schäumerkonzentration: 800 g/t TS; pH-Wert: 3,5)

Die Vorteile der flotativen Auftrennung der in Bodenwaschverfahren anfallenden Feinkornfraktionen liegen vor allem in der vergleichsweise kostengünstigen Verfahrensgestaltung sowie der problemlosen Integration in den Bodenwaschprozeß. Allerdings bedarf es derzeit erheblicher experimenteller Vorarbeiten, um das optimale Flotationsmilieu festlegen zu können. Aufgrund der unterschiedlichen Bodeneigenschaften und des oft stark varriierenden Schadstoffspektrums müssen für jeden einzelnen Schadensfall die geeigneten Prozeßbedingungen bestimmt werden. Für verhältnismäßig kleine Chargen wird dabei der experimentelle Aufwand den erzielten Nutzen in den meisten Fällen übersteigen. Es besteht daher noch erheblicher Untersuchungsbedarf, um Kriterien zu erarbeiten, die eine schnelle Beurteilung der Flotierbarkeit oder sogar der Prozeßsteuerung erlauben.

5. Zusammenfassung

Aufgrund der durchgeführten Untersuchungen und der von Betreibern kommerziell eingesetzter Bodenwaschverfahren erzielten Ergebnisse kann die Frage nach dem Prinzip und der Wirkungsweise einer "Bodenwäsche" beantwortet werden. In Analogie zu dem im üblichen Sprachgebrauch verwendeten Begriff "Wäsche" bedeutet die "Bodenwäsche" einerseits das Ablösen von Schmutzschichten von den Bodenpartikeln und deren Überführung in die wässrige Phase. Für das Ablösen muß in die Bodensuspension eine ausreichend hohe Energie eingetragen werden, wobei Lösungsvermittler unterstützend wirken können. Andererseits jedoch können feine Partikeln nicht mehr von den Schadstoffschichten befreit werden, weil keine ausreichend hohen Beanspruchungsintensitäten auf ihre Oberflächen übertragen werden können. Sie müssen zusammen mit den bereits abgelösten Kontaminationen von den gereinigten Bodenbestandteilen abgetrennt werden. Neben der eigentlichen Auswaschung von Kontaminationen aus dem Bodenmaterial ist also immer auch ein Klassierverfahren zur Abtrennung der im allgemeinen hochkontaminierten und nicht zu reinigenden Feinkornfraktion notwendig. Dieser hochbelastete Bodenanteil wird anschließend in der Regel auf einer Sonderabfalldeponie abgelagert.

Waschverfahren sind prinzipiell nur in der Lage, Schadstoffe von den äußeren Oberflächen der Bodenpartikeln zu entfernen. Sind in dem kontaminierten Bodenmaterial zusätzlich hochporöse Bestandteile wie Schlacken, Kohle oder Holz enthalten, die aufgrund ihrer großen inneren Oberflächen meist sehr stark belastet sind, so können diese Fraktionen gegebenfals durch eine zusätzliche Verfahrensstufe zur Dichtesortierung abgetrennt werden.

Eine Ausnahme von diesem grundsätzlichen Verfahrensprinzip stellen Bodenkontaminationen dar, die sich durch eine chemische Behandlung vollständig im Wasser lösen lassen. So können zum Beispiel Schwermetalle im stark sauren Milieu in der wässrigen Phase gelöst werden und vom gesamten Bodenmaterial abgetrennt werden. Da es sich hierbei um einen tatsächlichen "Lösungsvorgang" handelt, ist die Reinigungswirkung nicht mehr durch die Korngröße limitiert. Obwohl der apparative Aufbau derartiger Verfahren, wie sie zur Zeit von der Fa. ROM (1990) und Harbauer (Hennig & Werner, 1990) untersucht bzw. schon großtechnisch eingesetzt werden, dem der Waschverfahren sehr ähnelt, ist diese Verfahrensvariante mehr den chemischen Extraktions- als den Waschverfahren zuzuordnen.

Es empfiehlt sich vor der Auswahl eines Sanierungsverfahrens die gründliche Analyse der Korngrößenverteilung des Bodens und der Art der Schadstoffbindung. Die Untersuchung der Schadstoffverteilung über die Korngrößenverteilung des Bodens kann bereits sehr wichtige Hinweise über die Anwendbarkeit eines Waschverfahrens liefern. Mit Hilfe dieser Informationen ist dann eine physikalisch/chemisch begründete Auswahl eines Verfahrens bzw. dessen Anpassung an den vorliegenden Sanierungsfall möglich.

Eine Ausweitung der Anwendbarkeit von Bodenwaschverfahren auch auf die Behandlung stark feinkornhaltiger Böden könnte durch die Einbindung von Flotationsverfahren erfolgen. Wie die eigenen Untersuchungen am Beispiel eines mit einem Dieselkraftstoff/Hochsiedeöl-Gemisch kontaminierten Sandbodens gezeigt haben, kann der Mineralölgehalt der in der Bodenwäsche anfallenden Feinkornfraktion durch selektive Abtrennung kontaminierter Bodenbestandteile so weit reduziert werden, daß ein Teil der Feinkornfraktion gegebenenfalls wiederverwendet werden kann. Einer breiten großtechnischen Anwendung der Flotation zur Bodenreinigung steht derzeit allerdings noch der erhebliche Aufwand für Voruntersuchungen entgegen, mit denen die geeigneten Prozeßbedingungen ermittelt werden müssen. Durch weitere Untersuchungen an Böden mit unterschiedlichen Schadstoffspektren sollen die Möglichkeiten und Grenzen der flotativen Aufbereitung kontaminierter Feinkornfraktionen bestimmt werden. Ziel der Arbeiten wird ebenfalls sein, Kriterien zur Beurteilung der Flotierbarkeit zu erarbeiten.

Literatur

Aust, H. J. (1990): Physikalisch-chemische Bodenreinigung System Hafemeister. In: Altlastensanierung '90, Hrsg.: Arendt, F., Hinsenveld, M. und van den Brink, W.J., Kluwer Academic Publishers, Dordrecht/Boston/London, Band II, 1990, S. 1043-1044

Balthaus, H. (1989): In situ-Bodensanierung nach dem System Holzmann. In: Sanierung kontaminierter Standorte 1989, 187. Seminar des Fortbildungszentrums Gesundheits- und Umweltschutz e.V., Berlin, September 1989, S. 183-199

Bikermann, J.J. (1958): Surface Chemistry - Theory and Applications, Academic Press, New York 1958, p. 336-337

Der Rat von Sachverständigen für Umweltfragen (1990): Altlasten, Sondergutachten Dezember 1989, Metzler-Poeschel, Stuttgart, 1990

DIN 38 409 Teil 18: Summarische Wirkungs- und Stoffkenngrößen (Gruppe H), Bestimmung von Kohlenwasserstoffen (H18). Beuth Verlag GmbH, Berlin 1981

Franzius, V. (1991a): Altlasten - Einführung und Überblick über Begriffsbestimmungen, Erfassung, Sanierungstechniken und Kosten. In: Norddeutsches Altlastensanierungszentrum (Nordac): Errichtung und Betrieb eines Bodenrecyclingzentrums, Praxis der Altlastensanierung, Band 2, Economica Verlag GmbH, Bonn, 1991, S. 1-21

Franzius, V. (1991b): Möglichkeiten zur Bodensanierung. Chem.-Ing.-Tech. 63 (1991) 4, S. 348-358

Franzius, V. (1992), VDI-Nachrichten Nr. 48, 27.November 1992, S. 32

Friesel, P., Sellner, M. und Sievers, S. (1988): Untersuchungen von Bodenproben aus kontaminierten Flächen. In: Handbuch der Altlastensanierung, Hrsg.: Franzius, V., Stegmann, R. und Wolf, K., R. v. Decker's Verlag, G. Schenck, Heidelberg 1988, Kap. 3.2.2.9, Grundwerk

Hankel, D., Rosenstock, F. und Biehler, G. (1992): Die Wirkung der Attrition im LURGI-DECONTERRA-Bodenaufbereitungsverfahren. Aufbereitungs-Technik 33 (1992) Nr.5, S. 257-266

Heimhardt, H. J. (1988): Die Anwendung des Hochdruck-Bodenwaschverfahrens bei der Sanierung kontaminierter Böden in Berlin. In: Altlastensanierung '88, Hrsg.: Wolf, K., van den Brink, W. J. und Colon, F. J., Kluwer Academic Publishers, Dordrecht, 1988, S. 887-898

Hennig, R. (1991): Praktische Erfahrungen bei der Reinigung von Böden mit dem Harbauer Bodenwaschverfahren. In: Sanierung kontaminierter Böden, 15. Mülltechnisches Seminar, Hrsg.: Wilderer, P.A. und Kaballo, H.-P., Berichte aus der Wassergüte- und Abfallwirtschaft, Technische Universität München, Berichtsheft Nr. 108, 1991, S. 85-98

Hennig, R. und Werner, W. (1990): Bodenreinigung nach dem Harbauer-Verfahren am Beispiel der mobilen Bodenreinigungsanlage in Wien. Aufbereitungstechnik 31 (1990) Nr. 7, S. 372-377

Knackstedt, H.-G., Sprenger, B., Bröcking, P. und Ebner, H. G. (1992): Betriebserfahrungen mit einem Roll-Reaktor-System zur mikrobiologischen Reinigung PAK-belasteter feinkörniger Böden. Chem.-Ing.-Tech. 64 (1992) Nr.5, S. 452-453

Lichtfuß, R. und Brümmer, G. (1977): Schwermetallbelastung von Elbe-Sedimenten. Naturwiss. 64, S. 122-125

Lorenz, F. (1990): Flächenrecycling im Hamburg. Vortrag auf dem Seminar "Reinigung kontaminierter Böden". Veranstaltet vom VDI-Bildungswerk und dem Sonderforschungsbereich 188, Hamburg, 25./26. September 1990

Martin, A. (1990): Thermische Bodenreinigung mit dem BORAN-Wirbelschichtverfahren. Chem.-Ing.-Tech. 62 (1990) Nr.3, S. 204-206

Neeße, Th. und Grohs, H. (1991): Waschen und Klassieren kontaminierter Böden. Aufbereitungs-Technik 32 (1991) 2, S. 72-77

Norddeutsches Altlastensanierungszentrum (Nordac) (1991): Errichtung und Betrieb eines Bodenrecyclingzentrums, Praxis der Altlastensanierung, Band 2, Economica Verlag GmbH, Bonn, 1991

Parthen, J., Claas, W., Sprenger, B., Ebner, H. G. und Schügerl, K. (1990): Erfahrungen mit einem horizontalen Bio-Bodenmischer zur mikrobiellen Behandlung feinstkörniger Böden. Das HBBM-Verfahren. In: Altlastensanierung ´90, Hrsg.: Arendt, F., Hinsenveld, M. und van den Brink, W. J., Kluwer Academic Publishers, Dordrecht/Boston/London, 1990, Band II, S. 1105-1106

Preussag (1992): Technik für die Umwelt - Bodensanierung, Informationsschrift der Preussag Anlagenbau GmbH, Hannover, 1992

Render, M., Luhede, J. und Haase, B. (1992): Ultraschallextraktion öl- und teerölkontaminierter wasserhaltiger Schlämme. Chem.-Ing.-Tech. 64 (1992) Nr. 5, S. 464-465 und MS 2041/92

Rittmann, K. (1990): Bodenwäsche mit dem HDW-Heijmanns-Verfahren. Optimierte Schadstoffextraktion zur Behandlung anorganisch und organisch kontaminierter Altlasten. Vortrag auf dem Seminar "Reinigung kontaminierter Böden". Veranstaltet vom VDI-Bildungswerk und dem Sonderforschungsbereich 188, Hamburg, 25./26. September 1990

ROM (1990), Informationsschrift der Fa. Rudolf Otto Meyer: Schwermetall-Dekontamination von Schlämmen nach Prof. G. Müller, Hamburg, 1990

Rosenstock, F. und Hankel, D. (1990): Das Deconterra-Verfahren zur Bodenaufbereitung. EntsorgungsPraxis 12/90, S. 719-723

Schneider, F. U. (1992): Über Grundlagen und Praxis des Bodenwaschens. Aufbereitungs-Technik, 33 (1992) Nr.9, S. 501- 514

Schubert, H. (1975a): Aufbereitung fester mineralischer Rohstoffe. Dritte Auflage, Band I, VEB Deutscher Verlag für Grundstoffindustrie, Leipzig, 1975

Schubert, H. (1975b): Aufbereitung fester mineralischer Rohstoffe. Dritte Auflage, Band II, VEB Deutscher Verlag für Grundstoffindustrie, Leipzig, 1975

Stegmann, R. (1991): Bericht des SFB 188 für den Förderzeitraum 1989 bis 1991, Hamburg, 1991

Terracon (1992): Boden, der sich gewaschen hat. Informationsschrift der Fa. Terracon, Hamburg, 1992

Thomé-Kozmiensky, K. J. (1990): Altlastensanierung in der Bundesrepublik Deutschland. Chem.-Ing.-Tech. 62 (1990) 4, S. 286-298

Werther, J. et al. (1988): Entwicklung eines Verfahrens zur Sandabtrennung aus kontaminierten Baggerschlämmen. Chem.-Ing.-Tech. 60 (1988) 3, S. 210-211 und MS 1664/88

Biologischer Abbau von wässrigen Lösungen aus der Bodenreinigung

Dipl.-Ing. Matthias M. Kniebusch, Prof. Dr.-Ing. Ivan Sekoulov

Technische Universität Hamburg-Harburg

Reinigungsprozesse in der Bodenreinigung

Zur Reinigung kontaminierter Böden sind in den zurückliegenden Jahren zahlreiche Methoden beschrieben und praktisch erprobt worden. Diese Methoden lassen sich nach verschiedenen Kriterien gliedern:

Dem Ort der Reinigungsmaßnahmen entsprechend unterscheiden wir zwischen in-situ-, on-site-, und off-site-Verfahren. Jede dieser Alternativen bietet besondere Vor-, aber auch Nachteile. Weiträumige oder in tiefen Gesteinsschichten liegenden Verunreinigungen lassen sich in der Regel nur an Ort und Stelle (in-situ) beseitigen. Das Gleiche gilt für Bodenkontaminationen, die unter erhaltenswerten Bebauungen liegen. Es sind keine Erdbewegungen notwendig, die verfahrenstechnischen Kontrollmöglichkeiten bei der Bodenreinigung sind aber begrenzt. Bei off-site-Verfahren wird der kontaminierte Boden ausgekoffert und in einer zentralen Behandlungsanlage gereinigt. Bei den on-site-Verfahren findet die Reinigung des Bodenmateriales in unmittelbarer Nachbarschaft zum Entnahmeort statt. In beiden Fällen sind zum Teil erhebliche Erdbewegungen durchzuführen. Die Reinigungsverfahren lassen sich dafür aber gezielt durchführen.

Als weiteres Unterscheidungskriterium kann die Prozeßtechnik dienen, die im Einzelfall zur Anwendung kommt. Wir differenzieren zwischen chemischen, physikalischen und biologischen Verfahren. Prozesse wie Verbrennung, Bodenluft-Absaugung, Auslaugung durch Einsatz von Lösungsmitteln oder Kompostierung sind typische Beispiele.

Ein weit verbreitetes und wirkungsvolles Verfahren stellt die Bodenwäsche dar (Werther et al., 1990). Das Problem "Bodenkontamination" wird damit zwar nicht gelöst, aber doch eingeengt. Durch Bodenwäsche gelingt es in vielen Fällen, die schadstoffhaltigen Fraktionen des Bodenmaterials von den nicht oder nur gering belasteten Fraktionen zu trennen. Da nur die schadstoffhaltige Fraktion weiter behandelt werden muß, kann die eigentliche Reinigung in der Regel mit relativ geringem Aufwand erreicht werden.

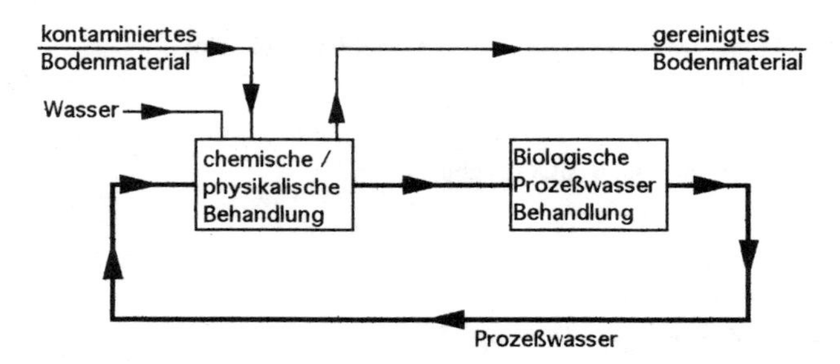

Abb. 1: Prozeßwasser in der Reinigung kontaminierter Böden

Da die oben skizzierten Methoden alleine nur selten zum Erfolg führen, ist die Anwendung von Verfahrenskombinationen (Abb. 1) erforderlich. Stofftrennung mit nachfolgender biologischer Reinigung des hochbelasteten Teilstromes gilt als besonders attraktive Kombination, so daß sich große Raum-Zeit-Ausbeuten erzielen lassen. Die Anwendung biologischer Verfahren ist vorteilhaft, da sich so die Möglichkeit ergibt, die Schadstoffe vollständig zu mineralisieren, oder aber in Biopolymere und Zellen umzuwandeln. Da prinzipiell bei biologischen Transformationen auch Metaboliten gebildet werden können, die selbst Schadstoffcharakter besitzen (Häggblom et al, 1988), ist eine sorgfältige Wahl und Kontrolle der Bioprozeßtechnik eine notwendige Vorausetzung für den Erfolg der biologischen Abbaureaktionen.

Die Aufmerksamkeit gilt aber nicht nur den Teilströmen innerhalb von Reinigungsprozessen, sondern in gleichem Maße den Grundwässern kontaminierter Standorte, die oft hoch kontaminiert sind und der gleichen Behandlung bedürfen, wie die Prozeßwässer. Diese lassen sich mit biologischen Methoden wirkungsvoll behandeln, wenn die Schadstoffe biologisch leicht abbaubar sind. Diese Voraussetzung ist aber nicht immer gegeben. Wenn dennoch eine biologische Behandlung angestrebt wird, kann durch vorgelagerte Prozesse wie die Oxidation mit Wasserstoffperoxid, Ozon oder überkritischem Wasser (Nowak et al., 1991), die biologische Abbaubarkeit der Schadstoffe verbessert werden. Der Gesamtprozeß wird so durch chemische Verfahren erweitert.

Mit dieser Arbeit soll am Beispiel Mineralöl-belasteten Bodenmateriales ein Überblick über die Möglichkeiten der biologische Reinigung entsprechender Prozeßwässer gegeben werden. Nach Ausführungen über die prinzipielle Abbaubarkeit von Prozeßwasserinhaltsstoffen wird ein neues Reaktorsystem zur biologischen Reinigung vorgestellt und sein Einsatz an Hand von Modellsystemen erläutert.

Kontaminierte Prozeßwässer und Grundwässer

Je nach Kontaminationsart enthalten Prozeßwässer und kontaminierte Grundwässer Schadstoffe aus dem gesamten Bereich chemischer Verbindungen. Die Schadstoffkonzentrration kann bis zur Löslichkeit des jeweiligen Stoffes ansteigen. Zusätzlich sind partikuläre Substanzen (Tone, Schluff) und Emulsionen zu berücksichtigen. Problematisch sind feine Bodenpartikel, da Schadstoffe über Adsorptions-und Adhäsionsmechanismen mit ihnen in Wechselwirkung treten und daher in der wässrigen Phase nur begrenzt verfügbar sind. Dies hat unmittelbare Auswirkungen auf die Leistungsfähigkeit biologischer Abbauprozesse.

Die nachfolgenden Betrachtungen schließen Kontaminationen durch hohe Salzgehalte und Schwermetalle aus. Stattdesen wenden wir uns den mineralölartigen Substanzen zu, die sich nach ihrer prinzipiellen biologischen Abbaubarkeit in verschiedene Gruppen einteilen lassen.

N-Alkane gehören zu den biologisch leicht abbaubaren Substanzen. Die Abbaubarkeit von Alkanen nimmt mit der Anzahl der Seitenketten bzw. dem Grad der Verzweigung zu. Isoalkane mit tertiären C-Atomen sind als nahezu nicht abbaubar einzustufgen. Alizyklische Verbindungen sind stabiler und ihre Stabilität steigt mit steigender Ringzahl. So konnte z.B. in 250 Bodenproben nicht ein einziger Bakterienstamm gefunden werden, der Decalin abbauen kann (Pitter, Chudoba, 1990). Biologisch stabilere Verbindungen finden sich vor allem in der Gruppe der polyzyklischen aromatischen Kohlenwasserstoffe (PAK), für die ebenfalls gilt, daß mit steigender Ringzahl ihre biologische Abbaubarkeit abnimmt.

Die vorstehenden Ausführungen betreffen einige Strukturmerkmale der Stoffgruppen in mineralölbelasteten Prozeßwässern. Es gilt jedoch grundsätzlich zu beachten, daß die biologische Abbaubarkeit eine Systemeigenschaft ist, die abhängt von den Mikroorganismen, den Schadstoffen und ihren Begleitsubstanzen. Dieses System kann durch Wahl der äußeren Bedingungen wie pH-Wert, Temperatur, Salzgehalt o.ä. beeinflußt werden (Wilderer, 1981).

Behandlungsstrategien

Auf Grund der häufig schlechten Abbaubarkeit und der damit verbundenen geringen Wachstumsraten der Biomasse ist nach besonderen Konzepten zur Behandlung dieser Prozeßwässer zu suchen. Suspensionreaktoren sind hier nicht anwendbar, da die Biomasse im Verlauf der ersten Tage bereits ausgetragen würde, und somit ein völliger Verlust der Abbauaktivitäten zu verzeichnen wäre.

Geeigneter scheint hier die Realisierung von Reaktionssystemen mit immobilisierten Mikroorganismen, wodurch ein Biomassenaustrag verhindert wird. Gleichzeitig bietet sich die Möglichkeit, Spezialisten - Bakterien mit besonderen Abbaufähigkeiten - einen Standortvorteil im System zu verschaffen. Dies kann dazu führen, die Abbaufähigkeiten des Systemes zu verbessern.

Einfache Konzepte wie z.B. Festbettreaktoren weisen jedoch den Nachteil auf, daß es zu einer ungleichmäßigen Durchströmung des Bettes kommt, und durch die Strömungsinhomogenitäten ein unterschiedliches Aufwachsen der Biomasse zu beobachten ist. Dies hat die Bildung von schlechter durchströmten Räumen zur Folge, mit dem Ergebnis einer eingeschränkten Substratversorgung im Besonderen einer Minderversorgung mit Sauerstoff und einer eingeschränkten Produktabfuhr.

Das Zuwachsen kann vermieden werden, indem das gesamte Festbett expandiert oder sogar fluidisiert wird. Dazu sind entsprechend dem spezifischen Gewicht der Füllkörper und der Betthöhen erhebliche hydrodynamische Kräfte aufzubringen, deren Erzeugung erhöhte Betriebskosten verursacht. Diese Lösung überzeugt nur mit Einschränkung.

Die Begasung der Reaktoren erfolgt in der Regel durch Blasenbelüftung. Bei dem für mineralölhaltige Bodenextrakte typischen hohen Gehalt an flüchtigen organischen Komponenten tritt als Folge der Blasenbegasung das Problem des Austrags flüchtiger Stoffe auf. Diese müssen aus dem Abluftstrom entfernt werden, was zusätzliche Kosten für Investittion, Betrieb und Entsorgung der zurückgehaltenen Stoffe verursacht. Zusätzlich kann es, speziell beim Einsatz von Lösungsvermittlern, zu betrieblichen Problemen durch Schaumbildung kommen.

Membranverfahren zum Sauerstoffeintrag weisen diese für die Blasenbegasung typischen Probleme nicht auf (Debus et al, 1990). Systematische Messungen haben ergeben, das auf gaspermeablen, mit Sauerstoff hinterlegten Membranen leicht Mikroorganismen aufwachsen. Eine Immobilisierung von Mikroorganismen mit speziellen metabolischen Fähigkeiten ist möglich (Wilderer et al., 1990). Die bei den ersten Versuchen verwendeten nichtporösen Membranen aus Silikonkautschuk hatten jedoch den Nachteil, daß der Biofilm, wenn er sich ablöste oder durch Abrasion oder Abgrasen abgetragen wurde, dem System vollständig verloren ging. Die Membran-Biofilm-Syteme erwiesen sich als nicht ausreichend betriebsstabil.

Als Lösung dieses Problemes bieten sich poröse Membranmaterialien aus Polyetherimid an (Kniebusch et al., 1990). Kennzeichen dieser Membranen ist, daß sie auf der dem Wasser zugewandten Seite Makroporen mit einem Porendurchmesser von 3..6 µm besitzen. Solche Poren können von Bakterien besiedelt werden. Sie finden in der Membran wegen der Nähe zum sauerstoffhaltigen Gasraum beste Bedingungen zur Aufrechterhaltung des aeroben Stoffwechsels, und sie sind in ihrer räumlichen Nische gegen Abrasion und Angriff räuberischer Organismen geschützt.
Auf der Gasseite sind diese Membranen mikroporös mit einem Porendurchmesser von maximal 0.05 µm. Sie sind damit praktisch undurchlässig für Wasser, aber durchlässig für Gase wie Sauerstoff oder Kohlendioxid.

Membranen dieser Art wurden bisher in der Trenntechnik z.B. zur Pervaporation eingesetzt (Peinemann et al., 1987). Die Dicke dieser Membranen liegt zwischen 120 und 240 µm. Zur Verfügung stehen neben Membranen, die auf der Wasserseite mit Polyesterfliesen stabilisiert sind und somit der Membran größere Festigkeit verleihen, auch Membranen ohne zusätzliche Stützstruktur, was zu einer Verbesserung des Stofftransportes führt.

Membran-Biofilm-Systeme mit porösen Membranen

Die Nutzung der Eigenschaften membrangebundener Biofilme erfordert die Entwicklung spezieller Membranreaktoren. Gedacht ist an Plattenreaktoren nach dem Muster von Plattenwärmetauschern (Wilderer et al., 1989). Der Reaktor ist aus einer großen Zahl an Flachmembranen aufgebaut, die jeweils einen mit Luft/Sauerstoff durchströmten Gasraum von dem mit dem zu reinigenden Prozeßwasser durchströmten Flüssigkeitsraum trennen. Auf diese Weise werden Kammern gebildet, durch die das Gas und die Flüssigkeit meanderförmig aneinander entlang gepumpt werden. Die mechanische Stabilisierung der

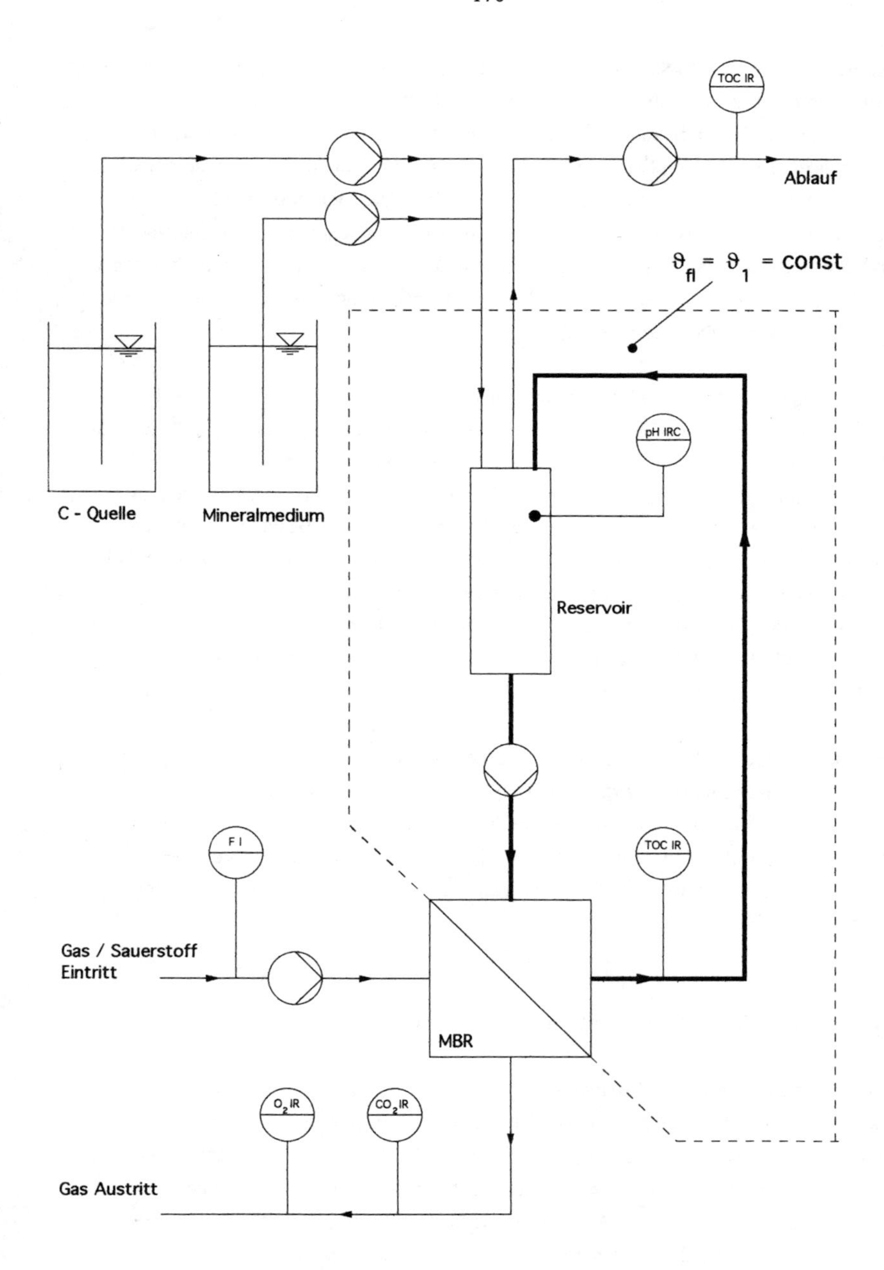

Abb. 2: Das Membran-Biofilm-Reaktionssystem

Membran erfolgt durch "spacer", die außerdem eine Minimierung des Membranabstandes erlauben. Es gelingt so, eine maximale Membranoberfläche pro Volumeneinheit an durchgesetzter Flüssigkeit zu realisieren. Das Verhältnis von Biomasse zu Reaktorvolumen kann optimiert werden.

Dieser Reaktor wird in ein Reaktionssystem integriert und als SBR (Sequencing Batch Reactor) betrieben. D.h., der zentrale Kreislauf (Abb. 2) aus Reservoir Kreislaufpumpe und Reaktor (MBR) wird mit kontaminiertem Wasser gefüllt, worauf der biologische Abbau der organische Inhaltsstoffe einsetzt. Am Ende eines Zyklus, wenn die organischen Substanzen eliminiert worden sind, wird eine definierte Menge gereinigten Wassers entnommen und zum Beginn des neuen Zyklus durch kontamniertes Abwasser ersetzt. Gegebenfalls ist der Zusatz von Mineralstoffen notwendig. Die dargestellten Meßstellen (Abb. 2) sind für die Überwachung des Laborsystemes unerläßlich.

Der aerobe Abbau von PAK im Membran-Biofilm-System

Mit Hilfe der Versuchsanlage im Labormaßstab konnte die prinzipielle Eignung für die Reinigung kontaminierter Wässer gezeigt werden (Kniebusch et al. 1990). Weitergehende Untersuchungen sollen Aufschluß geben über die aeroben Abbaufähigkeiten von biologisch schwer abbaubaren Substanzen wie den PAK. Als Modellsystem wurde hier eine Emulsion gewählt, die neben Wasser n-Hexadekan als Vertreter leicht abbaubarer Stoffe und Pyren als Vertreter der PAK enthält (Tabelle 1). Abgebildet wird damit der reale Zustand des Prozeßwassers nach der Extraktion mit überkritischem Wasser (Emulsionsbildung nach Entspannung auf Normalzustand) oder auch nach der Flotation.

Tabelle 1: Analyse des Modellwassers und Kenndaten des Membransystems

Analysenparameter	Zulaufkonzentration		Systemdaten		
Pyren	24	ppm	Reaktionsvolumen	600	ml
n-Hexadecan	1040	ppm	Reaktorvolumen	10	ml
Austauschvolumen	150	ml/Zyklus	Membranfläche	98	cm^2
Zykluszeit	24	h	spez. Membranfläche	16	m^{-1}

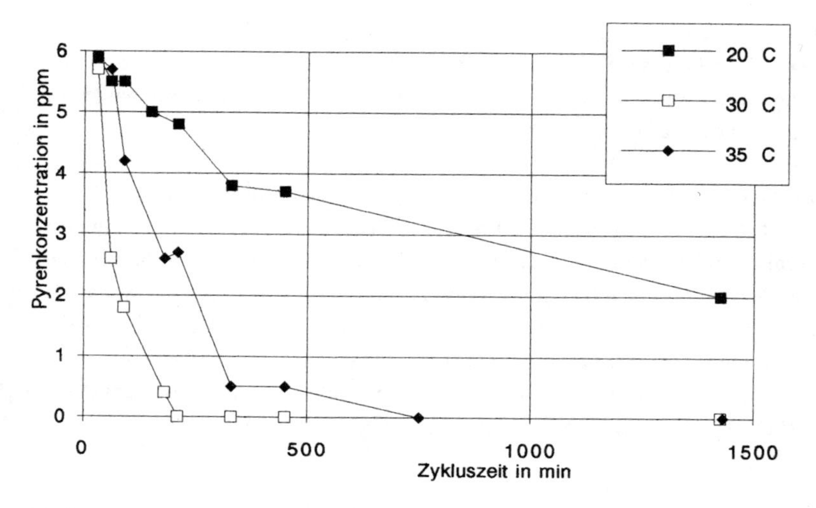

Abb. 3a: Die Temperaturabhängigkeit der biologischen Elimination von Pyren im MBR unter Anwesenheit von n-Hexadecan

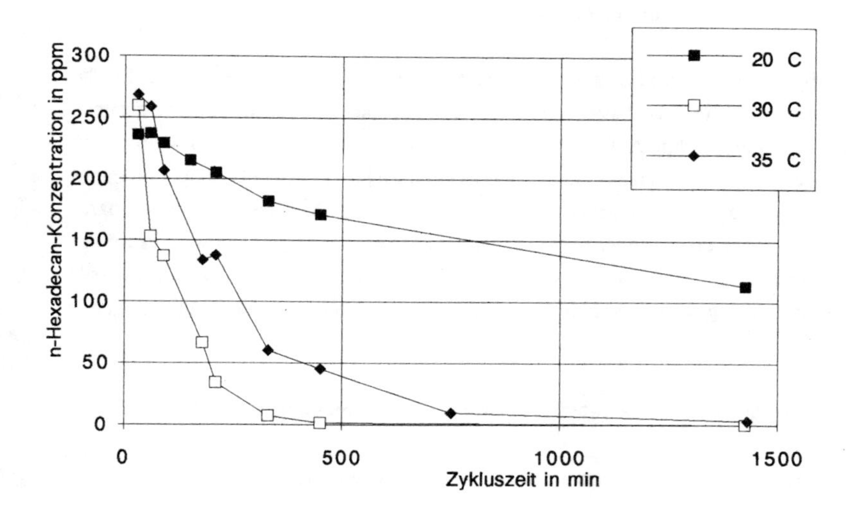

Abb. 3b: Die Temperaturabhängigkeit der biologischen Elimination von n-Hexadecan im MBR bei Anwesenheit von Pyren

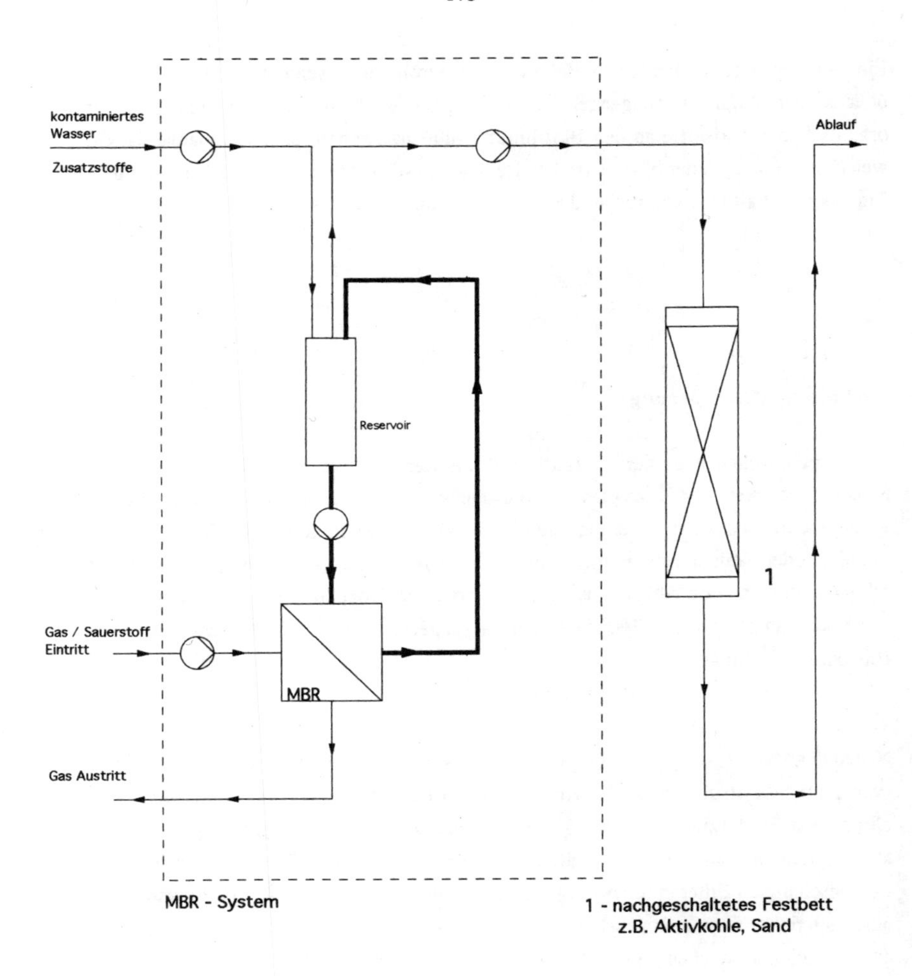

Abb. 4: Prinzip der technischen Realisierung

Abbildung 3a und 3b zeigen die Abhängigkeit der biologischen Pyrenelimination in Abhängigkeit von der Temperatur. Die Konzentrationen der Substanzen im MBR-System wurden mit Hilfe eines Gaschromatographen ermittelt. Die Abnahme der Hexadekan-Konzentration und die Abnahme der Pyren-Konzentration verlaufen simultan und bei Vergleich der dargestellten Kurvenverläufe läßt sich eine optimale biologische Elimination bei 30 °C erkennen.

Ein weiterer wesentlicher Einflußfaktor ist die Strömungsgeschwindigkeit des Wasser über der Membran. Ein steigender Geschwindigkeitsgradient erhöht den Transport der organischen Schadstoffe an den Biofilm und führt dadurch zu einem Abbauverhalten, welches von Kinetik der biochemsichen Reaktionen stärker beeinflußt wird, als von dem Transportverhalten. Entsprechenden Untersuchungen sind Gegenstand der aktuellen Arbeiten.

Technische Realisierung

In der technischen Realisierung findet sich als Kern das Membran-Biofilm-Reaktor-System, wie es in Abb. 2 zeigt. Eine Maßstabsvergrößerung läßt sich erzielen, indem Plattenmodule verwendet werden, die eine Erhöhung der Plattenzahl zulassen. Durch Parallel- oder Reihen-Schaltungen von Modulen lassen sich zum einen der Durchsatz erhöhen, zum anderen läßt sich durch die mehrstufige Prozeßführung ein Verbesserung der Abbaufähigkeiten erzielen, da sich in den unterschiedlichen Stufen entsprechende Biozönosen ausbilden.

Neben der Maßstabsvergrößerung gilt zu berücksichtigen, daß gereinigtes Prozeßwasser immer noch Restsubstanzen der Kontamination enthalten kann, die biologisch nicht eliminierbar sind. Daneben enthält das austretende Wasser Biopolymere, möglicherweise Metaboliten und suspendierte Zellen bzw. Zellagglomerate. Diese gilt es in einer nachgeschalteten Filterstufe (Abb. 4) zu entfernen. Wird das Wasser als Prozeßwasser innerhalb des gesamten Boden-Reinigungs-Prozesses rezirkuliert, so ist möglicherweise eine Filtration ausreichend. Wird das Wasser jedoch in einen Vorfluter eingeleitet, ist z.B. durch eine nachgeschaltete Aktivkohlestufe sicherzustellen, daß keine Schadstoffe (Restsubstanzen) in die Umwelt emittiert werden. Die Auflagen der Genehmigungsbehörden gilt es dabei zu berücksichtigen.

Zusammenfassung

Die biologische Reinigung von Prozeßwässern aus der Bodenreinigung und von kontaminierten Grundwässern erforderte die Entwicklung neuartiger Reaktionssysteme. Mit dem vorgestellten Membran Biofilm Reaktor lassen sich auch schwerabbaubare Substanzen aus den kontaminierten Wässern entfernen.

Bisherige Untersuchungen zur Pyren-Elimination unter Anwesenheit von n-Hexadecan zeigen ein Temperaturoptimum bei 30 °C. Auf der Basis der durchgeführten Untersuchungen zum aeroben biologischen Abbau von PAK wird eine Maßstabsvergrößerung möglich.

Diese Arbeiten wurden gefördert durch die DFG im Rahmen des SFB 188, Reinigung kontaminierter Böden.
Die Membranmaterialien wurden im Rahmen einer Kooperation von der GKSS Forschungszentrum Geesthacht GmbH zur Verfügung gestellt.

Literatur

Debus, O., Krebs, H., Rubio, M.A., Wilderer, P.A. (1990): Der biologische Abbau flüchtiger Schadstoffe bei Einsatz eines Membranbegasungssystems zur Sauerstoffversorgung in einer Sickerwasserreinigungsanlage. Proc. TNO Kongress, Karlsruhe, 1257-1258

Häggblom, M.M., Nohynek, L. and Salkinoja-Salonen, M.S. (1988): Degradation and O-Methylation of Chlorinated Phenolic Compounds by Strain Rhodococcus and Mycobacterium. Appl. Environ. Microbiol. 54:3043-3052

Kniebusch, M.M., Wilderer, P.A., Behling, R.-D. (1990): Immobilization of Cells at Gas Permeable Membranes. In: Physiology of Immobilized Cells, J.A.M. de Bont, J. Visser, B. Mattiasson and J. Tramper, eds., Elsevier Sc. Publ., Amsterdam, 149-160

Kniebusch, M.M., Wilderer, P.A. (1990): Biologische Behandlung von Prozeßwässern aus der Bodenreinigung. In: Reinigung kontaminierter Böden, Stegmann, R., Franzius, V., eds., Economica, Köln, 117-128

Nowak, K., Brunner, G. (1991): Supercritical water for decontaminating soil Material. In: Proceedings of the 2nd International Symposium on Supercritical Fluids. 20.-22. Mai 1991, Boston, Massachusetts, 165-168

Peinemann, K.-V., Ohlrogge, K., Wind, J., Behling, R.-D. (1987): Polyetherimidmebrtanen für die Gastrennung, Jahresbericht 1987 der GKSS Forschungszentrum Geesthacht GmbH

Pitter, P. Chudoba, J. (1990): Biodegradability of organic substances in the aquatic environment. CRC Press, Boca Raton

Werther, J., Wilichowski, M. (1990): Mechanische Aufarbeitung und Wäsche kontaminierter Böden. In: Reinigung kontaminierter Böden, Stegmann, R., Franzius, V., eds., Economica, Köln, 95-116

Wilderer , P.A., Fruhen, M., Bock, E., Freitag, A., Characklis, W.G. (1990): Entwicklung und Eigenschaften von Biofilmen auf nicht-porösen gasdurchlässigen Kunststoffmembranen. BMFT-Bericht, AZ 02WA 8650/1

Wilderer, P.A., Märkl, H. (1989): Innovative Reactor Design to Treat Hazardous Wastes. In: Biotechnology Applications in Hazardous Waste Treatment, Lewandowski, G. et al., eds., Engineering Foundation, AIChE, New York, 241-260

Praktische Erfahrung auf dem Gebiet der naßmechanischen Bodenbehandlung

Dipl.-Ing. FRANK LORENZ

NORDAC GmbH & Co. KG, 2000 Hamburg 26, Oberwerder Damm 1 - 5

Einleitung

Die NORDAC wurde im Jahre 1990 gegründet mit der Zielsetzung, die erste planfestgestellte Bodenwaschanlage mit Sitz in Hamburg zu planen, zu bauen und letztendlich zu betreiben.

Aufbauend auf den Erfahrungen zweier mobiler Anlagen aus dem Gesellschafterkreis wurde in Hamburg erstmalig im Jahre 1991 eine stationäre Anlage aufgebaut, die durch ein neuformiertes Team, unabhängig von den mobilen Anlagen, eingefahren und im Rahmen des bislang zweijährigen Betriebes optimiert wurde.

Zweijähriger Betrieb heißt in Zahlen: über 100.000 Tonnen kontaminierte Materialien wurden aus mehr als 450 Einzelfällen erfolgreich aufbereitet. Im Mittel wurden dabei ca. 80 % des eingesetzten Materials vor der Deponierung bewahrt.
Anhand der eben dargestellten Zahlen soll im folgenden der Versuch einer ersten Bilanzierung unternommen werden, um daran den charakteristischen Betrieb einer stationären Anlage einmal aufzuzeigen.

Betrachtet man das Jahr 1991 als Rumpfgeschäftsjahr, d.h.,
- die Einweihung der Anlage erfolgte am 05. Februar 1991,
- die Einfahrphase begann im April 1991,
- der dreischichtige Normalbetrieb wurde am 01. Mai 1991 aufgenommen,

so kann man das Jahr 1992 als Regeljahr betrachten.
Dies nicht nur aus Sicht der Technik, d.h., Lernphase der Betriebsmannschaft,

Ausmerzen der unvermeidlichen Kinderkrankheiten trotz zweier vorheriger Anlagen, sondern auch zu einem wesentlichen Teil die Etablierung am Markt. Die Tatsache, daß wir die erste, mit Verlaub, vollwertige stationäre Bodenwaschanlage betreiben, hat auch zur Konsequenz, daß es erhebliche Anstrengungen in der Akquisition und in der Bewußtseinsbildung des Marktes erfordert, um klarzumachen, daß hier eine reale Alternative vorhanden ist.

Eine Alternative, die nicht nur politisch gewollt und letztendlich durch das gültige Abfallbeseitigungsgesetz präferiert wird sondern auch in preislicher, in genehmigungsrechtlicher und vor allen Dingen in zeitlicher Hinsicht eine interessante Lösung darstellt. Dabei sollte auch erwähnt werden, daß ein erheblicher Anteil unserer Kundschaft sich oftmals nur einmal im Leben mit dieser Problematik auseinandersetzt. Berücksichtigt man diese Rahmenbedingungen, stellt das Jahr 1992 mit 283 verschiedenen Einzelfällen und ca. 76.000 Tonnen Input-Material das erste Regeljahr dar (s. Tab. Anlage 1).

Diese Graphik verdeutlicht das typische Anforderungsprofil einer stationären Anlage die im Gegensatz zu den großen spektakulären Einzelfällen in der Vergangenheit durch mobile Anlagen bearbeitet worden sind. Diese sogenannten großen spektakulären Fälle, die sowohl durch die tatsächliche Tonnage hervorstechen als auch aufgrund Ihrer politischen Bedeutung in die Schlagzeilen geraten, haben häufig eine Anlaufzeit von mehreren Jahren und werden dann aufgrund ihrer Prestigeträchtigkeit häufig zu einem politischen Preis abgearbeitet.

Bei einer stationären Anlage haben wir es mit einem ganz anderen Anforderungsprofil zu tun. Deutlich wird das bei dem extremen Übergewicht in den sogenannten Kleinmengen bis zu 50 Tonnen. Die übrige Verteilung ist der Graphik entsprechend zu entnehmen. Anzumerken ist noch, daß die größte Einzelcharge ca. 15.500 Tonnen betrug.

Wenn man sich dann vor Augen führt, welcher Aufwand erforderlich ist, um diese vielen Kleinmengen qualifiziert zu behandeln, d.h.:

- qualifizierte Beurteilung des Einzelfalles;
- Erstellung eines Angebotes;
- genehmigungsrechtliche Abwicklung des Auftrages;
- separate Lagerung des Materials;
- in den häufigsten Fällen separate Behandlung, wobei anzumerken ist, daß eine Vermengung von Einzelchargen bis zu einer Größe von 50 Tonnen erlaubt ist, dies aber aufgrund vielfältiger negativer Erfahrungen sehr restriktiv gehandhabt wird;
- analytische Abwicklung, d.h. Eingangsanalyse, Ausgangsanalyse, Prozeßkontrolle, Reststoffüberwachung;
- Verbringung des aufbereiteten Materials nach Rücksprache mit den zuständigen Behörden;
- kaufmännische Abwicklung;
- und nicht zuletzt die sinnvolle und vollständige Verarbeitung der gesamten Informationen, um dem Anspruch einer planfestgestellten Anlage, d.h., einer "gläsernen Anlage" jederzeit gerecht zu werden.

Allein für den letzten Punkt wurden erhebliche Anstrengungen unternommen, um mit Hilfe von neuentworfenen EDV-Programmen der Datenflut Herr zu werden.
Das dies nicht aus dem Stand heraus reibungslos funktionierte ist sicherlich nachvollziehbar.

Neben der rein organisatorischen Abwicklung soll aber der daraus erwachsende hohe technische Anspruch nicht vernachlässigt werden. Berücksichtigt man bei der Anzahl der verschiedenen Chargen dabei die Tatsache, daß wir bis zum heutigen Tage nahezu das gesamte Periodensystem behandelt haben und dabei neben dem eigentlichen Erdboden auch heute Materialien wie z.B.

- Bauschutt,
- Eisenbahnschotter,
- Strahlmittel,
- Sandfänge,
- Kesselausbruch,

- Schlacken,
- Geschoßfangsande
- und Baggergut

aufbereitet haben, so wird die Größe des Entwicklungsschrittes deutlich, die wir in den vergangenen zwei Jahren von der ursprünglichen mobilen Anlage zur Behandlung einiger weniger sogenannter spektakulärer Fälle zum normalen Betrieb einer stationären Anlage für die "normale" Kleinmenge vollzogen haben.

Die Vielfalt der verschiedenen behandelten Stoffe und der daraus erforderlichen Flexibilität der Anlage soll an einigen Beispielen wie folgt erläutert werden:

In erster Linie ist die chemische Seite zu berücksichtigen, d.h.:

- gasförmige Schadstoffe, die über den Luftpfad in der Aktivkohlestufe adsorbiert werden und dort über Regeneration als Lösemittel einer thermischen Entsorgung zugeführt werden;
- feste Partikel, die als sogenanntes Leichtgut (Kohle, Schlacke, Holz, Papier, Plastik (Partikelgröße 0 - 50 mm) über Sortieraggregate aus dem behandelten Gut separiert werden und einer entsprechenden Deponierung zugeführt werden;
- flüssige Schadstoffe, die über eine zweistufige Wasseraufbereitung, nämlich einer Prozeßwasseraufbereitung (ca. 170 m^3/h) und einer anschließenden Abwasseraufbereitung (ca. 15 m^3/h) in die diversen Verfahrensschritte separiert bzw. aufkonzentriert und zugelassenen Entsorgungswegen zugeführt werden.

Neben dieser nur grob skizzierten Vielfalt in den chemischen Parametern spielt die natürliche Vielfalt bei den behandelten mineralischen Stoffen, das sollte an dieser Stelle noch einmal deutlich gesagt werden - die NORDAC ist heute weit mehr als eine Bodenwaschanlage - eine wesentliche Rolle für die jeweilige Einstellung der Aufbereitungsanlage.

Hierbei sind u.a. zu nennen:

- Der **Kornaufbau**, dies geht vom normal abgestuften sogenannten gewachsenen

Boden mit all seinen Besonderheiten, geht über den gebrochenen Bauschutt, der i.d.R. neben den mineralischen "künstlichen" Baustoffen diverse Fremdbeimengungen beinhaltet, weiter zum Eisenbahnschotter mit einer spezifischen unnatürlichen Kornabstufung und einer extremen Härte des Materials über die Strahlmittelrückstände, die ein schmales Kornspektrum auszeichnet bis hin zu Sandfängen, Fluß- und Teichsedimenten bzw. stark bindige Böden wie Lehm und Ton mit extrem hohem Feinstkornanteil.

Das **spezifische Gewicht** der einzelnen Materialien schwankt in einer Bandbreite zwischen ca. 1 - 7 t/m³. Ein Beispiel für das spezifische Gewicht 1 t/m³ sind z.B. Blähtone als Teilfraktionen von Bauschutt, Laub bzw. Humospartikel;

Ein Beispiel für das andere Extrem von ca. 7 t/m³ sind die bereits erwähnten Anteile der Strahlmittelrückstände wie z.B. Kupferschlacke. Zwischen den hier erwähnten Extremen gibt es eine beliebige Auflistung von Zwischenstufen, die belegen, daß neben dem eigentlichen Boden mit einem theoretischen spezifischen Gewicht von 2,6 t/m³ im Tagesgeschäft einer stationären Anlage eine sehr hohe Bandbreite an unterschiedlichen Stoffen behandelt werden. Da ein wesentlicher Bestandteil einer Bodenwaschanlage in der Klassierung besteht bzw. aus mechanischen und hydraulischen Fördersystemen, wird anhand dieser Auflistung deutlich, daß die Anforderung an den Aufbereiter ständig steigen.

\- Nicht zuletzt der bereits mehrfach erwähnte **Fremdstoffanteil** in den "normalen" Altlasten, durch deren Existenz man ohne Übertreibung Böden aus alten Industriestandorten etwas salopp als Wundertüte bezeichnen kann, lassen nicht nur das Herz eines jeden Sammlers höher schlagen, sondern tragen auch erheblich dazu bei, die moderne Aufbereitung von belasteten Materialien zu erschweren. Dabei sollte an dieser Stelle noch einmal deutlich gemacht werden, daß hier nicht die Fremdstoffe gemeint sind, die sofort augenfällig sind wie z.B. Autoreifen, Fahrräder, Schreibmaschinen oder Holzbalken sondern vielmehr die kleinen Partikel innerhalb der zu behandelnden Kornfraktion von 0 - 50 mm, die nur durch spezielle Aggregate über gezielte Sortierprozesse aus dem wiederzugewinnenden Gut separiert werden können. Anhand der in wenigen Worten aufskizzierten umfangreichen Einflußfaktoren auf das zu behandelnde Gemisch kann man ohne Übertreibung davon sprechen, daß die Wahrscheinlichkeit, daß man zweimal dasselbe Material (vorausgesetzt es kommt nicht von dem gleichen Objekt) behandelt, so gering ist wie das Auftreten der selben Lottozahlen.

Geht man nun davon aus, daß die natürliche Vielfalt der mineralischen Stoffe, die um ein Vielfaches durch den Menschen noch erhöht worden sind, Realität sind, so ist es nicht mehr als logisch, daß die Gutachten, die man im Vorwege zu Beurteilung eines jeden Schadensfalls bekommt, nur ein mehr oder weniger qualifizierter Versuch einer Annäherung an die Problemvielfalt sein können.
An dieser Stelle sei ganz deutlich darauf hingewiesen, daß hiermit nicht ein ganzer Berufsstand in irgendeiner Form in Mißkredit gebracht werden soll.
In diesem Vortrag soll lediglich aus der Erfahrung von zwei Jahren regulärem Betrieb einmal in kurzen Worten aufgezeigt werden, daß durch die übliche Praxis der "repräsentativen" Probennahme keine genauere Abschätzung möglich ist. Es soll auch an dieser Stelle ganz klar gesagt werden, daß wir kein Patentrezept haben, um diese "übliche Praxis" in ihrer Trefferquote zu erhöhen, sondern vielmehr deutlich gemacht werden, daß eine Fehleinschätzung sowohl in der Vielfalt an Parametern als auch in deren jeweiligen Höhe völlig unvermeidbar ist. Um dieses mal anhand einiger Beispiele klarzumachen, werden in der anliegenden Tabelle die Fälle aufgezeigt, die z. T. durch extreme Überschreitungen aufgefallen sind und Anlaß zu einem Beanstandungsprotokoll gem. der TA-Abfall geführt haben (s. Tab. Anlage 2).

Dies sieht i.d.R. wie folgt aus:

Aufgrund des vorhandenen Gutachtens über den jeweiligen Schadensfall werden die zu erwartenden Höchstparameter in den Entsorgungs- und Verwertungsnachweis eingetragen und mittels Unterschrift durch den Eigentümer vor dem Gesetzgeber bescheinigt. Dies wird sowohl durch uns als auch in erster Linie durch unsere Überwachungsbehörde anhand der uns bekannten Unterlagen und der sogenannten historischen Recherche auf Plausibilität überprüft. Dabei sei angemerkt, daß dies sicherlich nur in sehr begrenztem Umfang möglich ist. Der Boden wird anschließend nach erteilter Genehmigung und beauftragter Entsorgung bei uns im Zwischenlager im Eingangsbereich einer Gegenanalyse unterzogen.
Dies geschieht anhand der deklarierten Parameter und wenn es zu organoleptischen

Auffälligkeiten kommt, auch auf weitere vermutete Parameter. Dabei muß man natürlich auch erwähnen, daß häufig aufgrund der speziellen Gegebenheit am jeweiligen Aushubstandort die Probennahme durch vorhandene Überbauung bzw. Versiegelung von Flächen im Stadium der Vorerkundung wesentlich ungünstiger ist als die Situation bei uns im Zwischenlager, wenn nämlich bereits ein Großteil ausgehoben worden ist, dieser Teil transportiert wurde, in unserem Zwischenlager abgekippt und die Tageslieferung von z.T. 500 - 1.000 Tonnen mittels Radlader aufgehaldet oder sogar mechanisch vorabgesiebt ist. In dieser zumindest groben Vorhomogenisierung des Materials ist die Wahrscheinlichkeit einer repräsentativen Beprobung naturgemäß wesentlich höher.

Zu diesem Zeitpunkt ist aber bereits die Entsorgung genehmigt, d.h., die jeweilige Entsorgungsanlage für diese Kontamination als geeignet befunden, und das bezieht sich nicht nur auf die eigentliche Behandlungsanlage sondern auch auf die Rahmenbedingungen, wie z.B. Abdichtungssysteme gegenüber dem Untergrund, den möglichen bzw. vorhandenen Maßnahmen hinsichtlich des Arbeitsschutzes, des Emissionsschutzes und nicht zuletzt die jeweilige Möglichkeit, die zu erwartenden Reststoffe jeweils rechtlich einwandfrei zu entsorgen. Und geht man davon aus, daß selbst bei der Eingangsbeprobung im Zwischenlager keine absolute Sicherheit hinsichtlich der exakten Identifikation des Materials gegeben ist, so muß an dieser Stelle deutlich gesagt werden, daß wenn nicht schon bei der eigentlichen Behandlung die tatsächlichen Inhaltsstoffe offenkundig werden, so doch auf jeden Fall bei der turnusmäßigen Analytik der jeweiligen Reststoffe auf den Annahmekatalog einer entsprechenden Deponie. Damit sollte deutlich werden, daß natürlich eine absolute Sicherheit nie zu erreichen ist, aber es auf der anderen Seite heute grob fahrlässig ist, wenn man im Vorwege aufgrund der begrenzten Information im Stadium der Vorerkundung Böden zur Behandlung in Anlagen genehmigt, die nicht über entsprechende Grundausstattungen nach dem Stand der Technik verfügen.

Das gilt für alle aufgezeigten wesentlichen Merkmale, wie z.B. Abdichtungssysteme in Zwischenlägern, die nur für spezielle Parameter zugelassen sind, Aufbereitungsanlagen, die nicht über eine entsprechende Abluftbehandlung bei den emissions- und arbeitsschutzrechtlich relevanten Aggregaten ihren entsprechenden Dekontaminierungsbeitrag leisten als auch bei der Vielfalt an Aufbereitungsschritten sowohl in der Mechanik als vor allen Dingen auch in der Abwasseraufbereitung so umfangreich ausgestaltet ist, um

mit einer hinreichenden Sicherheit auf die jeweilige "Überraschung" qualifiziert reagieren zu können.
Natürlich ist eine absolute Sicherheit nach dem heutigen Wissensstand nicht zu erzielen, jedoch sollte der jeweilige Stand der Technik als Mindestausstattung gefordert werden.

Auch die NORDAC-Anlage ist selbstverständlich nicht das Maß aller Dinge, aber wir bemühen uns permanent, aus den im Tagesgeschäft gewonnenen Erfahrungen unsere Lehren zu ziehen und unsere Anlage entsprechend zu optimieren.

Tab. 1

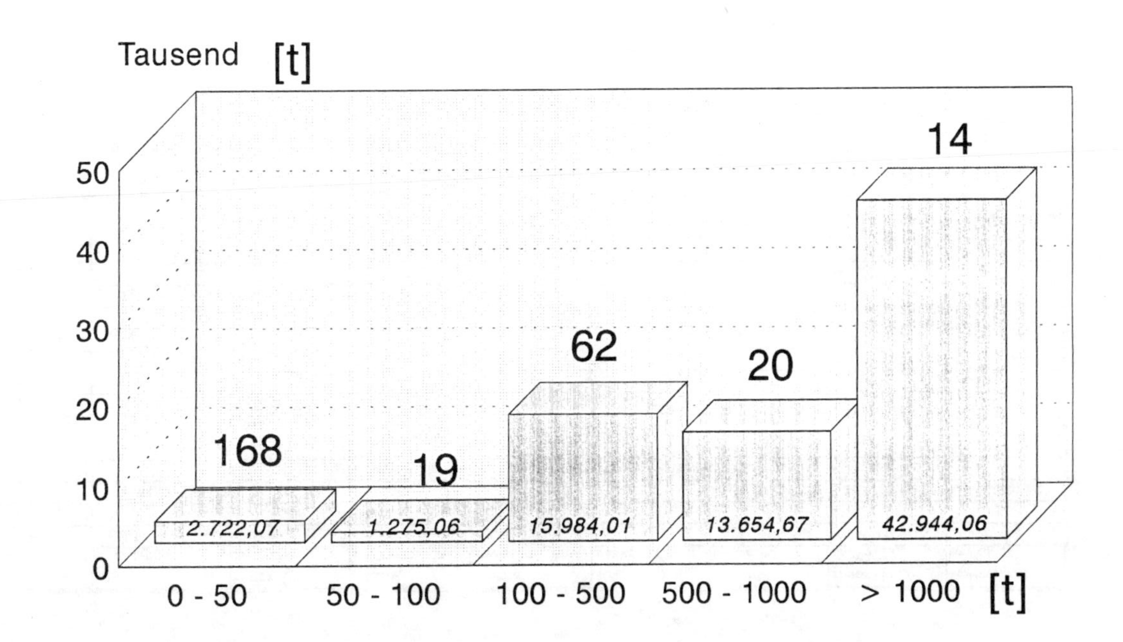

Gesamtzahl Projekte 283
Gesamttonnage 76.579,87 t

Aufteilung nach Chargengröße in 1992

Tab. 2

Auf.-Nr.:	Menge lt. Dekl.	Übersch. menge (t)	%	IR-KW mg/kg TS		EOX mg Cl/kg TS		LCKW mg/kg TS		BTEX mg/kg TS		PCB (DIN) mg/kg TS		PAK (EPA) mg/kg TS		Phenolindex mg/kg TS		PE-Extrakt mg/kg TS	
				Dekl.	Eing.	Dekl.	Eing.	Dekl.	Eing.	Dekl.	Eing.	Dekl.	Eing.	Dekl.	Eing.	Dekl.	Eing.	Dekl.	Eing.
A 90/130	513,62	220,78	43	-	-	-	90,8	-	-	-	-	-	-	-	-	-	-	-	-
A 91/239	43,08	11,44	27	9235	27191	1,8	4,9	-	-	-	-	-	-	-	-	-	-	-	-
A 91/144	260,90	83,34	32	-	-	20,0	66,0	-	15,2	-	643	-	-	-	-	-	-	-	-
A 92/046	213,82	213,82	100	40000	43745	20,0	52,4	-	-	50	161,2	-	-	-	-	-	-	-	-
A 91/353	178,88	178,88	100	-	-	20,0	107,0	-	-	-	-	-	-	-	-	-	-	-	-
A 91/437	23,06	23,06	100	10700	12004	-	-	-	-	-	-	4,14	5,83	-	-	-	-	-	-
A 91/341	163,00	163,00	100	-	-	-	-	-	-	-	-	-	18,90	-	-	-	-	-	-
A 91/223	1.281,18	1.281,18	100	330	2933	1,0	61,0	-	-	-	-	-	11,60	-	-	-	-	-	-
A 92/129	5.200,00	450,00	9	5000	5700	-	-	1000	1409	500	592	8,00	9,70	-	-	-	-	-	-
A 92/521	668,02	668,02	100	874	7310	1,5	11,8	-	-	-	260	-	-	-	-	-	-	-	-
A 91/212	15,86	15,86	100	2898	13467	66,4	164,3	-	-	-	-	-	49,50	-	-	-	-	-	-
A 91/238	75,12	75,12	100	-	-	-	-	-	-	-	-	-	-	2103	34866	-	35	-	-
A 92/166	111,28	111,28	100	213	2965	0,1	20,5	-	-	-	-	0,07	0,54	-	-	-	-	-	-
A 92/510	34,00	6,46	19	-	-	-	-	-	-	-	-	-	-	-	1176	-	-	4630	5800
14	8.781,82	3.502,24	40	8		9		2		4		6		2		1		1	

Festgestellte Abweichungen gegenüber der Deklarationsanalytik - '92

GRUNDLAGEN DER ERFASSUNG, BEWERTUNG UND SANIERUNG SCHWERMETALLBELASTETER STANDORTE

Wolfgang Calmano und Ulrich Förstner
Technische Universität Hamburg-Harburg
Eissendorfer Str. 40 2100 Hamburg 90

1. EINLEITUNG

Die Altlastenproblematik ist seit Anfang der 80er Jahre aufgrund spektakulärer Schadensfälle und des sich mittlerweilen abzeichnenden Umfangs zu einem der bedeutendsten umweltpolitischen Thema in den Industriestaaten geworden. In der Bundesrepublik Deutschland sind nach Angaben des Umweltbundesamtes etwa 150.000 Altlasten erfaßt, davon ca. 52.000 in den neuen Ländern (v. Lersner, 1992). Alleine in Hamburg ist die Zahl dieser Verdachtsflächen inzwischen auf ca. 2.000 (davon 140 sanierungsbedürftig) angewachsen.

Bei der Problematik schwermetallbelasteter Böden unterscheidet man zum einen die eher großräumigen Kontaminationen von landwirtschaftlichen Nutzflächen durch Einträge aus atmosphärischen Niederschlägen, Düngemitteln, Klärschlämmen usw. und zum anderen die lokalen Anreicherungen in Form von Altlasten oder Altstandorten, bei denen im allgemeinen die Gefährdung des Grundwassers im Vordergrund steht (Anonym, 1990). Mit diesen letztgenannten, häufig "hochbelasteten Böden" befaßt sich der vorliegende Beitrag.

Bei den technischen Maßnahmen im Bereich der schwach- bis mittelkontaminierten Böden liegt der Schwerpunkt auf Anstrengungen zur Verringerung der Schadstoffeinträge und bei Verfahren zur Verminderung des Schadstofftransfers vom Boden in Nutzpflanzen. Eine Abgrenzung zu den hochkontaminierten Böden aufgrund definierter Schadstoffkonzentrationen gibt es bislang nicht. Behandlungs- bzw. Sanierungstechniken von hochkontaminierten Böden lassen sich nur bedingt auf eine "Reinigung" normaler, d.h. schwach- bis mittelkontaminierter, Böden übertragen. Dieser Einsicht entsprechend stehen bislang Bestandsaufnahmen über die ökologische Bedeutung von Schadstoffeinträgen sowie deren Übergang in terrestrische Nahrungsketten im Vordergrund. Es wird immer deutlicher erkennbar, daß für eine "Sanierung" derartiger Bereiche nur ein Bodenaustausch bzw. eine Vermischung mit unbelastetem Oberboden in Frage kommt.

Schwermetalleinträge, die eine Bodensanierung notwendig machen, stammen in der Regel aus industriellen und gewerblichen Anlagen. Unter diesen sind vor allem metallverarbeitende Betriebe zu nennen. Härtesalze und Galvanikabfälle sowie staubförmige Abluftemissionen sind charakteristische Begleitkontaminanten dieser Produktionszweige (Selenka, 1986). Bei der Behandlung dieser Kontaminationen liegt es nahe, auf die Erfahrungen zurückzugreifen, die bei der industriellen Abfallbehandlung gewonnen wurden (z.B. Tucker & Carson, 1985; Hartinger, 1991).

Die Sanierung schwermetallbelasteter Standorte steckt noch in den Anfängen. Je nach Art und Ausmaß der Kontamination müssen Behandlungsmethoden neu entwickelt und der jeweiligen Situation angepaßt werden. Voraussetzung für die Entwicklung wirksamer Verfahren sind - neben der Untersuchung der Verteilung der Schadstoffe auf unterschiedliche Korngrößen und der partikulären Bindungsformen der Metalle - umfassende Kenntnisse der chemischen Reaktionsmechanismen und Wechselwirkungen von Schwermetallen in Böden sowie der ökologischen Zusammenhänge. Ohne diese Grundlagen sind Verbesserungen bereits existierender Verfahren und die Entwicklung neuer Methoden nicht möglich.

2. GRUNDWASSERVERSCHMUTZUNG DURCH SCHWERMETALL-BELASTETE BÖDEN

Bei der Sanierung schwermetallbelasteter Standorte hat der Schutz des Grundwassers höchste Priorität. Die Bibliothek des U.S. Kongresses hat Anfang der 80er Jahre eine Übersicht über die Verluste an Grundwasserbrunnen über einen 30-jährigen Zeitraum gegeben (Anonym, 1980). In etwa der Hälfte der Beispiele führten überhöhte Gehalte an organischen Chemikalien, vorrangig Trichlorethen, zur Aufgabe von Brunnen. Auch die Einträge von Pestiziden waren eine wichtige Ursache für solche Verluste. Von den etwa 1400 Fällen von Brunnenschließungen sind etwa 40% auf erhöhte Konzentrationen an Metallen zurückzuführen, wie die nachfolgende Zusammenstellung zeigt.

Bei einer ersten Bestandsaufnahme von Bodenverschmutzungen in den Niederlanden (De Kreuk, 1986) wurden in 120 Fällen die Einträge von Lösungsmitteln als die Hauptursache angesehen, in 150 Beispielen Öl und Ölprodukte, in 70 Fällen, vor allem bei Gaswerken, aromatische Kohlenwasserstoffe sowie Teersubstanzen und in 40 Standorten Biozide, meist von Hexachlorcyclohexan abgeleitet. In etwa 200 Fällen waren stark erhöhte Schwermetallkonzentrationen für eine Einstufung als "kontaminierter Boden" verantwortlich.

Verlust von Grundwasserbrunnen in 30 Jahren
(U.S. Library of Congress; Anonym, 1980)

Metallverschmutzung	619	Brunnen
Organische Chemikalien	242	"
(davon Trichlorethen 170Br.)		
Pestizideinträge	201	"
Industrieflächen	185	"
Hausmülldeponien	64	"
Chloride und Nitrate	26/23	"

Langjährige Erfahrungen zur Metallproblematik gibt es von den U.S.-amerikanischen Superfund Sites (National Priority Sites) (Wilmoth et al. 1991). Die Liste der amerikanischen Umweltbehörde EPA umfaßt gegenwärtig nahezu 1.000 Standorte mit eindeutigem Gefahrenpotential. Ungefähr 40% der Standorte weisen Metallprobleme auf. In den meisten Fällen sind diese Metallanreicherungen mit dem Auftreten organischer Schadstoffe verknüpft, aber eine größere Zahl ist nur mit Metallen kontaminiert. Die meisten dieser Standorte enthalten zwei und mehr kritische Metalle; nur in 30% dieser Fälle basiert die Einstufung als "Priority Site" auf einem einzigen Metall. Obwohl viele der NPL-Standorte lediglich ein Schwermetallproblem nennen, werden häufig die Metalle spezifiziert. Die am häufigsten zitierten Metalle sind Blei, Chrom, Arsen und Cadmium, die jeweils in mehr als 50 Standorten als Problemstoffe genannt wurden. Kupfer, Zink, Quecksilber und Nickel wurden in mehr als 20 Standorten als Problemelemente bezeichnet.

Nur wenige Industrien bzw. Tätigkeiten sind für die Mehrzahl der NPL-Standorte mit Metallproblemen verantwortlich. Dies sind vor allem Galvanikbetriebe, Chemiefirmen, Bergbau und Verhüttung, Recyclingbetriebe für Batterien, Holzbehandlung, Aufbereitung von Öl und Lösungsmitteln, sowie die Aufbereitung von Kernbrennstoffen. Kommunale Abfalldeponien sind in mehr als 40% der Fälle als metallhaltige Altlasten eingestuft werden. Der Grund ist darin zu suchen, daß auf diese Deponien zumindest in der Vergangenheit häufig Chemieabfälle abgelagert wurden.

Insgesamt dürften vor allem die älteren Müllkippen, von denen es allein im Bereich der alten Bundesländer etwa 50.000 gibt, eine wesentliche Quelle für Metalle im Grundwasser darstellen. Das Institut für Wasser-, Boden- und Lufthygiene des Bundesgesundheitsamtes hat umfangreiche Untersuchungen über den Schadstoffaustrag aus Deponien durchgeführt (Arneth et al. 1989). Bei den Konzentrationsfaktoren für anorganische Komponenten, die den Quotienten aus den gemittelten Meßwerten in Grundwässern un-

Metallprobleme in "Superfund"-Standorten (National Priorities List der U.S. EPA, 1986)	
154 Siedlungsabfalldeponien	As, Pb, Cr, Cd, Ba, Zn, Mn, Ni
43 Metallbehandlung/Galvanik	Cr, Pb, Ni, Zn, Cu, Cd, Fe, As
35 Chemie/Pharmazie	Pb, Cr, Cd, Hg, As, Cu
28 Erzgewinnung/-aufbereitung	Pb, As, Cr, Cd, Cu, Zn, Fe, Ag
21 Batterie-Wiederverwertung	Pb, Cd, Ni, Cu, Zn
16 Öl-/Lösemittelaufarbeitung	Pb, Zn, Cr, As

terhalb und oberhalb der 33 untersuchten Deponien beschreiben, sind Bor und Ammonium mit F = > 60 besonders hoch angereichert. Arsen, das wie Bor ein Hinweis auf den hohen Anteil an Hausbrandaschen in den Abfällen der fünfziger und sechziger Jahre sein könnte, ist im Grundwasser-Abstrom etwa 35 mal höher konzentriert als Zustrom zu den Deponien. Andere Metalle - Cadmium, Chrom, Blei als besonders kritische Beispiele - zeigen ebenfalls eine deutliche Zunahme mit Konzentrationsfaktoren zwischen 5 und 8.

In einer Modellstudie "Metaland" haben Baccini et al. (1992) u.a. die langfristigen Schwermetalleinträge aus Abfalldeponien nach dem Versagen der Basisabdichtungen - angenommen wurden 50 Jahre nach Anlage einer "Regeldeponie" - abgeschätzt. Aufgrund dieser Hochrechnung ist generell eine Zunahme der Gehalte von Cadmium und Zink im Grundwasser um jährlich 4 bis 5% zu erwarten. Obwohl dies im Vergleich zu einem etwa 50%igen Anstieg der gelösten Kohlenstoff- und Stickstoffgehalte zunächst relativ wenig erscheint, könnte es wegen der sehr langen Zeiträume für die Metallemissionen dennoch zu kritischen Situationen im Grundwasser kommen.

Neben solchen Prognosen, die auf der Annahme kontinuerlicher Entwicklungen basieren, richtet sich der Blick der Wissenschaft auf mögliche Ereignisse in der ferneren Zukunft, die aus einer Prozeßkette mit diskontinierlichen Reaktionen hervorgehen. Die chemischen Umsetzungen in einem zunächst als relativ harmlos eingeschätzten Abfallkörper, vor allem vermittelt durch den Abbau der reaktiven organischen Substanzen, können in eine Situation einmünden, bei der durch Sekundärreaktionen eine massive Freisetzung von Schadstoffen in das Grundwasser ausgelöst wird - eine "chemische Zeitbombe" wird gezündet (Stigliani, 1991). Nach den Erfahrungen mit der Freisetzung von Metallen bei der Oxidation von sulfidischen Schlämmen hatten wir den Verdacht geäußert, daß beim Eindringen von sauerstoffhaltigen Niederschlagswässern in einen post-methanogenen Deponiekörper ein Prozeß einsetzt, bei dem sich durch eine Abfolge von Auflösungs- und Fällungsreaktionen eine Front erhöhter Metallkonzentrationen langfristig auf das unterliegende Grundwasser hin bewegt (Förstner et al., 1989). Die experimentellen Untersuchungen von Peiffer (1989) zur Langzeitentwicklung von festen Abfallstoffen bestätigen die Möglichkeit solcher Freisetzungsprozesse von Metallen im post-methanogenen Stadium einer "Reaktordeponie".

3. BINDUNG, VERFÜGBARKEIT UND MOBILISIERUNG VON SCHWERMETALLEN

Die Herkunft bestimmt primär die physiko-chemische Form und damit auch die potentiellen biologisch und chemisch verursachten Veränderungen, denen die Metalle während des Transportes und der Ablagerung im Laufe der Zeit unterworfen werden. Die Mechanismen der Bindung von Schwermetallen in Böden unterscheiden sich nicht wesentlich von den Bindungsmechanismen bei aquatischen Feststoffen (Calmano, 1989). Der Unterschied zwischen den beiden Systemen liegt darin, daß Teile des Bodens nicht in ständigem Kontakt mit der Bodenlösung stehen, so daß sich teilweise temporäre Feststoff-/Lösungsgleichgewichte einstellen. Da Böden eine heterogene Zusammensetzung aus unterschiedlichen organischen und organomineralischen Substanzen, Tonmineralien, amorphen Eisen-, Aluminium- und Manganoxiden sowie anderen Feststoffkomponenten besitzen, gibt es eine Reihe von Bindungsmechanismen für Schwermetalle, die von der Zusammensetzung des Bodens, der Bodenreaktion und den Redoxverhältnissen abhängig sind. Die Abbildung 1 zeigt eine schematische Darstellung der Schwermetallreaktionen in Böden (Brümmer, 1986).

Der Boden-pH-Wert besitzt einen direkten Einfluß auf die Verfügbarkeit von Metallen, indem er ihre Löslichkeit und Komplexierungskapazität nachhaltig bestimmt. Je niedriger der pH-Wert, desto größer ist in der Regel die Mobilität. Eine Versauerung kann dann sogar schon zu Schadwirkungen durch erhöhte Schwermetallmobilität führen, wo die Bodenkonzentrationen noch im Bereich der natürlichen, geogenen Gehalte liegen. Abbildung 2 zeigt am Beispiel von Zink, wie die zulässige Gesamtkonzentration durch den Boden-pH-Wert als dominierenden Faktor beeinflußt wird. Nimmt man an, daß 1 mg Zink pro Liter in der Bodenlösung bereits zu Ertragsminderungen bei empfindlichen Gemüsesorten führen kann, so stünde bei einem Boden-pH-Wert von 7 diese Lösungskonzentration im Gleichgewicht mit 1.200 mg Zink/kg in der Feststoffphase; bei pH 6 wäre das Gleichgewicht bei ca. 100 mg/kg im Boden - d.h. im Bereich der natürlichen Zinkkonzentrationen - erreicht, und bei pH 5 könnte bereits ein durch anthropogenen Zinkeintrag völlig unbelasteter Boden zu nachteiligen Effekten über eine erhöhte Aufnahme von Zink in Nutzpflanzen führen. Da sich Cadmium chemisch sehr ähnlich ver-

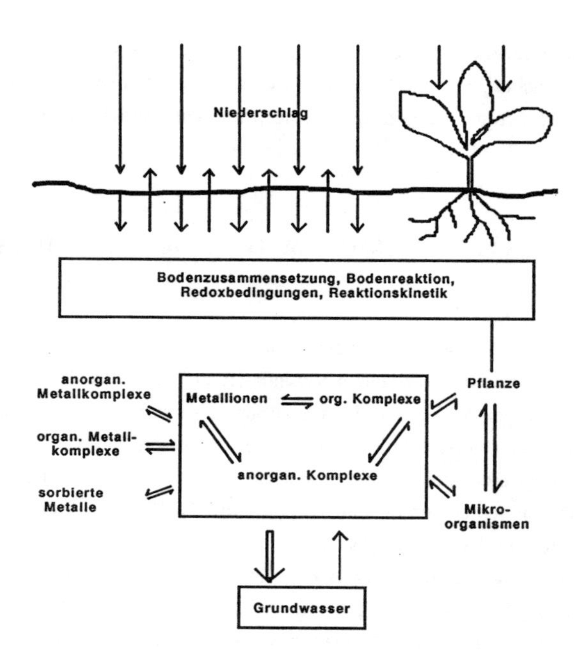

Abb. 1: Schematische Darstellung der Schwermetallreaktionen in Böden. Wechselwirkung zwischen festen Metallphasen (anorganische Metallverbindungen, organische Metallverbindungen (org. ML), sorbierte Metalle), gelöste Metallspezies (Ionen, organ. und anorgan. Komplexe), Metallaufnahme durch Pflanzen und Mikroorganismen und Metalltransfer von abgestorbenen Pflanzen und Mikroorganismen in die Bodenlösung (nach Brümmer, 1986)

hält, ist besonders bei diesem kritischen Schwermetall die Frage der Mobilität und Pflanzenverfügbarkeit zu stellen.

Im Hinblick auf die Mobilität von Spurenmetallen im Sickerwasser von Altstandorten und Altdeponien werden die folgenden Reaktionsmöglichkeiten genannt (Förstner, 1988; Peiffer, 1989; Wienberg & Förstner, 1990):

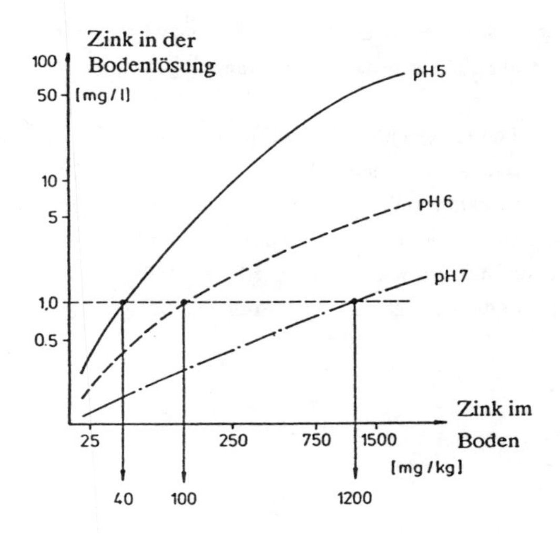

Abb. 2: Löslichkeit von Zink in Abhängigkeit vom Boden-pH-Wert und den Gesamtkonzentrationen im Feststoff (Herms & Brümmer, 1980)

- die Erhöhung der Löslichkeit durch organische Komplexbildner; Konkurrenz durch das hohe Angebot zweiwertiger Makrokationen (Ca^{2+}, Mg^{2+}, Fe^{2+}) wirkt jedoch der Komplexierung entgegen;
- die Erhöhung der Löslichkeit durch anorganische Komplexbildner;
- der Einfluß der Azidität, die vor allem bei der Hydrolyse komplexer organischer Substanz - Proteine, Fette, Kohlenhydrate - im Stadium der Deponieentwicklung ("azidogene Phase") entsteht;
- Adsorptions- und Desorptionsprozesse;
- Immobilisierung durch Fällungsreaktionen, insbesondere durch Sulfidfällung;
- Umwandlung von sulfidhaltigen Feststoffen durch langfristige oxidative Prozesse, vor allem in der Endphase der Entwicklung von Altdeponien.

Über die Wirkungen anorganischer und organischer Komplexbildner auf die Schwermetallmobilität liegen umfangreiche Erfahrungen aus der Wasser- und Bodenforschung vor (Salomons & Förstner, 1984; Scheffer & Schachtschabel, 1989), ebenso für die Adsorptionsprozesse an Gewässerfeststoffen (Stumm, 1987), so daß für diese Mechanismen nachfolgend nur noch eine Beschreibung ihrer Effekte unter den speziellen Randbedingungen in Altstandorte und -deponien erforderlich ist. Auch für die Fällungs- und Lösungsmechanismen von Sulfiden gibt es bereits Erkenntnisse, vor allem von in-situ Sedimenten (Förstner, 1989), Baggermaterialien (Calmano, 1989) und Minenabfällen

(Salomons & Förstner, 1988), die für die Interpretation von Freisetzungseffekten bei Metallen aus Böden von alten Industriestandorten herangezogen werden können.

In der Abbildung 3 sind die relativen Mobilitäten von Elementen bei verschiedenen pH- und Redoxbedingungen schematisch wiedergegeben (Förstner et al., 1989). Der Übergang von reduzierenden zu oxidierenden Bedingungen, der unter den Bedingungen von Altstandorten und -deponien meist mit einer Absenkung der pH-Werte verbunden ist, erhöht die Löslichkeit von Metallen wie Cadmium, Kupfer, Zink, Blei und Quecksilber. Auf der anderen Seite wird die Beweglichkeit von Eisen und Mangan verringert.

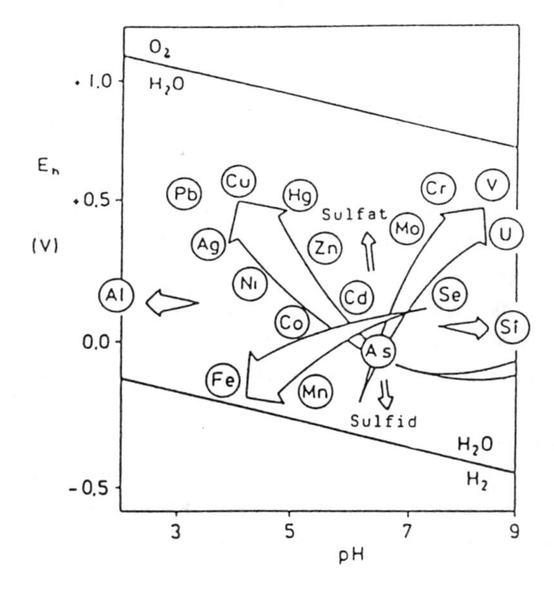

Abb. 3: Relative Mobilitäten von Elementen bei verschiedenen pH- und Redoxbedingungen (Förstner et al., 1989)

Dieses gegenläufige Verhalten wurde u.a. an Müllkomposten experimentell nachgewiesen (Herms & Brümmer, 1978), wobei für Cadmium bei pH 5 und E_h +500 mV Sickerwasserkonzentrationen bis 1 mg/L gemessen wurden, während Eisen die höchsten Lösungsgehalte (600 mg/L) im sauer reduzierenden Bereich zeigte. Unter alkalischen Bedingungen, wie sie z.B. bei der Ablagerung von bestimmten Verbrennungsaschen auftreten, ist eine Zunahme der Mobilität von anionischen Elementspezies zu erwarten (Förstner, 1986). Arsen wird schon bei geringen E_h-pH-Veränderungen mobilisiert und ist meist das erste Spurenelement, das im Verlauf der Deponieentwicklung im Sickerwasser angereichert ist (Blakey, 1984).

Die Sorptionskinetik gelöster Metallspezies an den einzelnen Feststoffkomponenten ist sehr unterschiedlich; u.a. wird auch eine langfristige Diffusion in das feste Substrat vermutet (Brümmer et al., 1988). Vor allem in Systemen, die organische Substanzen in höheren Konzentrationen enthalten, wird eine deutlich verringerte Reversibilität der Adsorption beobachtet (Lion et al., 1982). Diese komplexen Effekte können in Modellen nur schwer erfaßt werden; bereits in Systemen mit relativ niedrigen Partikelkonzentrationen, z.B. in Gewässern, können die Verteilungskoeffizienten von Spurenmetallen zwischen gelösten und festen Phasen um das 10- bis 1000-fache in beide Richtungen schwanken, und für viele terrestrische Systeme scheint eine Abschätzung der K_D-Faktoren von Metallen über Rechenmodelle derzeit unrealistisch zu sein (Honeyman & Santschi, 1988).

Die vorausgegangenen Ausführungen lassen erwarten, daß die Vorgänge der Metallbindung und -mobilisierung unter den realen Bedingungen eines Altstandortes sehr kompliziert sind. Neben den bislang eher spärlichen theoretischen und experimentellen Erkenntnissen gibt es eine Vielzahl von praktischen Erfahrungen über das Auftreten von erhöhten Metallkonzentrationen in Deponiesickerwässern (Ehrig, 1983; Förstner et al., 1990); dazu zählen u.a. Beobachtungen zur zeitlichen und räumlichen Ausbreitung von typischen pH- und Redoxzuständen in den Sickerlösungen (Nicholson et al., 1983; Tauchnitz et al., 1983; Christensen et al., 1987). Es wird dabei immer deutlicher erkennbar, daß einige Prozesse, bei denen es hypothetisch zur Freisetzung von erhöhten Metallkonzentrationen kommen kann, sehr langfristig angelegt sind.

4. GEOCHEMISCHE KONZEPTE FÜR SCHWERMETALLBELASTETE STANDORTE

Schwermetallkontaminationen im Boden stellen Langzeitprobleme dar, die nicht nur für die eigentliche "Sanierung", sondern bereits bei der Erfassung und Bewertung einen angemessenen, "geochemischen" Ingenieuransatz erforderlich machen (Förstner, 1992).

Drei Konzepte bilden die Grundlage der Sanierungsstrategien von schwermetallbelasteten Standorten:

(1) Das *Mobilitätskonzept* (Andreae et al., 1984) beschreibt die beschleunigenden und retardierenden Faktoren bei der Ausbreitung von Schwermetallen im Untergrund. Wirksam sind physikalische Prozesse wie die Sedimentation und Filtration (retardierend), biologische Mechanismen wie die Biomethylation (beschleunigend) und insbesondere chemische Prozesse wie Komplexierung, Adsorption/Desorption und Fällung/Auflösung. Bei der Abschätzung der Langzeiteffekte kommt den Fällungs- und Lösungsprozessen besondere Bedeutung zu, weil zum einen lösungsvermittelnde Einflüsse - z.B. die Oxidation von sulfidischen Schwermetallphasen - eine sprunghafte Steigerung der Freisetzungsraten bewirken können, weil aber auf der anderen Seite auch durch entsprechende Techniken langzeitstabile Phasen als geochemische Barrieren gegen potentielle Mobilisierungseffekte eingebaut werden können.

(2) Das Konzept der *kapazitätsbestimmenden Eigenschaften* (Stigliani, 1992) als Komponente des übergreifenden Konzepts der "*Chemischen Zeitbombe*" drückt einmal aus, daß die Aufnahmefähigkeit eines Feststoffs durch direkte Sättigung erschöpft werden kann, weist aber zum anderen vor allem auf die Möglichkeit hin, daß bestimmte Feststoffphasen, die als "Puffer" oder "Barrieren" wirken, durch äußere Einflüsse in ihrer Wirksamkeit reduziert werden können. Für viele Schwermetalle, die bei einer pH-Absenkung mobilisiert würden, ist insbesondere die Pufferkapazität von Carbonatmineralen eine wichtige Langzeitbarriere gegen eine großräumige Ausbreitung im Grundwasser. Eine Verstärkung der Barriere kann aber auch durch die Verringerung der Wasserdurchlässigkeit, z.B. mittels sekundärer Mineralbildungen in den Porenräumen, erzielt werden. Grundsätzlich ist die Stabilisierung eines Abfallkörpers im Mikrobereich einer großräumigen Abkapselung durch Dichtwände vorzuziehen (Wiles et al., 1988).

(3) Das "*Endlager*" (Anonym, 1986b; Baccini, 1989) war ein erster Ansatz für die Entwicklung und Überwachung von Hausmüll-Deponien auf konzeptioneller Basis, mit der Langzeitperspektive, daß keine weitere Behandlung von Emissionen in Luft und Wasser erforderlich sein sollte. Der "Erdkrusten-Charakter" (Boden, Gestein, Erz) der abzulagernden Stoffe wird nach diesem Konzept durch die Eliminierung reaktiver und reaktionsvermittelnder Komponenten, vor allem der organischen Substanzen, erreicht. Eine Erweiterung dieses Ansatzes, der eine Verbrennung als derzeit einzige praktikable Möglichkeit für die langfristig emissionssichere Konditionierung von häuslichen Abfällen voraussetzt, ist die Nachbehandlung der Reststoffe mit dem Ziel der Verwertung. Eine völlig andere Form eines "Endlagers" ist die bereits praktizierte Ablagerung von

Baggerschlämmen unter definierten geochemischen Bedingungen, z.B. in permanent anoxischen Senken, bei denen die Schwermetalle als nahezu unlösliche Sulfide eingebunden werden.

5. BEURTEILUNG DES GEFÄHRDUNGSPOTENTIALS

Bei der Beurteilung des Gefährdungspotentials durch Schwermetalle in kontaminierten Böden muß grundsätzlich zwischen dem Nutzpflanzen- und dem Grundwasserpfad unterschieden werden. Die Richt- und Grenzwerte für landwirtschaftlich genutzte Böden orientieren sich inzwischen verstärkt an der Pflanzenverfügbarkeit von Metallen. Beispiele sind die schweizerische Richtlinie für Schadstoffe in Böden (Anonym, 1986c), in der für einige Metalle die sogenannten "Richtwerte" auch als extrahierbare Anteile in 0.1 M Salpetersäure angegeben sind, und die novellierte Klärschlammverordnung (Anonym, 1992), die bei den Grenzwerten für Zink und Cadmium zwischen leichten und schwereren Böden differenziert.

Bei der Bewertung von schwermetallkontaminierten Altablagerungen und Industriestandorten - dieser Bereich wird hier behandelt - gilt als wichtigstes Auswahlkriterium bezüglich der Reihenfolge die Nachweishäufigkeit von Stoffen in kontaminiertem Grundwasser. Bei Altablagerungen sind wegen der Heterogenität der Zusammensetzung wesentlich mehr Untersuchungsergebnisse erforderlich als bei kontaminiertem Betriebsgeländen, für die manche Prioritätenkontaminanten bereits aus dem Produktionsverlauf abzuleiten sind (Kerndorff et al., 1988).

An dieser Stelle soll auf die spezifische Problematik von Grenz- und Richtwerten für *Schwermetallen* in kontaminierten Böden hingewiesen werden. Kerndorff et al. (1988) stellen fest: "Selbst wenn es Grenz-/Richtwerte analog zur TrinkwV/EG-Richtlinie gäbe - die streng genommen nur auf Trinkwasser am Abgabeort anwendbar sind - müßten die speziellen Bedingungen vor Ort der Kontamination bzw. ihre realen und potentiellen Verlagerungsmöglichkeiten bis in den Bereich der Nutzungssituation zusätzlich berücksichtigt werden. Komplizierend können noch mögliche zeitliche und örtliche Wechsel in den vielfältigen Nutzungsmöglichkeiten hinzukommen. Hieraus folgt, daß es nicht sinnvoll erscheint, allgemein gültige Grenz-/Richtwerte für jede gefundene Kontaminante zu erarbeiten, da sie nur in den wenigsten Fällen zur Beurteilung spezieller Beeinträchtigungen von Nutzungssituationen an allen Orten im Abstrombereich geeignet sind".

Gerade an metallbelasteten Industriestandorten kommt es jedoch relativ häufig vor, daß nur wenige Metallkontaminanten, z.B. Blei, Antimon, Arsen, Quecksilber oder Chrom, auftreten. Hier kann es durchaus sinnvoll sein, das Erreichen eines Sanierungsziels von der Einhaltung von definierten Grenzwerten abhängig zu machen. Als Lösungsweg erscheint uns nach wie vor die weiter unten angeführte Vorgehensweise am geeignetsten, bei der über eine "Pool"-Betrachtung (aus sequentieller Laugung) und Berücksichtigung des Zeitfaktors auf die vorhandenen Wassergrenzwerte (Deponieklassenwerte basierend auf der Trinkwasserverordnung) Bezug genommen wird. Das wäre dann eine kompromißfähige Kombination des Einzelgutachtens mit einer standardisierten Bewertungskomponente, wie sie vom Sachverständigenrat in Kap. 3.3.2 Bewertungsfahren, Absätze 397, 398 und 399 beschrieben wird (Anonym, 1990).

Anhand eines formalisierten Bewertungs- und Einstufungsverfahrens werden Prioritäten für bekanntermaßen aufwendige Einzelstandorte gesetzt. Ein strikter Ansatz zur Bewertung metallkontaminierter Standorte müßte folgende Komponenten enthalten (Anonym, 1988b; Barkowski et al., 1987):

- Abschätzung des Schwermetallgehalte der Verdachtsfläche;
- Einschätzung auch des chemischen Umfeldes bei der Untersuchung zur Gefährdungsabschätzung;
- Ausbreitungsmöglichkeiten für die einzelnen Metalle in den Umweltmedien und quantitative Erfassung der Emissionspfade;
- Abschätzung des Verhaltens der jeweiligen Metallspezies und der sich daraus ergebenden Gefährdungsmöglichkeiten für den konkreten Fall und durch die jeweiligen Metalle bzw. deren Konzentrationen und Feststoffbindungsformen;
- Einschätzung der standörtlichen Gegebenheiten und Nutzungen sowie der daraus sich ergebende Gefährdungsmöglichkeiten für den Einzelfall.

Für die Prioritätensetzung ist die Anwendung einer gestuften chemischen Analytik vorteilhaft, bei der zunächst anhand weniger Parameter geprüft wird, ob überhaupt eine Beeinflussung von Wasser, Boden oder Luft vorliegt, und die bei positivem Befund in weiteren Schritten die Art der Kontamination genauer feststellt.

Neben chemischen Analysen im unmittelbaren Bereich der Verdachtsfläche und in den umgebenden Umweltmedien sind für die detaillierte Standortuntersuchung insbesondere geophysikalische und geologische Erkundungen erforderlich. Solche Untersuchungen geben Aussagen über die Emissionswege von Schwermetallen im Untergrund der Verdachtsfläche und den Aufbau des Standortumfeldes. Von besonderem Interesse sind In-

Methoden der geologischen Standortuntersuchung

(Eggers et al., 1989)

Auswertung von Archivmaterial für die Barriere Untergrund:

(Geologische Karten und Literatur, Schichtenverzeichnisse älterer Bohrungen, Unterlagen zur wasserwirtschaftlichen Situation, Luftbildaufnahmen)

Geländearbeiten:

- Detailkartierung
- Aufnahme geologischer Profile
- Bohrungen (Erfassung geologischer Parameter wie "altersmäßige Einstufung", "Gesteinsbildung und Mächtigkeit", "Untergrundstruktur, z.B. Klüfte und Störungen")
- Bau von Grundwasserbeobachtungsbrunnen ("Grundwasserstand", "Fließrichtung und -geschwindigkeit", "Proben für Analysen")
- Pumpversuche (Bestimmung der Durchlässigkeit - k_f-Werte)
- Geophysikalische Feldmethoden ("Geomagnetik", "Gravimetrie", "seismische Methoden", "geoelektrische Verfahren")
- Bohrlochgeophysik

Laborarbeiten:

- Korngrößenanalyse (Sand-/Silt-/Tonanteile, auch für eine evtl. notwendige bautechnische Barriere in der Sanierungsphase)
- Röntgenanalyse (Tonmineralbestimmung, besonders im Hinblick auf quellfähige Anteile)
- Dünnschliffanalyse (Gefüge, Struktur, Porosität, Hohlräume, Risse, Klüfte, diagenetische Veränderungen, Mineralbestand)
- REM-Aufnahmen (Gefüge, Struktur, Porosität)
- Mikropaläontologie (Hinweise auf Wasserwegsamkeiten, Anlösungserscheinungen an Mikrofossilien)
- Geochemische Parameter ("Carbonatgehalt", "organische Substanz", "Austauschkapazität", "Pufferkapazität", "pH-Wert")
- Gefügeparameter ("Wassergehalt", "Wasseraufnahmefähigkeit", "Plastizität (DIN 18196)", "Permeabilität", "Porosität")
- Hydrochemische Parameter des Grundwassers, z.T. in-situ-Ermittlungen von:
  - pH-Wert
  - Redoxpotential
  - Sauerstoffgehalt
  - Säure- und Basenkapazität
  - CO_2-Bestimmung
  - Schwermetalle und andere Kationen
  - Mikrobiologie zur Erfassung des mikrobiell gesteuerten Stoffumsatzes
  - Prüfung der Möglichkeiten der Grundwasseraufbereitung in der Sanierungsphase

Kontrollmaßnahmen: (kontinuierliche Beprobung und Messung)

formationen über die hydrogeologischen Parameter "Durchlässigkeit", "Grundwasserfließrichtung" und "Grundwasserfließgeschwindigkeit" (Barkowski et al., 1987). In der Auflistung sind die Arbeitsmethoden zur geologischen Standortbewertung zusammengestellt (Eggers et al., 1989). Dabei ist festzuhalten, daß der Einsatz unterschiedlicher Verfahren in Form einer Methodenkombination die Sicherheit der Untersuchungsergebnisse erhöht.

Die Daten, die mit Hilfe dieser geologischen und hydrogeologischen Methoden gewonnen wurden, sind Grundlagen für die Aufstellung von *Handlungswerten*, nach denen entschieden wird, ob ein schwermetallkontaminierter Standort als gefährdend und damit sanierungsbedürftig oder als "nur" potentiell gefährdend und damit zunächst überwachungsbedürftig einzustufen ist oder als "langfristig ungefährlich" eingestuft werden kann. Für diese Erfassung und Erstbewertung hat sich auch in Deutschland die sogenannte niederländischen Liste für die Bewertung von Bodenkontaminationen durchge-

A = Referenzkategorie; **B** = nähere Untersuchung; **C** = Sanierung

	Boden [mg/kg TS]			Grundwasser [µg/l]		
	A	B	C	A	B	C
Metalle						
Arsen	15+0.4(L+H)	30	50	10	30	100
Barium	200	400	2000	50	100	500
Blei	50+L+H	150	600	15	50	200
Cadmium	0.4+0.07(L+3H)	5	20	1.5	2.5	10
Chrom	50+2L	250	800	1	50	200
Kobalt	20	50	300	20	50	200
Kupfer	15+0.6(L+H)	100	500	15	50	200
Molybdän	10	40	200	5	20	100
Nickel	10+L	100	500	15	50	200
Quecksilber	0.2+0.0017(2L+H)	2	10	0.05	0.5	2
Zink	50+1.5(2L+H)	500	3000	150	200	800
Zinn	20	50	300	10	30	150

L = Prozentanteil Ton (< 2 µm) H = Prozentanteil anorganische Substanz im Boden

Tab. 1: Niederländische Liste für die Bewertung von schwermetallkontaminierten Böden (Anonym, 1988a)

setzt, die drei Belastungskategorien sowohl in den Boden- als auch in den Grundwasserproben unterscheidet (Tabelle 1). Über die konkreten Berechnungssysteme und Wichtungen wird in aber jedem Einzelfall zu urteilen sein.

Es kann nicht als ausreichend angesehen werden, die Bewertung des Gefährdungspotentials altlastverdächtiger Flächen allein auf den Vergleich analytischer Befunde mit Referenz-, Orientierungs-, Prüf- und Höchstwerten zu stützen. Vor allem bei der Betrachtung des Grundwassers ist eine Prognose über künftig zu erwartende Expositionen und Gefährdungen notwendig. Hierfür bedarf es der Berücksichtigung weiterer Faktoren, die sich aus den Standortverhältnissen und den Stoffeigenschaften, die das Mobilitätsverhalten bestimmen, ergeben (Anonym, 1990).

Bei der Umsetzung dieser Forderung gibt es derzeit zwei unterschiedliche Tendenzen. Die eine Richtung setzt auf eine weitergehende Standardisierung der Bewertungskriterien und Maßstäbe, der andere Ansatz bevorzugt die Einzelbegutachtung durch Sachverständige. Ein Beispiel für die erstgenannte Richtung ist das Konzept des Instituts für Wasser-, Boden- und Lufthygiene am Bundesgesundheitsamt (Kerndorff et al., 1988) zur standardisierten Bewertung des Grundwassergefährdungspotentials von altlastenverdächtigen Flächen und Altlasten. Das Bewertungskonzept gliedert sich in die beiden Teilbereiche "Stoffbewertung" und "Expositionsbewertung". Als maßgebliche Bewertungskriterien für die Stoffbewertung werden die "Toxizität", "Grundwassergängigkeit" und "Konzentration" angesehen, von denen Toxizität und Grundwassergängigkeit wiederum durch bestimmte Eigenschaften charakterisiert werden, letztgenannte durch die "Bio-" und "Geoakkumulierbarkeit".

Genau hier liegt die Schwachstelle dieses ansonsten wissenschaftlich gut fundierten Konzept-Vorschlags von Kerndorff und Kollegen. Während für eine wichtige Gruppe organischer Schadstoffe, nämlich die unpolaren chlorierten und polycylischen Kohlenwasserstoffe, das Anreicherungsverhalten in geologischen und biologischen Matrices und damit die Mobilität dieser Substanzen durch relativ einfache Verteilungsfunktionen beschrieben werden kann, wird die Ausbreitung von Schwermetallen, deren Einzelbeispiele in ihrem Umweltverhalten sehr unterschiedlich sind, im Boden durch eine Vielzahl von Einflußfaktoren bestimmt, die eine generelle Modellbeschreibung praktisch unmöglich machen. Wie ebenfalls im Abschnitt 4 dieser Übersicht dargestellt wurde, ist das Charakteristikum der Schwermetallproblematik die Langfristigkeit der chemischen Umsetzungen, die außerdem teilweise nicht-lineare Entwicklungen ("Chemische Zeitbombe") aufweisen.

Eine Abschätzung der langfristigen Effekte von Schwermetallen (und von Metalloiden wie Arsen und Selen) muß sich deshalb vorrangig auf experimentellen Daten abstützen und dabei mögliche extreme Randbedingungen ("worst-case"-Betrachtung) in Rechnung stellen. Geeignete ***Testverfahren*** sollten daher vor allem das Auslaugverhalten schwermetallbelasteter Feststoffe beschreiben und eventuell durch eine Standardisierung Vergleiche unterschiedlicher Bodenmaterialien zulassen.

Zur Charakterisierung des Auslaugverhaltens müssen die folgenden Fragen beantwortet werden:

- Welche maximalen Schadstoffkonzentrationen können in der Bodenlösung auftreten?
- Welche Parameter beeinflussen die Mobilisation der einzelnen Schwermetalle und damit die Konzentrationen in der Lösung?
- Wie wirken sich Änderungen der physikalischen und chemischen Bedingungen im Boden und in der Bodenlösung auf die Freisetzung und den Transport der Metalle aus?
- In welchen Zeiträumen muß mit einer Freisetzung von Schwermetallen gerechnet werden?
- Wie verhält sich ein bestimmtes Bodenmaterial im Vergleich zu Böden anderer kontaminierter Standorte?

Diese Fragen beschreiben zugleich die an Auslaugungstests zu stellenden Anforderungen und verdeutlichen, daß sie oft nicht durch einen einzelnen Test beantwortet werden können. Hinzu kommt, daß Auslaugungstests unter definierten Bedingungen im Labor durchgeführt werden, wobei die tatsächliche Prognose der Schwermetallmobilität unter den standortspezifischen Bedingungen nur in einer gewissen Annäherung zu erreichen ist. Inwiefern die Ergebnisse übertragbar sind, hängt in erster Linie davon ab, in welchem Maße die natürlichen Bedingungen im Labortest simuliert werden können.

Es gilt also, für jeden Standort sehr intensive Studien zur Auslaugbarkeit der betreffenden Metalle vorzunehmen, wobei die Testverfahren der jeweiligen Situation, der spezifischen Bodenart und den potentiell eintretenden Milieuveränderungen angepaßt werden müssen. Da es Ziel eines Auslaugungstests ist, das gesamte Freisetzungspotential eines schwermetallbelasteten Standortes zu erfassen, erscheint es angemessen, die denkbar ungünstigste Situation ("worst case") zu simulieren, wobei jedoch der Rahmen der realen Gegebenheiten nicht überschritten werden sollte.

Standardisierte Testverfahren, in denen die Bedingungen unabhängig von der Art des Materials und den spezifischen Verhältnissen festgelegt sind, sind untauglich und führen zu unrichtigen Interpretationen der tatsächlichen Gegebenheiten. Auch wenn von den Aufsichtsbehörden immer wieder die Entwicklung eines einfachen Routinetests gefordert wird, der von normal ausgestatteten Labors in relativ kurzer Zeit unter reproduzierbaren Bedingungen durchführbar ist, sollten Verfahren nur dann standardisiert werden, wenn es sich um vergleichbare Materialien und Verhältnisse handelt.

Neben der Simulierung realer Verhältnisse durch Auslaugungstests wird eine ökotoxikologische Bewertung der Standortbedingungen erwartet. Für Prognosen über das mittel- und langfristige Verhalten toxischer Schwermetalle ist es daher notwendig, die Aufnahme durch Testorganismen, die chemischen Formen gelöster und an Feststoffen gebundener Schadstoffe, die Verteilungsgleichgewichte und die Prozesse, welche diese beeinflussen, gezielt zu untersuchen. Man kann davon ausgehen, daß für bestimmte Bodenarten aufgrund der ablaufenden Umsetzungs- und potentieller Mobilisierungsprozesse je nach den Gegebenheiten relativ typische Zusammensetzungen der Bodenlösungen zu erwarten sind. Die chemische Zusammensetzung der Bodenlösung ist dabei entscheidend für die spezifischen chemischen Formen der einzelnen Schadstoffverbindungen und damit für das Transportverhalten im Untergrund, den Eintrag in das Grundwasser oder die Bioverfügbarkeit.

Die wesentlichen chemischen, physikalischen und biologischen Faktoren, welche die Auslaugbarkeit von Schwermetallen beeinflussen, sind in der nachfolgenden Aufstellung wiedergegeben:

chemische Faktoren:

- chemische Zusammensetzung der Auslaugungslösung
- pH-Wert der Auslaugungslösung
- Puffervermögen des Materials
- chemische Bindungsformen der Metalle in der Matrix
- chemische Wechselwirkungen in den Poren und an der Oberfläche des Materials
- Veränderungen im Redoxpotential
- Reaktionskinetik

physikalische Faktoren:

- Flüssigkeits-/Feststoffverhältnis (L/S)
- spezifische Oberfläche des Materials
- Porosität
- Porenstruktur
- Dauer der Auslaugungsbehandlung
- Dichteunterschiede im Material
- Temperatur

biologische Faktoren:

- biologischer Bewuchs
- Zersetzungsprozesse
- Verstopfung der Poren durch biologische Substanzen
- Milieuveränderungen durch biologische Aktivität (Redox)

Die chemische Zusammensetzung der Auslaugungsflüssigkeit richtet sich nach den Bedingungen, die an dem kontaminierten Standort angetroffen werden. Den stärksten Einfluß auf die Auslaugbarkeit von Schwermetallen hat der pH-Wert. Sowohl niedrige als auch hohe pH-Werte können sich mobilisierend auswirken; letzteres ist besonders zu berücksichtigen, wenn eine chemische Stabilisierung des Bodens als Sicherungsmaßnahme durchgeführt werden soll. Am stabilsten gebunden bleiben die meisten Metalle im pH-Bereich zwischen 7 und 10. Bei höheren pH-Werten steigt die Löslichkeit einiger oxyanionischer und organisch gebundener Metallverbindungen. In der Regel wird jedoch die Auslaugbarkeit im höheren pH-Bereich durch Bildung schwerlöslicher Hydroxide und infolge hydrolytischer Sorption an den Feststoffoberflächen drastisch reduziert. Der Gehalt an Puffersubstanzen (z.B. Calciumcarbonat) trägt dazu bei, daß der pH-Wert, insbesondere in den Porenlösungen der Feststoffmatrix, konstant bleibt. Neben den pH-Bedingungen muß der Einfluß komplexierender Substanzen, der Redoxbedingungen und der Ionenkonzentration berücksichtigt werden. Das Oberflächen/Volumen-Verhältnis der Feststoffpartikel ist ein weiterer Faktor für den Grad der Auslaugbarkeit von Schwermetallen. Je kleiner der Korndurchmesser, desto größer ist die spezifische Oberfläche und damit die Angriffsmöglichkeit der Laugungsflüssigkeit.

Zur Beurteilung des kurz-, mittel- und langfristigen Verhaltens schwermetallkontaminierter Feststoffe lassen sich verschiedene Auslaugungstechniken einsetzen, bei denen das Flüssigkeits-/Feststoffverhältnis eine entscheidende Rolle spielt:

- Säulentest, Lysimetertest
- Schütteltest
- Kaskadenschütteltest
- Standtest.

Die Wahl der Auslaugungstechnik hängt von den jeweiligen Verhältnissen am Standort ab, die simuliert werden sollen. Ist der zeitliche Konzentrationsverlauf und insbesondere die Anfangskonzentration der Schwermetalle im Eluat von Interesse, wird man einen Säulentest/Lysimetertest einsetzen, bei dem das Flüssigkeits-/Feststoffverhältnis zu Beginn gering ist und im Verlauf des Versuches ansteigt. Auf der anderen Seite liefert ein Schütteltest mit einem hohen Flüssigkeits-/Feststoffverhältnis eher Aussagen über die maximal auslaugbare Menge der Metalle. Ein Kaskadenschütteltest mit mittlerem Flüssigkeits-/Feststoffverhältnis, bei dem in definierten Zeiträumen die Auslaugungsflüssigkeit durch frische ersetzt wird, hat den Vorteil, daß er schneller als ein Säulentest sowohl angenähert die Anfangskonzentration als auch die maximal auslaugbare Menge liefert. Allerdings spiegelt ein Säulentest/Lysimetertest die natürlichen Bedingungen in einem Boden realistischer wider, da hiermit das Durchsickern, z.B. von Regenwasser, besser simuliert werden kann. Einen Standtest an einem blockförmigen Körper wird man nur dann einsetzen, wenn es sich um chemisch stabilisierte oder verfestigte Materialien handelt, bei denen Diffusionsvorgänge den geschwindigkeitsbestimmenden Schritt in der Auslaugbarkeit ausmachen.

Vergleicht man Säulen- und Schütteltests, so ist festzustellen, daß Schütteltests weniger zeitaufwendig und einfacher durchzuführen sind als Säulen- bzw. Lysimetertests. Schütteltests haben häufig eine bessere Reproduzierbarkeit der Auslaugungsergebnisse, da die Einflußparameter besser zu kontrollieren sind. So kann es bei Säulentests beispielsweise zur Ausbildung bevorzugter Sickerwege bei einer ungleichmäßigen Pakkung der Säule und zu Wandeffekten kommen. Zur Vermeidung dieser unerwünschten Effekte kann die Säule von unten nach oben durchströmt werden (inverse Säulenelution), wodurch allerdings eher die Verhältnisse in einem gefluteten Bodenkörper simuliert werden. Geht man davon aus, daß in solchen Tests der "worst case" nachgestellt werden soll, erscheint die inverse Säulenelution im Vergleich zum Schütteltest denoch realistischer die Verhältnisse in einem Boden, vor allem im Grundwasserleiter, wiederzugeben. Insbesondere da durch den kontinuierlichen Abzug der Auslaugungsflüssigkeit im Säulentest die tatsächlichen Feststoff-/Lösungsgleichgewichte sowie die Zeitabhängigkeit der Auslaugung wirklichkeitsnäher simuliert werden.

Bei der Entwicklung von Auslaugtestverfahren, die solche Verhältnisse simulieren, sind durch Hünert (1986) Fortschritte erzielt worden. Er entwickelte Großlysimeter, die aufgrund konzentrischer Innenzylinder die Sickerwässer des Zentralbereiches und die des Randbereiches unabhängig voneinander erfassen. Hierdurch ist es möglich, den unbekannten Randeinfluß von Lysimetern bei den Untersuchungen zu eliminieren. Die Anwendung dieser Großlysimeter über längere Zeiträume hat den Vorteil, daß auch mikrobielle Umsetzungen und Einflüsse mit erfaßt werden, und kann in Verbindung mit Säulentests bzw. Kaskadenschütteltests im Labormaßstab zu einer realistischeren Beurteilung der Verhältnisse führen.

Der ausgelaugte Anteil bzw. die Konzentration der ausgelaugten Schwermetalle im Eluat werden am besten als Funktion des Flüssigkeits-/Feststoffverhältnis dargestellt, wobei dieses Verhältnis mit einer relativen Zeitskala zu vergleichen ist. Der Zusammenhang zwischen relativer und aktueller Zeitskala ist durch den Zeitraum gegeben, in dem in einem Boden ein bestimmtes Flüssigkeits-/Feststoffverhältnis erreicht wird. Dieser Zeitraum wird z.B. durch die Porosität des Materials und durch die geohydrologischen Verhältnisse des Bodens bestimmt. Im Falle der oberen Bodenschichten wird es lange dauern, bis ein Flüssigkeits-/Feststoffverhältnis höher als 3 erreicht wird, so daß zunächst Kurzzeitphänomene von Interesse sind. Auf der anderen Seite ergibt sich im Grundwasserleiter ein hohes Flüssigkeits-/Feststoffverhältnis, so daß hier mittel- bis langfristige Effekte einbezogen werden müssen. In solchen Fällen muß auch eine für die Bodenverhältnisse charakteristische Auslaugungsflüssigkeit eingesetzt werden.

Zur Abschätzung der Langzeiteffekte bei der Ablagerung metallhaltiger Industrierückstände wurde von Schoer & Förstner (1987) ein Testverfahren vorgestellt, das kurzfristig eine Beurteilung der Langzeitfreisetzung von Schwermetallen z.B. in das Grundwasser gestattet. Der Zeitraffereffekt wird durch eine kontrollierte sinnvolle Intensivierung der relevanten Parameter pH-Wert, Redoxpotential und Temperatur erreicht. Es wurde eine Anlage konstruiert, bei der die Laugungsflüssigkeit mit eingestellten pH- und Redoxbedingungen und mit Durchflußraten von 2 Liter pro Tag durch einen Standzylinder strömt, der mit dem Probenmaterial (100 g Trockenmasse) und zur Verbesserung der Durchlässigkeit mit grobem Quarzsand im Verhältnis 1:4 gefüllt ist.

Zur Vermeidung eines stationären Gleichgewichts zwischen gelösten und partikulären Verbindungen wurden in den Lösungskreislauf Ionenaustauscher zur permanenten Entfernung mobilisierter Schwermetallionen aus der Lösung eingebaut. Auf diese Weise werden die natürlichen Verhältnisse einer kontinuierlichen Zufuhr metallarmer Grundwässer zu dem schadstoffhaltigen Material simuliert. Die Freisetzungsrate der Schwermetalle wird durch regelmäßiges Auswechseln der Ionenaustauscher und einer quantitativen Analyse ihrer Beladung ermittelt.

Aus dem Vergleich der Metallbindungsformen vor und nach der Durchführung der Versuche läßt sich das langfristige, über den vom Versuch repräsentierten Zeitraum hinausreichende, Freisetzungspotential des Deponiegutes abschätzen. Dazu kann eine sechsstufige Auslaugungssequenz mit den folgenden Reagenzien und Versuchsbedingungen eingesetzt werden:

1. **Austauschbare Anteile:** 1 M Ammoniumacetat, pH 7, Feststoff/Lösungsmittelverhältnis 1:20, Schütteldauer 2 h;
2. **Carbonatische Fraktion:** 1 M Natriumacetat, pH 5, Feststoff/Lösungsmittelverhältnis 1:20, Schütteldauer 5 h;
3. **Leicht reduzierbare Fraktion:** 0.1 M Hydroxylammoniumchlorid + HNO_3, pH 2, Feststoff/Lösungsmittelverhältnis 1:100, Schütteldauer 12 h;
4. **Mäßig reduzierbare Fraktion:** 0.4 M Ammoniumoxalat-Puffer, pH 3, Feststoff/Lösungsmittelverhältnis 1:100, Schütteldauer 24 h;
5. **Oxidierbare Fraktion:** 30% Wasserstoffperoxid, pH 2, Feststoff/Lösungsmittelverhältnis 1:100, 2 h bei 85 °C, anschließend Extraktion mit Ammoniumacetat;
6. **Residualfraktion:** Heißer Aufschluß mit konzentrierter Salpetersäure, Feststoff/Lösungsmittelverhältnis 1:100.

Es ist zu erwarten, daß der kurzfristig freisetzbare Anteil der in dem kontaminierten Material enthaltenen Metalle vor allem die an der Oberfläche sorbierten Elemente umfaßt, und damit im ersten Schritt der Extraktionsfolge auftritt. Eine einfache Gleichsetzung der mit Ammoniumacetat mobilisierbaren Metalle mit dem Anteil, der aus dem schwermetallhaltigen Material kurzfristig in das Grundwasser gelangen kann, ist jedoch nicht möglich. Auf der anderen Seite können die im Langzeitexperiment unter bestimmten Versuchsbedingungen freigesetzten Metalle die in der ersten Stufe ausgelaugten Anteile übertreffen, so daß eine Freisetzung aus anderen, schwerer zugänglichen Feststoffbindungsformen anzunehmen ist.

In der Tabelle 2 sind diese Anteile an noch ungenutzten, potentiell verfügbaren Metallen bei der Berechnung der Lösungskonzentrationen berücksichtigt, die sich bei einer Behandlung von 100 g Deponiegut mit 140 l Extraktionslösung ergeben würden. Die in Klammern aufgeführten Zahlenwerte bei den Metallpools geben die bereits während der 10wöchigen Versuche freigesetzten Anteile wieder. Cadmium, Zink, Kobalt und Blei sind weitgehend in Lösung gegangen, so daß hier die Endkonzentration erreicht ist. Bei Kupfer und Thallium wurde der Oxalat- und Peroxid-extrahierbare Metallpool eingerechnet. Damit könnte sich im ungünstigsten Fall die Konzentration aus den 10wöchigen Experimenten um den Faktor 3 (Thallium) bzw 6 (Kupfer) erhöhen. Die Freisetzung von Chrom betrifft bei allen Bedingungen weniger als 1 % des Oxalat-extrahierbaren Pools. Auch nach der Freisetzungskinetik kann der Elutionsvorgang auf einem sehr niedrigen Niveau als abgeschlossen angesehen werden.

Freisetzung bei Durchströmung mit 140 l Wasser			freisetzungsrelevanter Metallpool in mg/kg			ergibt gelöst	Deponie Kl. I
	pro kg	Bedingung	Acetat	Oxalat	H_2O_2	mg/l	mg/l
Cd	6 mg	pH 5/400 mV	(1	2	1)	0.004	0.005
Co	100 mg	pH 5/400 mV	(6	90)36	5	0.07-0.1	0.05
Cr	3 mg	pH 5/400 mV	0	250	15	0.002	0.01[a]
Cu	50 mg	pH 5/400 mV	(15	35)185	50	0.03-0.2	0.1
Pb	600 mg	pH 5/400 mV	(20	350	200)	0.4	0.05
Tl	20 mg	pH 8/400 mV	(10	10)30	5	0.01-0.03	0.01
Zn	6000 mg	pH 5/400 mV	(1000	5000)	300	4.0	1.0

[a] Wert für Cr(VI)

Tab. 2: Berechnung der gelösten Metallkonzentrationen in Deponiesickerwässern aus direkten Bestimmungen (Behandlung von 100 g Probe mit 140 l Extraktionslösung) und Abschätzung freisetzungsrelevanter Metallpools. Zum Vergleich: Zulässige Konzentration von Inhaltsstoffen in Eluaten von Abfällen - Deponieklasse I (Schoer & Förstner, 1987)

Bei diesen extremen Annahmen, sowohl hinsichtlich des Lösungsmittelkontakts als auch der Lösungsbedingungen, würden die Konzentrationen der meisten untersuchten Metalle im Bereich der Eluatkonzentrationen der Deponieklasse I liegen. Für Zink und Blei könnte eine Überschreitung um den Faktor 5 bis 10 auftreten, so daß sich im vorliegenden Beispiel die weiteren Überlegungen hinsichtlich realistischer hydrologischer Bedingungen auf diese Elemente konzentrieren würden.

Der Vorteil dieses Ansatzes gegenüber einfachen Elutionstests besteht darin, daß nicht nur aus der Auslaugbarkeit einzelner Substanzen, sondern auch bereits durch Verschiebungen innerhalb des Spektrums an Bindungsformen vor und nach der Durchströmung mit der Auslaugungsflüssigkeit bestimmte Trends zu einer verstärkten oder geschwächten Einbindung der Schadstoffe in der Matrix erkennbar sind. Außerdem können durch Vergleich der "Poolinhalte" vor und nach dem Experiment kritische Metallbindungsformen identifiziert und ihre Freisetzungspotentiale langfristig abgeschätzt werden.

Im Rahmen der wissenschaftlichen Begleitung bei der modellhaften Sanierung eines bleikontaminierten Standortes wurde von uns zur Bewertung der Sanierungsmaßnahmen und der Aufstellung von Handlungswerten ein einfaches und kostengünstiges Testverfahren vorgeschlagen, mit dem eine Abschätzung der löslichen bzw. mobilisierbaren Schwermetallanteile sowohl im Boden als auch in dem gereinigten Material vorgenommen werden kann. Neben der Simulation der natürlichen Gegebenheiten konnte mit diesem Test eine sehr gute Korrelation der Pflanzenverfügbarkeit (Kresse und Weidelgras) von Cd, Pb und Zn (allerdings nicht für Ni und Cu) aufgestellt werden.

Für die Zusammensetzung der Auslaugungsflüssigkeit war neben der Ionenstärke und dem Komplexierungsvermögen das Redoxpotential und pH-Wert für die Auslaugungsvorgänge ausschlaggebend. Neben diesen Eigenschaften sollte die Auslaugungsflüssigkeit während der Versuchsdauer zusätzlich redox- und pH-stabil bleiben und die eingesetzten Reagenzien gut wasserlöslich sein. Es wurde eine Vielzahl von Reagenzien und Kombinationen getestet. Am geeignetsten erwies sich ein Gemisch aus

- 0.1 M Ammoniumacetat zur pH-Pufferung und Simulation der Ionenstärke;
- 0.1 M Hydroxylammoniumhydrochlorid zur Simulation des Redoxpotentials (schwach reduzierende Verhältnisse);
- 0.1 M Triäthanolammoniumhydrochlorid zur Simulation des Komplexbildungsvermögens von Humin- und Fulvinstoffen.

Diese Kombination hat einen pH-Wert von 5.28, der sich durch Zugabe von Essigsäure auf den im Grundwasser gemessenen pH-Wert von 4 einstellen läßt. Die Extraktionslösung ist klar, farblos und unbegrenzt haltbar. Triäthanolammoniumhydrochlorid hat ähnliche Komplexbildungskonstanten mit Schwermetallen wie Huminsubstanzen, während Hydroxylammoniumhydrochlorid bei einem Eigenredoxpotential von -50 mV in der Lage ist, Manganoxide und amorphe Eisenoxidhydrate zu Mangan(II) bzw. Eisen (II) zu reduzieren. Empfehlenswert ist ein Feststoff-/Lösungsverhältnis von 1:10 und eine Schüttelzeit von 15 h. Dieses Testverfahren könnte die bisher bei Voruntersuchungen verwendeten Extraktionen mit Natriumacetatpuffer, pH 5, und Ammoniumoxalatpuffer, pH 3, sowie den DEV-S4 Test ersetzen, welche die natürlichen Bedingungen nur unzureichend simulieren.

In letzter Zeit wurden verstärkt Untersuchungen durchgeführt, bei denen eine indirekte Abschätzung der biologisch verfügbaren Schwermetalle bzw. deren ökotoxikologische Wirkung erfolgte. Dabei zeigt es sich, daß für die Bewertung des Gefährdungspotentials biologische Testverfahren meist eine größere Aussagekraft als chemische Analysen besitzen, da mit diesem Methoden eine Integration des Belastungszustandes über die ganze Gruppe kritischer Schwermetalle und eine direkte Verknüpfung zu den relevanten Effekten der Toxizität und Bioakkumulation möglich ist. Da jedoch an dieser Stelle eine umfassende Behandlung solcher Verfahren zu weit führen würde, wird auf den Beitrag von Ahlf & Gunkel in diesem Band verwiesen.

Eine besondere Vorgehensweise erfordert die Beurteilung von *quecksilber*kontaminierten Standorten. Neben lokalen Quecksilberkontaminationen, bedingt durch geogenes Vorkommen und dessen Ausbeutung, lösten vor allem folgenschwere Vergiftungskatastrophen zahlreiche Untersuchungen über die Belastung durch Quecksilber und dessen Verhalten in der Umwelt aus. Elementares Quecksilber zeigt wegen seiner Flüchtigkeit eine hohe Mobilität in der Umwelt; ähnliches gilt auch für andere Quecksilber(II)- und Alkylquecksilber-Spezies. Es ist daher offensichtlich, daß die ökologische, physiologische und toxikologische Wirkung des Quecksilbers nicht nur von der Konzentration, sondern vor allem auch von der Erscheinungsform, d.h. der jeweiligen Quecksilberspezies abhängt.

Mikroorganismen oxidieren und reduzieren sowohl anorganische als auch organische Quecksilberverbindungen. Es ist inzwischen gesichert, daß anorganisches Quecksilber unter bestimmten Umweltbedingungen zu Monomethyl- und Dimethylquecksilber(II)-spezies methyliert wird, wobei letzteres wieder de-methyliert und reduziert werden kann. Die Organoquecksilberverbindungen reagieren schnell mit biologisch wichtigen Liganden. Diese Verbindungen sind fettlöslich und durchdringen daher leicht biologische Membranen. Durch ihre Eigenschaft, sich in der Nahrungskette anzureichern, wird die toxikologische Bedeutung auch geringster Konzentrationen der Alkylquecksilberverbindungen in der Umwelt für den Menschen potenziert (Padberg & May, 1992). Bei der Beurteilung quecksilberkontaminierter Standorte müssen daher nicht nur Untersuchungen über die dort vorkommenden chemischen Formen der einzelnen Quecksilberspezies vorgenommen, sondern auch Fragen nach den möglichen Bildungsmechanismen und deren Bedingungen beantwortet werden.

Während es für die meisten Schwermetalle schon gebräuchliche Verfahren zur Unterscheidung der *anorganischen* Feststoffbindungsformen gibt, wirft Quecksilber noch Probleme auf. Ein allgemein anerkanntes, standardisiertes Verfahren wurde bisher noch nicht erarbeitet. Bei der Analytik von *Organoquecksilberverbindungen* und *elementarem Quecksilber* sind in den letzten Jahren durch die Entwicklung spezifischer Trenn- und Bestimmungsmethoden große Fortschritte erzielt worden, so daß diese Quecksilberspezies in der Atmosphäre und in terrestrischen Ökosystemen inzwischen zuverlässig erfaßt werden können (Ebinghaus, 1991; Hempel et al., 1992; Wilken, 1992).

In Testverfahren zur Bewertung des Gefährdungspotentials quecksilberkontaminierter Böden empfielt es sich, zunächst die Emission der einzelnen Quecksilberverbindungen zu bestimmen. Mit Methoden wie der Differentialthermoanalyse können die dabei entstehenden flüchtigen Verbindungen (hauptsächlich Hg° und Organoquecksilberspezies) unterschieden und anschließend bestimmt werden. Durch die Entwicklung geeigneter Perkolationsmethoden, welche die Überwachung sowohl der Gasphase als auch der flüssigen Phase ermöglichen, kann das Gefährdungspotential unter Langzeitaspekten und veränderten Umweltbedingungen abgeschätzt werden. Ein besonderes Augenmerk muß auf die Humin- und Fulvinfraktionen des Bodens gerichtet werden, die starke Sorptionseffekte für Quecksilberverbindungen zeigen und den Transport des an ihnen komplexierten Quecksilbers bewirken. Gleichzeitig sind die bakteriellen Umsetzungen (Methylierung/Demethylierung) im Boden zu beachten und die mikrobielle Aktivität zu bestimmen. Nur eine Kombination dieser Methoden ermöglicht eine fundierte Beschreibung und Beurteilung der gegebenen Verhältnisse, eine Verfolgung des Verhaltens der Quecksilberverbindungen sowie eine Bewertung von Reinigungserfolgen nach einer Dekontamination.

6. SICHERUNGSMASSNAHMEN

Sicherungsmaßnahmen an schwermetallkontaminierten Standorten umfassen die Ausgrabung, Deponierung bzw. Zwischenlagerung, die Errichtung eines Barrieresystems mit Oberflächen-, vertikaler bzw. Untergrundabdichtung und die Verfestigung oder chemische Immobilisierung des schwermetallhaltigen Bodenmaterials. Mit den Sicherungstechniken werden die Schwermetalle nicht entfernt, sondern die von einem Standort ausgehende Gefährdungen abgewehrt, indem eine Verbreitung der Metalle in die Umwelt reduziert wird. Solche Techniken - vor allem die Ausgrabung und der Einsatz von Barrieren - finden ihre Berechtigung darin, daß sie bei einer akuten Gefährdung schnell eingesetzt werden können, mit der Maßgabe, zu einem späteren Zeitpunkt eine vollständige Sanierung durchzuführen (Anonym, 1988b).

Sicherungsmaßnahmen, welche die Emissionswege unterbrechen, sind grundsätzlich gleichwertig zu Dekontaminationsmaßnahmen, wenn hierdurch der Schutz des Menschen und der Ökosphäre gewährleistet ist. Sie sollten jedoch nur mit zweiter Priorität infrage kommen, denn im Hinblick auf einen langfristigen Schutz der Umwelt ist eine Dekontamination als höherwertig zu betrachten. Außerdem sind Verfestigungen mit abbindenden Stoffen als wesentliche Veränderungen des Bodenkörpers unerwünscht, und die Langzeitbeständigkeit von verfestigten Bodenmassen ist bisher nur unzureichend erforscht. Aus den gleichen Gründen und vor dem Hintergrund des insgesamt knappen Deponieraumes sollte eine Ablagerung der kontaminierten Böden nur als letzter Ausweg betrachtet werden.

Es gibt Fälle, in denen weder eine Auskofferung noch eine sich anschließende Verfestigung des schadstoffhaltigen Bodenmaterials bzw. eine Dekontamination durchgeführt werden kann, z.B. wenn das Gelände bebaut ist und ein Abriß der Gebäude nicht zumutbar ist. Dann bleibt nur eine in-situ-Behandlung mit einer aufwendigen Einkapselung des Standortes und der Errichtung von Oberflächenabdichtungen, die den Zutritt von Oberflächenwasser in den kontaminierten Bereich verhindern. Zusätzlich können hydraulische Maßnahmen wie Grundwasserabsenkung und -aufbereitung sowie vertikale Abdichtungen in Form von Spundwänden, Schmalwänden oder Schlitzwänden erforderlich werden, wodurch eine weiträumige Verfrachtung von Verunreinigungen vermieden werden kann.

Ein interessanter Vorschlag zur in-situ-Stabilisierung eines metallkontaminierten Standortes wurde kürzlich von Gerth et al. (1991) gemacht. Dabei ging es um die Absicherung einer Chrom-Altlast auf dem Gelände eines Galvanikbetriebs, wo aus einem defekten Tank Chromat ausgetreten und im Boden versickert war. Chrom existiert in den Oxidationsstufen +3 und +6. Beide Formen reagieren chemisch völlig unterschiedlich. Dreiwertiges Chrom hydrolysiert schon bei relativ niedrigen pH-Werten und neigt zur Bildung von Eisen/Chrom-Mischoxiden. In Böden ist es deshalb relativ immobil. Sechswertiges Chrom liegt als Chromat-Anion vor und ist besonders unter sauren Bedingungen ein starkes Oxidationsmittel. Außerdem ist es weitaus toxischer als Chrom(III) und in Böden sehr mobil, da es nur durch schwache Sorptionskräfte gebunden wird. Beide Formen treten mit den Bodenkomponenten in Wechselwirkung und können je nach pH- und Redoxbedingungen auch nebeneinander existieren. Chromat wird durch Oxidation der organischen Substanz oder z.B. durch Eisen(II) zu Chrom(III) reduziert.

Die chemische Analyse des Bodens zeigte, daß Chrom fast ausschließlich in seiner dreiwertigen Form vorlag. Im oberen, sandigen Horizont wurden Gehalte von > 7.000 mg Cr/kg gemessen. Das Chrom war dabei hauptsächlich an ebenfalls vorhandene Holzpartikel (< 2 mm) gebunden. In den darunterliegenden, holzfreien Horizonten wurden bis zu einer Tiefe von 8 m Gehalte zwischen 800 und 2.000 mg Cr/kg festgestellt. Im carbonathaltigen Milieu traten außerdem erhöhte Chrom(VI)-Gehalte auf.

Als besonders wirksame Methode wurde hier die Behandlung des kontaminierten Bodens mit Eisen(II)salzlösungen vorgeschlagen. Ein Teil des zweiwertigen Eisens wird dabei sofort durch im Boden vorhandenes Chromat unter Bildung eines äußerst stabilen Fe(III)/Cr(III)-Mischhydroxids $(Cr_xFe_{1-x})(OH)_3$ bzw. eines teilweise mit Chrom substituierten Goethits oxidiert und festgelegt. Überschüssigges Eisen(II) kann durch Einblasen von Luft in die Bodenmatrix oxidiert werden. Die dabei entstehende Hydroxidphase bindet das noch mobilisierbare Chrom(III) mit ein, was durch entsprechende Untersuchungen der Feststoffbindungsformen nachgewiesen wurde.

Ähnliche Verfahren könnten auch bei anderen metallkontaminierten Standorten, an denen eine Sanierung nicht möglich ist, Anwendung finden. Sie müssen aber immer der jeweiligen Art der Kontamination, den dort angetroffenen chemischen Schwermetallpezies und den Bedingungen neu angepaßt werden.

7. SANIERUNGSVERFAHREN

Bei der Sanierung von Standorten, die mit organischen Schadstoffen belastet waren, sind inzwischen verschiedene Ansätze zur ***in-situ-Schadstoffeliminierung*** angewendet worden. Die zur Verfügung stehenden in-situ-Reinigungsverfahren für schwermetallbelastete Böden können aber derzeit noch nicht als ausgereift gelten. Biologische Verfahren sind für diese Problemstellung nicht geeignet. Ein neuentwickeltes Verfahren, bei dem an Reihen von Elektroden im Boden eine Gleichspannung angelegt wird, nutzt elektrokinetische Effekte zum Transport zu und zur Anreicherung der Schwermetalle an den Kathoden und damit zur Reinigung des Bodens. Allerdings ist dieses Verfahren noch nicht ausreichend erprobt, um im großen Maßstab zur Anwendung kommen zu können.

Die zur Verfügung stehenden ***ex-situ-Verfahren*** sind für die Bodenbehandlung schwermetallbelasteter Standorte prinzipiell einsetzbar. Sie erfordern den Aushub des Bodenmaterials und dessen on-site- bzw. off-site-Behandlung. Die Dekontaminationsmethoden lassen sich grundsätzlich in zwei Varianten einteilen:

- thermische und
- chemisch-physikalische Verfahren.

6.1. Thermische Verfahren

Schwermetallbelastete Böden eignen sich nur in Ausnahmefällen für die Dekontamination mit thermischen Verfahren. Sie könnten unter bestimmten Bedingungen zum Einsatz kommen, z.B. wenn es sich um Verunreinigungen mit flüchtigen Schwermetallverbindungen wie bei Quecksilber handelt. Schwermetalle mit höheren Siedepunkten werden oxidiert oder zu Salzen umgesetzt und verbleiben im Bodenmaterial. Dort werden sie in der Regel fest eingebunden, so daß ihre Eluierbarkeit deutlich verringert wird. Eine wichtige Rolle bei diesem Verfahrenskonzept spielt die Abgasreinigung, die eine vollständige Abtrennung der verflüchtigten Metalle gewährleisten muß.

Im Hinblick auf einen Wiedereinbau des gereinigten Bodens ergeben sich durch ein thermisches Verfahren allerdings gravierende Nachteile, da der Boden in seiner Textur weitgehend zerstört wird. Auch wegen der hohen Energiekosten erscheint es nur dann lohnenswert, wenn das dabei anfallende Material z.B. einer weiteren Verwendung zugeführt werden kann, d.h. ein vermarktungsfähiges Produkt hergestellt wird. Die Fa. Lurgi hat ein solches thermisches Verfahren vorgestellt, bei dem aus schwermetallbelastetem Baggerschlick sogenannte Pellets produziert werden. Entsprechende Marktuntersuchungen ergaben, daß ein Absatz der Produktpellets als preiswerter Massenbaustoff für die Verwendung im Straßenbau oder als Zuschlagstoff im Betonbau möglich ist. Grundvoraussetzung für eine marktfähige Verwertung der Produktpellets ist allerdings die gesicherte Entfernung bzw. Einbindung der im Material enthaltenen Schwermetalle.

Weiterer Forschungsbedarf besteht in der thermischen Behandlung der hochbelasteten Feinkornfraktion, die bei der mechanischen Bodenwäsche anfällt. Hier könnte durch eine thermische Behandlung bei reduzierten Temperaturen, z.B. in einer Wirbelschicht bei 850-950 °C, und unter Zusatz von Kalkstein ein Material hergestellt werden, das eine langfristige und sichere Deponierung zuläßt. Von der GAT Gesellschaft für Umwelttechnik GmbH wurde speziell zur Dekontamination der bei extraktiven Bodenwaschverfahren anfallenden Schlämmen das BORAN-Wirbelschichtverfahren entwikkelt und in einer semimobilen Anlage mit einem Durchsatz von 10 t Schlamm/h und einer mobilen Anlage mit 4 t/h verwirklicht (Martin, 1990).

Ein Verfahrenskonzept, das ebenfalls mit Zusatz von Kalkstein arbeitet, zeigt die mobile Verbrennungsanlage der Fa. Ed. Züblin, bei der die im Boden enthaltenen Schwermetalle durch die thermische Behandlung sowohl keramisch in die Bodenmatrix eingebunden als auch durch die Bildung von Kalkstein immobilisiert werden (Beitinger, 1991).

6.2. Chemisch-physikalische Verfahren

Bei den chemisch-physikalischen Verfahren zur Reinigung schwermetallkontaminierter Böden spielen insbesondere die Bodenwaschverfahren eine wichtige Rolle. Bei allen dieser bisher auf dem Markt etablierten Verfahren werden die Schwermetalle in eine fluide Phase überführt, die anschließend von dem gereinigten Bodenmaterial abgetrennt werden muß. Für die Aufhebung der Bindungskräfte zwischen Metallen und Bodenpartikeln ist ein entsprechend hoher Energieeintrag oder der Zusatz von chemischen Reagenzien notwendig, der in den einzelnen Verfahren in unterschiedlicher Weise realisiert wird.

Viele Anlagenbetreiber können bereits ausreichende Referenzen aufweisen. Neben großtechnischen Anlagen mit Kapazitäten im Tonnenbereich werden eine Reihe von Verfahren mit geringeren Durchsätzen angeboten. Bei den meisten Waschverfahren wird die on-site-Technik angewendet. Üblicherweise wird bei den rein mechanisch arbeitenden Verfahren mit Energieeintrag (Hochdruckbodenwäsche) Wasser als Extraktionsmittel eingesetzt. Der Vorteil dieser Verfahren besteht darin, daß kein biologisch toter Boden anfällt. Daneben stehen rein chemische Extraktionsverfahren, bei denen z.B. mit Säuren oder Komplexbildnern gearbeitet wird, und gemischte Verfahren, bei denen der chemischen Extraktion eine naßmechanische Vorbehandlungsstufe vorgeschaltet ist, zur Verfügung.

All diesen Waschvervahren gemeinsam ist jedoch das Problem, daß die stark kontaminierte Feinkornfraktion (Partikel < 15-63 µm) nicht oder nur unvollständig gereinigt werden kann. Sie wird deshalb vom gereinigten Bodenmaterial abgetrennt und separat weiterbehandelt. Eine Einleitung des schadstoffbeladenen Waschwassers bzw. der wäßrigen Dispersion in den Vorfluter ist in der Regel ebenfalls nicht möglich. Daher muß nach dem Waschvorgang eine Prozeßwasseraufarbeitung vorgenommen werden.

Im ersten Schritt eines Bodenwaschverfahrens müssen die sperrigen, auch in Brechern und Mühlen nicht zekleinerbaren Bestandteile entfernt werden. Daran schließt sich eine Siebung des Bodens an, bei der kleine Stücke (Wurzeln, Äste, Steine, Mauerwerksbrokken) oberhalb einer apparativ vorgegebenen Größe ausgeschieden werden. Stücke aus organischem Material (Holz, Grassoden, verkohlte Reste) lassen sich auf der Waschflotte schwimmend abtrennen.

Das eigentliche Waschverfahren kann nach verschiedenen Prinzipien erfolgen mit dem Ziel, die Wasserstrahlen bzw. die eingesetzte Energie zu möglichst hohen Anteilen zur Ablösung der Schadstoffe von den Bodenkörnern nutzbar zu machen und zu gewährleisten, daß möglichst alle Bodenkörner von allen Seiten von den Wasserstrahlen beansprucht werden (Heimhardt, 1990):

Hochdruck-Reinigung. Als Beispiel kann hier das Hochdruck-Strahlrohr des Klöckner-Ökotec-Verfahrens angeführt werden (Heimhardt, 1990). Das Strahlrohr ist innen mit einem umlaufenden Düsenkranz bestückt. Eine Hochdruckpumpe fördert das Prozeßwasser mit etwa 350 bar Düsenvordruck in die Ringleitung. Damit stellt sich eine Austrittsgeschwindigkeit der Wasserstrahlen von etwa V = 250 m/s ein. Die Wasserstrahlen bilden einen kegelförmigen Schleier und erzeugen nach dem Prinzip der Wasserstrahlpumpe eine Erniedrigung des Luftdrucks innerhalb des Strahlkegels auf ca. 0.8 bar. Damit wird der zudosierte Boden zusammen mit erheblichen Luftmengen in den Strahlkegel gefördert. Die dann einsetzende heftige Verwirbelung der Bodenkörner, verbunden mit den hohen, in den Boden eingetragenen Scherkräften, führt zu einer vollständigen Homogenisierung des Bodenmaterials.

Schwingungsenergie. In einer Flüssigkeit, die einem starken Ultraschallfeld ausgesetzt ist, können so starke Zugspannungen auftreten, daß die Flüssigkeit stellenweise zerreißt. Bei einer Schallstärke von 10 V/cm^2 treten in ihr Schallwechseldrücke von mehr als 5 bar auf. Es kommt dann zur Bildung von dampfgefüllten Hohlräumen, deren anschliessende Kollabierung beträchtliche mechanische Kräfte stoßartig freisetzt. Diese führen zu einer Ablösung von auf der Oberfläche von Feststoffen anhaftenden Komponenten, in denen die Schwermetalle gebunden sind.

Scher-/Reibungskräfte. Eine Dampfblasenbildung, die auch als Kavitation bezeichnet wird, kann auch in einer Flüssigkeitsströmung entstehen. Nach der Bernoullischen Gleichung der Hydrodynamik kann der statische Druck in einer Flüssigkeitsströmung den Dampfdruck p der Flüssigkeit unterschreiten. Dann entstehen Dampfblasen, die nach Verlangsamung der Strömung wieder kondensieren. Die Dampfblasen fallen hierbei plötzlich zusammen, so daß Volumenelemente verschiedener Geschwindigkeiten aufeinander, auf Feststoffe bzw. Wände aufprallen und dabei an diesen Zerstörung oder Anfressungen hervorgerufen werden können.

Die notwendigen Geschwindigkeiten erreicht man durch intensives Rühren. Es entstehen aufgrund der inneren Reibung der fluiden Phase Geschwindigkeitsgefälle quer zur Strömungsrichtung (Schergeschwindigkeit), die Zugspannungen, scherende und reibende Kräfte hervorrufen. Das Schergeschwindigkeitsgefälle kann durch den Abstand von Stator- und rotierenden Rotorscheiben im weiten Bereich verändert werden.

Chemische Extraktion. Die chemische Dekontamination schwermetallbelasteter Feststoffe stellt eine extraktive Behandlungsmethode dar. Die Schwermetalle werden nicht wie bei den Waschverfahren durch Eintrag mechanischer Energie von den Partikeln abgelöst, sondern gehen aufgrund chemischer Prozesse (Lösung, Komplexierung) in das Extraktionsmittel über. Bei Bodensanierungen wurden für die Extraktionen von Metallen Salzsäure, Schwefelsäure, Salpetersäure und organische Säuren eingesetzt. Daneben haben verschiedene Komplexbildner (z.B. EDTA) zur Lösungsvermittlung Bedeutung erlangt. Eine untere Grenze der Partikelgröße ist für die Anwendung derartiger Verfahren nicht gegeben, obwohl die Reinigungsleistung stark vom Agglomerationsgrad der Partikel abhängt. Eine Kombination von naßmechanischen mit chemischen Verfahren kann deshalb zu deutlichen Verbesserungen in der Reinigungsleistung führen.

Auf eine ausführliche Darstellung aller derzeit auf dem Markt existierenden Verfahren und Anlagen zur chemisch-physikalischen Behandlung schwermetallkontaminierter Böden soll an dieser Stelle verzichtet werden. Einige Verfahren werden in diesem Band vorgestellt. Eine Übersicht findet sich z.B. bei Franzius (1991) und Heimhardt (1990).

6.3 Methoden der Reststoff- und Abwasserbehandlung

Ein integriertes Sanierungskonzept schwermetallkontaminierter Standorte erfordert neben der Reinigung des Bodens auch die Behandlung der dabei anfallenden Schlämme und Abwässer, welche die Feinfraktion und die Schadstoffe enthalten. Umweltgerechte Anlagenkonzepte sehen weitgehend geschlossene Wasserkreisläufe vor. Wenn überhaupt, sollte nur ein geringer Anteil des Prozeßwassers aus dem Kreislauf entlassen und durch Frischwasser ersetzt werden. Schadstoffhaltige Feststoffe lassen sich aus dem Abwasser durch Sedimentation, Filtration, Zentrifugation oder im Fliehkraftfeld von Hydrozyklonen abtrennen. Hierbei kann der Einsatz von Flockungsmitteln hilfreich sein. Eine weitere Möglichkeit besteht in der Anwendung von Flotationsmethoden.

Die gelösten Metalle in der Waschlösung sind durch eine mechanische Behandlung nicht zu entfernen. Die wäßrige Lösung kann weiter als Waschmedium dienen, bis die Metalle soweit angereichert sind, daß ihr Löslichkeitsprodukt überschritten wird. Nach einer chemischen Extraktion mit Säuren oder Komplexbildnern liegen die Schwermetalle allerdings in derart hohen Konzentrationen vor, daß eine chemisch-physikalische Aufarbeitung erforderlich ist. Die Behandlung verläuft weitgehend parallel zu den aus der Industrieabwasserreinigung bekannten Techniken. In der Regel arbeitet man mit Fällungs- bzw. kombinierten Fällungs-/Flockungsverfahren. Als Fällungsmittel werden meist Calcium-, Aluminium- und Eisensalze eingesetzt. Sehr wirksam für die Schwermetalleliminierung ist die sulfidische Fällung, z.B. mit Natriumsulfid und Natriumpolysulfiden oder der Einsatz von Dithiocarbamaten und Trimercaptotriazin. Falls eine

Nachreinigung erforderlich ist, werden Ionenaustauscher, Aktivkohle, Ultrafiltration oder Umkehrosmose eingesetzt.

Entwicklungsbedarf besteht noch bei Verfahrensansätzen - insbesondere für saure Extraktionslösungen -, die sowohl ein Recycling der Schwermetalle als auch des Extraktionsmittels mit einschließen. Hier könnte der Einsatz elektrochemischer Methoden (Elektrolyse), Ionenflotation oder mikrobiologische Verfahren (Sorption an Mikroorganismen) weitere Fortschritte bringen.

Die bei der Abwasserreinigung und den Waschverfahren anfallenden Feinschlämme müssen einer weiteren Behandlung unterzogen werden. Neben der heute üblichen Entwässerung bis zur Stichfestigkeit und anschließenden Deponierung als Sondermüll, die erhebliche Kosten verursachen und wertvollen Deponieraum der Sonderabfallkategorie belegen würde, sollten alternative Nachbehandlungskonzepte in Betracht gezogen werden. Prinzipiell kommen für diese hochangereicherten Schlämme die folgenden Varianten in Betracht:

- **Immobilisierung:** Bei den Immobilisierungsverfahren werden Zuschlagstoffe zugemischt, welche die Mobilisierbarkeit der Schwermetalle weitestgehend unterbinden sollen. So werden die Schlämme durch Zuschlagstoffe wie Kalk, Zement, Gips, Wasserglas oder Beton verfestigt, und ihre Eluierbarkeit, die Staubbildung und Wasserdurchlässigkeit stark herabgesetzt. Auch organische Bindemittel werden benutzt oder stehen in Erprobung. Neben diesen Verfahren würde auch eine thermische Behandlung der Restschlämme zu einer Immobilisierung der Schwermetalle führen. Die auf diese Weise stabilisierten Schlämme könnten dann unter geringeren Sicherheitsanforderungen deponiert werden oder als Erdbaustoffe Verwendung finden.

- **Abtrennung:** Praxiserprobte Verfahren zur Abtrennung der Metalle aus den Schlämmen mit dem Ziel der Wiederverwertung existieren noch nicht. Es liegen jedoch einige vielversprechende Ansätze vor, wobei genauere Beschreibungen der Verfahren allerdings häufig aus Wettbewerbsgründen nicht zur Verfügung gestellt werden. Die Grundkonzeptionen der zur Diskussion stehenden Verfahren sind aber prinzipiell geeignet, die Mengen der zu entsorgenden Reststoffe zu reduzieren. Die folgenden Ansätze kommen dazu in Frage:

- Direkte *Verhüttung* der bei der Abwasserreinigung anfallenden Fällungsprodukte. Ein grundsätzlich interessanter Ansatz ist das sogenannte Schlammvererzungsverfahren von Kupczik (SAM). In der SAM-Wasseraufbereitungsanlage werden dem belasteten Prozeßwasser aus der Bodenwäsche sorbierende Gichtstäube mit hohem Fe_3O_4-Anteil (Magnetit) - ein Abfallprodukt der Hüttenindustrie - beigemengt. Die Gichtstäube adsorbieren die Schwermetalle. Nach einer kurzen Reaktionszeit wird das Schadstoffgemisch über eine Abscheideanlage geführt, deren Kern aus einem Permanentmagneten besteht, und unter Einwirkung der Magnetkräfte abgetrennt. Durch die Rückführung dieser Erzschlämme aus dem SAM-Verfahren in die stahlverarbeitende Industrie und die dortige Aufarbeitung würde ein Wirtschaftsgut geschaffen.

- *Extraktion* der Schwermetalle aus den Schlämmen mit Säuren. Prinzipiell greifen hier die gleichen Verfahrensansätze wie bei der chemischen Bodenreinigung. Die Metalle könnten dann z.B. direkt aus den sauren Extrakten durch Elektrolyse bei unterschiedlichen Abscheidespannungen selektiv zurückgewonnen werden. Oder sie werden als relativ reine Hydroxid- oder Sulfidschlämme ausgefällt und in dieser Form weiterverwertet. Andere aussichtsreiche Verfahrensansätze zur gleichzeitigen Entgiftung von Metallextrakten und Rückgewinnung werden in der Biohydrometallurgie entwickelt.

7. WIEDEREINBAU UND RENATURIERUNG DES BODENS

Ein umfassendes Sanierungskonzept sieht auch die Wiederverwendung eines gereinigten Bodens vor. Ob die gereinigten Böden und die Produkte aus der Schlammbehandlung zum Wiedereinbau geeignet sind, hängt vom Erreichen des Sanierungsziels, der Auswahl der Sanierungsmethode und damit der Beschaffenheit der Endprodukte ab und muß für den Einzelfall gesondert betrachtet werden.

Bei den mechanischen Bodenwaschverfahren wird das gereinigte gröbere Material weitgehend frei von Ton und organischen Substanzen. Durch den Einsatz von Säuren oder Komplexbildnern bei den chemischen Waschverfahren werden die chemischen Bodeneigenschaften stark verändert. Die weitestgehende Veränderung des Bodenmaterials erfolgt bei der thermischen Behandlung. Dabei werden die organischen Bestandteile und Tonminerale fast vollständig zerstört, Hydroxide in Oxide umgewandelt und durch Vergrusung primäre Minerale zerkleinert. Außerdem werden teilweise die pH-Werte stark verändert, so daß eine weitere Nutzungsmöglichkeit der Böden problematisch werden kann (Förstner, 1990).

Abgesehen von diesen Einschränkungen und dem Nachweis der Einhaltung des vorgegebenen Sanierungsziels sind Qualitätsmerkmale wie Körnung, Humusgehalt, Bodenleben aber auch Pflanzenverträglichkeit wichtige Vorraussetzungen für eine sinnvolle Wiederverwendung des gereinigten Bodens. Der wiedereinzubauende Boden aus einer Bodenwäsche muß einer chemischen und biologischen Endkontrolle unterzogen werden. Eventuell kann der Boden als verdichtungsfähiges Füllmaterial für Bebauungszwecke oder als Unterboden auf dem sanierten Gelände verwendet und mit unbelastetem Kulturboden abgedeckt werden.

Eine Renaturierung des gereinigten Bodens kann durch entsprechende Zugaben von Humus und bodenverbessernden Substraten erfolgen. Als Zusatzstoffe könnte auch das vor Beginn der Sanierungsarbeiten gerodete Pflanzenmaterial in Frage kommen, welches zerkleinert, vorsortiert und mit dem gereinigten Boden vermischt und homogenisiert wird. Die Unbedenklichkeit des gerodeten Materials muß durch entsprechende Untersuchungen gewährleistet sein.

LITERATUR

Andreae, M.O. et al. (1984): Changing biogeochemical cycles. In: Nriagu, J.O. (Hrsg.) Changing Metal Cycles and Human Health. Dahlem Konferenzen, Life Sciences Research Report 28, Springer-Verlag Berlin, S. 359-373.

Anonym (1980): Groundwater stategies. Environ. Sci. Technol. 14, 1030-1035.

Anonym (1986a): National Priorities List Fact Book. HW 7.3, 94 S. Environmental Protection Agency, Washington D.C.

Anonym (1986b): Leitbild für die schweizerische Abfallwirtschaft, Schriftenreihe Umweltschutz Nr. 51. Eidgenössische Kommission für Abfallwirtschaft, Bundesamt für Umweltschutz Bern.

Anonym (1986c): Schweizerische Richtlinie für Schadstoffe in Böden. Bundesamt für Umweltschutz Bern.

Anonym (1988a): Leidraad Bodemsanering. Aflevering 4. Nov. 1988, Niederländisches Umweltministerium, Staatsuitgeverij, s'Gravenhage.

Anonym (1988b): Statusbericht zur Altlastensanierung - Technologien und F+E-Aktivitäten. Erarbeitet von Böhnke, B., Pöppinghaus, K., Lühr H.P.. Bundesministerium für Forschung und Technologie, Referat 326/Umweltbundesamt, Projektträgerschaft "Abfallwirtschaft". Bonn/Berlin.

Anonym (1990): Altlasten. Sondergutachten des Rats der Sachverständigen für Umweltfragen, Dez. 1989, Metzler-Poeschel, Stuttgart.

Anonym (1992): Klärschlammverordnung (AbfKlärV) vom 15. April 1992. BGBl. I, Bonn, S. 912.

Arneth, J.-D., Milde, G., Kerndorff, H., Schleyer, R. (1989): Waste deposit influences on ground water quality as a tool for waste type and site selection for final storage quality. In: Baccini, P. (Hrsg.) The Landfill - Reactor and Final Storage. Lecture Notes in Earth Sciences Nr. 20, Springer-Verlag Berlin, S. 399-416.

Baccini, P. (Hrsg.) (1989): The Landfill - Reactor and Final Storage. Lecture Notes in Earth Sciences No 20, Springer-Verlag Berlin.

Baccini, P., Belevi, H., Lichtensteiger, T. (1992): Die Deponie in einer ökologisch orientierten Volkswirtschaft. Gaia 1, 34-49.

Barkowski, D., Günther, P., Hinz, E., Röchert, R. (1987): Altlasten - Handbuch zur Ermittlung und Abwehr von Gefahren durch kontaminierte Standorte. Alternative Konzepte 56, Verlag C.F. Müller, Karlsruhe.

Beitinger, E. (1991): Thermische Reinigung kontaminierter Böden für kokereispezifische Schadstoffe und chlororganische Verbindungen. In: Wilderer P.A. und Kaballo, H.-P. (Hrsg.) Sanierung kontaminierter Böden. Berichte aus Wassergüte- und Abfallwirtschaft, TU München, Berichtsheft Nr. 108, 197-219.

Blakey, N.C. (1984): Behaviour of arsenical wastes co-disposed with domestic solid wastes. J. Water Pollut. Control Fed. 56, 69-75.

Brümmer, G. (1986): Heavy metal species, mobility and availability in soils. In: Bernhard, M., Brinckman, F.E., Sadler, P.J. (eds.) The Importance of Chemical "Speciation" in Environmental Processes. Dahlem Konferenzen, 1986, Springer-Verlag Berlin, Heidelberg, 169-192.

Brümmer, G., Gerth, J., Tiller, K.G. (1988): Reaction kinetics of the adsorption and desorption of nickel, zinc, and cadmium by goethite. I. Adsorption and diffusion of metals. J. Soil Sci. 39, 37-52.

Calmano, W. (1989): Schwermetalle in kontaminierten Feststoffen - Chemische Reaktionen, Bewertung der Umweltverträglichkeit, Behandlungsmethoden am Beispiel von Baggerschlämmen. Verlag TÜV Rheinland, 237 S.

Christensen, T.H. et al. (1987): Behaviour of leachate pollutants in groundwater. In: Proc. Intern. Symp. on Process, Technology and Environmental Impact of Sanitary Landfill, Cagliari/Italien, Oktober 1987, Paper No. XXXVIII.

de Kreuk, J.F. (1986): Microbiological decontamination of excavated soil. In: Assink, J.W. & Van den Brink, W.J. (eds.) Contaminated Soil. Martinus Nijhoff Publ., Dordrecht, pp 669-678.

Ebinghaus, R. (1991): Aufnahme und Umwandlung von Quecksilber(II)- und Methylquecksilberchlorid durch Schwebstoffbakterien und mikrobielle Biofilme - Untersuchungen zum Speziesverhalten des Quecksilbers in wäßrigen Systemen. Dissertation Universität Hamburg.

Eggers, B., Falke, M., Wolff, J. (1989): Geologische Standortuntersuchungen als Grundlage für die Gefährdungsabschätzung von Altablagerungen und Festlegung von Deponiestandorten. Abfallwirtschaftsjournal 1 (6), 62-65.

Ehrig, H.-J. (1983): Quality and quantity of sanitary landfill leachate. Waste Management Research 1, 53-68.

Förstner, U (1986): Chemical forms and environmental effects of critical elements in solid-waste materials - combustion residues. In: Bernhard, M., Brinckman, F.E., Sadler, P.J. (eds.) The Importance of Chemical "Speciation" in Environmental Processes. Dahlem-Konferenzen, Springer Verlag Berlin, S. 465-491.

Förstner, U. (1988): Geochemische Vorgänge in Abfalldeponien. Die Geowissenschaften 6, 302-306.

Förstner, U. (1989): Contaminated Sediments. Springer Verlag Berlin.

Förstner, U., Kersten, M., Wienberg, R. (1989): Geochemical processes in landfills. In: Baccini, P. (Hrsg.) The Landfill - Reactor and Final Storage. Lecture Notes in Earth Sciences 20, S. 39-81. Springer Verlag Berlin.

Förstner, U. (1990): Umweltschutztechnik. Springer-Verlag Berlin, Heidelberg, New York.

Förstner, U., Colombi, C., Kistler, R. (1990): Dumping of wastes. In: Merian, E. (Hrsg.) Metals and Their Compounds in the Environment. Kap. I.7b, S. 333-355. VCH Verlagsgesellschaft Weinheim.

Förstner, U. (1992): Geochemical concepts in solid waste management. In: Vernet, J.-P. (ed.) Proc. 5th Intern. Conf. Environmental Contamination, Morges/Schweiz, CEP Consultants Edinburgh, S. 123-132.

Franzius, V. (1991): Möglichkeiten zur Bodensanierung. Chem.-Ing.-Tech. 63 (4), 348-358.

Gerth, J., Wienberg, R., Förstner, U. (1991): Chromium in contaminated soils: Bound forms and chromium immobilization by ferrous iron. Proc. 8th Int. Conf. "Heavy Metals in the Environment", Edinburgh, Sept. 1991, pp 54-57.

Hartinger (1991): Handbuch der Abwasser- und Recyclingtechnik. Carl Hanser Verlag, München, Wien.

Heimhardt, H.-J. (1990): Sanierungsverfahren - Waschen. In: Weber, H.H. (Hrsg.) Altlasten - Erkennen, Sanieren, Bewerten. Springer-Verlag Berlin, Heidelberg, New York, pp 239-270.

Hempel, M., Hintelmann, H., Wilken, R.D. (1992): Determination of organic mercury species in soils by HPLC-ultraviolet detection. Analyst 117, 669-672.

Herms, U., Brümmer, G. (1978): Löslichkeit von Schwermetallen in Siedlungsabfällen und Böden in Abhängigkeit von pH-Wert, Redoxbedingungen und Stoffbestand. Mitt. Deutsche Bodenkdl. Ges. 27, 23-43.

Honeyman, B.D., Santschi, P.H. (1988): Metals in aquatic systems - predicting their scavenging residence times from laboratory data remains a challenge. Environ. Sci. Technol. 22, 862-871.

Hünert, R. (1986): Entwicklung von Verfahren zur Beurteilung des Deponieverhaltens. Dissertation Universität Paderborn.

Kerndorff, H., Milde, G., Schleyer, R., Arneth, J.-D., Dieter, H., Kaiser, U. (1988): Grundwasserkontaminationen durch Altlasten: Erfassung und Möglichkeiten der standardisierten Bewertung. In: Wolf, K., Van den Brink, W.J., Colon, F.J. (eds.)

Contaminated Soil '88. Band 1, S. 129-145. Kluwer Academic Publ., Dordrecht/Niederlande.

v. Lersner, H. (1992): Wir brauchen bundeseinheitliche Grenzwerte. Altlasten 1, 8-10.

Lion, L.W., Altmann, R.S., Leckie, J.O (1982): Trace-metal adsorption characteristics of estuarine particulate matter: Evaluation of contribution of Fe/Mn oxide and organic surface coatings. Environ. Sci. Technol. 16, 66O-666.

Martin, A. (1990): Thermische Bodenreinigung mit dem BORAN-Wirbelschichtverfahren. Chem.-Ing.-Tech. 62 (3), 204-206.

Nicholson, R.V., Cherry, J.A., Reardon, E.J. (1983): Migration of contaminants in groundwater at a landfill: A case story. 6. Hydrochemistry. J. Hydrol. 63, 131-167.

Padberg, S., May K. (1992): Occurence and behaviour of mercury and methyl mercury in the aquatic and terrestrial environment. In: Rossbach, M., Schladot, J.D., Oscapczuk, P. (eds.) Specimen Banking - Environmental Monitoring and Modern Analytical Approaches. Chap. 6.5, 195-215.

Peiffer, S. (1989): Biogeochemische Regulation der Spurenmetallöslichkeit während der anaeroben Zersetzung fester kommunaler Abfälle. Dissertation Universität Bayreuth, 197 S.

Salomons, W., Förstner, U. (1984): Metals in the Hydrocycle. Springer Verlag Berlin.

Salomons, W., Förstner, U. (eds.) (1988): Chemistry and Biology of Solid Waste - Dredged Material and Mine Tailings. Springer Verlag Berlin.

Scheffer, F., Schachtschabel, P. (1989): Lehrbuch der Bodenkunde. 5. Auflage, überarbeitet von Blume et al. Ferdinand Enke Verlag, Stuttgart.

Schoer, J., Förstner, U. (1987): Abschätzung der Langzeitbelastung von Grundwasser durch die Ablagerung metallhaltiger Feststoffe. Vom Wasser 69, 23-32.

Selenka, F. (1986): Typische Industriestandorte und ihre Altlastenprobleme. In: Jessberger, H.L. (Hrsg.) Altlasten und kontaminierte Standorte - Erkundung und Sanierung. Tagung in Bochum am 2. April 1986. S. 37-38.

Stigliani, W.M. (1991): Chemical Time Bombs: Definition, Concepts, and Examples. Executive Report 16 (CTB Basic Document), IIASA, Laxemburg/Österreich, 23 S.

Stigliani, W.M. (1992): Chemical time bombs, predicting the unpredictable. In: Chemical Time Bombs. European State-of-the-Art Conference on Delayed Effects of Chemicals in Soils and Sediments. Veldhoven/Niederlande, 2.-5. September 1992, S. 12.

Stumm, W. (1987): Aquatic Surface Chemistry. Chemical Processes at the Particle-Water Interface. John Wiley & Sons, New York.

Tauchnitz, J. et al. (1983): Zur Ablagerung der industriellen Abprodukte. 27. Mitt. Zum Verhalten von Schwermetallionen in Deponiestandorten. Z. Angew. Geol. 29, 311-317.

Tucker, S.P., Carson, G.A. (1985): Deactivation of hazardous chemical wastes. Environ. Sci. Technol. 19, 215-220.

Wienberg, R., Förstner, U. (1990): Chemische Umwandlungsvorgänge in Altlasten/Mobilisierung von Schadstoffen. In: Franzius, V., Stegmann, R., Wolf, K. (Hrsg.) Handbuch der Altlastensanierung. 6. Lieferung 8/90, Kap. 1.2.1. R.v.Decker's Verlag, G. Schenck Heidelberg.

Wiles, C.C., Barth, E., de Percin, P. (1988): Status of solidification/stabilization in the United States and factors affecting its use. In: Wolf, K., Van den Brink, W.J., Colon, F.J. (eds.) Contaminated Soil '88. Band 1, Kluwer Academic Publ., Dordrecht/Niederlande, S. 947-956.

Wilken, R.D. (1992): Mercury analysis: Especial examples of species analysis. Fres. J. Anal. Chem. 342, 795-801.

Wilmoth, R.C., Hubbard, S.J., Burckle, J.O., Martin, J.F. (1991): Production and processing of metals: Their disposal and future risks. In: Merian, E. (Hrsg.) Metals and their Compounds in the Environment - Occurrence, Analysis and Biological Relevance. Kapitel I.2, VCH Verlag Weinheim, S. 19-65.

MODELLHAFTE SANIERUNG VARTA-SÜD, HANNOVER

Dipl.-Ing. Peter C. Relotius
IMS Ingenieurgesellschaft mbH

1 SITUATION AUF DEM GELÄNDE

1.1 Bisherige und geplante Nutzung

Das 45 ha große Gelände "Varta-Süd" liegt im Nordwesten von Hannover im Stadtteil Marienwerder. Es grenzt unmittelbar südlich an das Betriebsgelände der VARTA Batterie AG an, wo seit 1940 Akkumulatoren produziert werden und bis Mitte der 50er Jahre auch eine Bleihütte und Bleimühlen betrieben wurden. Das Gelände war seinerzeit für eine spätere Ausweitung der Produktionsstätten reserviert worden, die aber nicht realisiert wurde. Während des Krieges befanden sich hier militärische Einrichtungen und das Außenlager Stöcken des KZ Neuengamme.

Nach dem Kriege wurde das Gelände vorwiegend landwirtschaftlich und kleingärtnerisch genutzt. Heute ist ein großer Teil der Fläche mit Gras- und Buschbestand besiedeltes Brachland. Einige Bereiche sind für den Arten- und Biotopschutz als besonders wertvoll anzusehen.

Während des Krieges wurden Wege, Plätze und Fundamente des KZ-Außenlagers und der militärischen Einrichtungen mit Schlacken und Aschen befestigt, die teilweise aus der Bleihütte der Varta AG stammten.

Es wurden vorhandene Gruben, wie z. B. Bombentrichter, Schachtungen und Gräben mit Bauschutt und anderen Abfällen verfüllt und Aufhaldungen angelegt. Unkontrollierte Abfallablagerung erfolgte auch in den darauf folgenden Jahrzehnten während der kleingärtnerischen und landwirtschaftlichen Nutzung des Geländes.

Eine Geländemulde wurde von VARTA als Betriebsdeponie für Bauschutt, Erdaushub und ausgegorenen Filterschlamm genutzt.

Der in W-O-Richtung das Gelände durchfließende Roßbruchgraben wird seit Produktionsbeginn der Akkumulatorenfabrik für die Einleitung der betrieblichen Abwässer genutzt. Der Graben wurde mehrfach ausgebaggert, und die Sedimente wurden je nach Zugänglichkeit auf den Grabenschultern deponiert. Die Höhe der Auffüllung mit ausgebaggertem Bachsediment (sog. Deposol) beträgt teilweise bis zu 1 m.

Der Boden im Umkreis der Varta ist auf dem Luftpfad durch Schadstoffimmissionen flächenhaft belastet. Quellen waren vor allem die ehemalige Bleihütte und Bleimühlen.

Im Jahre 1989 wurde das Gelände von der Landeshauptstadt Hannover aufgekauft, um dort den Wissenschaftspark Hannover einzurichten. Vorgesehen ist insbesondere der Bau von Hochschulinstituten, forschungsorientierten Gewerbebetrieben, Hotel- und Tagungsgebäuden. Einen weiteren Schwerpunkt der Planungen bildet die Sicherung bzw. Entwicklung der wertvollen Flächen für Fauna und Flora. Grün- und Biotopflächen sind insbesondere im Bereich des Roßbruchgrabens vorgesehen. Auf der Fläche des ehemaligen KZ soll eine Gedenkstätte entstehen.

1.2 Geologie und Hydrogeologie

Die Landschaft im Norden Hannovers besteht in großen Bereichen vorwiegend aus pleistozänen Geschiebesanden, aus denen durch Windeinfluß feinkörnige Sande ausgeblasen und zu Dünenzügen aufgeweht wurden.

Dementsprechend dominieren auf dem "Varta-Süd"-Gelände Niederterrassen- und Talsandflächen sowie Dünen und Flugsandfelder, die nach der Saale-Kaltzeit äolisch transportiert wurden und sich in einer Kette entlang der östlichen Talseite der Leine ablagerten. Es handelt sich in der Hauptsache um Fein- und Mittelsande, die im allgemeinen gut sortiert sind. In der Tiefe verschieben sich die Korngrößen häufig in Richtung auf Grobsand mit z. T. deutlichen Feinkiesanteilen. In diesen Grobsand-/Kiesgemischen liegt der Grundwasserspiegel.

Sondierungen haben gezeigt, daß großflächig verbreitete Schluffhorizonte nicht auftreten. Sie liegen vermutlich lokal begrenzt als Linsen in cm- bis dm-Schichtdicke vor. Den Talsanden der Weichselvereisung sind lokal humose, z. T. torfige Ablagerungen zwischengeschaltet. Grundwasser- und stauwasserbeeinflußte Böden kommen in Nebentälern der Leine-Aue, z. B. entlang des Roßbruchgrabens, vor. Im Uferbereich des Roßbruchgrabens besteht die Auffüllung aus ausgebaggerten Bachsedimenten.

Der nur wenige Dezimeter starke z. T. bindige und humose Oberboden wurde durch die wechselnde Nutzung des Geländes bearbeitet bzw. umgelagert.

Die 8 - 10 m mächtige Schicht aus den Talsanden und den darunterliegenden Kiesschottern bildet einen Aquifer, der sich unter dem gesamten "Varta-Süd"-Gelände ausdehnt. Der Flurabstand des Grundwassers liegt zwischen 0,30 m im Westen und 4,40 m im Osten des "Varta-Süd"-Geländes. Nach dem Grundwassergleichenplan verläuft der Abstrom generell in

Richtung auf den Roßbruchgraben als Vorfluter. Im östlichen Teil wird der Grundwasserabstrom durch eine Brauchwasserentnahme stark beeinflußt.

1.3 Handlungsbedarf

Die im Boden gemessenen Stoffkonzentrationen an Blei, Antimon und zum Teil auch Cadmium sind bei Exposition als gesundheitsgefährdend einzustufen (inhalative Aufnahme von Staub, Hautkontakt, orale Aufnahme). Aufgrund der hohen Zn-Gehalte sind phytotoxische Wirkungen zu befürchten. Beeinträchtigungen der in diesem Bereich vorhandenen und geplanten Biotope sind, zumindest langfristig, nicht auszuschließen. Für eine Nutzung dieses Bereiches als Grünzone zur extensiven Erholung ist eine Sanierung der oberflächennahen Bodenschichten daher unbedingt erforderlich.

Aus dem Vergleich der Schwermetallkonzentration am Roßbruchgraben mit gleichartigen "Bodentypen" auf der "Fläche Varta-Süd", läßt sich eine Migration der standortspezifischen Parameter Blei und Antimon in unbelastete, geogene Ablagerungen nachweisen. Da die vertikale Verbreitung kontaminierten Materials bis in die gesättigte Bodenzone reicht, ist eine potentielle Gefährdung des Grundwassers grundsätzlich gegeben.

Auch wenn bei den im unmittelbaren Uferbereich durchgeführten chemischen Grundwasseranalysen keine gravierende Schwermetallbelastung festgestellt wurde, läßt sich aus dem Vergleich der Grundwasseranalysen untereinander aber zumindest für den westlichen und mittleren Grabenverlauf eine Beeinträchtigung der Grundwasserqualität aus der dortigen Bodenbelastung ablesen. Allerdings sind die ermittelten Schwermetallkonzentrationen im Wasser insgesamt nicht so hoch als daß nach Ansicht des Gutachters allein daraus eine sofortige Sanierung des Grabens und seiner Uferzone notwendig wird. Diese Einschätzung bezieht sich allerdings nur auf die Dringlichkeit von Sanierungsmaßnahmen. Um die Besorgnis der Grundwasserbeeinträchtigung nach §34 (2) WHG auszuräumen, ist die Sanierung der hochkontaminierten Bodenbereiche erforderlich.

1.4 Teilflächenzuordnung

Die Gesamtfläche Varta-Süd ist im Hinblick auf künftige Nutzung und unterschiedliche Sanierungsanforderungen aufgeteilt worden.

- Die **"Grünzone Roßbruchgraben"** (Abb. 1) als zentrale Achse des Wissenschaftsparkes mit der z. T. sehr hohen Belastung des Grabenaushubes und soll im Rahmen einer modellhaften Sanierung von Schwermetallkontaminationen mit Förderung des BMFT saniert werden. Hierüber wird im folgenden weiter berichtet.

- Der verbleibende Bereich der **"Ansiedlungsflächen"** (Bauflächen, angrenzende Grünflächen und Verkehrsflächen) soll u. a. auch mit Einbeziehung der bei der Roßbruchgrabensanierung gewonnenen Erfahrungen weitgehend parallel dazu saniert werden. Für bereits seit 1990 durchgeführte Baumaßnahmen wurden die betroffenen kontaminierten Flächen ausgeräumt. Der Boden wurde in Halden im Nordbereich zur Entsorgung bereitgestellt (Abb. 1).
  Da angesichts der Zusammensetzung der Haldeninhalte aus Altablagerungen auf dem Gelände eine wirtschaftliche Bodenreinigung kaum realisierbar erscheint und andererseits ein Freimachen der Fläche für den Bau der Stadtbahnverlängerung dringend geboten ist, sollen die Halden zur Sonderabfalldeponie Hoheneggelsen entsorgt, bzw. wegen nur begrenzt verfügbarer Mittel zum Teil in ein genehmigtes Zwischenlager verbracht werden.
  Die Sanierungsuntersuchungen auf den Ansiedlungsflächen sollen 1992 abgeschlossen werden. Erst danach kann ein Sanierungskonzept für die kontaminierten Bereiche erstellt werden.

2 SANIERUNGSUNTERSUCHUNGEN ROSSBRUCHGRABEN

Die im Zeitraum 1990/91 durchgeführten Detail- und Sanierungsuntersuchungen lieferten nur ein begrenztes Bild über die Verteilung der standorttypischen Schadstoffe nach Fläche und Tiefe im Bereich Roßbruchgraben. Im Zuge ergänzender Sanierungsuntersuchungen durch das Büro Prof. Mull & Partner wurde die Anzahl der Rammkernsondierungen und chemischen Untersuchungen erheblich ausgeweitet, so daß nunmehr etwa alle 50 m ein Querprofil mit 7 bis 15 Sondierungen aufgenommen wurde. Die Ermittlung der kontaminierten Bereiche erfolgte anhand von geologischer und organoleptischer Ansprache an ca. 320 Rammkernsondierungen und chemischer Analyse von etwa 370 Bodenproben.

Für die Sanierungsplanung zur Prüfung infragekommender Sanierungsverfahren und zur Kostenermittlung waren realistische Aussagen über die Zusammensetzung der belasteten Böden erforderlich. Daher wurden an insgesamt 117 Proben Korngrößenbestimmungen vorgenommen.

2.1 Handlungswerte

Als Grundlage für die Bewertung der Untersuchungsbefunde wurden parallel zu den Untersuchungen eine Bewertungskonzeption sowie standortspezifische "Handlungswerte" für die relevanten Parameter Blei, Antimon, Cadmium und PAK erarbeitet. Die kritische Beurteilung der Ergebnisse obliegt einer eigens für den Fall "Varta-Süd" gebildeten Bewertungsgruppe.

Die von der Bewertungsgruppe und dem Amt für Umweltschutz der Stadt Hannover für die Sanierung der Fläche Varta-Süd festgelegten Handlungswerte sind in Abb. 2 aufgelistet.

Da der Bereich "Roßbruchgraben" ausschließlich der extensiven Erholung dienen soll, sind im gesamten Bereich die von der Bewertungskommission vorgeschlagenen Handlungswerte der Kategorie I im Oberboden einzuhalten. In tieferen Bereichen des Bodens wären zur Aufrechterhaltung des absoluten Grundwasserschutzes die Werte der Kategorie II einzuhalten. Da jedoch die hierfür definierten Handlungswerte bereits in der Größenordnung der flächenhaften Belastung des gesamten Geländes liegen, erscheint eine so weitgehende Sanierung nicht wirtschaftlich vertretbar. Es wurde daher ein weiterer Handlungswert III festgelegt, dessen Einhaltung einen ausreichenden Schutz des Ökosystems allgemein, einschließlich eines eingeschränkten Grundwasserschutzes erwarten läßt. Sofern durch entsprechende Nutzungsbeschränkungen (Grünflächen mit bodendeckendem Bewuchs, kein Anlegen von Wegen etc.) der Schutz menschlicher Gesundheit gesichert wird, können nach Vorgaben des Amtes für Umweltschutz auch höhere Schadstoffgehalte im Oberboden akzeptiert werden. Wie der untere Teil von Abb. 2 zeigt, liegen die zugehörigen Handlungswerte für öffentliche Grünflächen etwa im Bereich des Handlungswertes III.

Zur Berücksichtigung spezieller Schadstoffbindungsformen mit geringen löslichen Anteilen wurden darüberhinaus zu den jeweiligen Kategorien Handlungswerte für lösliche Anteile von Blei und Antimon festgelegt (s. Abb. 2). Diese wurden für ein spezielles Extraktionsverfahren (selektiv angewandte 2. Stufe der sequentiellen Extraktion nach Förstner) anhand von Vergleichsuntersuchungen an Proben mit Grundbelastung ermittelt.

2.2 Bodenkontamination

Unter Zugrundelegung der Handlungswerte der Kategorie III, gem. Abb. 2, wurden diejenigen Bereiche kartiert, in denen der Boden Schadstoffkonzentrationen oberhalb der Handlungswerte für Blei und Antimon aufweist.

Bohrungen im Bachbett des Roßbruchgrabens, s. Abb. 3, haben ergeben, daß die Kontamination im oberen Grabenlauf bis etwa 0,5 m unter Grabensohle, im mittleren Grabenlauf etwa 1 bis 1,5 m unter Grabensohle vorhanden ist. Nur im Unterlauf beschränken sich die Kontaminationen auf die Grabenschultern. Für den Aushub der kontaminierten Bereiche sind daher Grundwasserabsenkungen in den Aushubabschnitten um bis zu 2,5 m erforderlich.

Am Beispiel des Querprofils M 10 ist in Abb. 4 der Umfang der Untersuchungen in einem Profil dargestellt. Der hochkontaminierte Grabenaushub (Deposol) erstreckt sich auf eine Breite von 25 m und reicht von GOK bis zu 1 m Tiefe. Schadstoffgehalte über dem Handlungswert sind in schluffigen Böden seitlich des Grabens bis in Tiefen von 2 m unter GOK zu finden. In feinsandigen Schichten unter dem Bachbett reichen sie noch 1 m tiefer. Die höchsten flächenhaft verbreiteten Gehalte an Blei und Antimon liegen eindeutig im Deposol mit einer durchschnittlichen Belastung von 20.000 ppm Pb und 2.000 ppm Sb. Die Kontamination nimmt abgesehen von Ausnahmen (unerkanntes Deposol oder Anreicherung in tonig/schluffigen Horizonten?) zur Tiefe hin deutlich ab. In den unterlagernden belasteten Sedimenten wurden durchschnittliche Gehalte von 790 ppm Pb und 56 ppm Sb ermittelt.

In Abb. 5 sind für das gleiche Profil M 10 die im kontaminierten Bereich angetroffenen Feinkorngehalte aufgezeigt. Im Grabenaushub sind die Schluffanteile mit über 30 % durchweg am höchsten. Bereichsweise wurden aber auch in den kontaminierten tieferen Bodenschichten hohe Schluffanteile angetroffen, die eine Reinigung der Böden erschweren oder zumindest erheblich verteuern.

Während im vorgenannten Fall die Kontamination bis weit in den Grundwasserbereich hinabreicht, beschränken sich die Bodenbelastungen im Unterlauf auf die obere Bodenschicht. Das Profil M 14 zeigt eine typische Erscheinung eines 200 m langen Grabenabschnittes, in dem am Südrand bis zu 3 m mächtige Ablagerungen von Betontrümmern und Bauschutt angetroffen wurden (s. Abb. 6). Ufernah sind auch hier Grabenaushubablagerungen vorhanden, die teilweise unter den Ablagerungen angetroffen werden, zum Teil aber auch mit den Bauschuttablagerungen vermischt sind.

Beispielhaft zeigt Abb. 6 auch im Süden des Profils M 14 den Übergang von roßbruchgrabentypischen Verunreinigungen zu hochkontaminierten Altablagerungen die sich über die Grenze der geplanten Grünzone in die Ansiedlungsflächen hinein erstrecken. Die flächenhaften Ablagerungen sind allerdings in der Regel weniger mächtig als hier dargestellt.

Die über dem Handlungswert III kontaminierten und damit zu sanierenden Flächen der "Grünzone Roßbruchgraben" sind in Abb. 7 schraffiert gekennzeichnet. Demnach sind etwa 40.200 m^2 oder 45 % der gesamten Grünzone Roßbruchgraben zu sanieren. Unter Berücksichtigung der Kontaminationstiefe ergeben sich folgende Bodenvolumina:

Gesamtvolumen kontaminierter Boden	26.000 m^3
* Bodenvolumen oberhalb Grundwasserspiegel	20.000 m^3
* Bodenvolumen im Grundwasserbereich	6.000 m^3
davon mit Kontaminationen:	
* 500 - 3.000 mg Pb/kg / 20 - 100 mg Sb/kg	11.500 m^3 = 44 %
* 3.000 - 15.000 mg Pb/kg / 100 - 500 mg Sb/kg	7.250 m^3 = 28 %
* > 15.000 mg Pb/kg / 500 mg Sb/kg	7.250 m^3 = 28 %

- zuzüglich nicht kontaminierter Bauschutt (Betontrümmer) der kontaminierte Bereiche überlagert mit 6.300 m^3

Bei Ermittlung dieser Mengen ist die Festlegung einer Nutzungsbeschränkung für den Oberboden vorausgesetzt. Kann diese nicht realisiert werden, fallen zusätzliche ca. 14.000 m^3 Boden mit Kontaminationen zwischen 150 - 500 mg Pb/kg bzw.
5 - 15 mg Sb/kg an.

2.3 Grundwasseruntersuchungen

Im Rahmen von Grundwasserüberwachungsmaßnahmen wurden zur Ergänzung der Grundwasserüberwachung auf der Gesamtfläche Varta-Süd an 4 Stellen des Grabenlaufes Gruppen von Grundwassermeßstellen errichtet, an denen die obere Grundwasserschicht beprobt und untersucht wird (Cluster).
Erste Messungen haben ergeben, daß im Mittellauf des Grabens an zwei Stellen die Bleigehalte von 36 bzw. 65 µg/l sowie 83 µg/l die Grenzwerte der Trinkwasserverordnung überschreiten und in einer Messung mit 160 µg/l der C-Wert der NL-Liste fast erreicht wird.

Die Grundwasseruntersuchungen werden fortgesetzt. Im Bereich erforderlicher Grundwasserabsenkungen bei der Sanierung werden in Kürze zwei Pumpversuche durchgeführt, mit denen geprüft werden soll, welche k_f-Werte im Bereich der belasteten oberflächennahen Sedimente für die Konzeption von Grundwasserabsenkungsmaßnahmen zugrundegelegt werden können.

2.4 Sanierungsziele

Ziel der Sanierungsmaßnahmen ist die Abwehr akuter Gefährdungen sowie die Wiederherstellung umweltverträglicher Zustände im Bereich des Grabens. Hierzu sollen die vorhandenen Schadstoffkonzentrationen auf ein Maß reduziert werden, das Beeinträchtigungen der Umwelt langfristig ausschließt. Diese Forderung wird als erfüllt angesehen, wenn die von der Bewertungsgruppe vorgeschlagenen Handlungswerte für die relevanten Parameter Blei, Antimon, Cadmium und PAK durch Aufbereitung des Bodens erreicht werden.

Sollten aus technischen und wirtschaftlichen Gründen diese strengen Sanierungszielwerte nicht erreichbar sein, so kann eine Kombination aus Sanierung und Sicherung zumindest für einen gewissen Zeitraum Schutz gewährleisten. Dieser Schutz besteht so lange, wie die Sicherungsanlagen intakt sind und keine sensibleren Nutzungen als vorgesehen stattfinden. Durch eine bodenbedeckende Bepflanzung kann z. B. der Zugang des Menschen zum Bodenmaterial ausgeschlossen und damit auf Einhaltung eines den Menschen schützenden Sanierungszielwertes verzichtet werden.

Das Grabenprofil soll in seiner jetzigen Form auch nach der Sanierung bestehen bleiben. Der gereinigte Boden soll für den Bereich der geplanten Grünanlagen beiderseits des Roßbruchgrabens wiederverwendet werden.

Erklärtermaßen wichtige Ziele während der Sanierung sind der Erhalt zu schützender Pflanzen, die weitgehende Mengenreduzierung der letztendlich auf eine Sondermülldeponie zu verbringenden Reststoffe, dazu eine Sortierung und Aufbereitung des Materials aus Altablagerungen und, soweit verfahrenstechnisch machbar, Behandlung des kontaminierten Restmaterials mit dem Ziel der Wiederverwertung der Metalle.

3 SANIERUNGSKONZEPT

Für die Sanierung der Roßbruchgrabensedimente und der dadurch kontaminierten Bodenbereiche kommen Sicherungsverfahren grundsätzlich nur mit zweiter Priorität in Frage, da sie das angestrebte Ziel einer endgültigen Sanierung des Standortes nicht ersetzen können. Die zur Verfügung stehenden in situ-Sanierungsverfahren (chemisch-physikalische Behandlung, Biologie) sind für das vorliegende Schadstoffspektrum nicht geeignet. Sie werden deshalb nicht weiter verfolgt.

Das Sanierungskonzept zur Beseitigung der Schwermetall-Kontaminationen auf dem Gelände Varta-Süd - Teilprojekt Roßbruchgraben - sieht vor, den Boden durch Einsatz von physikalischen oder physikalisch-chemischen Bodenwaschverfahren ex situ zu reinigen. Dazu stehen mechanisch arbeitende Waschverfahren mit Energieeintrag (z. B. Hochdruckbodenwäsche), chemische Extraktionsverfahren, bei denen die Waschflüssigkeit mit Säure oder Komplexbildnern versetzt wird, und gemischte Verfahren, bei denen der chemischen Extraktion eine naßmechanische Vorbehandlungsstufe vorgeschaltet ist, zur Verfügung.

Die Anwendbarkeit der auf dem Markt befindlichen Verfahren richtet sich nach:
- dem Anteil an feinkörnigem Bodenmaterial,
- der Menge des belasteten Materials,
- den Metallkonzentrationen,
- der Art der Metallbindung im Boden,
- den Metallassoziationen,
- der Verteilung der Metalle auf die Kornfraktionen.

Analysen haben gezeigt, daß der zu waschende Boden einen sehr hohen Ton-Schluffanteil (30 % und mehr) hat und daß die Schadstoffe über das gesamte Korngrößenspektrum verteilt sind. Nach einem ersten Schritt der Sanierungsuntersuchungen wurde daher die Durchführung von Bodenwaschversuchen vorgesehen, mit dem Ziel:

- die Einsetzbarkeit verfügbarer Bodenreinigungsverfahren unter den speziellen Bedingungen des Bodens und der Kontamination zu überprüfen,
- die Erreichbarkeit vorgegebener Reinigungsziele (Restverunreinigungen) zu überprüfen,
- Anhaltspunkte für die Wirtschaftlichkeit verschiedener Verfahren zu gewinnen und
- eine Vorauswahl geeigneter Verfahren zu ermöglichen.

3.1 Bodenwaschversuche

3.1.1 Ausgewählte Waschverfahren

Nach Durchführung einer marktumfassenden Voranfrage und einer anschließenden beschränkten Ausschreibung, wurden vier Bodenwaschfirmen für die Durchführung der Versuche ausgewählt. Dabei kamen die folgenden Waschverfahren zur Anwendung:

a) Das Hochdruck-Waschverfahren (Klöckner-Ökotec), angewandt von der Fa. NORDAC, in deren stationärer Bodenwaschanlage in Hamburg (physikalisches Waschverfahren),
b) das kavitative ASRA-Waschverfahren, angewandt von der Fa. Kupczik, in einer stationären Waschanlage der Freien und Hansestadt Hamburg in HH-Stellingen (physikalisches Waschverfahren),
c) das Heijmans-Waschverfahren, angewandt von der Fa. HDW in einer stationären Anlage in Rosmalen/Niederlande (chemisches Waschverfahren),
d) ein kombiniertes Waschverfahren aus physikalischer Bodenwäsche nach dem Holzmann- und Harbauer-Verfahren und einer chemischen Nachbehandlung, nach einem von Harbauer erarbeiteten Verfahren, angewandt in einer Technikumsanlage der Fa. Harbauer und Holzmann in Berlin sowie für die chemische Nachbehandlung im Labor-Maßstab.

3.1.2 Ergebnisse der Waschversuche

Sämtliche am Ausgang der jeweiligen Bodenwaschanlagen auftretenden Reststoffströme wurden durch den Auftraggeber beprobt und analysiert. Zwar wurden in vielen Fällen die Schadstoffanalysen von den Bodenwäschern selbst durchgeführt, doch schien es zum Vergleich der Ergebnisse untereinander sinnvoll, zusätzliche Untersuchungen von einem zentralen Labor vornehmen zu lassen.

Für die Beurteilung der erzielten Reinigungsleistung ist sowohl die Schadstoffbelastung des Bodens vor der Wäsche als auch die Schadstoffbelastung in der als "gereinigter Boden" bezeichneten Fraktion nach der Wäsche von Bedeutung. Dabei wurde aufgrund der bestehenden Sanierungszielvorgaben sowohl der Gesamtschadstoffgehalt als auch der nach verschiedenen Eluationsverfahren ermittelte lösliche Anteil berücksichtigt.

Für die Beurteilung der erreichten Reinigungsergebnisse muß auch berücksichtigt werden, daß der Feinkornanteil (Schluff und Ton) im zu waschenden Boden unerwartet hoch war und im Mittel etwa 44 % betrug. An den Einsatz von Bodenwaschverfahren stellt dieser Boden besondere Ansprüche. Zudem war bei dem vorgegebenen engen Zeitplan und nur begrenzter Verfügbarkeit insbesondere der Großanlagen eine abschließende Optimierung von Verfahrenseinstellungen zum Teil gar nicht oder nur in geringem Maße möglich. Dennoch erwarten einige Bodenwäscher noch verbesserte Reinigungserfolge durch Verfahrensoptimierungen im Anwendungsfall. Die Ergebnisse für den Parameter Blei sind in Abb. 8 dargestellt.

Bewertet man die geprüften Verfahren hinsichtlich ihrer Eignung für den Einsatz bei einer Bodenwäsche der schwermetallkontaminierten Böden aus dem Bereich des Roßbruchgrabens anhand der Ergebnisse der chemischen Analyse des gereinigten Bodens, so wird folgendes deutlich:

- Nur ein kombiniertes Verfahren, das sowohl die physikalische Behandlung in Form einer naßmechanischen Aufbereitung, als auch die chemische Nachbehandlung des vorgereinigten Bodens anwendet, ist geeignet, bei den vorliegenden Kontaminationen die vorgeschlagenen Sanierungszielwerte zu erreichen.
- Auch bei diesem Verfahren besteht noch Bedarf an Optimierung, da die Kontaminanten Blei und Antimon nicht in gleicher Weise abgereichert werden.
- Ein abschließender Vergleich mit den Sanierungszielen ist erst möglich, wenn auch der zulässige lösliche Anteil eindeutig und endgültig definiert ist.

- Werden höhere Restverunreinigungen zugelassen, so sind sowohl die rein naßmechanischen, als auch die rein chemischen Verfahren geeignet, einen wesentlichen Teil der Kontamination zu entfernen.

Es muß generell festgestellt werden, daß die aus dem Bodenwaschversuch Varta-Süd abgeleiteten Reinigungsleistungen nicht auf beliebige andere schwermetallbelastete Standorte übertragbar sind. Letztlich haben die hier beschriebenen Waschversuche gezeigt, daß die von einigen Firmen aus anderen Sanierungsfällen abgeleiteten Aussagen über die Erreichbarkeit von Sanierungszielwerten nicht übertragbar waren. Vermutlich sind die Metallbindungsformen ausschlaggebend, ob ein Verfahren die angestrebte Reinigungsleistung erbringt. Vor der Auswahl eines Waschverfahrens sind daher in jedem Falle Voruntersuchungen erforderlich.

Die derzeit von den einzelnen Bodenwäschern vorgelegten Kostenangaben lassen einen endgültigen Vergleich der Verfahren in bezug auf deren Wirtschaftlichkeit noch nicht zu. Es ist jedoch zu erkennen, daß eine mehrfache Behandlung mit rein physikalischen Verfahren, um in die Nähe der Sanierungsziele zu kommen, zu einer erheblichen Kostensteigerung führt. Auch eine Verbesserung der Reinigungswirkung bei rein chemischen Verfahren ist mit erheblich höheren Kosten verbunden und nach Ansicht der Firma unwirtschaftlich.

Das kombinierte Verfahren physikalischer und zweistufiger chemischer Nachbehandlung, ist nach ersten vorliegenden Zahlen offensichtlich teurer als die anderen Verfahren. Dieses ist angesichts der Vielzahl der Behandlungsschritte auch verständlich, muß andererseits aber auch unter dem Gesichtspunkt beurteilt werden, daß bei diesem Verfahren die vorgegebenen Zielwerte erreicht werden.

3.2 Optimierungsversuche zur Bodenwäsche

In weitergehenden Laborversuchen wurde die chemische Nachbehandlung des naßmechanisch vorgereinigten Bodens optimiert. Dies war erforderlich, da entsprechende Nachbehandlungsanlagen bisher nicht existieren und die geforderten Sanierungszielwerte bei den ersten Bodenwaschversuchen nicht vollständig erreicht wurden.

Im einzelnen wurden Versuche zur Festlegung des Extraktionsregimes, zur Trennschnittoptimierung und zur Abwasserbehandlung durchgeführt.

Extraktionsregime:
- Säureauswahl
- Säurekonzentration
- Reaktionstemperatur
- Verweilzeit

	-	Mehrstufige Verfahren
Trennschnitt:	-	Anpassung des Trennschnittes der naßmechanischen Bodenreinigung zur Optimierung des Gesamtreinigungserfolges
Abwasserbehandlung:	-	Optimierung des Säurekreislaufes
	-	Bestimmung der Schadstoffe im Abwasser

Die Versuche sind noch nicht abgeschlossen. Als Zwischenergebnis kann festgehalten werden, daß mit Salpetersäure in einem zweistufigen Verfahren der Sanierungszielwert für Blei 500 mg/kg TS deutlich unterschritten werden kann. Für Antimon wird der Zielwert 20 mg/kg TS dabei jedoch nicht erreicht. Antimon wird am besten durch Zitronensäure extrahiert.

3.3 Feinstoffbehandlung und -verwertung

Als Produkt der Bodenwäsche entsteht zum einen der gereinigte Boden (Sand) und zum anderen die Feinstofffraktion, die neben dem Ton- und Schluffanteil des Bodens auch den größten Teil der Schadstoffe enthält. Üblicherweise werden die Feinstoffe am Ende der Bodenwäsche bis zur Stichfestigkeit entwässert und auf einer Sonderabfalldeponie entsorgt.

Um das benötigte Deponievolumen zu senken und um das in den Feinstoffen enthaltene Blei als Wertstoff zu nutzen, wurden Versuche zur Feinstoffbehandlung und -verwertung durchgeführt. Als Versuchmaterial für diese weitergehenden Versuche wurden bei den Bodenwaschversuchen entsprechende Feinstoffmengen zurückgestellt.

3.3.1 Chemische Feinstoffreinigung (Extraktion)

Die chemische Feinstoffreinigung hat zum Ziel, die Wiederverwendung der Feinstoffe zu ermöglichen, oder zumindest eine einfachere Deponierung (Hausmülldeponie) zu erreichen. Das ausgefällte Schwermetallkonzentrat soll sich nach Aussagen von Verfahrensanbietern zum Einsatz in der Bleiverhüttung eignen.

Von zwei Verfahrensanbietern wurden Laborversuche zur Säurebehandlung der Feinstoffe durchgeführt. Beide Anbieter arbeiten mit verdünnten Mineralsäuren als Extraktionsmittel. Die Prozesse unterscheiden sich in den Reaktionsbedingungen und in der nachgeschalteten Fällung der Schwermetalle aus dem Extraktionsmittel.

Die Fa. ROM, deren Verfahren bei Umgebungstemperatur arbeitet, konnte keine nennenswerten Reinigungserfolge verzeichnen. Der Bleigehalt der Feinstoffe wurde beispielsweise von 20.600 mg/kg im Eingangsmaterial auf

18.100 mg/kg im Ausgangsmaterial gesenkt. Dieses Verfahren ist für den vorgesehenen Einsatz im Fall Varta-Süd offensichtlich nicht geeignet.

Die Fa. Preussag Noell Wassertechnik, die mit höheren Säurekonzentrationen bei erhöhten Temperaturen (40°C bis 60°C) arbeitet, konnte deutlich bessere Ergebnisse erzielen.

Bleigehalt:		**Antimongehalt:**	
Eingang:	46.000 mg/kg	Eingang:	270 mg/kg
Ausgang:	520 mg/kg	Ausgang:	16 mg/kg

Die Zielwerte (Blei: 500 mg/kg, Antimon: 20 mg/kg) können mit diesem Verfahren erreicht werden.

Aussagen über die Kosten und die technischen Randbedingungen des Verfahrens konnten noch nicht getroffen werden. Dazu sind zunächst Versuche im Technikumsmaßstab nötig. Die Technikumsanlage des Anbietes steht erst ab Herbst 1992 für Versuche zur Verfügung. Nach ersten Schätzungen kann durch Anwendung dieses Verfahrens jedoch kein Kostenvorteil gegenüber der Verbringung der Feinstoffe auf die Sonderabfalldeponie erzielt werden.

3.3.2 Einsatz der Feinstoffe in der Bleiverhüttung

Die Verhüttung der Feinstoffe aus der Bodenwäsche hat das Ziel, das enthaltene Blei zu verwerten und die Restverunreinigungen in der Schlacke zu immobilisieren. Drei Hüttenbetriebe haben die mineralische Zusammensetzung des Feinschlamms analysiert. Aufgrund der Zusammensetzung kann der Schlamm bei allen Hütten als Zuschlagstoff eingesetzt werden.

Folgende Hüttenprozesse kommen dafür in Frage:
- konventioneller Primärbleihüttenprozeß (Schachtofen),
- emissionsarmer Primärbleihüttenprozeß (QSL),
- spezieller Sekundärbleihüttenprozeß (Wälzarbeit).

Die abgehende Ofenschlacke hat im Mittel einen Bleigehalt von 1 Gew.%. Von echter stofflicher Verwertung des Bleianteils der Feinstoffe kann gesprochen werden, wenn der Bleigehalt deutlich über 10.000 mg/kg TS liegt.
Aufgrund der bisherigen Laboranalysen kann noch keine Aussage über das metallurgische Verhalten der Feinstoffe im Ofen gemacht werden. Dazu ist in jedem Fall ein Großversuch mit mindestens 100 Mg notwendig. Da diese Menge Feinstoffe nicht zur Verfügung stand, wurde bisher kein Großversuch in einer Bleihütte durchgeführt.

Trotz der stofflichen Verwertung, muß eine Zuzahlung an die Hütte geleistet werden. Nach ersten Schätzungen der anbietenden Hütten, liegt diese Zuzahlung in der gleichen Größenordnung wie die derzeitigen Entsorgungsgebühren der Sonderabfalldeponien.

3.4 Schlackeuntersuchungsprogramm

Da in einigen Bereichen des Roßbruchgrabens auch Schlackebeimengungen angetroffen wurden, war ein besonderes Schlackeuntersuchungsprogramm notwendig mit dem Ziel:

- die unterschiedlichen Typen der Schlacken zu definieren,
- die chemischen und physikalischen Eigenschaften der verschiedenen Schlacketypen zu bestimmen,
- genauere Informationen über die Mengen der Schlacken zu gewinnen,
- das Gefahrenpotential der schlackehaltigen Böden zu definieren und eine nutzungsbezogene Bewertung durchzuführen.

Als Ergebnis des Schlackeuntersuchungsprogramms kann festgehalten werden, daß von den im Bereich des Roßbruchgrabens vorgefundenen makroskopisch erkennbaren Schlacken und Aschen keine erhöhte Gefährdung ausgeht. Fremdbeimengungen im Boden, wie Schlacken, Aschen und vor allem Bauschutt mit Mörtel, der unter Verwendung hochbelasteter Stoffe hergestellt wurde, sind jedoch Indikatoren für erhöhte Belastungen der umgebenden Feinbodenmatrix.

Für die vorgesehene Bodenwäsche ergeben sich keine speziellen Konsequenzen aus den Erkenntissen des Schlackeuntersuchungsprogramms. Die technisch mögliche Abtrennung größerer Schlacke- oder Aschepartikel ist nicht erforderlich. Die bei diesen Beimengungen im Feinkornbereich angetroffenene hohe Kontamination läßt sich vermutlich kaum von Bodenpartikeln trennen und wird bei der Bodenwäsche in der Feinstofffraktion angesammelt.

4 SANIERUNGSVARIANTEN

Variante A:

Die Grundvariante zur Sanierung des Roßbruchgrabens beinhaltet die naßmechanische Bodenwäsche, die chemische Nachbehandlung des gewaschenen Sandes in den Fällen, in denen die Sanierungszielwerte nicht direkt erreicht werden, die Behandlung, Verwertung oder Entsorgung der Feinstoffe. Dieses Sanierungskonzept ist in Abb. 10 als Fließschema dargestellt. Bei Durchführung dieser Grundvariante ist zu erwarten, daß die genannten Sanierungsziele erreicht werden.
Die Sanierung kann bis zum Jahre 1995 abgeschlossen werden. Die geschätzten Gesamtkosten dieser Sanierung betragen nach heutigem Preisstand etwa 49 Mio. DM einschließlich der bisherigen Aufwendungen für Untersuchungen, Gutachten, Versuche und Planungsarbeiten in Höhe von 4,2 Mio. DM. Sie liegen damit wesentlich über den bisher angenommenen

Gesamtkosten von 35 Mio. DM, für die Haushaltsmittel bereitgestellt waren. Zur Entlastung des städtischen Haushaltes kommen folgende Sanierungsvarianten in Frage.

Variante B:
Als Sparvariante ist in Abb. 11 das Sanierungsschema dargestellt, bei dem nur eine einfache naßmechanische Bodenwäsche angewandt wird. Diese Variante kann eingesetzt werden, wenn die zulässige Restverunreinigung für sehr hoch kontaminierte Böden auf etwa 3.000 mg Pb/kg bzw. 100 mg Sb/kg erhöht wird. Niedrig kontaminierte Böden dürften dabei auf die bisherigen Sanierungszielwerte abzureinigen sein. Bodenchargen, die den höchsten Sanierungszielwert nach der Reinigung nicht erfüllen, werden nicht wieder eingebaut, sondern als Sonderabfall deponiert. Da der Aushub unter Anwendung des bestehenden Handlungswertes erfolgt und höhere Restverunreinigungen nicht oberflächennah eingebaut werden, ist die uneingeschränkte Nutzbarkeit des sanierten Bereiches gewährleistet. Der beabsichtigte Grundwasserschutz wird bei dieser Variante aber trotz erheblicher Reduzierung der im Boden verbleibenden Schadstoffmengen nur zum Teil erreicht. Diese Sanierung wird voraussichtlich etwa 35 Mio. DM kosten.

Variante C:
Wird die Sanierung in 3 sinnvoll abgrenzbaren Abschnitten nacheinander, evtl. auch mit Unterbrechungen, durchgeführt, so ergeben sich für das in jedem Fall als on-site Sanierung durchzuführende Verfahren gemäß Variante A zwar geringere jährliche Belastungen des Haushaltes, insgesamt aber eine erhebliche Steigerung der Sanierungskosten. Günstiger sähe diese Lösung bei Anwendung der Verfahren gemäß Variante B aus. Hier könnte die Bodenbehandlung durchaus off-site in stationären Bodenbehandlungsanlagen erfolgen und damit in beliebig kleine Abschnitte unterteilt werden. Die Gesamtkosten werden aber auch hier über denen der Variante B liegen.

Liste der Abbildungen

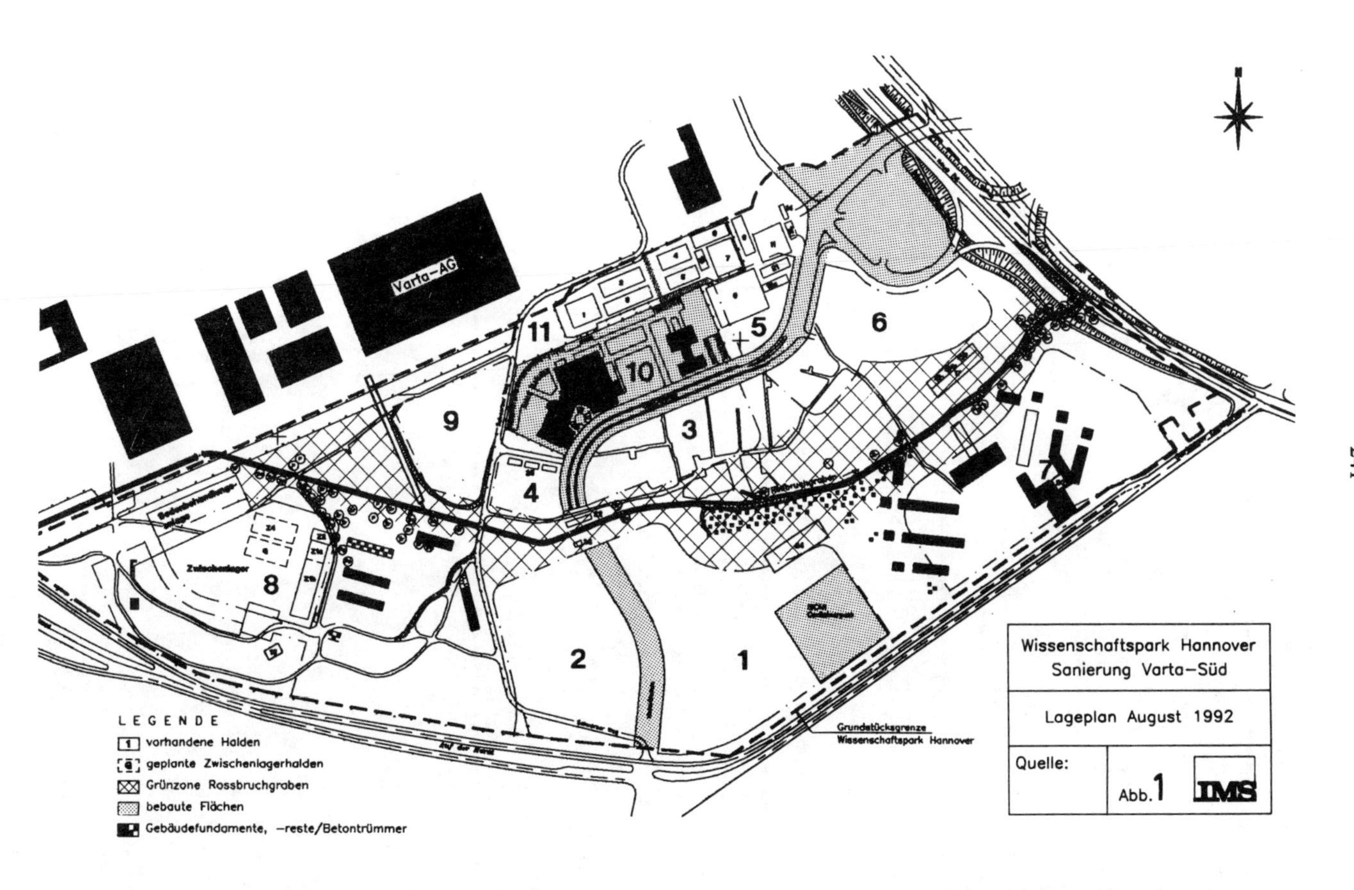
Varta-AG
11
10
9
5
6
3
4
8
Zwischenlager
2
1
Grundstücksgrenze
Wissenschaftspark Hannover
LEGENDE
vorhandene Halden
geplante Zwischenlagerhalden
Grünzone Rossbruchgraben
bebaute Flächen
Gebäudefundamente, -reste/Betontrümmer
Wissenschaftspark Hannover
Sanierung Varta-Süd
Lageplan August 1992
Quelle:
Abb. 1
IMS

Handlungswerte für Blei und Antimon ohne Nutzungsbeschränkungen:

Kategorie	Schutzziel	Blei	Antimon
I	menschliche Gesundheit	150 mg/kg	5 mg/kg
II	strikter Grundwasserschutz	150 mg/kg oder 25 mg/kg löslicher Anteil *)	5 mg/kg oder 0,3 mg/kg löslicher Anteil *)
III	Ökosystem allgemein	500 mg/kg oder 70 mg/kg löslicher Anteil *)	20 mg/kg oder 1 mg/kg löslicher Anteil *)

*): ins Grundwassser auswaschbarer löslicher Anteil im Boden (2. Stufe der selektiven Extraktion nach Förstner)

Handlungswerte im Oberboden bei Nutzungseinschränkungen:

Fläche	Schutzziel	Blei	Antimon
Freiflächen auf Institutsbauflächen	menschliche Gesundheit	1500 mg/kg	50 mg/kg
öffentliche Grünanlagen, sonstige Freiflächen	menschliche Gesundheit	500 mg/kg	15 mg/kg
Eingriffswert für Abräumung und Entsorgung auf Sonderabfalldeponie ist noch festzulegen			

Wissenschaftspark Hannover
Sanierung Varta–Süd

Handlungswerte für Blei und Antimon

Abb. 2 IMS

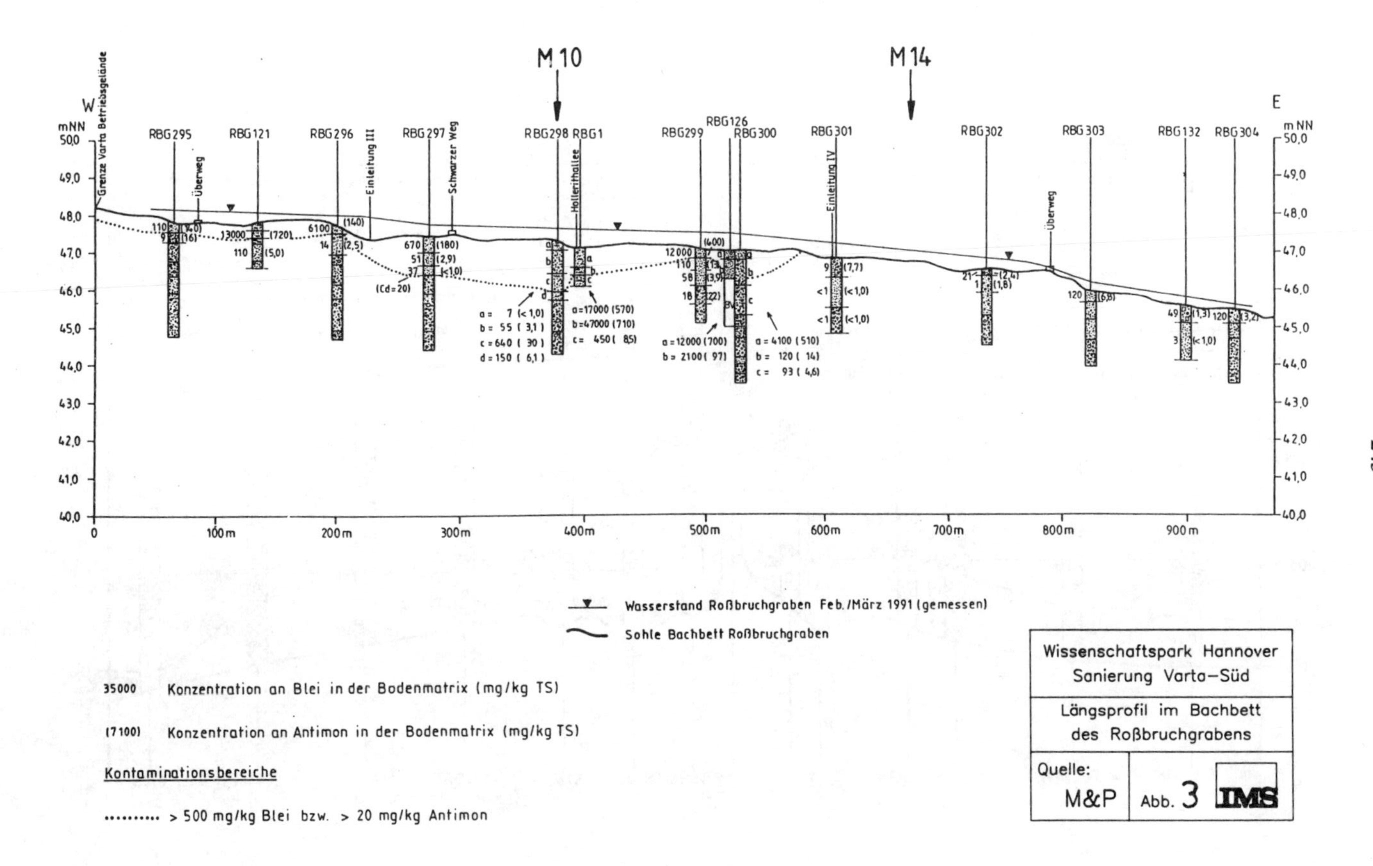
M 10
M 14
W
E
mNN
Grenze Varta Betriebsgelände
RBG 295
RBG 121
RBG 296
RBG 297
RBG 298
RBG 1
RBG 299
RBG 126
RBG 300
RBG 301
RBG 302
RBG 303
RBG 132
RBG 304
Überweg
Einleitung III
Schwarzer Weg
Hollerithallee
Einleitung IV
Überweg
50,0
49,0
48,0
47,0
46,0
45,0
44,0
43,0
42,0
41,0
40,0
0
100m
200m
300m
400m
500m
600m
700m
800m
900m
(Cd=20)
a = 7 (< 1,0)
b = 55 (3,1)
c = 640 (30)
d = 150 (6,1)
a=17000 (570)
b=47000 (710)
c= 450 (8,5)
a = 12000 (700)
b = 2100 (97)
a = 4100 (510)
b = 120 (14)
c = 93 (4,6)
Wasserstand Roßbruchgraben Feb./März 1991 (gemessen)
Sohle Bachbett Roßbruchgraben
35000 Konzentration an Blei in der Bodenmatrix (mg/kg TS)
(7100) Konzentration an Antimon in der Bodenmatrix (mg/kg TS)
Kontaminationsbereiche
.... > 500 mg/kg Blei bzw. > 20 mg/kg Antimon
Wissenschaftspark Hannover
Sanierung Varta-Süd
Längsprofil im Bachbett
des Roßbruchgrabens
Quelle:
M&P
Abb. 3
IMS

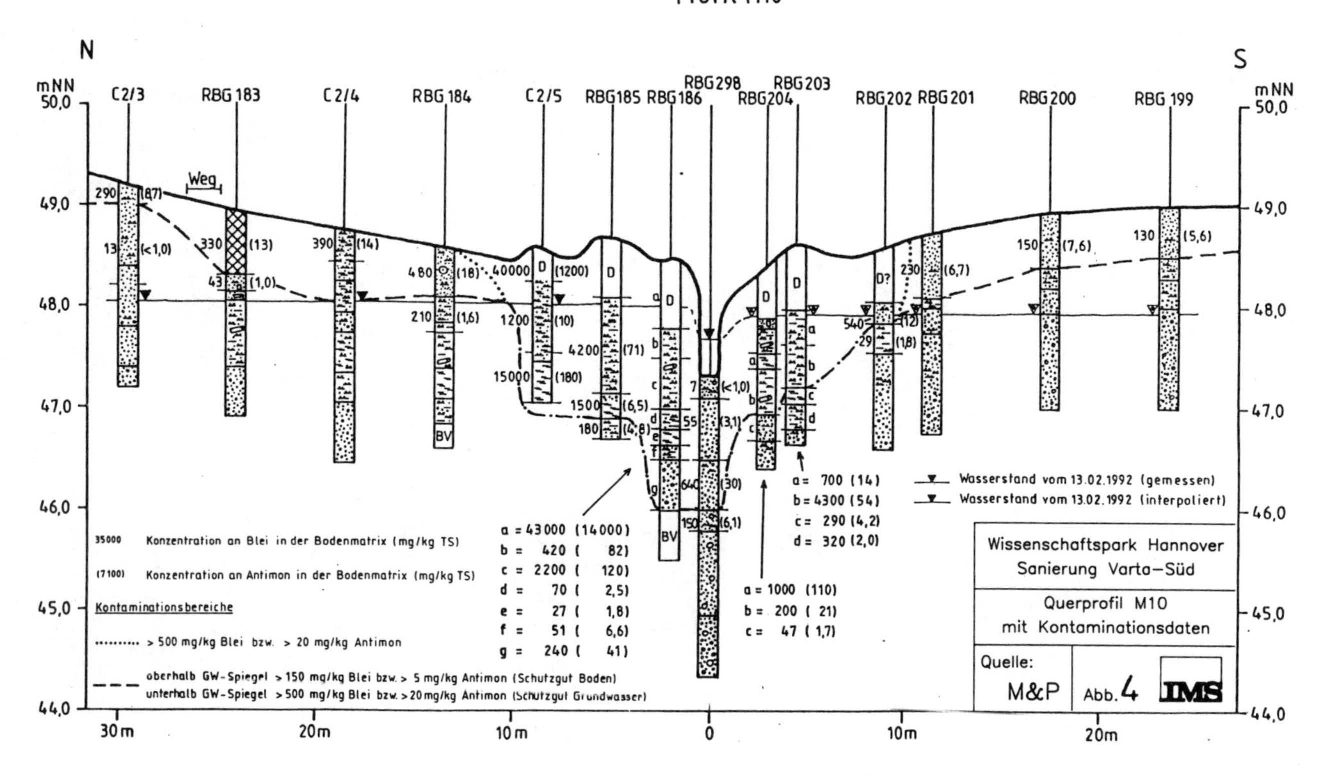
Profil M10
N
S
mNN 50,0
49,0
48,0
47,0
46,0
45,0
44,0
30m
20m
10m
0
10m
20m
C2/3
RBG183
C2/4
RBG184
C2/5
RBG185
RBG186
RBG298
RBG204
RBG203
RBG202
RBG201
RBG200
RBG199
Weg
Wasserstand vom 13.02.1992 (gemessen)
Wasserstand vom 13.02.1992 (interpoliert)
a = 700 (14)
b = 4300 (54)
c = 290 (4,2)
d = 320 (2,0)
a = 1000 (110)
b = 200 (21)
c = 47 (1,7)
a = 43000 (14000)
b = 420 (82)
c = 2200 (120)
d = 70 (2,5)
e = 27 (1,8)
f = 51 (6,6)
g = 240 (41)
35000 Konzentration an Blei in der Bodenmatrix (mg/kg TS)
(7100) Konzentration an Antimon in der Bodenmatrix (mg/kg TS)
Kontaminationsbereiche
> 500 mg/kg Blei bzw. > 20 mg/kg Antimon
oberhalb GW-Spiegel > 150 mg/kg Blei bzw. > 5 mg/kg Antimon (Schutzgut Boden)
unterhalb GW-Spiegel > 500 mg/kg Blei bzw. > 20 mg/kg Antimon (Schutzgut Grundwasser)
Wissenschaftspark Hannover
Sanierung Varta-Süd
Querprofil M10
mit Kontaminationsdaten
Quelle:
M&P
Abb. 4
IMS

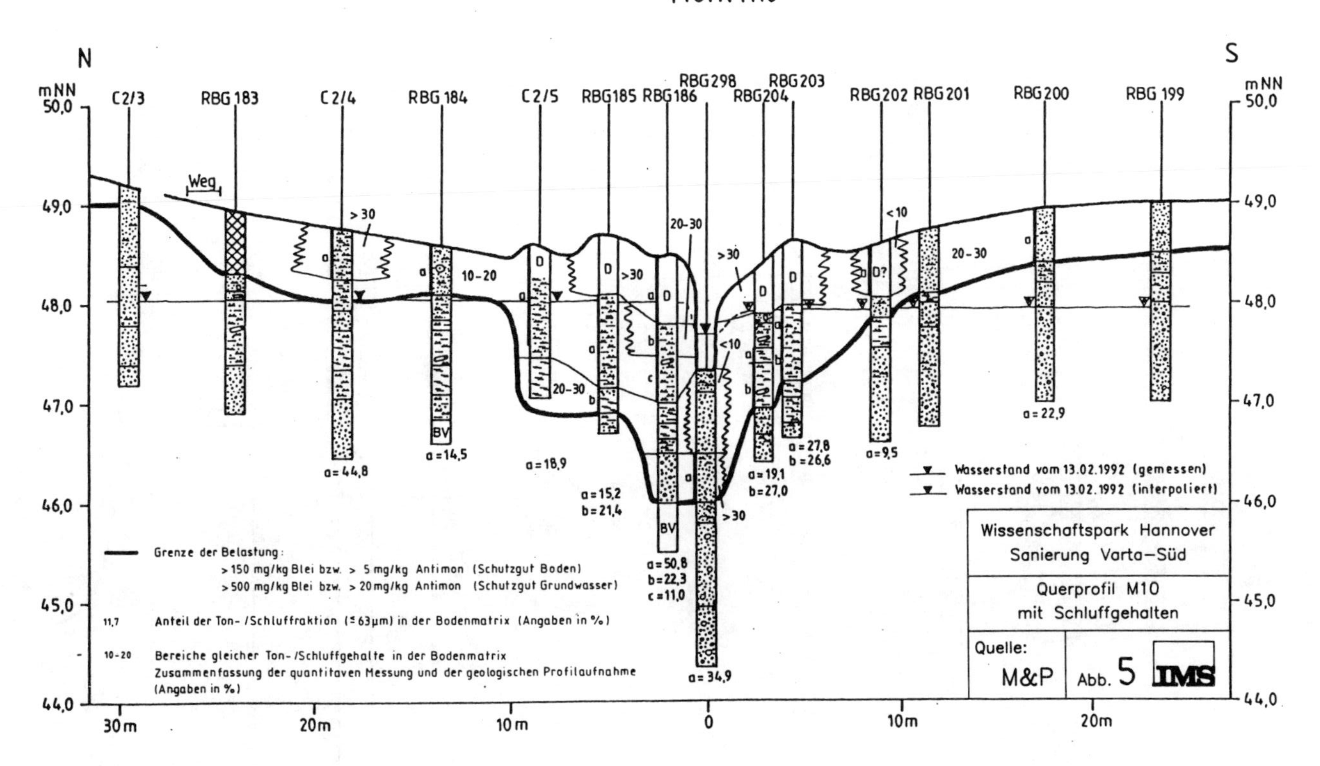
Profil M10
N
S
mNN 50,0
49,0
48,0
47,0
46,0
45,0
44,0
C2/3
RBG 183
C2/4
RBG 184
C2/5
RBG185
RBG186
RBG298
RBG204
RBG203
RBG202
RBG201
RBG200
RBG 199
Weg
30 m
20m
10 m
0
10m
20m
a=44,8
a=14,5
a=18,9
a=15,2
b=21,4
a=50,8
b=22,3
c=11,0
a=34,9
a=19,1
b=27,0
a=27,8
b=26,6
a=9,5
a=22,9
10-20
20-30
>30
<10
Wasserstand vom 13.02.1992 (gemessen)
Wasserstand vom 13.02.1992 (interpoliert)
Wissenschaftspark Hannover
Sanierung Varta-Süd
Querprofil M10
mit Schluffgehalten
Quelle:
M&P
Abb. 5
IMS
Grenze der Belastung:
> 150 mg/kg Blei bzw. > 5 mg/kg Antimon (Schutzgut Boden)
> 500 mg/kg Blei bzw. > 20 mg/kg Antimon (Schutzgut Grundwasser)
11,7 Anteil der Ton- /Schluffraktion (≤ 63µm) in der Bodenmatrix (Angaben in %)
10-20 Bereiche gleicher Ton-/Schluffgehalte in der Bodenmatrix
Zusammenfassung der quantitaven Messung und der geologischen Profilaufnahme
(Angaben in %)

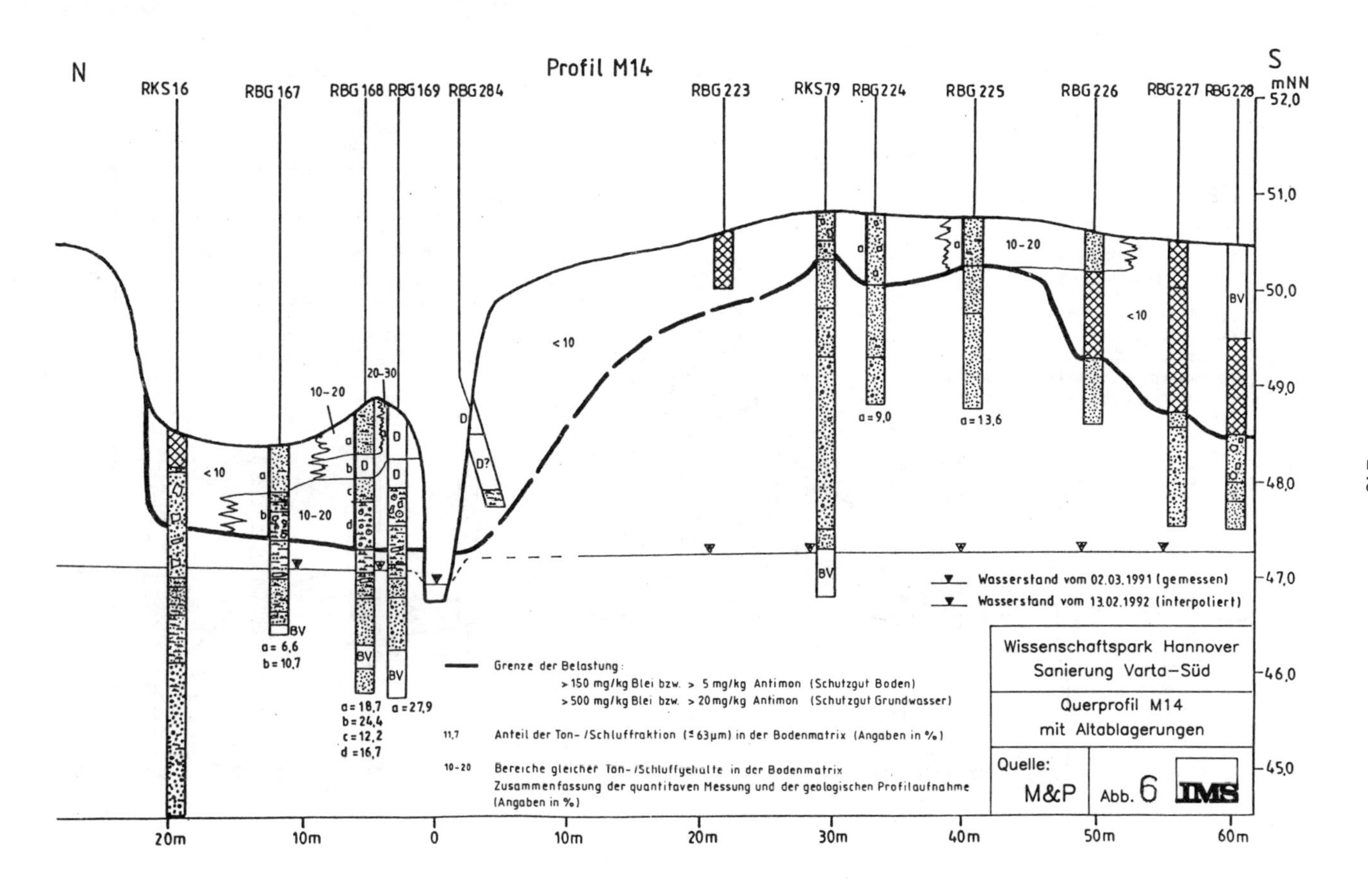

Profil M14
N
S
RKS16
RBG 167
RBG 168
RBG 169
RBG 284
RBG 223
RKS79
RBG 224
RBG 225
RBG 226
RBG 227
RBG 228
mNN
52,0
51,0
50,0
49,0
48,0
47,0
46,0
45,0
< 10
10–20
20–30
a = 6,6
b = 10,7
a = 18,7
b = 24,4
c = 12,2
d = 16,7
a = 27,9
a = 9,0
a = 13,6
BV
D
D?
20m
10m
0
10m
20m
30m
40m
50m
60m
Wasserstand vom 02.03.1991 (gemessen)
Wasserstand vom 13.02.1992 (interpoliert)
Grenze der Belastung:
> 150 mg/kg Blei bzw. > 5 mg/kg Antimon (Schutzgut Boden)
> 500 mg/kg Blei bzw. > 20 mg/kg Antimon (Schutzgut Grundwasser)
11,7 Anteil der Ton- /Schluffraktion (≤ 63µm) in der Bodenmatrix (Angaben in %)
10–20 Bereiche gleicher Ton- /Schluffgehalte in der Bodenmatrix
Zusammenfassung der quantitaven Messung und der geologischen Profilaufnahme (Angaben in %)
Wissenschaftspark Hannover
Sanierung Varta–Süd
Querprofil M14
mit Altablagerungen
Quelle:
M&P
Abb. 6
IMS

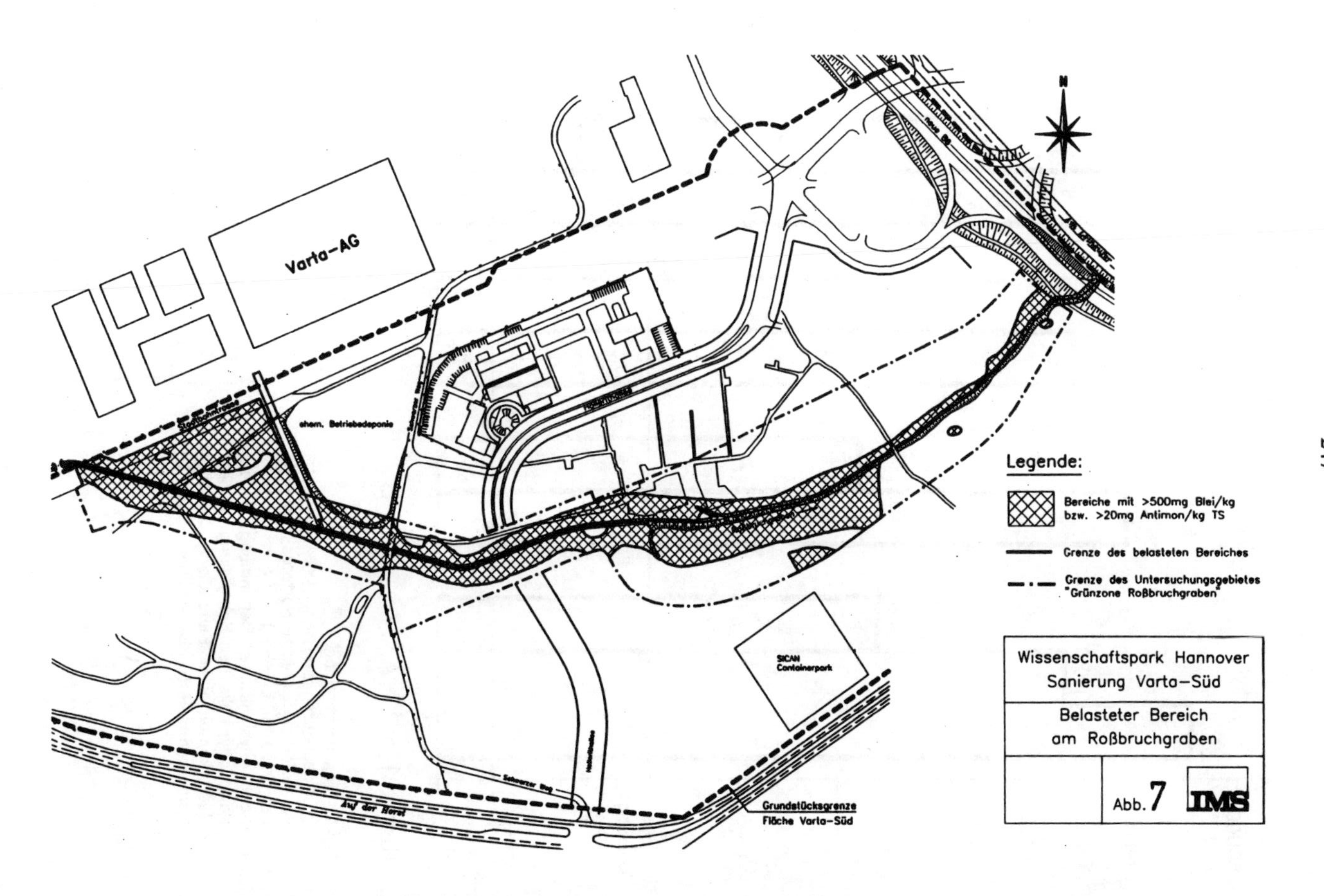
N
Varta-AG
ehem. Betriebsdeponie
SICAN Containerpark
Auf der Horst
Grundstücksgrenze Fläche Varta-Süd
Legende:
Bereiche mit >500mg Blei/kg bzw. >20mg Antimon/kg TS
Grenze des belasteten Bereiches
Grenze des Untersuchungsgebietes "Grünzone Roßbruchgraben"
Wissenschaftspark Hannover
Sanierung Varta-Süd
Belasteter Bereich am Roßbruchgraben
Abb. 7
IMS

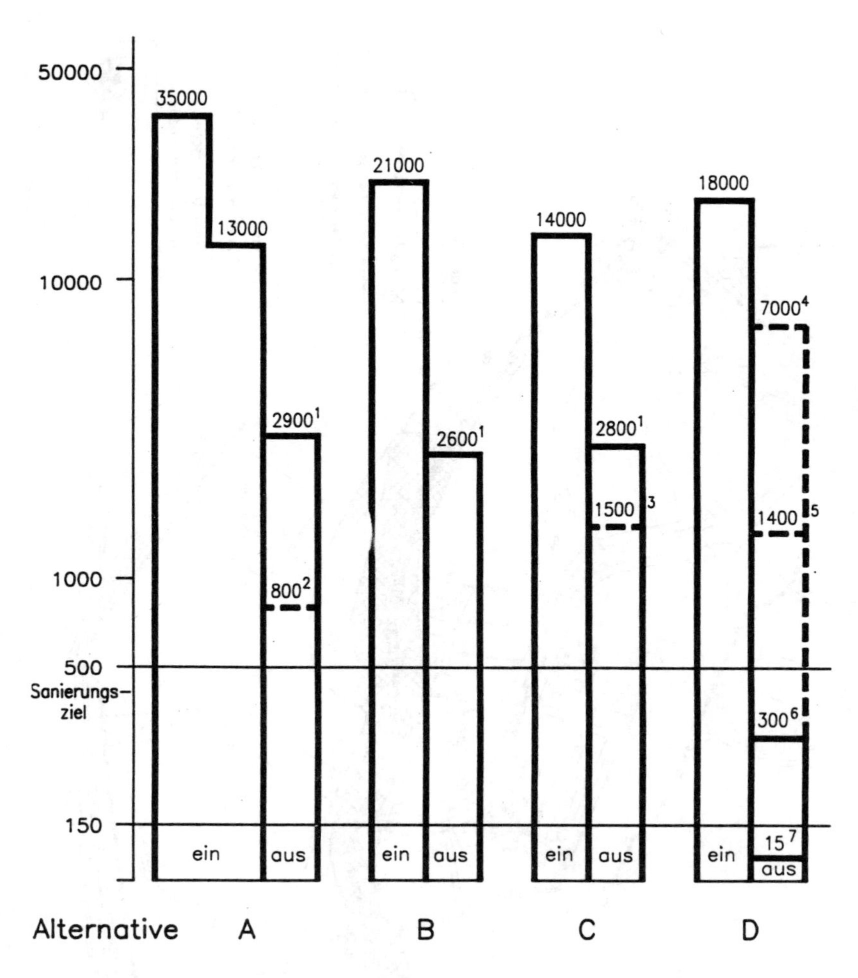

1 1. Waschdurchgang
2 2. Waschdurchgang
3 Vom Bodenwäscher erwartetes Ergebnis bei anderem pH-Wert
4 Nach physikalischer Behandlung, Bodentyp 1
5 Nach physikalischer Behandlung, Bodentyp 2
6 Nach kombinierter Behandlung, Bodentyp 1
7 Nach kombinierter Behandlung, Bodentyp 2

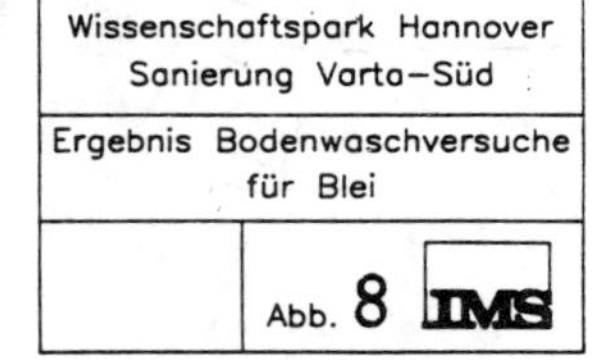

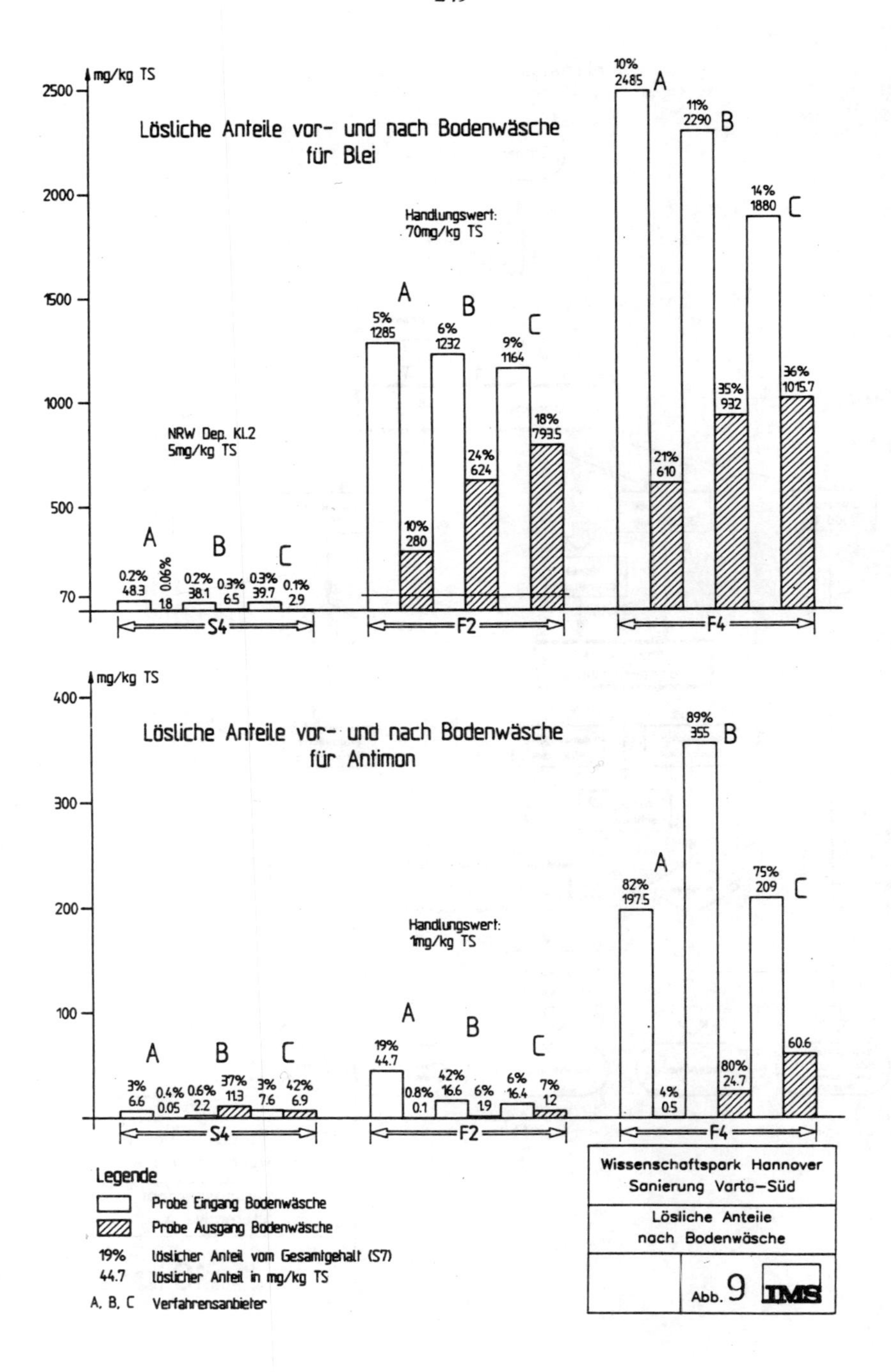
mg/kg TS
Lösliche Anteile vor- und nach Bodenwäsche
für Blei
Handlungswert:
70mg/kg TS
NRW Dep. Kl.2
5mg/kg TS
10%
2485
11%
2290
14%
1880
5%
1285
6%
1232
9%
1164
36%
1015.7
35%
932
18%
793.5
24%
624
21%
610
10%
280
0.2%
48.3
0.06%
1.8
0.2%
38.1
0.3%
6.5
0.3%
39.7
0.1%
2.9
S4
F2
F4
mg/kg TS
Lösliche Anteile vor- und nach Bodenwäsche
für Antimon
Handlungswert:
1mg/kg TS
89%
355
82%
197.5
75%
209
19%
44.7
60.6
80%
24.7
4%
0.5
42%
16.6
6%
16.4
7%
1.2
0.8%
0.1
6%
1.9
3%
6.6
0.4%
0.05
0.6%
2.2
37%
11.3
3%
7.6
42%
6.9
Legende
Probe Eingang Bodenwäsche
Probe Ausgang Bodenwäsche
19% löslicher Anteil vom Gesamtgehalt (S7)
44.7 löslicher Anteil in mg/kg TS
A, B, C Verfahrensanbieter
Wissenschaftspark Hannover
Sanierung Varta-Süd
Lösliche Anteile
nach Bodenwäsche
Abb. 9
IMS

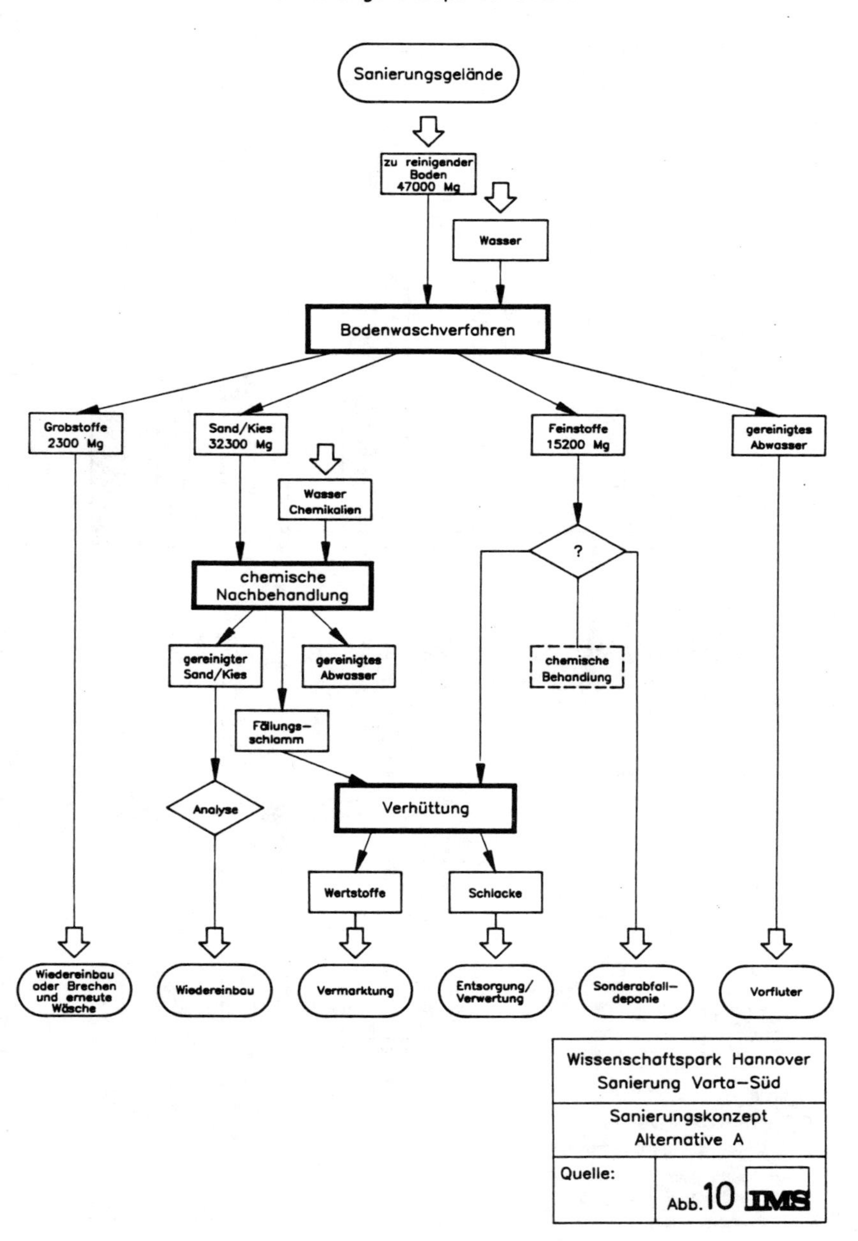
Sanierungskonzept Variante A
Sanierungsgelände
zu reinigender Boden 47000 Mg
Wasser
Bodenwaschverfahren
Grobstoffe 2300 Mg
Sand/Kies 32300 Mg
Feinstoffe 15200 Mg
gereinigtes Abwasser
Wasser Chemikalien
chemische Nachbehandlung
?
gereinigter Sand/Kies
gereinigtes Abwasser
chemische Behandlung
Fällungs-schlamm
Analyse
Verhüttung
Wertstoffe
Schlacke
Wiedereinbau oder Brechen und erneute Wäsche
Wiedereinbau
Vermarktung
Entsorgung/ Verwertung
Sonderabfall-deponie
Vorfluter
Wissenschaftspark Hannover
Sanierung Varta-Süd
Sanierungskonzept
Alternative A
Quelle:
Abb. 10
IMS

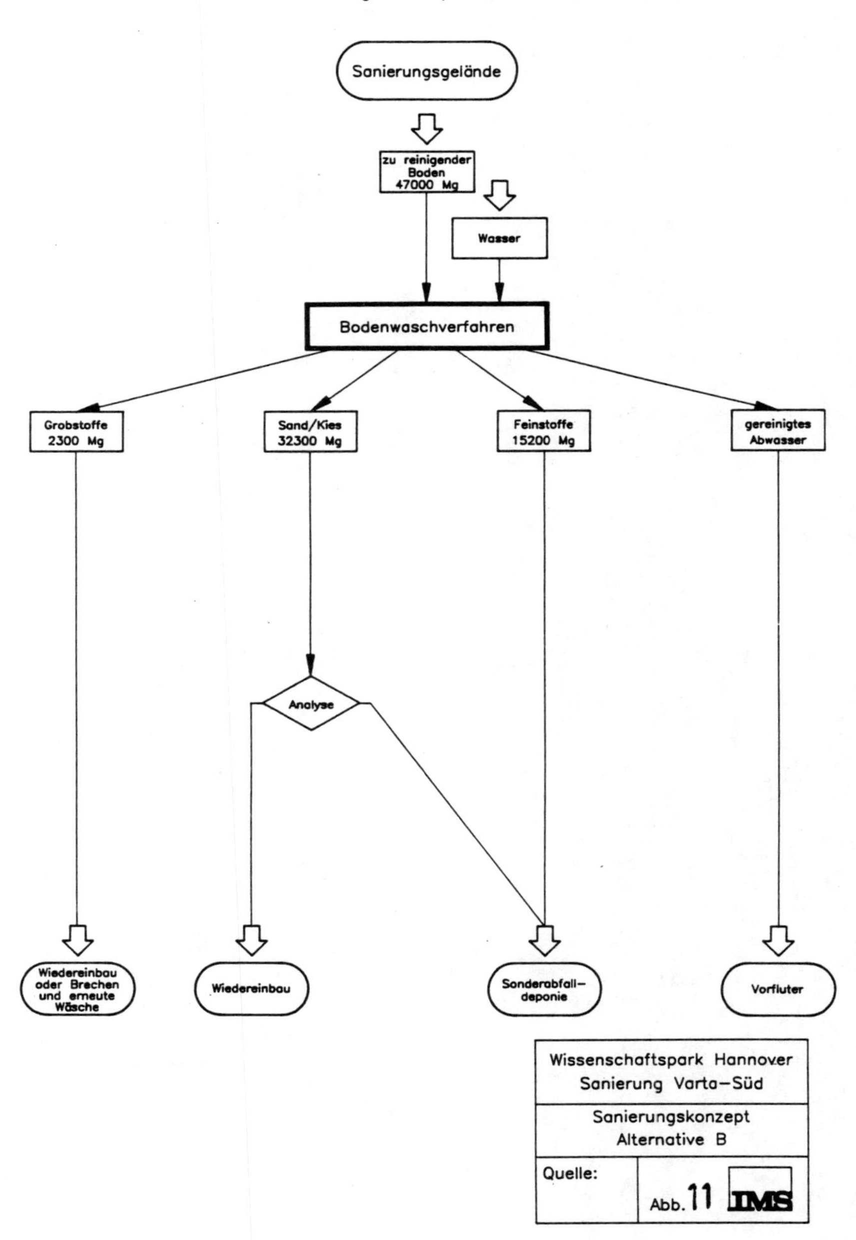
Sanierungskonzept Variante B
Sanierungsgelände
zu reinigender Boden 47000 Mg
Wasser
Bodenwaschverfahren
Grobstoffe 2300 Mg
Sand/Kies 32300 Mg
Feinstoffe 15200 Mg
gereinigtes Abwasser
Analyse
Wiedereinbau oder Brechen und erneute Wäsche
Wiedereinbau
Sonderabfall-deponie
Vorfluter
Wissenschaftspark Hannover
Sanierung Varta-Süd
Sanierungskonzept
Alternative B
Quelle:
Abb. 11
IMS

5. GESETZLICHE ASPEKTE / BEWERTUNG

Elektrochemische Dehalogenierung chlorierter Aromaten
- Von Modellsubstanzen zu praxisrelevanten "Real-Life"-Proben -

J. Voß, M. Altrogge, W. Francke
Institut für Organische Chemie der Universität
Martin-Luther-King-Platz 6, 2000 Hamburg 13

Die Entsorgung chlorierter Chlor-Kohlenwasserstoffe erfolgt bisher überwiegend durch Hochtemperaturverbrennung (VDI, 1987) oder durch Reduktion mit Alkalimetallen ("Degussa Verfahren") (Bilger, 1990). Ferner werden seit längerer Zeit von verschiedenen Arbeitsgruppen Untersuchungen zum mikrobiellen Abbau (Fortnagel et al., 1990; Müller & Lingens, 1986; Reinecke, 1989) solcher Xenobiotica unternommen. Da die genannten Verfahren entweder zu kostenaufwendig sind oder den Gehalt an Chlor-Kohlenwasserstoffen nicht unterhalb die gesetzlich geforderten Grenzwerte senken (Ballschmiter, 1991), wird ständig nach effektiveren Methoden gesucht.

Eine ernstzunehmende Alternative zu den oben genannten Verfahren stellt die elektrochemische Dehalogenierung (Barba et al., 1982; Connors & Rusling, 1983; Schmal et al., 1987) dar. Aufbauend auf den aus der Literatur bekannten Methoden zur Dehalogenierung chlorierter Benzole (Farwell et al., 1975; Petersen, 1988; Petersen et al., 1990) sollte untersucht werden, ob sich polychlorierte Biphenyle, Dibenzofurane und Dibenzo-p-dioxine elektrochemisch dehalogenieren lassen (Voß et al., 1990; Voß et al., 1991). Zunächst wurden dabei Experimente mit Reinsubstanzen vorgenommen, an die sich später Untersuchungen an "Real-Life-Proben" (der Umwelt entnommene Substanzgemische) anschlossen.

Mechanismus der elektrochemischen Dehalogenierung

Bei der elektrochemischen Dehalogenierung (Farwell et al., 1975; Wawzonek und Wagenknecht, 1963) in Methanol werden die Chloratome des Arylhalogenids reduktiv aus dem Molekül entfernt. Dabei werden an der Kathode Elektronen auf das Substrat übertragen. Das Chlor wird anschließend in Form von Chlorid abgespalten und durch ein Proton aus dem Lösungsmittel (Methanol) ersetzt (Abb. 1).

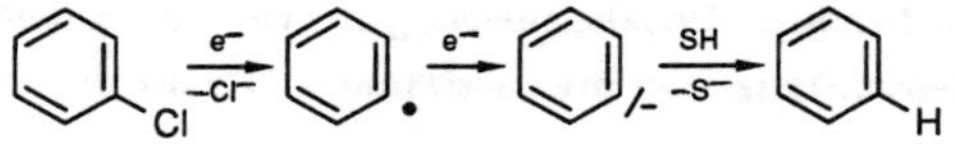

$$C_6H_5Cl \xrightarrow[-Cl^-]{e^-} C_6H_5^{\bullet} \xrightarrow{e^-} C_6H_5^{-} \xrightarrow[-S^-]{SH} C_6H_5H$$

Abb. 1: Grundreaktion der elektrochemischen Dehalogenierung von Chloraromaten

Elektrolysesystem

Die Elektrolysen wurden in geteilten Elektrolysezellen (Batch-Typ) mit einer Ionenaustauschermembran durchgeführt (Abb. 2). Als Elektrolyt wurde eine 0.1M Tetraethylammoniumbromidlösung in Methanol verwendet, wobei ein Bleiblech als Kathode und ein Platinnetz als Anode zum Einsatz kamen.

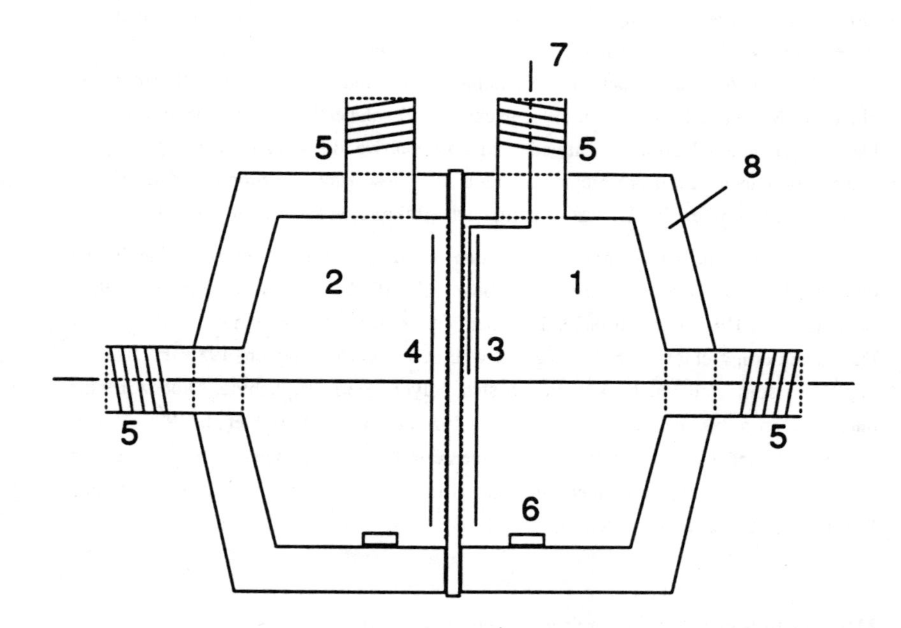

1. Kathodenraum
2. Anodenraum
3. Kathode
4. Anode
5. Quickfit
6. Magnetrührer
7. Referenzelektrode
8. Kühlmantel

Abb. 2: Elektrolysezelle vom Batch-Typ

Chlorierte Dibenzo-p-dioxine

Zunächst wurde untersucht, ob mono- und dichlorierte Dibenzo-p-dioxine in den Grundkörper oder in stärker reduzierte Spezies umgewandelt werden können (Abb. 3).

Abb. 3: Prinzip der reduktiven Dechlorierung von chlorierten Dibenzo-p-dioxinen

Aus der Gruppe der Mono- und Dichlordibenzo-p-dioxine wurden 1-Chlordibenzo-p-dioxin **3**, 2-Chlordibenzo-p-dioxin **4**, 2,3-Dichlordibenzo-p-dioxin **5** und 2,7-Dichlordibenzo-p-dioxin **6** gewählt. Durch polarographische Messungen ließen sich für keine der genannten Verbindungen Halbstufenpotentiale ermitteln. Bei allen Elektrolysen mußten aus diesem Grund empirisch ermittelte Potentiale verwendet werden.

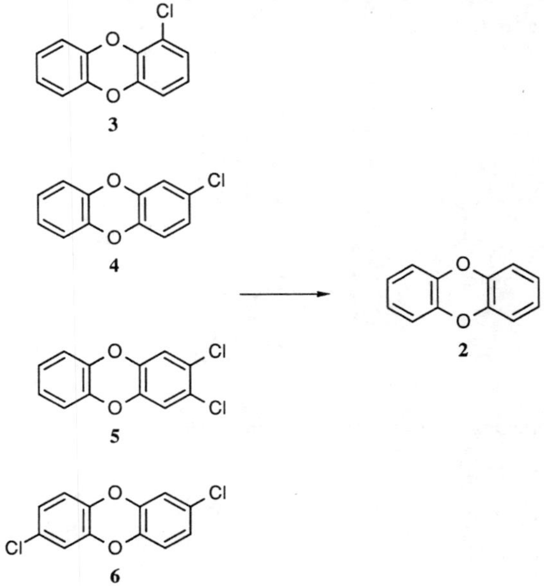

Abb. 4: Monochlor- und Dichlordibenzo-p-dioxine werden glatt und vollständig zum Grundkörper dechloriert

Die Elektrolyseversuche der vier untersuchten Verbindungen ergaben einheitliche Ergebnisse (Abb. 4). Im Fall der monochlorierten Dibenzo-p-dioxine wurde ein Potential von -2.35V vs Ag/AgBr angelegt. Die beiden Dichlorderivate 2,3-Dichlor- **5** und 2,7-Dichlordibenzo-p-dioxin **6** sind bei -2.30V elektrolysiert worden. Nach den Umsetzungen war in keinem Fall noch Edukt nachzuweisen. Alle Elektrolysen lieferten in über 99%iger Ausbeute den Grundkörper **2**; Verbindungen mit teilreduziertem aromatischem System wurden nicht erhalten.

Die Elektrolysen mono- und dichlorierter Dibenzo-p-dioxine haben gezeigt, daß die Entfernung von Chloratomen in 2-, 3-, 2,3- und 2,7-Position problemlos möglich ist. Vor diesem Hintergrund wurden 50mg Octachlordibenzo-p-dioxin **7** bei -2.30V vs Ag/AgBr in der Batch-Zelle elektrolysiert. Um die Frage zu klären, ob intermediär Tetrachlordibenzo-p-dioxine gebildet werden, wurde der Reaktionsverlauf GC/MS-spektroskopisch verfolgt. Die Existenz tetrachlorierter Dibenzo-p-dioxine konnte dabei zu keinem Zeitpunkt nachgewiesen werden. Vielmehr fand man neben dem Grundkörper jeweils geringe Mengen (<5%) eines monochlorierten und dichlorierten Dibenzo-p-dioxins als nachweisbare Zwischenstufen (Abb. 5). Als Endprodukt der Elektrolyse von Octachlordibenzo-p-dioxin **6** wurde nur der enthalogenierte Grundkörper **2** erhalten (>99%).

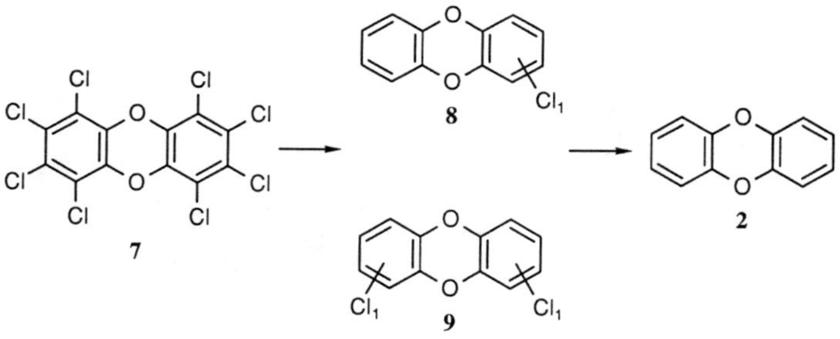

Cl Cl Cl O Cl Cl O Cl Cl Cl
7
O O Cl1
8
O O Cl1 Cl1
9
O O
2

Abb. 5: Dechlorierung von Octachlordibenzo-p-dioxin

Chlorierte Dibenzofurane

Der Grundkörper des Dibenzofurans **11** enthält im Gegensatz zum zuvor beschriebenen Dibenzo-p-dioxin **2** nur eine Sauerstoffunktion und ist somit das elektronenärmere System. Die zur Reduktion notwendige Elektronenübertragung sollte also bei weniger negativem Potential erfolgen als bei den zuvor beschriebenen chlorierten Dibenzo-p-dioxinen und zum enthalogenierten Grundkörper **11** führen (Abb. 6).

Cl_x O Cl_y → O

10 **11**

Abb. 6: Prinzip der reduktiven Dechlorierung von chlorierten Dibenzofuranen

Mit Hilfe der differentiellen Pulspolarographie war es möglich, für alle vier Monochlordibenzofuranisomere Halbstufenpotentiale zu ermitteln. Es ergaben sich für 1-Chlordibenzofuran **12** -2.05V, für 2-Chlordibenzofuran **14** -2.18V, für 3-Chlordibenzofuran **16** -2.06V und für 4-Chlordibenzofuran **17** -2.03V. Die Elektrolysen der einzelnen Isomeren wurden anschließend bei etwas negativeren als den gemessenen Halbstufenpotentialen durchgeführt. So erhielt man durch Elektrolyse von 1-Chlordibenzofuran **12** bei -2.05V (vs Ag/Ag^+) 2-Hydroxybiphenyl **13** mit einer chemischen Ausbeute von über 99% (Abb. 7A).

Dagegen ergab die GC/MS-Untersuchung der Produkte aus der Elektrolyse von 2-Chlordibenzofuran **14** (bei -2.20V) nicht nur 2-Hydroxybiphenyl **13** (40%), sondern auch eine teilreduzierte Spezies (M^+=m/z 204) mit einem Anteil von 59% am Gesamtgemisch. Mit Hilfe der Hochdruck-Flüssigkeits-Chromatographie (HPLC) konnte anschließend eine Probe der unbekannten Spezies zur weiteren Charakterisierung gewonnen werden. Durch NMR-spektroskopische Experimente konnte das Produkt als 1,4-Dihydro-2-chlordibenzofuran **15** identifiziert werden (Abb. 7B). Neben den aufgeführten Produkten konnten auch Spuren von enthalogenierten, methoxylierten Produkten beobachtet werden (<1%). Das Edukt ließ sich im Elektrolysat nicht mehr nachweisen.

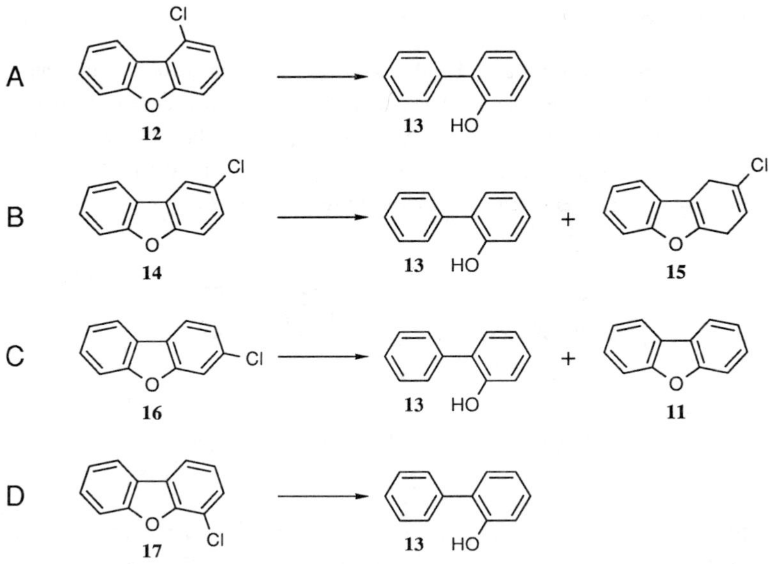

A 12 → 13

B 14 → 13 + 15

C 16 → 13 + 11

D 17 → 13

Abb. 7: Produkte der Elektrolyse der vier Monochlordibenzofurane

Bei einem Potential von -2.06V ließen sich 100mg 3-Chlordibenzofuran **16** glatt zu einem Gemisch aus 2-Hydroxybiphenyl **13** und Dibenzofuran **11** (7:3) umsetzen (Abb. 7C). Die Umsetzung verlief mit einer chemischen Ausbeute von über 99%. Das Edukt konnte im elektrolysierten Extrakt nicht mehr detektiert werden.

Bei der Elektrolyse von 4-Chlordibenzofuran **17** erhielt man analog der Umsetzung von 1-Chlordibenzofuran **12** ausschließlich 2-Hydroxybiphenyl **13** in einer Ausbeute von über 99% (Abb. 7D).

Aus der Gruppe der Polychlordibenzofurane wurden 2,3-Dichlordibenzofuran **18**, 3,7-Dichlordibenzofuran **19**, 2,8-Dichlordibenzofuran **20**, 2,7-Dichlordibenzofuran **21** und Octachlordibenzofuran **22** ausgewählt und untersucht.

Bei polarographischen Messungen ergaben sich für 2,3-Dichlordibenzofuran **18** Halbstufenpotentiale bei -1.82V und -2.20V. Die Elektrolyse von **18** wurde schließlich bei einem Potential von -2.25V durchgeführt. Ähnlich wie bei der Umsetzung von 2-Chlordibenzofuran **14** erhielt man ein Gemisch aus 2-Hydroxybiphenyl **13** und 1,4-Dihydro-2-chlordibenzofuran **15** (6:4) (Abb. 8A). Der Umsatz zu diesen Produkten erfolgte zu über 99%. Das Edukt konnte im Elektrolysat nicht mehr beobachtet werden.

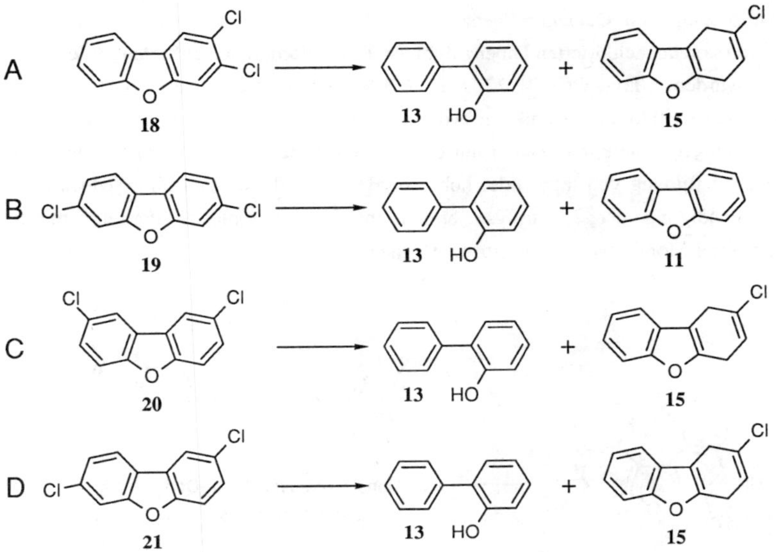

Abb. 8: Produkte der Elektrolyse von Dichlordibenzofuranen

Für 3,7-Dichlordibenzofuran **19** ließ sich polarographisch nur eine Reduktionsstufe bei -1.92V ermitteln. Die Elektrolysen wurden schließlich bei einem empirisch ermittelten Potential von -2.20V durchgeführt. Das Elektrolyseprodukt war eine Mischung aus 2-Hydroxybiphenyl **13** und Dibenzofuran **11** im Verhältnis 95:5 (Abb. 8B). Auch in diesem Fall war der Umsatz größer als 99%. Chlorierte Produkte wie **15** oder Edukt konnten aus dem Extrakt nicht mehr nachgewiesen werden.

Ebenso wie bei **19** konnte man für 2,8-Dichlordibenzofuran **20** nur ein Reduktionspotential bei -1.79V polarographisch ermitteln. Wie bei den zuvor geschilderten Untersuchungen wurde auch hier ein Potential von -2.20V angelegt und elektrolysiert. Auf gleiche Weise wie bei der Elektrolyse von **18** erhielt man auch in diesem Fall die Verbindungen **13** und **15** im Verhältnis 6:4 (Abb. 8C).

Anders als bei den oben beschriebenen Dichlordibenzofuranisomeren erhielt man bei der Umsetzung von 2,7-Dichlordibenzofuran **21** neben den bekannten Produkten **13** (25%) und **15** (50%) (Abb. 8D) zwei bisher unbekannte Komponenten mit M^+=m/z 204 und M^+=m/z 206. Bei der Spezies mit M^+=m/z 204 handelt es sich wahrscheinlich um ein Isomeres zu **15**, die Verbindung mit M^+=m/z 206 ist als stärker reduzierte Form der Isomeren mit M^+=m/z 204 zu verstehen.

Die Umsetzung von Octachlordibenzofuran (OCDBF) **22** sollte zeigen, ob bei der Reduktion von hochchlorierten Dibenzofuranen Tetrachlorderivate auftreten. Zu diesem Zweck wurden 50mg OCDBF **22** bei -2.20V elektrolysiert. Auch hier erfolgte weitgehende Dechlorierung und Teilhydrierung. Mit Hilfe GC/MS-spektroskopischer Untersuchungen konnte intermediär nur ein Dichlordibenzofuran-Isomer nachgewiesen werden, die Bildung von tetra- oder höherchlorierten Verbindungen blieb jedoch aus. Nach Beendigung der Elektrolyse erhielt man ein komplexes Produktgemisch teilreduzierter Mono- und Dichlordibenzofurane (Abb. 9).

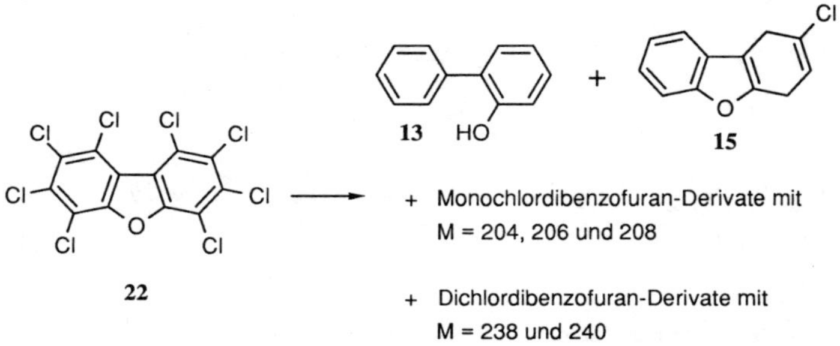

Cl Cl Cl Cl Cl Cl Cl Cl O **22** → HO **13** + O Cl **15**

+ Monochlordibenzofuran-Derivate mit M = 204, 206 und 208

+ Dichlordibenzofuran-Derivate mit M = 238 und 240

Abb. 9: Produkte der Elektrolyse von Octachlordibenzofuran

Als Hauptprodukt (27% + 2.5% eines weiteren Isomeren) konnte 2-Chlor-1,4-dihydrodibenzofuran **15** eindeutig identifiziert werden. Der Anteil von 2-Hydroxybiphenyl **13** betrug lediglich 6% am Gesamtgemisch. Neben diesen bekannten Produkten konnten noch weitere teilreduzierte Komponenten nachgewiesen werden. Einer der teilreduzierten Spezies mit M^{+}=m/z 208 (6.5% Anteil am Gesamtgemisch) konnte die Struktur eines Hexahydromonochlordibenzofuran zugeordnet werden. Alle bisherigen Untersuchungen an chlorierten Dibenzofuranen haben gezeigt, daß unter den vorliegenden Reaktionsbedingungen keine Chlorsubstituenten an einem intakten aromatischen System erhalten bleiben.

Es bleibt also festzustellen, daß Art und Vielfalt der Produkte, die bei der Elektroreduktion chlorierter Dibenzofurane gebildet werden, stark vom Substitutionsmuster und Chlorierungsgrad abhängig sind. Monochlordibenzofurane lassen sich mit Ausnahme von 2-Chlordibenzofuran **14** leicht zu 2-Hydroxybiphenyl **13** bzw. zum Grundgerüst **11** reduzieren. Das bei der Reduktion von **14** auftretende 2-Chlor-1,4-dihydrodibenzofuran **15** scheint ein charakteristisches Elektrolyseprodukt aller in 2- oder/und 8-Position chlorierten Dibenzofurane zu sein. So wiesen sämtliche Elektrolyseextrakte nach der Elektrolyse dichlorierter Dibenzofurane mit mindestens einem Chloratom in para-Position zum Sauerstoff 2-Chlor-1,4-dihydrodibenzofuran **15** entweder als Hauptkomponente oder zumindest als wesentlichen Bestandteil auf. Die Elektrolyseversuche von Dichlordibenzofuranen ohne Chlorsubstituenten in der "kritischen" Position führten ebenfalls zu 2-Hydroxybiphenyl **13** und Dibenzofuran **11**. Bei der Umsetzung von Octachlordibenzofuran **22** bestätigten sich die Ergebnisse der vorangegangenen Untersuchungen. Hier traten neben enthalogenierten Produkten auch monochlorierte und dichlorierte Spezies verschiedener Reduktionsgrade (Di-, Tetra- und Hexahydroderivate) auf. Besonders hervorzuheben ist die Entstehung eines Hexahydromonochlordibenzofurans, da es sich hier mit großer Wahrscheinlichkeit um eine Verbindung handelt, bei der beide aromatischen Systeme teilreduziert vorliegen.

Im Gegensatz zu den chlorierten Dibenzofuranen findet man bei der Reduktion chlorierter Dibenzo-p-dioxine keine vom Substitutionsmuster abhängige Produktpalette. Die Umsetzungen sämtlicher untersuchten Isomere führten ausschließlich zum enthalogenierten Grundkörper Dibenzo-p-dioxin **2**. Dabei sind die Ergebnisse der Umsetzung von Octachlordibenzo-p-dioxin **7** besonders interessant, da sie zeigen, daß sich Chloratome aus jeder beliebigen Position des Moleküls entfernen lassen.

Chlorierte Biphenyle

Neben den bereits untersuchten polychlorierten Dibenzofuranen und Dibenzo-p-dioxinen findet man besonders in Sickerölen und Bodenprobenextrakten auch polychlorierte Biphenyle in hoher Konzentration. In diesem Kapitel werden zunächst die Ergebisse aus Untersuchungen ausgewählter Vertreter mono- und polychlorierter Biphenyle vorgestellt (Abb. 10). Anschließend wird das elektrochemische Verhalten industriell anfallender PCB-Gemische beschrieben.

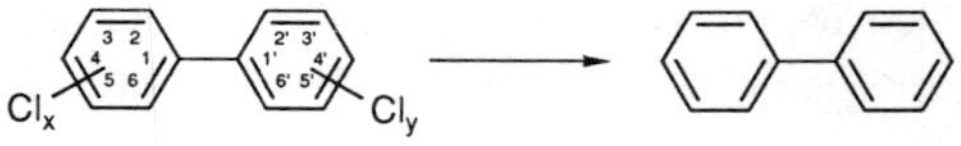

3 2 4 1 5 6 2' 3' 1' 4' 6' 5'

Cl_x Cl_y

23 **24**

Abb. 10: Prinzip der reduktiven Dechlorierung von chlorierten Biphenylen

Die polarographischen Untersuchungen der drei Monochlorbiphenylisomeren **25** ergaben für o-Chlorbiphenyl (o-CBPh) ein Halbstufenpotential von -2.04V (vs Ag/AgBr). Für m-Chlorbiphenyl (m-CBPh) erhielt man -2.08V, und für p-Chlorbiphenyl (p-CBPh) wurde ein Reduktionspotential von -2.14V erhalten. Für die Reduzierbarkeit der einzelnen Isomeren gilt also: o-CBPh > m-CBPh > p-CBPh. Die Messungen an unsubstituiertem Biphenyl **24** ergaben kein Halbstufenpotential im Bereich des Elektrolysefensters. Unter Berücksichtigung der gemessenen Potentiale wurden ortho-, meta- und para-Chlorbiphenyl in einer Batch-Zelle (Abb. 2) elektrolysiert. Die Elektrolyseversuche wurden bei Reduktionspotentialen von -2.2V bis -2.3V durchgeführt, auf diese Weise erhielt man ein Gemisch aus Biphenyl **24**, 3-Phenyl-1,4-cyclohexadien **26**, 4-Phenylcyclohexen **27**, 3-Phenylcyclohexen **28** und Phenylcyclohexan **29** (Abb. 11). Die Zusammensetzung des Elektrolysates war direkt abhängig von der Elektrolysedauer. Bei Elektrolysen mit großen Strommengen fand man 3-Phenyl-1,4-cyclohexadien **26** als Hauptkomponente, bei geringeren Strommengen wurde Biphenyl **24** als Hauptbestandteil identifiziert.

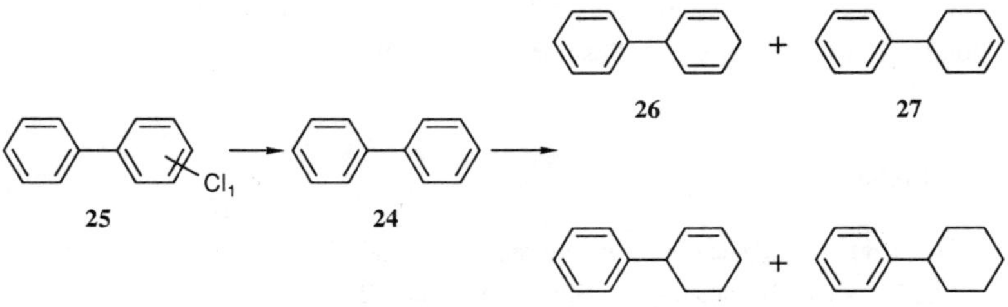

Abb. 11: Produkte der Elektrolyse von monochlorierten Biphenylen

Aus der Gruppe der Polychlorbiphenyle **23** wurden 2,2'-Dichlorbiphenyl (2,2'-DCBPh) **30**, 4,4'-Dichlorbiphenyl (4,4'-DCBPh) **31**, 2,4,5-Trichlorbiphenyl (2,4,5-TCBPh) und Decachlorbiphenyl **32** untersucht. Entsprechend den vorhergehenden Untersuchungen an monochlorierten Biphenylen **25** erhielt man aus Elektrolyseversuchen unter Berücksichtigung des polarographisch bestimmten Potentials eine ähnliche Produktpalette wie bei der Reduktion monochlorierter Biphenyle **25**. Ein weiterer Chlorsubstituent (4' bzw. 2')(Abb. 12) führte auch in diesen Fällen nicht zur Zerstörung der Aromatizität beider Phenylringe.

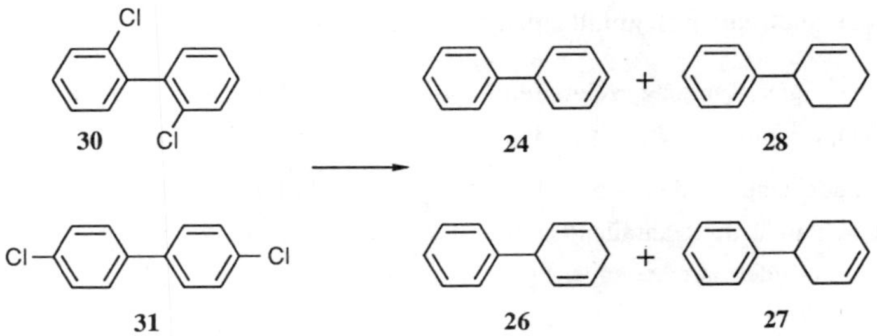

Abb. 12: Produkte der Elektrolyse von 4,4'- und 2,2'-Dichlorbiphenyl

Verbindungen mit hohen Chlorierungsgraden wie Decachlorbiphenyl **32** sind in Methanol nur im geringen Maße löslich. Dennoch führt die Elektrolyse einer Suspension von **32** bei -1.84 bis -2.20V zu Biphenyl **24** (>90%) (Abb. 13).

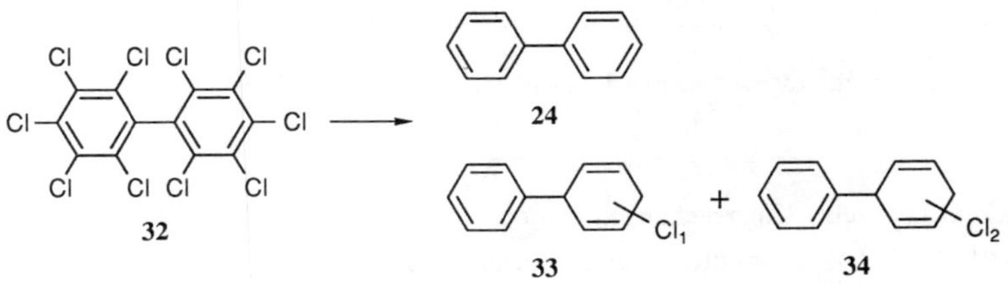

Abb. 13: Produkte der Elektrolyse von Decachlorbiphenyl

Offenbar entsteht ein Lösungsgleichgewicht, aus dem Decachlorbiphenyl **32** schnell zu niedriger chlorierten und somit besser löslichen Zwischenprodukten reagiert. Tatsächlich findet man neben geringen Mengen (5%) an Dihydromonochlorbiphenyl **33** und Dihydrodichlorbiphenyl **34** intermediär Mono-, Di- und Trichlorbiphenyl.

Elektrolysen von industriell anfallenden PCB-Gemischen

Wie im vorherigen Kapitel gezeigt, führt die Elektroreduktion von einzelnen PCB-Isomeren hauptsächlich zu Biphenyl **24** und zum teilreduzierten Biphenylgerüst.

Es sollte untersucht werden, ob sich das vorliegende Elektrolysesystem auch zur Reduktion von industriell anfallenden PCB-Gemischen eignet. In Tabelle 1 sind die Hersteller und Handelsnamen einiger PCB-Gemische aufgeführt.

Chlorgehalt [%]	Cl/Mol	Handelsname/Hersteller	
		Bayer, FRG	Monsanto, USA
41	3.00	-	Aroclor 1016
42	3.10	Clophen A30	Aroclor 1242
54	4.96	Clophen A50	Aroclor 1254
60	6.30	Clophen A60	Aroclor 1260
68	8.70	-	Aroclor 1268

Tab. 1: Chlorgehalt verschiedener handelsüblicher PCB-Gemische

Für elektrochemische Untersuchungen wurde Clophen A30 (A30) mit niedrigem, Aroclor 1254 (1254) mit mittlerem und Aroclor 1260 (1260) mit hohem Chlorgehalt ausgewählt.

Clophen A30

Clophen A30 stellt mit einem Gesamtchlorgehalt von 42% ein PCB-Gemisch mit niedrigem Chlorgehalt dar. Als Hauptkomponenten (>30%) findet man 2,2',5-; 2,4,4'- und 2,3,4'-Trichlorbiphenyl, die damit den wesentlichen Beitrag zum Gesamtchlorgehalt liefern. Die Elektrolysen von Clophen A30 wurden in einer Batch-Zelle durchgeführt, wobei die Eduktmenge zwischen 50mg und 10g variiert wurde. Bei einem Gesamtchlorgehalt von 3.10 Cl/Mol ergibt sich für die Berechnung der theoretischen GLM ein mittlerer Chlorierungsgrad von 3 Chloratomen pro Molekül. Für die Elektrolyse von 10g Clophen A30 wurde somit eine theoretische Strommenge von 22615As benötigt. Bei einem Potential von -2.2V vs Ag/AgBr erhielt man nach dem 1.8-fachen der theoretischen GLM ein Produktgemisch, das als einzige nachweisbare chlorhaltige Verbindungen Spuren von 4-Chlorbiphenyl sowie Spuren verschiedener Monochlordihydrobiphenyle enthielt. Es bestand im wesentlichen aus Biphenyl **24** und stärker reduzierten Biphenylspezies. Mit Hilfe GC/MS-spektroskopischer Messungen konnten auch in diesem Produktgemisch Spuren von 3-Phenyl-1,4-cyclohexadien **26**, 4-Phenylcyclohexen **27**, 3-Phenylcyclohexen **28** und Phenylcyclohexan **29** identifiziert werden.

Aroclor 1254

Aroclor 1254 mit einem Gesamtchlorgehalt von 54% war das bekannteste der industriellen PCB-Gemische. Als Hauptkomponenten findet man 3,3',4,5'-Tetrachlorbiphenyl, 2,2',3,3',5,5'- Hexachlorbiphenyl und 2,2',3,4,4',5'-Hexachlorbiphenyl. Für die Berechnung der benötigten Gesamtladungsmenge wurde ein durchschnittlicher Chlorierungsgrad eines Pentachlorbiphenyls zugrunde gelegt. Polarographische Untersuchungen an Aroclor 1254 ergaben mehrere Reduktionsstufen, so daß für die Elektrolysen zunächst ein Potential von -1.85V vs Ag/AgBr gewählt wurde. Wie zu erwarten, wurden bei diesem relativ niedrigen Potential zunächst die hoch chlorierten Isomere (Cl_7, Cl_6 und Cl_5) zu niedriger chlorierten Spezies umgesetzt. Nach der Verschiebung des Reduktionspotentials in den negativeren Bereich (-2.2V vs Ag/AgBr) erhielt man ein Produktgemisch, das neben geringen Mengen Biphenyl **24** und 3-Phenyl-1,4-cyclohexadien **26** vorwiegend 4-Phenylcyclohexen **27** enthielt, sowie Spuren der Monochlordihydrobiphenyle **33** und Dichlordihydrobiphenyle **34** aufweist.

Die Produkte aus der Elektrolyse von Aroclor 1254 stimmen im wesentlichen mit denen aus Clophen A30 überein. Während bei der Elektrolyse von Clophen A30 vorwiegend Biphenyl **24** entstand, findet man hier 4-Phenylcyclohexen **27** als Hauptkomponente. Dieser Umstand ist nicht auf die Zusammensetzung des Edukts zurückzuführen, sondern vielmehr Folge einer lang gewählten Elektrolysedauer. Der größere Anteil monochlorierter, teilreduzierter Biphenyle und das Auftreten von Dichlordihydrobiphenylen ist auf den höheren Anteil hochchlorierter PCB's in Aroclor 1254 zurückzuführen.

Aroclor 1260

Aroclor 1260 hat mit 60% den größten Chloranteil der in dieser Arbeit untersuchten PCB-Gemische. Die Isomeren mit dem höchsten prozentualen Anteil am Gesamtgemisch sind 2,2',4,4',5,5'- Hexachlorbiphenyl und 2,2',3,4,4',5,5'-Heptachlorbiphenyl. Für die Elektrolyse wurde ein Potential von -2.2V vs Ag/AgBr gewählt. Unter Berücksichtigung eines durchschnittlichen Chlorierungsgrads eines Hexachlorbiphenyls wurden 20mg Aroclor 1260 mit dem 30-fachen (2000As) der benötigten GLM elektrolysiert. Der hohe Überschuß an zugeführtem Strom wird durch die geringe Eduktkonzentration (0.02 %ige Lösung) notwendig. In diesen Konzentrationsbereichen wird die Reduktion des Lösungsmittels zu einer Konkurrenzreaktion, so daß anstelle des Substrates häufig auch Lösungsmittel reduziert wird. Die gefundene Produktpalette entspricht den Ergebnissen der bereits beschriebenen Elektroreduktionen; Biphenyl **24** wird von geringen Mengen 3-Phenyl-1,4-cyclohexadien **26** und 4-Phenylcyclohexen **27** begleitet. Spuren von Monochlordihydrobiphenylen **33** und Dichlordihydrobiphenylen **34** konnten nachgewiesen werden.

Allgemein läßt sich feststellen, daß sich polychlorierte Biphenyle (PCB's) und PCB-Gemische in gleicher Weise enthalogenieren lassen, wie die zuvor untersuchten polychlorierten Dibenzofurane und Dibenzo-p-dioxine. Bei PCB-Gemischen mit hohem Anteil an stark chlorierten Isomeren findet man neben Biphenyl **24** und dessen stärker reduzierten Verbindungen auch einfach und zweifach chlorierte Reduktionsprodukte. Spezies mit drei Chloratomen konnten in keinem der untersuchten Elektrolyseextrakte nachgewiesen werden. Ferner ließ sich beobachten, daß durch Staffelung der Reduktionspotentiale (-1.70 bis -2.20V vs Ag/AgBr) Einfluß auf den Chlorierungsgrad der entstehenden Produkte genommen werden konnte. Es wäre also durchaus denkbar, hoch chlorierte PCB-Gemische bei niedrigen Potentialen (-1.70V bis -1.90V) in Gemische von mittlerem Chlorgehalt umzuwandeln. Diese Gemische ließen sich bei Potentialen von -2.20V nahezu vollständig enthalogenieren (>99%).

Die Ergebnisse der Untersuchungen an polychlorierten Biphenylen und besonders an den industriell anfallenden PCB-Gemischen (Aroclor und Clophen) zeigen, daß sich auch komplexe Gemische erfolgreich enthalogenieren lassen. Im Mittelpunkt des nächsten Abschnitts werden also Untersuchungen an Gemischen stehen, die direkt der Umwelt entnommen worden sind (Real-Life-Proben) und alle bisher untersuchten Substanzklassen enthalten.

Elektrolysen von "Real-Life-Proben"

Unter "Real-Life-Proben" verstehen wir sämtliche der Umwelt entnommenen Stoffgemische mit einer dem Herkunftsort entsprechenden charakteristischen Zusammensetzung. Neben einem Deponie-Sickeröl handelte es sich bei den untersuchten Proben um Bodenprobenextrakte verschiedener Herkunft mit unterschiedlichem Gehalt an polychlorierten Dibenzofuranen, Dibenzo-p-dioxinen und polychlorierten Biphenylen. Die Quantifizierung der einzelnen Dibenzofuran- und Dibenzo-p-dioxin-Isomeren erfolgte durch gaschromatographisch-massenspektroskopische SIR-Messungen (selected ion recording) bei einer Massenauflösung von 10000 mit internem Standard. Die hohe Empfindlichkeit dieses Meßverfahrens erlaubt die Bestimmung der untersuchten Congeneren im pg/kg-Bereich. Der Gehalt an polychlorierten Biphenylen wurde nicht quantitativ erfaßt.

Mit Hilfe von Massenfragmentogrammen chlorierter Dibenzofurane und Dibenzo-p-dioxine aus einer E-Filterstaubprobe gelang die qualitative Zuordnung der in den Proben enthaltenen Congeneren. Der für die Quantifizierung verwendete Standard setzte sich aus folgenden U-^{13}C markierten Isomeren zusammen: 2,3,7,8-Cl_4-DBF, 2,3,7,8-Cl_4-DD, 1,2,3,7,8-Cl_5-DBF, 1,2,3,7,8-Cl_5-DD, 1,2,3,4,7,8-Cl_6-DBF, 1,2,3,6,7,8-Cl_6-DD, 1,2,3,4,6,7,8-Cl_7-DBF, 1,2,3,4,6,7,8-Cl_7-DD, Octachlordibenzofuran und Octachlordibenzo-p-dioxin. Als Surrogatstandard wurde U-^{13}C 1,2,3,4-Tetrachlordibenzo-p-dioxin verwendet. Während der Messung wurden sowohl die beiden intensivsten Molekülionencluster der unmarkierten Isomeren registriert als auch der intensivste Molekülionencluster des zugesetzten Standards. Unter Berücksichtigung der unterschiedlichen Intensitätsverteilung im Chlorisotopencluster erhielt man aus den Verhältnissen der Signale von Standard und zu bestimmendem Isomer die absoluten Mengen aller Cl_4- bis Cl_8- Dibenzofurane und Dibenzo-p-dioxine.

1. "Deponie-Sickeröl"

Bei dem vorgelegten Öl handelte es sich um eine Probe aus einer Sickerölentnahmestelle einer Hamburger Mülldeponie. Hier sind hier die PCDF's und PCDD's in eine ausgeprägte Ölmatrix eingebettet. Anhand der durchgeführten Untersuchungen konnte Aufschluß darüber erhalten werden, ob eine Ölmatrix den PCDF- und PCDD-Abbau behindert.

Für die elektrochemischen Umsetzungen wurden dem Katholyten 500mg Sickeröl beigemischt und ununterbrochen gerührt. Die so erhaltene Suspension wurde bis zum Verbrauch des 15-fachen der theoretischen GLM elektrolysiert und anschließend aufgearbeitet. Die Summen der Cl_4-Cl_6-Congeneren sind in Tabelle 2 wiedergegeben.

	Edukt	Produkt
$\Sigma\ Cl_4$-DF	1782	0.1
$\Sigma\ Cl_4$-DD	57	0.3
$\Sigma\ Cl_5$-DF	4358	0.0
$\Sigma\ Cl_5$-DD	371	0.0
$\Sigma\ Cl_6$-DF	3845	5.9
$\Sigma\ Cl_6$-DD	1789	3.8

Tab. 2: Gehalt an chlorierten Dibenzofuranen und Dibenzo-p-dioxinen [µg/kg] im "Deponie-Sickeröl" vor und nach der Elektrolyse in einer Batch-Zelle

Anhand der Daten in Tabelle 2 erkennt man, daß die Elektroreduktion von PCDF's und PCDD's trotz Ölmatrix durchaus gelingt. Allerdings deutet der Anteil nicht enthalogenierter Spezies darauf hin, daß sich ein hoher Ölanteil verlängernd auf die nötige Elektrolysedauer auswirkt.

2. "Kieselrotextrakt"

In diesem Fall handelte es sich um den Extrakt einer mit PCDF- und PCDD-kontaminierten Schlacke, die als Bodenbelag für Sportanlagen ihre Verwendung fand.

Für die elektrochemische Umsetzung wurde nicht, wie in allen zuvor geschilderten Fällen, der reine Extrakt verwendet, sondern eine bereits in 50 µl Tetradecan gelöste Probe. Die Umsetzung wurde anschließend in einer Batch-Zelle bei -2.30V durchgeführt. Nach dem Verbrauch von 1000As (1.5 Stunden) wurde der Versuch abgebrochen und das Elektrolysat direkt GC/MS/SIR-spektroskopisch vermessen. Die Ergebnisse für die Summen der Congenere sind in Tabelle 3 zusammengefaßt.

	Edukt	Produkt
Σ Cl_4-DF	26	0.0
Σ Cl_4-DD	1	0.0
Σ Cl_5-DF	229	0.0
Σ Cl_5-DD	5	0.0
Σ Cl_6-DF	79	0.0
Σ Cl_6-DD	14	0.0
Σ Cl_7-DF	91	0.0
Σ Cl_7-DD	55	0.0

Tab. 3: Gehalt an chlorierten Dibenzofuranen und Dibenzo-p-dioxinen [µg/kg] im "Kieselrot" vor und nach der Elektrolyse in einer Batch-Zelle

Die in Tabelle 3 dargestellten Ergebnisse zeigen, daß auch stark verdünnte Lösungen mit einer PCDF-/PCDD-Konzentration im ppb-Bereich elektrochemisch vollständig umsetzbar sind.

Bei der Untersuchung von Proben so geringer Konzentration war es notwendig, die Wiederfindungsrate aus dem verwendeten System zu überprüfen. Hierzu wurde eine Probe gleicher Konzentration dem Katholyten der Batch-Zelle beigemischt und ohne die Zufuhr von Strom über einen Zeitraum von 1.5 Stunden gerührt. Die Aufarbeitung des Katholyten erfolgte auf gleiche Weise wie bei dem elektrolysierten Extrakt. Die Ergebnisse der GC/MS-SIR-Messung ergaben für die unelektrolysierte Probe praktisch keine Verluste (<5%). Auf diese Weise konnte nachgewiesen werden, daß die Ergebnisse der Elektrolyse auf der elektrochemischen Umsetzung und nicht auf Verlusten im Elektrolysesystem beruhen.

3. Bodenprobenextrakt

Bei der vorgelegten Probe handelt es sich um ein Gemisch aus Erdreich mit einem hohen Anteil (>60%) an Celluloseabfällen aus der Papierproduktion. Im Rahmen dieser Untersuchungen wurden 30g Bodenprobe in einer Soxhlett-Apparatur 24 Stunden mit Methanol extrahiert. Eine weitere Probe wurde zunächst mit Hexan und anschließend mit Ethylacetat extrahiert. Durch die Verwendung von Methanol als Extraktionsmittel sollte überprüft werden, ob sich eine durch ein Methanol-Extraktionsverfahren gewonnene Lösung direkt in ein Elektrolysesystem einspeisen ließe.

Von jedem Extrakt wurden 220mg bei einem Potential von -2.30V vs Ag/AgBr und mit dem 10-fachen der theoretischen GLM elektrolysiert. Nach der Aufarbeitung konnten die in Tabelle 4 und in Tabelle 5 aufgeführten Werte erhalten werden.

	Edukt	Produkt
Σ Cl_4-DF	238	2.5
Σ Cl_4-DD	16	0.0
Σ Cl_5-DF	558	0.0
Σ Cl_5-DD	0	0.0
Σ Cl_6-DF	4468	0.0
Σ Cl_6-DD	602	0.0
Σ Cl_7-DF	6537	0.0
Σ Cl_7-DD	2302	0.0

Tab. 4: Gehalt an chlorierten Dibenzofuranen und Dibenzo-p-dioxinen [µg/kg Extrakt] im Methanolextrakt einer Bodenprobe vor und nach der Elektrolyse in einer Batch-Zelle

	Edukt	Produkt
Σ Cl_4-DF	340	0.0
Σ Cl_4-DD	13	0.0
Σ Cl_5-DF	389	0.0
Σ Cl_5-DD	0	0.0
Σ Cl_6-DF	1544	0.0
Σ Cl_6-DD	413	0.0

Tab. 5: Gehalt an chlorierten Dibenzofuranen und Dibenzo-p-dioxinen [µg/kg Extrakt] im Ethylacetat/n-Hexan-Extrakt einer Bodenprobe vor und nach der Elektrolyse in einer Batch-Zelle

Bei Betrachtung der jeweiligen Isomerensummen der unelektrolysierten Extrakte findet man zwar teilweise stark voneinander abweichende Werte. Vergleicht man aber die Gesamtsummen aller hier bestimmten Congeneren, so erhält man mit ca. 9000µg/kg im Methanolextrakt und mit ca. 8000µg/kg im Essigester/Hexan-Extrakt vergleichbare Daten. In diesem Fall ist das Ausmaß der Reinigung einer Bodenprobe nicht unbedingt abhängig vom Lösungsmittel, sondern eher von der Dauer und Art des Extraktionsverfahrens. Die direkte Elektrolyse von kontaminierten Methanolextrakten ist jedenfalls problemlos möglich. Mit Ausnahme der Σ Cl_4-DBF aus dem Methanolextrakt lagen alle weiteren Isomerengruppen nach der Elektrolyse unter der Nachweisgrenze von 10pg/kg Elektrolysat.

Zusammenfassung

Insgesamt läßt sich feststellen, daß sich auch komplexe Gemische wie "Real-Life-Proben" genauso problemlos enthalogenieren lassen wie die untersuchten Reinsubstanzen. Besonders interessant sind dabei die Ergebnisse der Untersuchungen von Extrakten aus Abfällen der Papierindustrie und den Enthalogenierungen von Deponie-Sickeröl. Das letztere Beispiel zeigt, daß selbst bei Anwesenheit einer ausgeprägten Ölmatrix die Enthalogenierung der vorhandenen Xenobiotica möglich ist. Erste Versuche zum "Scale-up" haben gezeigt, daß sich diese Methode prinzipiell auch für die Entsorgung größerer Mengen an kontaminierten Flüssigkeiten eignet. Die Kapazität der Methode zur elektrochemischen Enthalogenierung ist offenbar vorwiegend durch die Größe des verwendeten Elektrolysesystems bestimmt. Aus diesem Grund sollten Arbeiten bezüglich des Scale-up insbesondere auch unter Verwendung von Durchfluß-Zellen im Mittelpunkt zukünftiger Untersuchungen stehen.

Literatur

Ballschmiter, K. (1991): Chemie und Vorkommen der Halogenierten Dioxine und Furane. Nachr. Chem. Tech. Lab. **39**, 988 - 1000

Barba, F., Guirado, A., Zapata, A. (1982): Cathodic Reduction of Aromatic Halides. An Evidence for an Ionic Mechanism. Electrochimica Acta **27**, 1335 - 1337

Bilger, E. (1990): Abbau organischer Chlorverbindungen mit dem Degussa-Natrium-Verfahren. In: Behrens, D. (Herausgeber), DECHEMA Jahrestagung 1990, Frankfurt/Main, 61 - 62

Connors, T.F., Rusling, J.F. (1983): Removal of Chloride from 4-Chlorobiphenyl and 4,4'-Dichlorobiphenyl by Electrocatlytic Reduction. J. Electrochem. Soc. **130**, 1120 - 1121

Farwell, S.O., Beland, F.A., Geer, R.D. (1975): Reduction Pathways of Organohalogen Compounds. Part I. Chlorinated Benzenes. J. Electroanal. Chem. **61**, 303 - 313

Fortnagel, P., Harms, H., Wittich, R.-M., Krohn, S., Meyer, H., Sinnwell, V., Wilkes, H., Francke, W. (1990): Metabolism of Dibenzofuran by *Pseudomonas* sp. Strain HH69 and the Mixed Culture HH27. Appl. Environ. Microbiol. **56**, 1148 - 1156

Müller, R., Lingens, F. (1986): Mikrobieller Abbau halogenierter Kohlenwasserstoffe: Ein Beitrag zur Lösung vieler Umweltprobleme. Angew. Chem. **98**, 778 - 787

Petersen, D. (1988): Elektroreduktive Enthalogenierung von chlorierten Benzolen in protischen Lösungsmitteln, Dipolmarbeit, Universität Hamburg, 92 pp.

Petersen, D., Lemmrich, M., Altrogge, M., Voß, J. (1990): Elektroreduktion organischer Verbindungen, XV. Elektrochemische Enthalogenierung von chlorierten Benzolen und Biphenylen in Methanol. Z. Naturforsch. **45b**, 1105 -1107

Reinecke, W. (1989): Der Abbau von chlorierten Aromaten durch Bakterien: Biochemie, Stammentwicklung und Einsatz zur Boden- und Abwasserbehandlung. Forum Mikrobiologie **9**, 402 - 410

Schmal, D., van Erkel, J., de Jong, A.M.C.P., van Duin, P.J. (1987): Electrochemical Treatment of Oraganohalogens in Process Waste Waters. In: de Wall, K.J.A., van den Brink, W.J. (Herausgeber): Environ. Technol. Proc. Eur. Conf. 2nd, Amsterdam, 284 - 293

VDI Verein deutscher Ingenieure (Herausgeber) (1987): VDI Berichte 634, Dioxin - Eine technische, analytische, ökologische und toxikologische Herausforderung, VDI Verlag, 677 pp.

Voß, J., Altrogge, M., Wilkes, H., Francke, W. (1991): Electroreduction of Organic Compounds, XVIII: Electrochemical Dehalogenation of Chlorinated Dibenzofurans and Dibenzo-p-dioxins in Methanol. Z. Naturforsch. **46b**, 400 - 402

Voß, J. Petersen, D., Lemmrich, M., Altrogge, M. (1990): Chlorabspaltung aus Aromaten. Wertprodukte aus Problemstoffen. Chemische Industrie (Düsseldorf) Heft 9, 17

Wawzonek, S., Wagenknecht, J.H. (1963): Polarographic Studies in Acetonitrile and Dimethylformamide. VII. The Formation of Benzyne. J. Electrochem. Soc. **110**, 420 - 422

Toxikologische Bewertung von Sanierungen

W. Ahlf, J. Gunkel & K. Rönnpagel
TUHH, AB Umweltschutztechnik, Eißendorferstr. 40, W-2100 Hamburg 90

1 Einleitung

Eine Bodensanierung versucht in Analogie zur Medizin einen Krankheitsherd zu beseitigen. Die Behandlungsmaßnahmen orientieren sich in der Regel an einer stofflichen Belastung, die durch eine chemische Analyse nachgewiesen wurde. Folgerichtig wird eine Sanierung häufig als erfolgreich bewertet, wenn die reklamierte Stoffkonzentration einen vorgegebenen Zielwert unterschreitet. Diese chemisch-numerische Vorgehensweise ist gesellschaftspolitisch nicht überzeugend, da das eigentliche Ziel einer Sanierung, die Entgiftung, nicht mit geeigneten Methoden überprüft wird. Unbestritten ist eine chemische Charakterisierung die Grundlage einer Bewertung. Die daraus resultierende Umweltgefährdung kann bei dem derzeitigen Wissensstand aus diesen Daten nicht vorausgesagt werden, sie muß nach Exposition und Wirkung als übergeordnete Bewertungskriterien eingestuft werden (Klein, 1991). Exposition beinhaltet die biologische Verfügbarkeit einer Chemikalie, die z. B. durch Bindung an Bodenpartikel verringert wird. Im Extremfall kann so eine "hochgiftige" Chemikalie völlig ungefährlich sein, und eine "mindergiftige" Substanz kann bei hoher Verfügbarkeit entsprechend gefährlicher werden. Die Kenntnis der Exposition ist notwendig für ein Bewertungskonzept, reicht aber bislang nicht aus, um allein aus dem Verhalten die Gefährdung durch Umweltchemikalien in Böden vorauszusagen.

Die summarische Wirkung von Umweltchemikalien kann nur mit lebenden Organismen (oder auch nur Teilen) erkannt werden, die biologische Schädigungen anzeigen. Biotests entsprechen dem Anforderungsprofil, eine aktuelle Belastungssituation zu beurteilen. Damit liefern sie wertvolle Informationen über ein Gefährdungspotential, das für Kartierungen von Altlasten, die Begleitung von Sanierungen und für die Beurteilung eines Sanierungserfolges genutzt werden kann. Bereits bei der Erkennung und Bewertung einer Altlast können biologische Untersuchungsmethoden hilfreich sein (Ahlf & Förstner, 1988). Unbedingt notwendig werden sie, wenn über eine Entgiftung geurteilt werden soll. Dieser Ansatz ist überall dort sinnvoll, wo technische Maßnahmen eine Umweltbelastung verringern oder verhindern soll, wie z. B. bei kommunalen Klärwerken (Doerger et al., 1992). Allerdings muß die Auswahl der Methoden einer definierten Zielsetzung angepaßt werden.

Hier soll die Sanierung von Kohlenwasserstoffen in Böden genauer betrachtet werden. Der biologische Abbau von organischen Schadstoffen sollte mit einer Abnahme der Schadwirkung einhergehen. Bei einer PAK-Sanierung z. B. steht im Vordergrund, ob die Abnahme der Gentoxizität mit dem biologischen Abbau korreliert ist. Einige Autoren haben diesen Zusammenhang mit dem Ames-Test auf Mutagenität belegt (Sims et al., 1990). Die biologische Sanierung von Kohlenwasserstoffbelastungen ist toxikologisch besonders interessant. Auf der einen Seite können Substanzen nur abgebaut werden, wenn sie nicht generell giftig auf die Mikroflora wirken. Auf der anderen Seite können biologische Verfügbarkeit und Entstehung toxischer Stoffe einen mikrobiellen Abbau negativ beeinflussen. Da die Mehrzahl der Intermediärstoffe polarer und besser wasserlöslich als die Ausgangssubstanzen sind, muß auch mit einem schnelleren Übergang dieser Umwandlungsprodukte ins Grund- und Sickerwasser gerechnet werden. Diese Arbeit soll untersuchen, ob folgende Zielsetzungen durch Biotests erreicht werden können:

- Summarische Erfassung von Schadstoffwirkungen als Voraussetzung zur Prüfung auf Toxizitätsabnahmen,
- Erkennen von toxischen Intermediärprodukten,
- Differenzierung von Bodenbelastung und Grundwassergefährdung.

2 Material und Methoden

Boden und Schadstoffe

Das verwendete Bodenmaterial stammt aus dem aus dem A_h- oder B_t- Horizont einer Parabraunerde. Der A_h-Horizont ist ein schwach-lehmiger Sand mit 1,1 % org. Kohlenstoff. Der B_t- Horizont ist ein stark-lehmiger Sand mit 0,1 % org. Kohlenstoff.
Die Bodenmaterialien wurden künstlich mit Dieselöl, p-Nitrophenol, Naphthol oder Brenzkatechin kontaminiert und bei 20° C und 60 % Wasserhaltekapazität für Kurzzeitversuche zugedeckt in Glasgefäßen aufbewahrt. Für die Herstellung von wäßrigen Eluaten, wie sie für die Bakterientests benötigt werden, wurde jeweils ein Teil Bodenfrischgewicht mit vier Teilen Reinstwasser 60 min. bei 350 rpm geschüttelt, zentrifugiert und steril filtriert (Daniels, et al., 1989).

Biologische Testmethoden

Aus Feldboden isolierter *Bacillus cereus* (DSM-Stamm Nr. 351) wurde in einem für Mikrotiterplatten modifizierten Test zur Messung der Dehydrogenaseaktivität eingesetztt (Liu, 1989). Der Leuchtbakterientest wurde mit Testbakterien der Firma Lumistox nach dem DIN-Entwurf 38412 Teil 34 durchgeführt.

Keimpflanzenversuche wurden mit Kresse und Hafer durchgeführt (Rudolph & Boje, 1986). Als Toxizitätsparameter diente Biomasseproduktion in 10 Tagen.
Grundlage des Kontakttestes ist die Messung der Dehydrogenaseaktivität von *Bacillus cereus*. Der verwendete Redoxindikator Resazurin wird durch die mikrobielle Enzymaktivität reduziert.
In ein Schraubdeckelröhrchen werden 2 g Boden (TG) eingewogen und 4 ml entionisiertes Wasser hinzupipettiert. Dieser Ansatz wird mit 2 ml einer exponentiell wachsenden Kultur des Testbakteriums *B.cereus*, deren OD bei 600 nm auf 0,4 eingestellt wird, beimpft. Diese Testkultur wird durch Überimpfen einer Übernachtkultur in frisches Medium erhalten (Liu, 1989).
Die Konzentration der Impflösung beträgt ungefähr 4,5 * 10^7 Keime/ml Inokulum. Die Ansätze werden 2 h bei 20° C mit 70 U/min über Kopf geschüttelt. Anschließend werden die Proben jeweils mit 4 ml Resazurin/Puffer versetzt und weiter geschüttelt. Die Konzentration des Resazurins betrug 28 mg/l Puffer. Bei Verwendung anderer Bodenmaterialien, die eine stärkere Adsorption oder Reduktion des Resazurins bewirken, kann es notwendig sein, die Farbstoffkonzentration zu erhöhen. Da der Boden einen relativ niedrigen pH-Wert hatte, wurde die von Liu (1989) angegebene Zusammensetzung des Kalium-Phosphat-Puffers fünffach konzentriert angesetzt. Die Proben werden 20 Minuten mit dem Resazurin inkubiert. Mittels einer Filtration durch Membranfilter mit einer Porenweite von 0,2 µm (Sterilfiltration) werden dann die feinen Bodenteilchen und die Bakterien entfernt und die Reaktion damit abgebrochen. Um den Filtrationsvorgang zu erleichtern, wird eine Zentrifugation von 5 Minuten bei 3600 U/min vorgeschaltet. Die Extinktion des Filtrates wird bei 600 nm photometrisch bestimmt. Die Extinktionsabnahme der kontaminierten Ansätzen wird zu der Aktivität in unbehandelten Kontrollen ins Verhältnis gesetzt.

3 Ergebnisse

Wirkungsprüfungen sollten aus Gründen der Vergleichbarkeit möglichst mit standardisierten Methoden durchgeführt werden. Die Aussagekraft solcher Standardtests, wie sie nach dem Chemikaliengesetz vorgeschrieben sind, ist grundsätzlich für die Anwendung in der Umweltanalytik zu klären. Um die toxische Wirkung einer Dieselölkontamination im Boden zu untersuchen, wurde mit Hafer die Phytotoxizität bestimmt. Dazu wurde der A_h-Horizont einer Parabraunerde mit bis zu 4 % (w/w) Dieselöl belastet und nach unterschiedlichen Zeiträumen getestet. Bei 1 % Öl war das Wachstum bereits stark beeinträchtigt (Abb. 1). Dieser einfache Test ist geeignet, um die toxische Wirkung einer Dieselölkontamination zu erkennen.

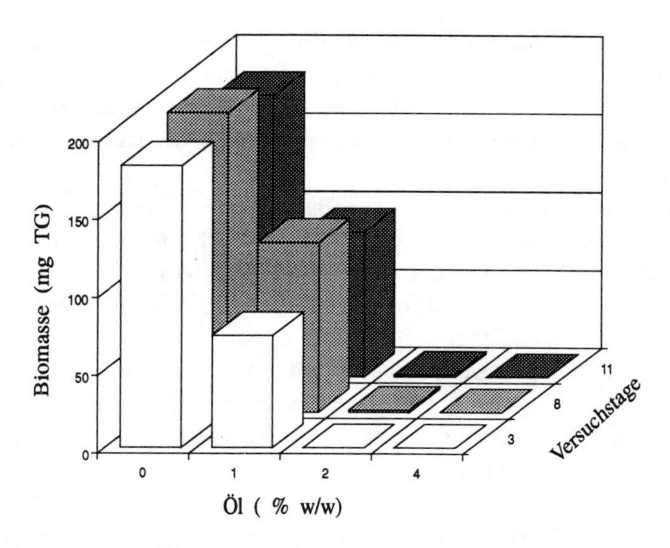

Abb. 1: Wirkung einer Ölbelastung im Phytotoxizitätstest mit Hafer

Als weitere Umweltchemikalie wurde das gut wasserlösliche p-Nitrophenol neben Dieselöl eingesetzt. Dieser Schadstoff sollte als Modellsubstanz für die Bildung besser wasserlöslicher und damit reaktiverer Abbauprodukte dienen. Durch diesen Ansatz sollte geprüft werden, ob der Keimpflanzentest auf eine Kombination beider Chemikalien sensitiv reagiert (Abb. 2).

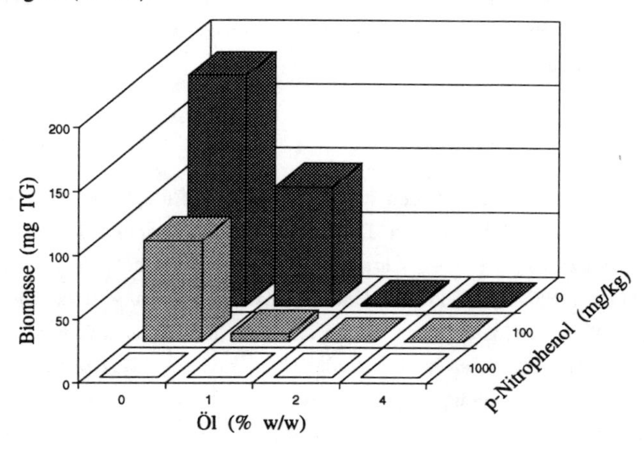

Abb. 2 Wirkung eines Schadstoffgemisches im Phytotoxizitätstest mit Hafer

Die 100 mg p-Nitrophenolkonzentration reduzierte das Wachstum um etwa 80 % im Vergleich mit dem unkontaminierten Ansatz. Bei einer Belastung mit 1000 mg p-Nitrophenol wurde das Wachstum vollständig gehemmt. Die Hemmung von 1 % Öl und 100 mg p-Nitrophenol auf das Wachstum des Hafers war additiv. Der Biotest kann somit zur Beurteilung einer summarischen Toxizität im Boden benutzt werden.

In einem Laborversuch zum biologischen Abbau von Dieselöl wurden das gleiche Bodenmaterial mit 20 Gewichtsprozenten Kompost versetzt. Vier Ansätze, denen Dieselöl von 0 - 15 % (w/w) zugegeben wurde, wurden zu Beginn und nach 2 Monaten zur Überprüfung einer Toxizitätsabnahme getestet (Abb. 3).

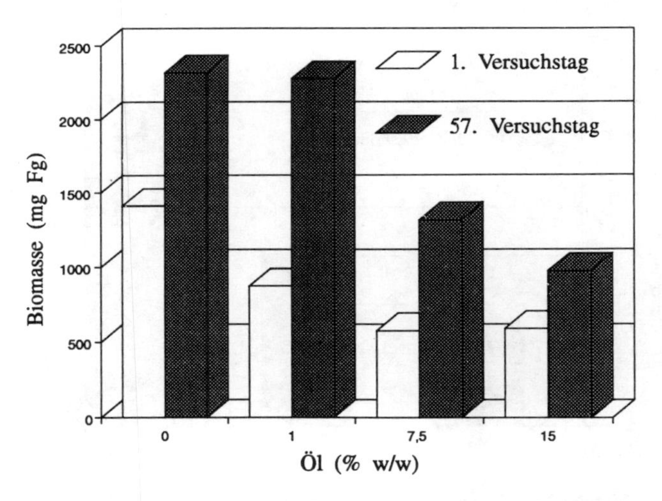

Abb. 3: Phytotoxizitätsbestimmung einer Dieselölkontamination mit Kresse, vor und nach einer biologischen Sanierung im Labormaßstab

Die Ergebnisse demonstrieren eine Verringerung der Toxizität bei hohen Dieselölkonzentrationen durch den Zuschlagsstoff Kompost. Die Giftigkeit verringerte sich durch den Abbau der Kontamination, am stärksten bei einer geringen Ausgangsbelastung von 1 % Dieselölzugabe.

Eine toxikologische Beurteilung von Böden muß die Mobilität der Fremdstoffe mit möglicher folgender Auswaschung ins Sicker- und Grundwasser berücksichtigen. Die Auswaschung kann durch eine wäßrige Elution im Labor simuliert werden, anschließend kann das Eluat mit den gleichen Biotests geprüft werden, die auch zur Gewässerüberwachung genutzt werden (Scheibel et al., 1991).

Bodenmaterial einer Parabraunerde wurde 0,5 Gewichtsprozent eines gebrauchten Motorenöls appliziert, dann Feuchte- und Temperaturbedingungen konstant gehalten. Nach 12 Tagen waren etwa 33 % der Kohlenwasserstoffkonzentration durch GC-Analyse nicht mehr nachzuweisen. Gleichzeitig stieg die Keimzahl und die Enzymaktivität der Bodenmikroflora im Vergleich zur unbelasteten Kontrolle an. Dies läßt einen überwiegend biologischen Abbau vermuten (nicht dargestellt). Die wasserlösliche Fraktion der Bodenansätze wurde mit dem sensitiven Bodenbakterium *B. cereus* und dem Leuchtbakterientest auf Giftigkeit geprüft (Abb. 4).

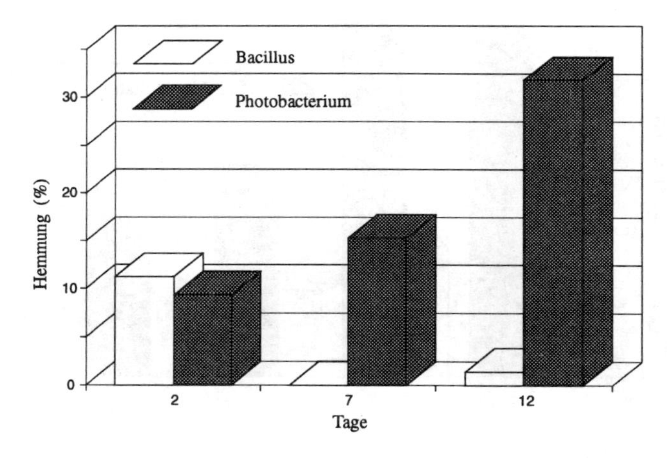

Abb. 4: Bakteriengiftigkeit von wasserlöslichen Fraktionen aus einem Schmierstoff/Bodengemisch

Die Wirkdaten mit dem Bodenbakterium zeigen nur ein geringe Giftigkeit, die im Versuchszeitraum ganz verschwindet. Die Zunahme der Biolumineszenzhemmung deutet auf die Bildung von wasserlöslichen, giftigen Abbauprodukten hin. Die Zielsetzung ist erfüllt, daß mikrobielle Biotests eine Kontamination der Bodenlösung erkennen lassen. Die Ergebnisse bestätigen, daß für ein unbekanntes Schadstoffgemisch eine Testkombination mit mehreren Organismen notwendig ist (Dutka & Kwan, 1988).

Öl wirkt normalerweise stimulierend auf eine Bakterienaktivität im Boden. Dennoch können toxische Stoffe entstehen, die entweder in die Bodenlösung übergehen oder reversibel durch Bodenpartikel gebunden werden. Ob die am Boden sorbierten Stoffe durch eine wäßrige Elution mit anschließender Prüfung im Biotest ausreichend erfaßt werden, sollte experimentell beantwortet werden. Dazu wurde ein neuer Biotest mit *B. cereus* entwickelt, bei dem die Bakterien 2 Stunden mit dem Bodenmaterial in einer Suspension inkubiert werden (Rönnpagel, 1992). Der Kontakttest nutzt die gleichen Bakterien, mit denen auch der wasserlösliche Schadstoffanteil parallel geprüft werden kann. Als Modellstoffe wurden Brenzkatechin und 2-Naphthol in einer Parabraunerde untersucht. Brenzkatechin ist ein Intermediärprodukt beim Abbau von aromatischen Kohlenwasserstoffen und kann zur Huminstoffbildung beitragen. Es ist gut wasserlöslich, wird aber auch durch Bodenpartikel gebunden. Da es ein Stoffwechselprodukt von Mikroorganismen ist, kann eine Toxizität nur in höheren Konzentrationen erwartet werden. Dieser Ansatz entspricht den Vorstellungen, daß eine biologische Sanierung sich selbst vergiften kann, wenn Zwischenprodukte angehäuft werden. Die Bodenansätze wurden direkt mit dem Kontakttest und indirekt über die wasserlösliche Fraktion mit den gleichen Bakterien charakterisiert (Abb. 5).

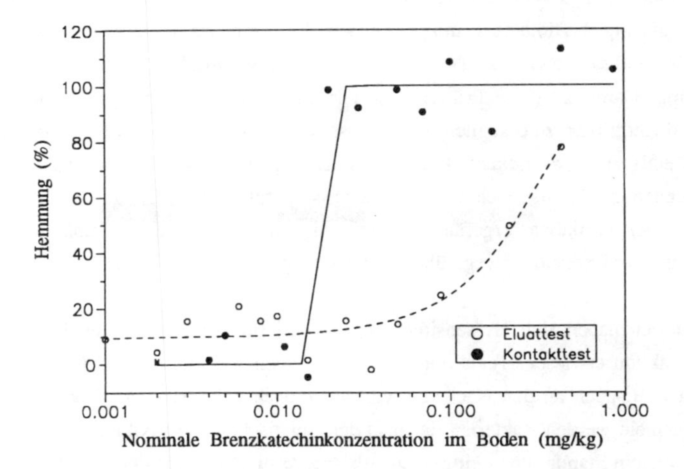

Abb. 5: Prüfung der Wirkung von Brenzkatechin auf *B. cereus* in einer Parabraunerde und in der wasserlöslichen Fraktion

Die Ergebnisse demonstrieren eindrucksvoll, daß reversibel an Bodenteilchen gebundene Schadstoffe über den wasserlöslichen Anteil nicht ausreichend repräsentiert werden. Bei einer Beurteilung der Bodenbelastung mit dem EC_{50} wäre der Kontakttest etwa 20 fach sensitiver. Aus dem Verlauf der Dosis-Wirkungsbeziehungen, auffallend der sprunghafte

Toxizitätsanstieg zwischen 15 und 20 mg/kg Brenzkatechin im Kontakttest, ist ein unterschiedlicher Mechanismus der Giftwirkung zu vermuten (Welp et al., 1991).

2-Naphthol ist ein Abbauprodukt von Naphthalin, das schlecht wasserlöslich ist und zu einem erheblichen Anteil an Bodenpartikel sorbiert. Es zeigte sich eine statistisch signifikante 2-3 fach stärkere Hemmung in den Bodenansätzen. Die größere Wirkung der gleichen Schadstoffkonzentration im Kontakttest wird vermutlich auf die adsorbierten und im Verlauf der Reaktion desorbierenden und damit biologisch wirksam werdenden Anteile des 2-Naphthols zurückzuführen sein. Es ist denkbar, daß die Bakterien die Bindung der Schadstoffe an die Bodenteilchen unspezifisch selber lösen. Auch eine indirekte Förderung der Desorption durch eine Milieuänderung infolge der Mikroorganismen oder ihrer Aktivität ist möglich (Burns, 1989).

4 Diskussion

Das akute Gefährdungspotential von Bodenverunreinigungen sollte mit relativ einfachen und kostengünstigen Biotests beurteilt werden. Pflanzentests integrieren sowohl die Summe aller wirksamen Stoffe, als auch ihre Verteilung zwischen Bodenpartikeln und Bodenlösung. Damit ist diese Prüfung auf Phytotoxizität geeignet, eine summarische Giftung und Entgiftung zu erkennen. Ein umfassenderes Schadstoffspektrum wird natürlich durch einige unterschiedliche Testorganismen abgedeckt. Zusätzlich muß während einer laufenden Sanierung auch eine Grundwassergefährdung beachtet werden. Eine Beurteilung der Grundwassergefährdung mit Biotests ist nur durch eine getrennte Untersuchung der Expositionswege über Bodenlösung und Boden möglich.

Leuchtbakterien haben sich als sensitive Organismen für die Beurteilung der wasserlöslichen Fraktion erwiesen. Tests mit Mikroorganismen sind schnell und repräsentativ, denkt man z. B. auch an den Nachweis von gentoxischen Substanzen (Doerger et al., 1992). Allgemein werden Bakterien daher in der aquatischen Ökotoxikologie mit Erfolg als Organismen in Standardtests eingesetzt. Bislang verhinderten methodische Schwierigkeiten eine Anwendung in Böden. Hier besteht ein Nachholbedarf, da die mikrobielle Biozönose in kontaminierten Böden ein Potential zur biologischen Sanierung darstellt. Eine Sanierungsbegleitung sollte besonders darauf ausgerichtet sein, eine bakterizide Wirkung zu erkennen.

Die wasserlösliche Fraktion spiegelt den Einfluß der Bodeneigenschaften wider. Im Extremfall kann die Schadstoffverfügbarkeit derart herabgesetzt werden, daß weder ein Abbau möglich ist, noch eine Schadwirkung erzeugt wird (Weissenfels et al., 1992). Andererseits ist die Verwertung von organischen Schadstoffen nicht auf die Inhaltsstoffe der Bodenlösung beschränkt, auch gebundene Substanzen können durch spezielle Bakterienarten metabolisiert werden (Guerin & Boyd, 1992). Die Oberflächeneigenschaften der Bakterien sind vermutlich entscheidend für eine Interaktion mit gebundenen Stoffen (van Loosdrecht et al., 1990). Es ist naheliegend, daß über diese Wechselwirkung auch eine Schadwirkung erfolgen kann, die nur durch einen direkten Kontakt des Bodens mit Testbakterien ermittelt werden kann. Exemplarisch wurde gezeigt, daß aus der Grundwassergefährdung nicht unbedingt die Bodenbelastung beurteilt werden kann. Bei einer Schmierstoffkontamination nahm die Konzentration im Boden ab und gleichzeitig die toxische Wirkung der wasserlöslichen Fraktion zu. Umgekehrt erfaßt die wasserlösliche Fraktion nicht alle reaktiven Umweltchemikalien im Boden. Erste gezielte Untersuchungen zu dieser Problematik belegten eine höhere Sensitivität von Bodenbakterien zu gebundenen Chemikalien in Bodensuspensionen im Vergleich zum wäßrigen Eluat. Die hier vorgestellte Methode des Kontakttestes ist an ökotoxikologischen Fragestellungen entwickelt worden. Sie nimmt den Matrixeffekt der Böden mit in die Wirkungsuntersuchung auf und ist daher aussagekräftiger als ein Standardtest aus dem aquatischen Bereich.

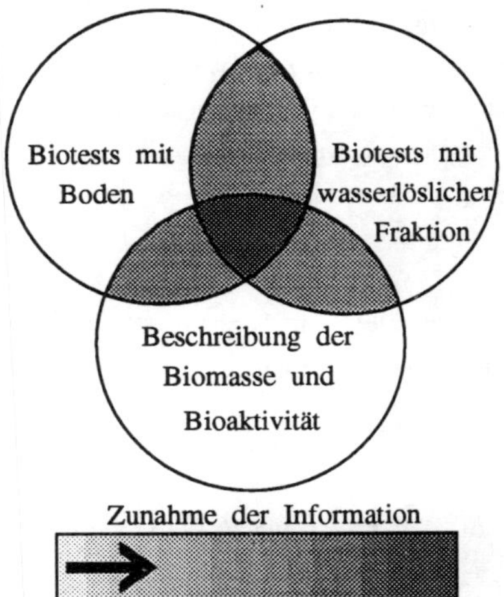

Abb. 6: Schema zur toxikologischen Beurteilung einer aktuellen Belastung im Boden - Bodentriade

In einem Bewertungskonzept für Böden müssen sich unterschiedliche Testsysteme ergänzen. Da Mikroorganismen eine zentrale Bedeutung bei allen Stoffumsatzprozessen im Boden zukommt, wird der ökologische Aspekt stärker betont, wenn die natürlich vorkommende Mikroflora charakterisiert wird. Eine Möglichkeit ist die Beschreibung mikrobieller Biomasse und Aktivität durch Summenparameter. Die allein aus der summarischen Beschreibung der Biozönose gewonnenen Informationen lassen nur in wenigen Fällen Rückschlüsse auf konkrete Belastungssituationen zu (Lanza & Dougherty, 1991). So können organische Zuschlagstoffe bei Sanierungsmaßnahmen eine mikrobielle Aktivität im Boden stimulieren, aber die Zielsubstanzen werden nicht abgebaut. Darüberhinaus können die Summenparameter durch wenige Organismenarten dominiert werden, was nur durch eine aufwendige Analyse der mikrobiellen Artenvielfalt erkannt werden kann (Kämpfer et al., 1991). Eine Kombination mit Biotests, die eine direkte Toxizität anzeigen, ist in den meisten Fällen notwendig und für eine bessere Interpretation der Daten empfehlenswert. Zusammenfassend werden die grundlegenden Möglichkeiten einer toxikologischen Beurteilung in einem Schema dargestellt (Abb. 6).

Die einzelnen Beurteilungskomponenten können individuell nach dem jeweiligen Anforderungsprofil gestaltet werden (Ahlf, 1992). Umfangreiche standortspezifische Erhebungen können nur dann verglichen werden, wenn gleiche Methoden eingesetzt werden. Ein Kontakttest mit Bakterien kann, nach einer Standardisierungsphase, darin ein wichtiger Bestandteil werden. Unverzichtbar wird ein Test auf Gentoxizität sein, der möglicherweise auch als Kontakttest durchzuführen ist (Kwan & Dutka, 1992). Zur abschließenden Prüfung eines Sanierungserfolges sollte das gesamte Schema der toxikologischen Beurteilung einer Bodenbelastung angewendet werden. Dies ist notwendig zur Sicherheit einer vollständigen Entgiftung und kann als Basis für Rekultivierungsmaßnahmen dienen.

Danksagung

Die Arbeiten werden von der DFG im Sonderforschungsbereich 188 "Reinigung kontaminierter Böden" an der TUHH gefördert.

5 Literatur

Ahlf, W., (1992): Biotests für Bodenbelastungen: Wertvolle Bewertungshilfe. Altlasten, 1, 26 - 31.

Ahlf, W., Förstner, U. (1988): Bioassay-screening-Tests zur Erfassung von giftigen Stoffen in Böden. Altlastensanierung ´88. In: Wolf, K., van den Brink, W. J., Colon, F. J. (eds.). Kluwer Academic Publishers, Dordrecht, Boston, London, S. 471-478.

Burns, R. G. (1989): Microbial and Enzymatic Activities in Soil Biofilms. In: W. G. Characklis and P. A. Wilderer, Structure and Function of Biofilms (S. Bernhard, Dahlem Konferenzen, 1989 S. 333-349). John Wiley & Sons Ltd.

Daniels, S.A., Munawar, W.P. & Mayfield, C.I. (1989): An improved elutriation technique for the bioassessment of sediment contaminants. Hydrobiologia 188/189, 619-632

Doerger, J. U., Meier, J. R., Dobbs, R. A., Johnson, R. D. & Ankley, G. T (1992): Toxicity reduction evaluation at a municipal wastewater treatment plant using mutagenicity as an endpoint. Arch. Environ. Contam. Toxicol. 22, 384-388.

Dutka, B. J. & Kwan, K. K. (1988). Battery of screnning tests approach applied to sediment extracts. Toxicity Assess. 4, 303-314.

Guerin, W. F. & Boyd, S. A. (1992) Differential bioavailability of soil-sorbed naphthalene to two bacterial species. Appl. Environ. Microbiol. 58(4), 1142-1152.

Kämpfer, P., Steiof, M. & Dott, W. (1991): Microbiolgical characterization of a fuel-oil contaminated site including numerical identification of heterotrophic water and soil bacteria. Microb. Ecol. 21, 227-251

Klein, W. (1991): Bewertung und Beurteilung von Chemikalien im Boden. USWF-Z. Umweltchem. Ökotox. 3(1), 25-27.

Sims, J. L., Sims, R. C. & Matthews, J. E. (1990): Approach to Bioremediation of Contaminated Soil. Hazardous Waste & Hazardous Materials, 7(2), 117-149.

Kwan, K. K. & Dutka, B. J. (1992): A novel bioassay approach: Direct application of the Toxi-Cromotest and the SOS Chromotest to sediments. Environ. Toxicol. Wat. Qual. 7, 49-60.

Lanza, G. R. & Dougherty, J. M. (1991): Microbial enzyme activity and biomass relationships in soil ecotoxicology. Environ. Toxicol. Wat. Qual. 6, 165-176.

Liu, D. (1989): A rapid and simple biochemical test for direct determination of chemical toxicity. Tox. Assess. 4, 399-404

Rönnpagel, K. (1992): Wirkungen feststoffgebundener PAKs und ihrer Derivate in einem modifizierten Toxizitätstest mit Bacillus cereus. Diplomarbeit, TU Braunschweig.

Rudolph, P. & Boje, R. (1986): Ökotoxikologie. Grundlagen für die ökotoxikologische Bewertung nach dem Chemikaliengesetz. Ecomed Verlag, Landsberg/Lech

Scheibel, H.-J., Harborth, P., Lang, E. & Hanert, H. H. (1991): Einsatz des Leuchtbakterien- und Daphnien-Tests zur toxikologischen Bewertung von Grundwasser- und Bodenreinigung. gwf Wasser Abwasser 132(8), 441-447.

van Loosdrecht, M. C. L., Lyklema, J., Norde, W. Zehnder, A. J. B. (1990): Influence of interfaces on microbial activity. Micrbiol. Rev., 54(51) 75-87.

Weissenfels, W. D., Klewer, H.-J. & Langhoff, J. (1992): Adsorption of PAHs by soil particles. Influence on biodegradability and biotoxicity. Appl. Microbiol. Biotechnol. 36, 689-696.

Welp, G., Brümmer, G. W. & Rave, G. (1991): Dosis-Wirkungsbeziehungen zur Erfassung von Chemikalienwirkungen auf die mikrobielle Aktivität von Böden: I. Kurvenverläufe und Auswertungsmöglichkeiten. Z. Pflanzenernähr. Bodenk. 154, 159-168.

Bewertung von kontaminierten Standorten und Bodenreinigungsverfahren für nutzungs- und standortgerechtes Flächenrecycling

PROF. DR. J. PIETSCH, DIPL.-ÖKOL. DIPL.-ING. J. SCHWARZ

Technische Universität Hamburg-Harburg, Forschungsschwerpunkt 1-07, Städtebau III / Stadtökologie

1. EINLEITUNG

Beim Umgang mit kontaminierten Böden und Standorten klaffen inhaltlich und methodisch Ansätze der
- Erfassung, Gefährdungsabschätzung und Reinigung einerseits- und
- solche der Raum- und Umweltplanung andererseits

auseinander. Dies wird durch unterschiedliche Begrifflichkeiten und inkompatible Informationssysteme verstärkt. Integrierte Ansätze würden bessere, weil optimierte Lösungen eröffnen.

Standort-, nutzungs- und funktionsgerechte Sanierungen und Aufbereitungen von Böden, die gleichermaßen einem flächenbezogenen Erhaltungsauftrag gerecht werden, setzen eine bodenbezogene Flächen- und Mengenwirtschaft mit einem hohen Maß an Integration von Bodenschutz, -reinigung und Umweltplanung voraus. Zu einer bodenqualitätsorientierten Flächenwirtschaft können entscheidungsunterstützende Strategien ökologische und ökonomische Ziele durch Nutzung von technischem, naturwissenschaftlichem und Planungswissen integrieren.
Die Behandlung von kontaminierten Böden, im Rahmen der Raum- und Umweltplanung, insbesondere der Bauleitplanung, erfordert umfassendes Fachwissen, das in der Praxis nicht von einer Disziplin repräsentiert werden kann.
Der Erfolg ökologisch-ökonomisch orientierter Planung ist in diesem Bereich abhängig von:

- der Kooperation und Verständigung mehrerer Fachdisziplinen,
- einem hohen Maß an Integration der verschiedenen Wissensbereiche und
- dem effektiven Zugriff auf vorhandenes Wissen.

Erkenntnisse verschiedener Fachgebiete bedürfen für den Umgang mit Altlasten der Aufbereitung durch einheitliche und transparente Methoden und Strategien. Zusammengefaßt in leicht handhabbaren, integrierten Bausteinen der Behandlung von kontaminierten Böden und belasteten Standorten, können diese auch der standort- und nutzungsgerechten Auswahl von Bodenreinigungsverfahren dienen. Die Nutzung solcher interdisziplinären Methodenbausteine bedingt eine Transparenz von Begrifflichkeiten, Maßeinheiten und Definitionen, sowie deren Verknüpfung zu Rechenvorschriften und Entscheidungsunterstützungen. Auch im Hinblick auf eine DV-Unterstützung bei der Behandlung von Altlasten ist es unerläßlich, konsistente Verarbeitungsgrundlagen zu schaffen.

2. ZUM UMGANG MIT ALTLASTEN IN DER PLANUNG

Kenntnisse über die Eigenschaften von Böden und Substraten sowie den Standorten, denen sie entnommen wurden, oder denen sie zugefügt werden sollen, sind im Zusammenhang mit Planungszielen nur dann für die Behandlung von Altlasten nutzbar, wenn gleichzeitig Methoden zu ihrer Verknüpfung verfügbar sind.

In Abb. 1 ist in vereinfachter Form eine Verknüpfungsstrategie aufgezeigt, die den Abgleich vorhandener Boden- und Substrateigenschaften mit Nutzungsansprüchen ermöglicht. Grundsätzlich können vier planungsrelevante Fälle bei der Behandlung von Altlasten unterschieden werden:

1. Für einen belasteten Standort sollen Nutzungen gefunden werden, die möglichst geringe Anforderungen an bodenverbessernde Maßnahmen stellen.
2. Für einen (gereinigten) Boden/Substrat soll ein neuer Standort oder eine Verwendungsmöglichkeit gefunden werden.
3. Ein bestehendes Planungsziel soll auf die Vereinbarkeit mit den Bodeneigenschaften der beplanten Fläche oder eines (gereinigten) Bodens/Substrats überprüft werden.

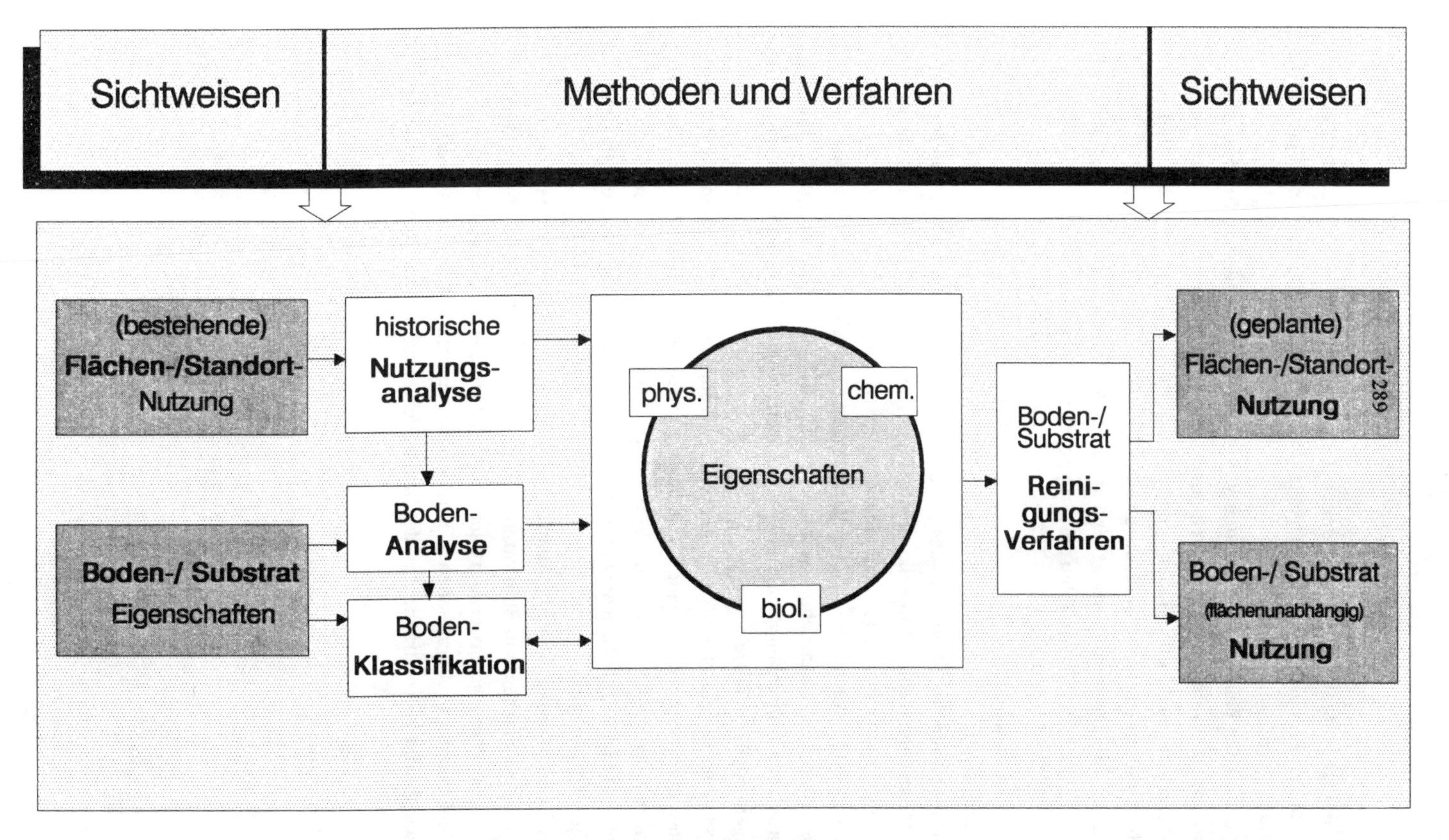

Abb. 1: Zusammenhänge zwischen Boden- und Substrateigenschaften zu Nutzungsansprüchen

4. Für die Realisierung bestimmter Flächennutzungen und die Herstellung einiger Produkte werden geeignete Qualitäten von Böden- und Substraten (als Teilkomponente) benötigt.

In den ersten beiden Fällen werden von einem Ist-Zustand ausgehend mögliche Nutzungen evaluiert, im dritten und vierten Fall wird ein Nutzungsziel vorgegeben und die Boden- und Standortbedingungen werden auf ihre Übereinstimmung mit dem Planungs- bzw. Verwendungsziel untersucht.

In allen 4 Fällen werden weitgehend ähnliche (Meß-) Parameter benötigt, um das Problem zu lösen. Dazu zählen die Gruppen

- chemischer,
- physikalischer und
- biologischer

Eigenschaften (s. Abb. 1) des Bodens/Substrats bzw. die entsprechenden Anforderungen einer Nutzung an die Eigenschaften eines Substrats. Da diese Eigenschaften aber aus verschiedenen Blickrichtungen der entsprechenden Fachgebiete auch in unterschiedlichen Einheiten, Dimensionen und Genauigkeiten beschrieben werden, ergibt sich die Notwendigkeit für die Umsetzung/Umrechnung dieser (Meß-)Werte und Klassifikationen in eine allgemeingültige Form.

Je genauer die Ausgangsdaten und die Umsetzungsmethoden sind, umso präziser kann dementsprechend eine Abschätzung erfolgen. Es können Angaben zu Flächennutzungen sowie zur Verwendung von Böden und Substraten als Rohstoffe (z. B. für Gartenbau, Sportplatzbau, Betonzuschlagstoff, etc...) daraus abgeleitet werden.

Bei Verknüpfung dieser Empfehlungen mit zusätzlich vorhandenen und benötigten Flächen und Substratmengen der jeweiligen Qualität, können daraus wertvolle Planungshinweise erwachsen. U. a. können Rückschlüsse auf die mit einem Planungsziel verbundenen Kosten, die Auswahl des Sanierungsverfahrens sowie die Umweltverträglichkeit des Sanierungsverfahrens erfolgen.

Durch Abgleich von Daten zu vorhandenen Böden/Substraten (z.B. aus Bodenbehandlungszentren) gegenüber benötigten Böden und Substraten für Planungsvorhaben in Soll- und Haben- Bilanzen kann zusätzlich eine langfristige Planung zur nutzungsgerechten Behandlung von kontaminierten Böden und belasteten Standorten in der Raum- und Umweltplanung besser gewährleistet werden. Dies ist im Sinne eines umweltverträglichen Umgangs mit Altlasten: Es wird weniger "übersaniert", "nachsaniert" - und vor allem - die flächenverbrauchende Form des Umgangs mit Altlasten, die Entsorgung auf Deponien, kann eingedämmt werden. Eine parallel zur Verwendung von (gereinigten) Böden und Substraten angelegte Kartierung hilft zudem ein späteres Wiederauffinden von Stoffen und erspart erneute Analysen.

2.1 BODEN UND SUBSTRATEIGENSCHAFTEN

Der Vergleich von Schadstoffgehalten im Boden mit den zulässigen Grenzwerten sollte in der Praxis nicht das alleinige Maß für die Verwendung gereinigter Böden und Standorte sein. Bodenphysikalische und bodenbiologische Aspekte sollten zur Erfüllung von Umweltschutz- und Nutzungszielen wesentlicher Bestandteil des planerischen Umgangs mit kontaminierten Böden und belasteten Standorten sein und die Auswahl der Reinigungsverfahren im Hinblick auf die geplante Nutzung beeinflussen. Eine Vernachlässigung dieser Aspekte kann zu Verzögerungen und damit zu Engpässen bei der Verwertung der Produkte aus der Bodenreinigung führen. - Auch besteht das Risiko, daß weitere Sanierungen wegen ausgeschöpfter Zwischenlagerungskapazitäten für gereinigte Böden behindert werden können.
Die verschiedenen Fachsprachen dieser Wissenschaften benutzen in weiten Bereichen verschiedene Begrifflichkeiten und Meßparameter für boden- und substratbeschreibende Begriffe, die einer "Übersetzung" bedürfen. Sogar innerhalb einzelner Fachgebiete findet man, jeweils dem Untersuchungszweck angepaßt, unterschiedliche Begriffe und Dimensionen. Glossarien und Umrechnungsalgorithmen sind daher eine wichtige Voraussetzung für die Integration der Wissensbereiche.

Im "Umweltbereich Boden" ist zudem die Bildung von Substrat-, Stoff- oder Funktionsklassen anzustreben. Quellen, Ströme und Verbleib von Substraten ließen sich erstmals verfolgen sowie umweltgerecht und wirtschaftlich steuern.

2.2 STANDORT UND FLÄCHENEIGENSCHAFTEN

Für eine nutzungsbezogene Verwendung von (gereinigten) Böden und Substraten wäre eine allgemein anerkannte und verwendete Klassifizierung der Standortnutzung eine hilfreiche Voraussetzung. Als ein geeignetes Klassifikationssystem wird von uns die Nutzungssystematik "Statistisches Informationssystem zur Bodennutzung" ("STABIS-Liste") (Bundesminister für Raumordnung, Bauwesen und Städtebau 1989) und einige modifizierte Formen davon angesehen.

Die verschiedenen Ebenen dieses Ordnungssystems enthalten mit zunehmender Ordnungstiefe konkreter werdende Anforderungen an die zu verwendenden Substrate und Böden, um eine Übereinstimmung mit der geplanten Nutzung möglichst genau überprüfen zu können.

3. MÖGLICHKEITEN EINER DV-UNTERSTÜTZUNG ZUR BEHANDLUNG VON ALTLASTEN IN DER RAUM- UND UMWELTPLANUNG

Die Menge und Vielfalt von Informationen, die als Grundlage für die Behandlung von kontaminierten Böden und belasteten Standorten notwendig ist, sowie eine zuverlässige Anwendung komplizierter Bewertungs- und Bearbeitungsmethoden, läßt eine DV-Unterstützung für diesen Bereich sinnvoll erscheinen. Diese sollte folgende Mindestanforderungen erfüllen:

- bestehende Datenbanken zu einzelnen Sachgebieten sollten sich leicht integrieren lassen,
- es müssen Werkzeuge existieren, mit denen Grenz-, Richt-, Schwellen- und Referenzwerte (z. B. natürliche, regional bedingte Schwankungsbreite von (Schad-)Stoffen im Boden) verwaltet und verarbeitet werden können. Es muß dazu eine Angabe des zugrunde liegenden Analyseverfahrens sowie der Fehlerquellen und -größen möglich sein.
- die verschiedenen Wissens- und Fachgebiete sollten im System als interdisziplinäre Einheit repräsentiert werden,
- das gesamte Wissen des Systems sollte dem Benutzer zu Anpassungs- und Erweiterungszwecken zugänglich sein,
- es müssen Werkzeuge existieren, mit denen textliches Wissen effizient gespeichert, verwaltet und abgerufen werden kann. Im Wörterbuch enthaltene Fachbegriffe sollten im Text automatisch markiert werden und somit eine leicht zugängliche Erklärung für den Benutzer bereitstellen,

- weitere Werkzeuge für die Speicherung von Notizen, zur Verwaltung eines Wörterbuchs, zur Eingabe von Meßwerten und Informationen zu Standorten und Böden sollten zur Verfügung stehen,
- das System sollte flächenhafte Darstellungen von Meßwerten erlauben,
- andere Darstellungsmöglichkeiten (Balken-, Kurven- und andere Diagramme), sowie statistische Testverfahren für Meßwerte können eine sinnvolle Erweiterung eines solchen Systems sein.

Teilweise sind diese Anforderungen bereits in Einzelmodulen von Systemen enthalten, es gibt aber auch Ansätze diese in einem System gemeinsam zu erfüllen. Fachliche Kompetenz und Anforderungen der potentiellen Nutzer reichen trotz des gemeinsamen Gegenstands "Boden" über ein weites Spektrum. Die angestrebte Verknüpfung zwischen betrieblichen und behördlichen Interessen begründet sich sowohl aus einer integrierten Umweltsicht als auch aus der Idee, UIS-Elemente optional durch nutzerübergreifende Dienstleistungsunternehmen zu organisieren.

Literatur:

Pietsch, J., Schwarz, J. (1991): Arbeits- und Ergebnisbericht 1989-1991 zum Sonderforschungsbereich 188 der DFG. Technische Universität Hamburg-Harburg.

Bundesminister für Raumordnung, Bauwesen u. Städtebau (Hrg.) (1989): Statistisches Informationssystem zur Bodennutzung. - Voruntersuchung -. Schriftenreihe "Forschung" des Bundesminister für Raumordnung, Bauwesen und Städtebau, Heft Nr. 471. Roco-Druck. Wolfenbüttel.

Pietsch, J.; Kamieth, H. 1992: Stadtböden. Entwicklungen Belastungen Bewertung und Planung. Eberhard Blottner Verlag. Taunusstein.

Bundes-Bodenschutzgesetz

F. FROESCHLE

Bundesministerium für Umwelt, Naturschutz und Reaktorsicherheit, Kennedyallee, 5300 Bonn 2

In unserem dichtbesiedelten Land mit jetzt 80 Millionen Einwohnern steht der Boden als Ressource nicht beliebig zur Verfügung. Wir müssen alles tun, um uns diese Ressource zu erhalten, damit wir sowohl ökologisch als auch ökonomisch eine Zukunftschance haben.

Im BMU ist aus diesem Grunde der Referentenentwurf eines Bundes-Bodenschutzgesetzes erarbeitet worden. Der Entwurf befindet sich gegenwärtig in der Ressortabstimmung.

Zweck des Gesetzes soll es sein,

- den Boden in seiner Funktionsvielfalt zu erhalten,
- Vorsorge gegen schädliche Veränderungen zu treffen,
- schädliche Bodenveränderungen abzuwehren,
- eingetretene Schäden zu beseitigen,
- die Auswirkungen dieser Beeinträchtigungen auf den Menschen und die Umwelt zu verhindern.

Leitgedanke ist der Schutz vor "schädlichen Bodenveränderungen". Sie liegen vor, wenn die Bodenfunktionen beeinträchtigt sind und dadurch Gefahren oder erhebliche Nachteile oder erhebliche Belästigungen für den einzelnen oder die Allgemeinheit herbeigeführt werden. Durch das Gesetz wird der Boden als Schutzgut der Allgemeinheit normiert: Seine Funktionen für den Naturhaushalt werden damit geschützt.

Mit der Einführung einer Vorsorgepflicht geht der Gesetzentwurf über die Gefahrenabwehr hinaus und konkretisiert Inhalt und Reichweite einer spezifisch bodenschutzrechtlichen Vorsorge. Die Vorsorgepflicht soll die Möglichkeit geben, bereits bei der Besorgnis einer schädlichen Bodenveränderung Bodeneinwirkungen zu beschränken. Vorsorgemaßnahmen sind vor allem geboten, wenn langfristig eine Anreicherung von umweltgefährdenden Stoffen im Boden zu erwarten ist. Der Nachweis einer konkreten Gefahr, wie es das herkömmliche Ordnungsrecht verlangt, ist insoweit nicht erforderlich.

Die bodenschutzrechtlichen Pflichten bilden das normative Fundament des Gesetzentwurfs, auf dem die Anordnungsbefugnis der Behörde wie auch die Verordnungsermächtigung aufbaut. Neben der Vorsorgepflicht sieht der Entwurf die Pflicht zur Abwehr schädlicher Bodenveränderungen vor. Ist eine schädliche Bodenveränderung bereits eingetreten, so werden in erster Linie der Verursacher, aber auch der Grundstückseigentümer verpflichtet, Sanierungsmaßnahmen durchzuführen. Dabei ist die derzeitige und die vorgesehene künftige Nutzung des Grundstücks zu berücksichtigen.

Erhebliche Gefahren für Mensch und Umwelt gehen von sogenannten Altlasten aus. Das Gesetz stellt das notwendige rechtliche Handlungsinstrumentarium zur Verfügung, um altlastverdächtige Flächen zu erfassen, zu untersuchen, zu bewerten und Sanierungsmaßnahmen durchzuführen. Damit wird insbesondere den neuen Bundesländern ein umfassendes rechtliches Handlungsinstrumentarium zur Verfügung gestellt, um das Problem der Altlasten zu bewältigen.

Vorgesehen ist zunächst, daß altlastverdächtige Flächen von den zuständigen Landesbehörden erfaßt und bewertet werden. Wichtig ist, daß für die Bewertung bundeseinheitliche Vorgaben geschaffen werden. Der Gesetzentwurf enthält daher die Ermächtigung, in einer TA Altlast bodenabhängige Gefahrenwerte in rechtsverbindlicher Form bundeseinheitlich festzulegen. Bundeseinheitliche Gefahrenwerte einschließlich der dazu gehörigen Ermittlungsverfahren sind zum Schutz der Umwelt und im Interesse der Rechts- und Wirtschaftseinheit dringend erforderlich; denn der bestehende Wildwuchs an Listen und Werten über Bodenstandards führt zu unterschiedlichen Schutzstandards und zu regional erheblich divergierenden Anforderungen an Wohn- und Gewerbeflächen. Die Konzeption der Technischen Anleitung wird z.Z. erarbeitet.

Liegt eine Altlast vor, so ist diese nach dem Gesetzentwurf zu beseitigen. Ist dies nicht möglich oder unzumutbar, sind zum Schutz von Mensch und Umwelt Sicherungs- und Beschränkungsmaßnahmen zu ergreifen.

Zur Vorbereitung der Sanierungsverfügung kann die Behörde von dem zur Sanierung Verpflichteten die Erstellung eines Sanierungsplans verlangen. Der Plan soll Angaben zur gegenwärtigen und künftigen Nutzung des Grundstücks, zum Inhalt der geplanten Maßnahmen und zur zeitlichen Durchführung der Maßnahmen erhalten.

Ziel der Sanierungsplanung ist es, das vorhandene Gefährdungspotential soweit zu verringern, daß gegenwärtig und zukünftig eine sinnvolle Nutzung der sanierten Grundstücke ermöglicht wird.

Eine staatliche Sanierungsplanung kommt im übrigen subsidiär in Betracht. Grundsätzlich muß derjenige den Plan erstellen, der für die Sanierung auch verantwortlich ist. Dies aus zwei Gründen: zunächst ist nur soviel staatlicher Dirigismus sinnvoll wie unbedingt nötig. Desweiteren wird aber auch derjenige, der vor Ort die Sanierung durchführen soll, im Regelfall die besten Kenntnisse über die tatsächlichen Möglichkeiten effizienter Sanierungsmaßnahmen haben; es liegt daher nahe, ihn auch die Sanierungskonzeption erstellen zu lassen.

Ein weiteres ist wichtig: Diejenigen, die von Sanierungsmaßnahmen betroffen sein können, müssen in den Sanierungsprozeß mit einbezogen werden. Daher sieht der Gesetzentwurf vor, daß die Betroffenen über geplante Maßnahmen zu informieren sind.

Sie haben dadurch Gelegenheit, Anregungen und Bedenken vorzutragen. Ihre Interessen können frühzeitig berücksichtigt werden. Die Einbeziehung der Betroffenen - da bin ich überzeugt - wird dazu beitragen, daß die jeweiligen Sanierungskonzepte ausgewogen sind und daß sie letztlich auch weitestgehend Akzeptanz finden.

Im Kern beinhaltet Bodenschutz und Altlastensanierung, wie sie im Gesetzentwurf geregelt sind, aus der Sicht der Wirtschaft nicht anderes als Standortsicherung. Häufig bewirkt nämlich eine Überforderung der Leistungsfähigkeit des Bodens auch eine Einschränkung seiner Nutzbarkeit. Je nach Art und Ausmaß von Bodenbelastungen sind Grundstücke für den Anbau von Nahrungsmitteln, als Standort für Wohngebiete oder belastungsempfindliche gewerbliche Nutzungen ungeeignet. Mit dem im Gesetzentwurf geregelten vorbeugenden Bodenschutz wird die Nutzungsfähigkeit von Grundstücken erhalten oder mit den durchzuführenden Sanierungsmaßnahmen wieder hergestellt. Ohne diese Maßnahmen bleiben große Brachflächen zurück, die entweder keiner oder einer nur sehr eingeschränkten Nutzung zugänglich sind.

Das neue Bundes-Bodenschutzgesetz und die dazugehörenden Regelwerke bringen endlich Rechtssicherheit in den Wildwuchs verschiedenster Bodenwerte und Listen und erleichtern so den Vollzug der Länder. Die Wirtschaft, die Gemeinden, die Grundstücksbesitzer, sie alle brauchen dringend Rechtssicherheit, wenn es belastungsabhängig um die zulässige Nutzung von Grund und Boden geht. Das auf der Grundlage des Gesetzes zu erlassende Regelwerk beseitigt den bestehenden Wildwuchs verschiedenster Listen und Bodenwerte, macht klare Vorgaben für die Nutzung und Sanierung belasteter Grundstücke und beseitigt so bestehende Investitionshemmnisse.

Werden Altlasten nach klaren Vorgaben saniert, so dient dies dem Schutz von Boden und Grundwasser, gibt der Wirtschaft nutzbare Flächen zurück und vermindert die Inanspruchnahme von Freiflächen.

Für den Bereich der Landwirtschaft ist eine gesonderte Vorsorgeregelung vorgesehen. Danach hat die landwirtschaftliche Bodennutzung standortgemäß so zu erfolgen, daß soweit wie möglich Bodenabträge, Bodenverdichtungen und eine Verminderung des Humusgehaltes vermieden und die biologische Aktivität des Bodens sowie eine günstige Bodenstruktur gefördert werden.

Die gute fachliche Praxis der Düngung und des Pflanzenschutzes, die in anderen Fachgesetzen geregelt wird, bleibt hierdurch unberührt. Eine gute fachliche Praxis begründet die Regelung damit nur für die Bereiche Bodenbearbeitung und Anbau. Zusammen mit der guten fachlichen Praxis der Düngung und des Pflanzenschutzes entsteht damit insgesamt eine gute fachliche Praxis der Landbewirtschaftung.

Damit trägt das Gesetz wesentlich dazu bei, flächendeckend eine ökologisch verträgliche Landbewirtschaftung sicherzustellen.

Das Gesetz soll den zuständigen Landesbehörden die Möglichkeit eröffnen, Bodenschutzpläne aufzustellen, um Belastungen des Bodens mit einem umfassenden gebietsbezogenen Handlungskonzept begegnen zu können. Nach dem Entwurf sollen Bodenschutzpläne als Sanierungs- und Vorsorgepläne aufgestellt werden können.

Die Regelung weiterer gebietsbezogener Maßnahmen liegt im Ermessen der Länder. Um den Zustand der Böden erfassen, überwachen und dokumentieren zu können und um über eine sichere Datenbasis für Bodenschutz- und Vorsorgemaßnahmen zu verfügen, kommen hierbei insbesondere die Einrichtungen von Bodenzustandskatastern sowie Dauerbeobachtungsflächen, Bodenproben und -datenbanken in Betracht.

In der Koalitionsvereinbarung wird auf die Notwendigkeit der Verzahnung mit anderen Umweltgesetzen hingewiesen. Der Gesetzentwurf enthält Regelungen in den Bereichen, Abfall-, Wasser-, Immissionen- und Naturschutzrecht, die die Verzahnung herstellen sollen.

UMWELTVERTRÄGLICHKEITSPRÜFUNG

BEISPIEL: VORBEWERTUNG ZUR ERSTEN GEFAHRENABSCHÄTZUNG VON KONTAMINATIONSVERDÄCHTIGEN STANDORTEN IM STADTVERBAND SAARBRÜCKEN

(ARBEITSPAKET IM RAHMEN DES FORSCHUNGSVORHABENS METHODIK EINES HANDLUNGSMODELLS ZUR ABSCHÄTZUNG UND ABWEHR DER GEFAHREN AUS DEN ALTLASTEN EINER REGION/BMFT)

DR. GERHARD ALBERT, DIPL. BIOL. JÖRG OELLERICH
PLANUNGSGRUPPE ÖKOLOGIE + UMWELT
KRONENSTR. 14, 3000 HANNOVER 1

1 EINLEITUNG

Viele Gebietskörperschaften in der Bundesrepublik Deutschland, insbesondere in stark industrialisierten Gebieten, sehen sich mit dem Problem einer außerordentlich hohen Zahl **kontaminationsverdächtiger (kv) Flächen** konfrontiert.

Angesichts dieser Vielzahl stößt der für die Altlastenproblematik zu erwartende Handlungsbedarf auf eine ganze Reihe verwaltungstechnischer, juristischer und finanzieller Restriktionen. Aus dieser Problemlage ergibt sich die Notwendigkeit, die von kv-Flächen ausgehenden potentiellen Risiken mit einfachen Methoden zu fassen und darauf aufbauend einen nach Prioritäten abgestuften Handlungsbedarf zu ermitteln.

Voraussetzung für eine derartige methodische Herangehensweise ist zunächst die einheitliche Erfassung aller kv-Flächen in einem Gebiet, wie dies vom Stadtverband Saarbrücken (SVS) durchgeführt worden ist.

Die auf dieser Grundlage ermittelten Handlungsprioritäten dienen in erster Linie dazu, für alle kv-Flächen einen in Abhängigkeit von der jeweiligen Gefahrenlage abgestuften Untersuchungsbedarf zu definieren.

Die hier vorgestellte potentielle Bewertungsmethodik dient dabei nicht nur der Sofortabwehr akuter Gefährdungen der menschlichen Gesundheit, sondern soll auch ein erster Schritt in Richtung eines mittel- und langfristigen Untersuchungskonzeptes sein.

Der Bericht erläutert die einzelnen **Arbeitsschritte** der Vorbewertung.
Es sind dies:

- die Raumverträglichkeitsanalyse als Einstieg in die räumliche Problematik,
- das methodische Konzept der Erst- und Zweitbewertung als zentrale Bewertungsschritte
- sowie die darauf aufbauende Dringlichkeitsbewertung.

2 RÄUMLICHE SITUATION UND KONTAMINATIONSVERDÄCHTIGE FLÄCHEN IM STADTVERBAND SAARBRÜCKEN (RAUMVERTRÄGLICHKEITSANALYSE)

Insgesamt sind im Gebiet des SVS über 2.400 kv-Flächen erfaßt worden. Die Angaben zu diesen Flächen liegen in einer EDV-Datei gespeichert vor. Hier finden sich neben Angaben zur Lage einer Fläche auch Informationen zu der bzw. den jeweiligen kv-Branchen sowie zu betroffenen Flächennutzungen und zu vorhanden Flächenpotentialen (Naturschutzgebiet, Wasserschutzzone etc.).

Die häufigsten kv-Branchen / Ablagerungen im SVS sind: Autohandel, Ablagerungen, Tankstellen, Metallindustrie, Bauunternehmen und Bauhöfe.

Der **Nutzungskonflikt** zwischen den gezeigten Branchen und den dadurch betroffenen Flächennutzungen wird aus Tab. 1 deutlich.

Tab. 1: Häufigkeit des Zusammentreffens einzelner Flächennutzungen mit kontaminationsverdächtigen Branchen

Derzeitige Flächennutzung	kontaminationsverdächtige Branchen	
	Anzahl der Nutzungskonflikte	
	direkt auf der Fläche	in 100 m Entfernung
Wohnbaufläche	729	2883
Gewerbliche Baufläche	3310	1680
Grünflächen	104	872
Sportanlagen/Spielplätze	108	266
Park	14	89
Dauerkleingärten	7	39
Biotop	90	711
Brache	416	171
Landwirtschaft	38	552
Wald	107	624
Öffentliche Einrichtungen	194	987
Mischbauflächen	24	700
Wasserschutzzone II (direkt)		159
Wasserschutzzone II (- 250 m Entfernung)		54
Wasserschutzzone III		743
Wasserschutzzone III (- 250 m Entfernung)		290
Brunnen im Abstrom (- 50 m Entfernung)		222
Brunnen im Abstrom (50 - 250 m Entfernung)		514
Brunnen im Abstrom (250 - 500 m Entfernung)		425

Zur Vorklärung der relevanten Fragestellungen wurde für das gesamte Gebiet des Stadtverbandes eine Raumverträglichkeitsprüfung durchgeführt. Dabei geht es um die Frage, inwieweit empfindliche Landschaftsräume und Flächennutzungen durch eine räumliche Konzentration kontaminationsverdächtiger Flächen (Branchen) vorbelastet sind.

Die Ergebnisse zeigen: Als problematisch im Sinne eines flächenhaft hohen Gefahrenpotentials im Gebiet des SVS ist insbesondere die zahlenmäßig hohe Betroffenheit der empfindlichen Flächennutzung Wohnen durch die Branchengruppen Chemische Industrie, Metallindustrie, Metallverarbeitung und Ablagerungen zu werten.

Ein gleichermaßen hohes Risiko ergibt sich aus der hohen Anzahl von Ablagerungen in bzw. in unmittelbarer Nähe zu Wasserschutzzonen. Außerdem wurden relativ viele Brunnen im Abstromgebiet dieser Flächen festgestellt.

Deutlicher wird die geschilderte Gefahrenlage, wenn neben der statistischen auch eine räumliche Betrachtungsebene einbezogen wird.

Es zeigt sich, daß insbesondere die Talräume und das Stadtgebiet Saarbrücken ein erhebliches Gefahrenpotential bergen, da sich hier zum einen aufgrund der hydrogeologischen, hydrologischen und nutzungsbedingten Situation (Wohnbebauung) besonders empfindliche Landschaftsräume konzentrieren und zum anderen eine Verdichtung von kv-Flächen in diesen Bereichen festzustellen ist.

3 METHODISCHES KONZEPT DER BEWERTUNG

Aus der Kontamination der Schutzgüter Grundwasser, Oberflächenwasser, Boden und Luft ergeben sich vielfältige Gefahren für die menschliche Gesundheit bzw. für die natürlich belebte Umwelt.

Das Ausmaß dieser Gefahrenlage wird insbesondere durch die **Emissionen** und den zu den Schutzgütern in Beziehung stehenden Flächennutzungen bestimmt.

Das relative Gefahrenpotential der kv-Flächen ergibt sich also aus der Verknüpfung von kv-Branchen (Emission) einerseits und den durch sie betroffenen Flächennutzungen und nutzungsübergreifenden Flächenfunktionen (Immission) andererseits.

Ein wichtiges Bindeglied zwischen Emission und Immission ist die **Transmission** der Schadstoffe, wobei insbesondere die Frage im Mittelpunkt steht, ob sich aus den stofflichen Zusammensetzungen und Eigenschaften der Emissionen eine Betroffenheit der betrachteten Schutzgüter ergibt.

Aus den o.g. Sachverhalten läßt sich das Emission-Transmission-Immission (**ETI-)-Modell** zur Bewertung der kv-Flächen ableiten.

Es handelt sich hierbei um eine Wirkungsanalyse, die versucht, gleichermaßen lineare Ursachen-Wirkungs-Zusammenhänge nachzuvollziehen und zwar entsprechend dem Strukturmodell

- o **verursachende Branche (Emission),**
- o **Wirkungspfade (räumlich-zeitliche Transmission) und**
- o **betroffene Flächennutzungen (Immission).**

Vom Verursacher (kv-Standort) ausgehend wird geprüft, welche Auswirkungen auf die Flächennutzungen und Flächenfunktionen vorhanden sind (Abb. 1).

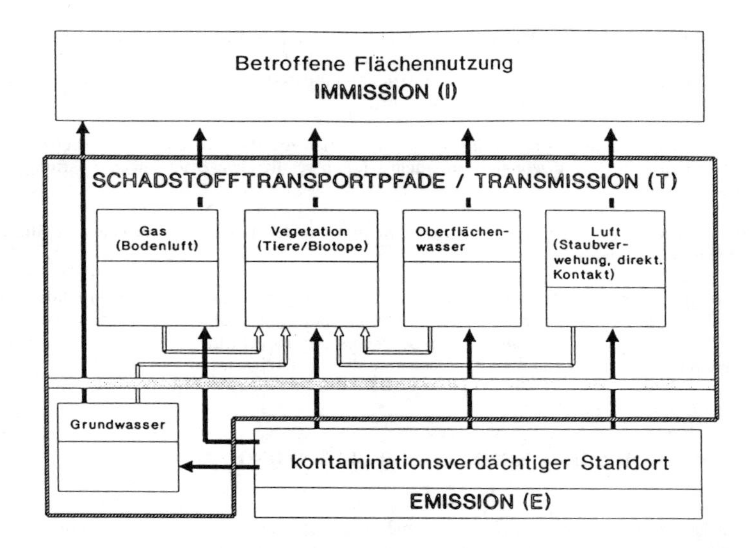

Abb. 1: Schematisches Erklärungsmodell der Zusammenhänge zwischen Emission und Immission

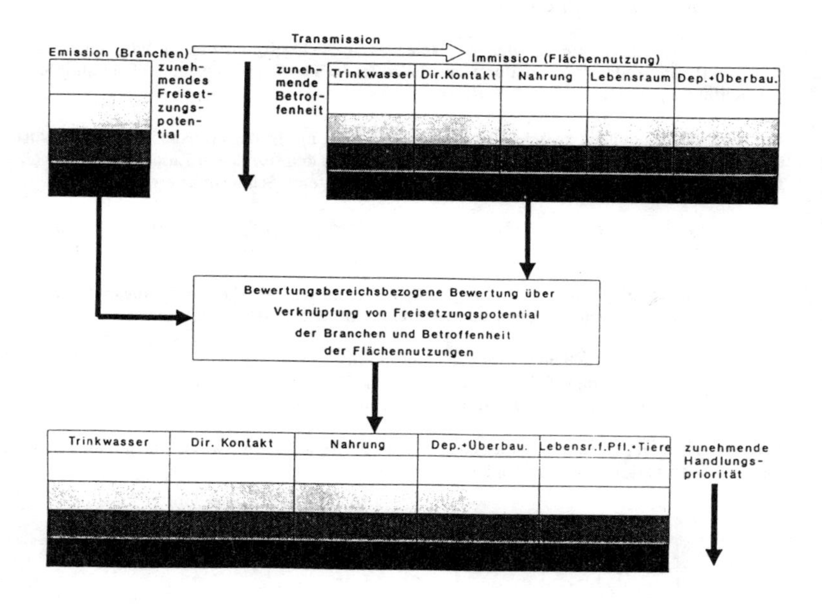

Abb. 2: Schematische Darstellung des Bewertungsvorganges

Abb. 2 stellt die Struktur des zur Bewertung durchgeführten Arbeitsprogrammes dar. Ausgehend von der Beschreibung der Ausgangssituation ist die Bewertung in diesen Arbeitsschritten durchgeführt worden.

Zunächst war vorgesehen, eine **Erstbewertung** und anschließend -auf der Basis einer vertieften Auswertung - eine weitergehende **Zweitbewertung** der kv-Flächen durchzuführen. Aus der kritischen Diskussion der in der Erstbewertung beschriebenen Bewertungsmethodik ist dann schließlich die Methodik der Zweitbewertung entwickelt worden. Bei dieser handelt es sich also gegenüber der Erstbewertung um einen **modifizierten methodischen Ansatz** und nicht - wie ursprünglich vorgesehen - um eine hinsichtlich der Aussagegenauigkeit weitergehende Bewertungsmethodik.

Methodik und Ergebnisse der **Zweitbewertung** sollen hier dargestellt werden.

Die Dringlichkeitsbewertung schließlich basiert auf den Ergebnissen der Zweitbewertung und versucht, die in diesem Arbeitsschritt als hinsichtlich des Handlungsbedarfs dringlich eingestuften kv-Flächen noch weiter zu differenzieren.

4 VORBEWERTUNG DER KONTAMINATIONSVERDÄCHTIGEN FLÄCHEN IM STADTVERBAND SAARBRÜCKEN (ZWEITBEWERTUNG)

Die Methodik der Bewertung basiert auf der Grundüberlegung, daß das Gefahrenpotential einer kv-Fläche durch die Verknüpfung von kv-Branchen (Emission) einerseits und den durch sie betroffenen Flächennutzungen bzw. Flächenpotentialen (Immission) andererseits gesteuert wird. Ein wichtiges Bindeglied zwischen beiden Faktoren ist die Transmission über Schadstoffpfade, wobei die Frage, ob es zwischen dem Schutzgut und der Emissionsquelle zu einem Kontakt kommen kann, im Mittelpunkt steht. Das damit beschriebene **ETI-Modell bildet die Basis der Zweitbewertung**. Ziel der Zweitbewertung ist, bezogen auf alle erfaßten kv-Flächen, einen nach Prioritäten abgestuften Handlungsbedarf im Sinne weiterer Untersuchungen zu ermitteln.

Grundsätzlich sind für die Zweitbewertung fünf Bewertungsbereiche zu unterscheiden, die jeweils getrennt betrachtet und nicht miteinander verknüpft werden sollen.

Sie sind durch z.T. unterschiedliche Schutzgüter, insbesondere aber durch unterschiedliche Gefahren gekennzeichnet.

1. **Trinkwassernutzung (direkte Nahrungsaufnahme möglich)**
   - o Schutzgut: Grundwasser
   - o Gefahrenlage: Gesundheitsgefährdung von Menschen durch Aufnahme kontaminierten Trinkwassers

2. **Direkter Kontakt**
   - o Schutzgut: Boden, Luft
   - o Gefahrenlage: Kontamination des Bodens bzw. der Bodenluft mit Schadstoffen und daraus folgend eine Gesundheitsgefährdung des Menschen durch Staubverwehung und Ausgasung

3. **Nahrung (direkte Nahrungsaufnahme möglich)**
   - o Schutzgut: Boden, Luft
   - o Gefahrenlage: Kontamination von Nutztieren und -pflanzen und daraus folgend eine Gesundheitsgefährdung des Menschen

4. **Deponie und Überbauung**
   - o Schutzgut: Boden, Luft
   - o Gefahrenlage: Explosionsgefahr durch Methanausgasung aus Deponiekörpern

5. **Lebensraum wildlebender Pflanzen und Tiere**
   - o Schutzgut: Boden, Luft, Grundwasser, Oberflächengewässer
   - o Gefahrenlage: Kontamination der o.g. Schutzgüter, die zu einer Beeinträchtigung bzw. Zerstörung der Lebensmöglichkeiten einzelner Organismen oder auch Lebensgemeinschaften führt.

Bei den Bewertungsbereichen 1 - 4 steht letztlich **die menschliche Gesundheit im Mittelpunkt** der Betrachtung, während dem Bewertungsbereich 5 die **Qualität der natürlichen Umwelt** zugrunde liegt.

Im folgenden sollen die auf die fünf genannten Bereiche aufbauenden Bewertungskriterien und deren Verknüpfung skizziert werden.

BEWERTUNGSKRITERIEN FÜR KV-BRANCHEN (EMISSION)

Bei der Abschätzung des Gefahrenpotentials eines kv-Standortes kommt den jeweiligen Branchen eine Schlüsselfunktion zu, da über sie erste Informationen zu den Schadstoffemissionen ermöglicht werden. Ein **erstes Bewertungskriterium** ist daher das **branchenbezogene Freisetzungspotential von Schadstoffen.** Diesem Bewertungsansatz liegen weder Art noch Anzahl, sondern die potentiell freigesetzten Mengen an Schadstoffen zugrunde. In einem ersten Arbeitsschritt sind daher alle im SVS erfaßten Branchen diesbezüglich in vier Klassen (hohes, mittleres, geringes und kein Freisetzungspotential) eingeteilt worden. Diese Einteilung ist unabhängig von den fünf Bewertungsbereichen durchgeführt worden (Umweltamt des Stadtverbandes Saarbrücken 1988, 1988a, 1989).

BEWERTUNGSKRITERIEN BEZÜGLICH DER BETROFFENHEIT UNTERSCHIEDLICHER FLÄCHENNUTZUNGEN DURCH SCHADSTOFFEMISSIONEN (IMMISSION)

Ein weiterer wichtiger Faktor der Gefahrenabschätzung von kv-Flächen sind die **durch Emissionen betroffenen Flächennutzungen** (einschl. nutzungsübergreifender Flächenfunktionen). Ihre Betroffenheit in Hinsicht auf die den fünf Bewertungsbereichen zugeordeneten Gefahrenlagen ist daher ein weiteres wichtiges Bewertungskriterium. Die Empfindlichkeit (Nutzungssituation und Wahrscheinlichkeit der Gefahrenlage, vorausgesetzt es kommt zu einer Kontamination des jeweiligen Schutzgutes) hängt dabei von der jeweiligen Flächennutzung bzw. der nutzungsübergreifenden Flächenfunktion ab. Daraus ergibt sich, daß die Flächenfunktionen nicht unabhängig von den Bewertungsbereichen mit ihren unterschiedlichen Gefahrenlagen bewertet werden können.

In einem zweiten Arbeitsschritt wurden daher alle Angaben zu Flächennutzungen bzw. nutzungsübergreifenden Flächenfunktionen bezogen auf die fünf Bewertungsbereiche bis zu vier Klassen unterschiedlicher Betroffenheit zugeordnet.

VERKNÜPFUNG DER BEWERTUNGSKRITERIEN - ERSTELLUNG EINER BEWERTUNGSMATRIX

Aus der Verknüpfung der Kriterien 'branchenbezogenes Freisetzungspotential von Schadstoffen' einerseits und 'bewertungsbereichsbezogene Betroffenheit von Flächennutzungen' andererseits ergibt sich schließlich die relative Bewertung - wiederum bezogen auf die fünf Bewertungsbereiche - aller im SVS erfaßten kv-Flächen.

Die **Transmission** ist über die Faktoren 'Versiegelungsgrad der betroffenen Fläche' und 'Entfernung von der Emissionsquelle' in die Bewertung eingegangen.

Bei der Verknüpfung ist nach einer **'worst case'-Methode** verfahren worden; d.h. relevant für die Bewertung einer Fläche waren jeweils die Branche mit dem höchsten Freisetzungspotential und -bezogen auf die Bewertungsbereiche - die Nutzung, die sich durch die höchste Betroffenheit durch Emissionen kennzeichnen ließ. Auch wenn dies sicher nicht immer zutrifft, so garantiert dieses methodische Prinzip, daß die Verdachtsflächen durch die Bewertung nicht verharmlost wurden, d.h. die Bewertung sich stets auf der sicheren Seite bewegt.

Bezogen auf das Bewertungsziel - erster Handlungsbedarf mit Prioritäten - läßt sich aus der dargestellten Verknüpfung eine **Bewertungsmatrix**, bezogen jeweils auf die Bewertungsbereiche, entwickeln. Die Basis hierfür bildet die Überlegung, daß im Sinne einer Prioritätensetzung eine Fläche, die sowohl durch eine kv-Branche mit hohem Freisetzungspotential von Schadstoffen, als auch durch eine hohe Betroffenheit der jeweiligen Flächennutzung gekennzeichnet ist, einen dringenderen weiteren Untersuchungsbedarf aufweist, als Flächen, die hinsichtlich beider Bewertungskriterien eine unproblematische Einstufung zeigen.

Das Ergebnis der Bewertung aller kv-Flächen wird daher durch eine Klassenzuordnung dargestellt, die ihrerseits den abgestuften Handlungsbedarf dokumentiert. Diese Einstufung der kv-Flächen erfolgt getrennt für jeden Bewertungsbereich.

4.1 KLASSSIFIZIERUNG DER BRANCHEN HINSICHTLICH DES VON IHNEN AUSGEHENDEN FREISETZUNGSPOTENTIALS VON SCHADSTOFFEN

Den einzelnen Branchen wurde über deren Zugehörigkeit zu einzelnen Wirtschaftszweigen ein abgestuftes **Freisetzungspotential** zugeordnet. Danach haben die Wirtschaftszweige 'Produktion' und 'Ablagerungen' ein hohes, 'Verarbeitungsbetriebe' ein mittleres und 'Dienstleistungsbetriebe' ein geringes Freisetzungspotential. Diese Einstufung ist grundsätzlich beibehalten worden. Sie wurde nur dann geändert, wenn die konkrete Betriebsweise der betrachteten Branche ein anderes Freisetzungspotential erkennen läßt, als dies vom angegebenen Wirtschaftszweig abzuleiten ist. Hier greift insbesondere das Kriterium offener/geschlossener Umgang während des Betriebsablaufes mit Schadstoffen bzw. schadstoffhaltigen Substanzen.

Den fast 170 im SVS erfaßten Branchen wurde jeweils eines der folgenden Freisetzungspotentiale zugeordnet:

A = kein Freisetzungspotential
B = geringes Freisetzungspotential
C = mittleres Freisetzungspotential
D = hohes Freisetzungspotential

Abb. 3 zeigt die Verteilung der Branchen auf die unterschiedlichen Freisetzungspotentiale sowie ihre Verteilung auf die Gesamtfläche des SVS.

Danach zeigen immerhin 25% aller im Gebiet des SVS erfaßten Branchen ein hohes Freisetzungspotential von Schadstoffen und damit ein relativ hohes Gefährdungspotential.

Anzahl Branchen
(bezogen auf 169 Branchennennungen)

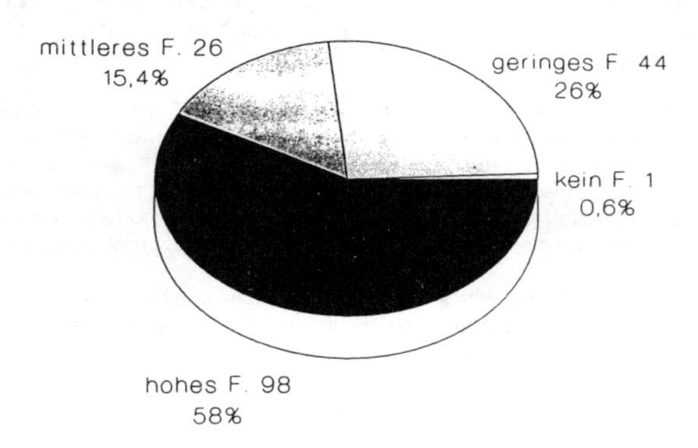

Anzahl Branchen
(bezogen auf Gesamtheit SVS)

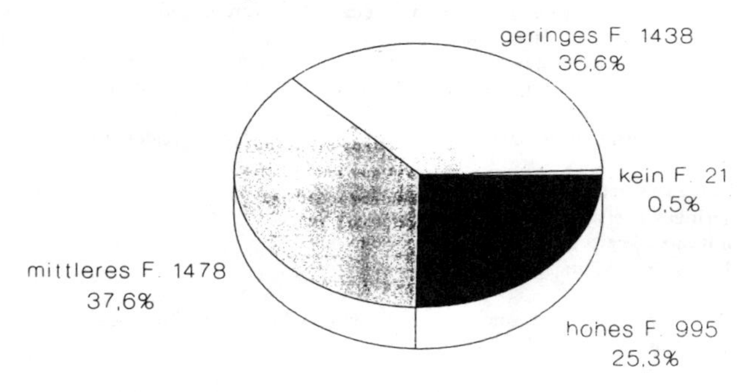

F : Freisetzungspotential

Abb.: 3: Verteilung der im SVS erfaßten Branchen auf die definierten Freisetzungspotentiale von Schadstoffen

Tab. 2 gibt einige Beispiele, die die Branchenklassifizierung hinsichtlich des Freisetungspotentials von Schadstoffen verdeutlichen soll.

Tab. 2: Branchenbeispiele für die unterschiedlichen Freisetzungspotentiale

	Beispiele
hohes Freisetzungspotential	Deponie Herstellung v. Schädlingsbekämpfungsmitteln Galvanisierbetriebe
mittleres Freisetzungspotential	Maschinenbau Autolackierereien chemische Reinigungen
geringes Freisetzungspotential	Bekleidungsgewerbe Autoreparaturwerkstätten Bauunternehmen
kein Freisetzungspotential	Ernährungsgewerbe

4.2 KLASSIFIZIERUNG DER FLÄCHENNUTZUNGEN BZW. DER NUTZUNGSÜBERGREIFENDEN FLÄCHENFUNKTIONEN IM HINBLICK AUF UNTERSCHIEDLICHE BETROFFENHEIT DURCH KONTAMINATIONEN

In der kv-Flächen-Datei des SVS finden sich sowohl Angaben zu Flächennutzungen (Wohnen, Gewerbe etc.) als auch zu nutzungsübergreifenden Flächenfunktionen (Wasserschutzzonen, Landschaftsschutzgebiet etc.). Um die Darstellung zu vereinfachen, werden im folgenden beide Komponenten zusammenfassend als **Flächennutzung** betrachtet.

Neben dem **Freisetzungspotential** der Branchen spielen diese bei der Bewertung der kv-Flächen eine wichtige Rolle. Ein weiteres wichtiges Bewertungskriterium ergibt sich aus dem Sachverhalt, daß sich die Flächennutzungen bezüglich der in den Bewertungsbereichen dargestellten Gefahrenlagen durch unterschiedliche Betroffenheit charakterisieren lassen. So ist beispielsweise die Gefahr der Kontamination von Nahrungsmitteln (und damit mittelbar die Gefahr einer menschlichen Gesundheitsgefährdung) auf landwirtschaftlich genutzten größer als auf gewerblich genutzen Flächen.

Die in der kv-Flächen-Datei aufgeführten Angaben zu den Flächennutzungen wurden daher - differenziert nach den Bewertungsbereichen mit ihren unterschiedlichen Gefahrensituationen - in Klassen unterschiedlicher Betroffenheit eingeteilt.

Die diesbezüglichen Entscheidungskriterien beruhen dabei im Wesentlichen darauf,

- welcher Zusammenhang zwischen Flächennutzung und kontaminiertem Schutzgut bezogen auf die Gefahrenlage besteht, inwieweit sich also aus dem Konfliktfeld Emission/Flächennutzung ein Risiko ergibt
- welcher räumliche Zusammenhang zwischen Emission und der Flächennutzung besteht (Entfernung).

Grundsätzlich sind für die **Zweitbewertung** nur die Angaben zu den aktuellen Flächennutzungen berücksichtigt worden, Planungsabsichten gingen nicht in die Bewertung mit ein. Im einzelnen werden - bezogen auf die Bewertungsbereiche -folgende Kriterien zur Einstufung der Flächennutzungen herangezogen:

1. **Trinkwassernutzung**
   a) Nutzung bzw. potentielle Nutzbarkeit des Grundwassers
   b) Entfernung von Emittenten (Wasserschutzzonen, Entfernung der Brunnen im Abstrom der kv-Flächen)

2. **Direkter Kontakt**
   a) wahrscheinliche Aufenthaltsdauer von Menschen
   b) Entfernung von Emittenten
   c) Oberflächenstruktur der Fläche (Versiegelungsgrad)

3. **Nahrung**
   a) Nutzungsintensität für Nahrungsmittel
   (auch Wildfrüchte sind einbezogen)
   b) Entfernung von Emittenten

4. **Deponie und Überbauung**
   Explosionsgefahr besteht bei allen überbauten Deponieflächen, d.h. alle entsprechenden Flächennutzungen zeigen eine hohe Betroffenheit

5. **Lebensraum wildlebender Pflanzen und Tiere**
   a) Entfaltungsmöglichkeit natürlicher Lebensgemeinschaften
   b) Schutzstatus der Fläche (Naturschutzgebiet etc.)
   c) Entfernung von Emittenten

Beispielhaft ist die Klassifizierung der Flächennutzung einmal für den Bewertungsbereich Direkter Kontakt in Abb. 4 dargestellt worden.

Betroffenheit		
	1	Gewerbe, öffentliche Einrichtungen (direkt und bis 100m Entfernung)
	2	Grünflächen, Park, Wald, Brache, Biotop, Landwirtschaft (direkt und bis 100m Entfernung)
	3	kv-Flächen vollständig versiegelt/mehrgeschossige Wohn- und Geschäftshäuser (direkt) Mischbauflächen, Dauerkleingärten, Sport- und Spielanlagen, Wohnen (bis 100m Entfernung)
	4	kv-Flächen z.T. unversiegelt, Mischbauflächen, Sport- und Spielanlagen, Dauerkleingärten (direkt)

Abb. 4: Klassifizierung der Flächennutzungen bzw. nutzungsübergreifenden Flächenfunktionen bezogen auf den Bewertungsbereich Direkter Kontakt

4.3 BEWERTUNG DER KONTAMINATIONSVERDÄCHTIGEN FLÄCHEN ANHAND DER FESTGESETZTEN BEWERTUNGSKRITERIEN

Aus der Verknüpfung des Freisetzungspotentials von Schadstoffen der Branche und der Betroffenheit der Flächennutzung ergeben sich maximal 16 Kombinationsmöglichkeiten, aus denen sich wiederum die Klassen für einen abgestuften Handlungsbedarf ableiten (Abb. 5).

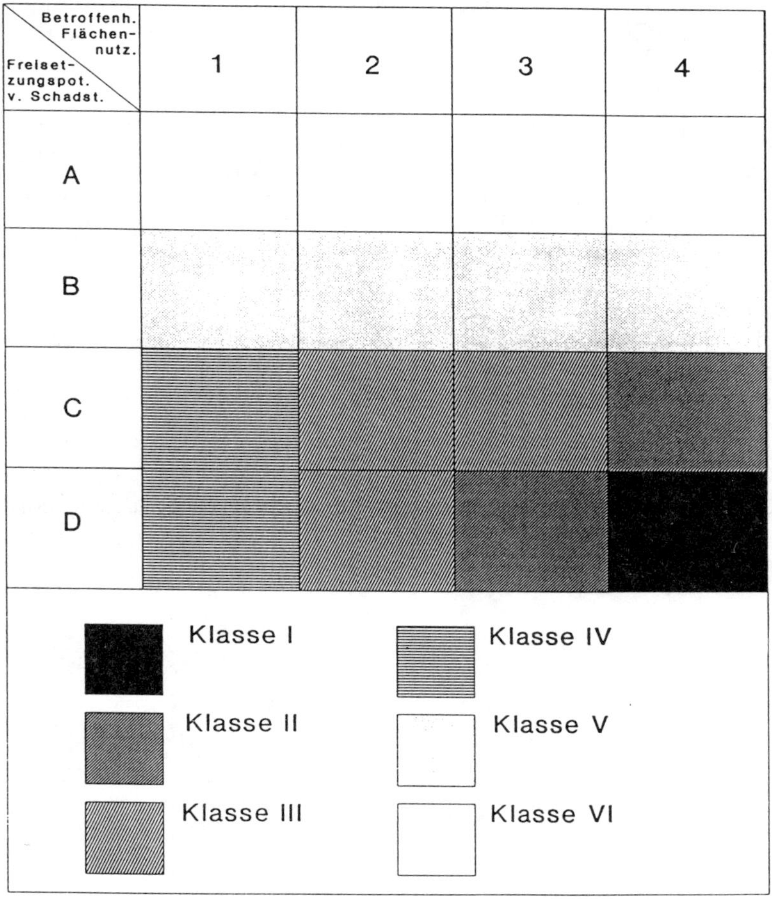

Betroffenh. Flächen- nutz. / Freiset- zungspot. v. Schadst.	1	2	3	4
A				
B				
C				
D				

Klasse I

Klasse II

Klasse III

Klasse IV

Klasse V

Klasse VI

Abb. 5: Bewertungsmatrix aus Verknüpfung von Freisetzungspotential der Branchen und Betroffenheit der Flächennutzungen

4.4 ERGEBNISSE

Insgesamt wurden über 2.400 kv-Flächen durch das oben vorgestellte Verfahren bewertet und - bezogen jeweils auf die fünf Bewertungsbereiche - den unterschiedlichen Prioritätsstufen zugeordnet.

Ausgehend von der Prioritätsstufe I nimmt die Anzahl der kv-Flächen zunächst zu, um dann wieder stark zurück zu gehen. Auffallend sind die immer noch recht hohen Zahlen in Stufe I (kurzfristiger Handlungsbedarf). Insgesamt sind **mehr als 420 Standorte in Stufe I** für alle Bewertungsbereiche zusammengefaßt worden. Als Gründe für diese hohe Zahl sind zu nennen:

- o unsichere und ungenaue Datenbasis, z.B. allgemeine Branchennennung
- o das 'worst case'-Verfahren

Die Möglichkeit, eine Fläche möglicherweise zu hoch einzustufen, wurde zunächst bewußt in Kauf genommen, um zu gewährleisten, daß kein Standort hinsichtlich des Gefahrenpotentials zu niedrig eingestuft wird.

Man steht damit vor der Schwierigkeit, daß sich einerseits diese Zahlen vor dem gegebenen Informationshintergrund aus wissenschaftlich/fachlicher Sicht nicht reduzieren lassen, andererseits sollen im Sinne einer 'handlungsorientierten Bewertung' die zuständigen Körperschaften (Gemeinden) auch über eine entsprechende Anzahl von sofort zu bearbeitenden Flächen (Finanzrahmen, Organisationsrahmen) in die Lage versetzt werden, einen sachgerechten, plausiblen Einstieg in die Problematik zu finden.

Insgesamt muß jedoch festgestellt werden, daß der gewählte Ansatz geeignet ist, über ein stufenweises Informationsgewinnungs- und Bewertungssystem, die Anzahl der kontaminationsverdächtigen Standorte soweit zu reduzieren, daß er der realen Planungssituation gerecht wird.

5 METHODIK DER NACHGESCHALTETEN DRINGLICHKEITSBEWERTUNG

Aus dem im vorigen Abschnitt dargelegten Grund ist in einem weiteren Bewertungsschritt noch ein zweiter Bewertungsgang nachgeschaltet worden.

Dieser beschäftigt sich ausschließlich mit den in der Prioritätsstufe I zusammengefaßten über 400 kv-Flächen und hat zum **Ziel nach plausiblen Gesichtspunkten für jede Gemeinde des SVS eine Gruppe von kv-Flächen zusammenzufassen, die als erste weiter untersucht werden sollten.**

Hierbei wurde kein relatives Gefahrenpotential ermittelt, aus dem sich ein abgestufter Handlungsbedarf ableiten ließe. Die kv-Flächen wurden **vielmehr einer Dringlichkeitsuntersuchung unterzogen, bei der die akute Gefährdung der menschlichen Gesundheit im Mittelpunkt steht.**

Der grundsätzliche Unterschied zum vorherigen Bewertungsschritt besteht darin, daß jetzt nach Kriterien vorgegangen wird, die für eine **hohe Dringlichkeitseinstufung sprechen**. Der Umkehrschluß, daß die zunächst als nicht dringlich eingestuften kv-Flächen auch ungefährlicher sind ist nicht zulässig. Es handelt sich bei dieser Bearbeitungsstufe also nicht mehr um ein relatives Bewertungsverfahren.

Im Mittelpunkt der Bewertung steht eine **mögliche akute Gefährdung** der menschlichen Gesundheit, der Bewertungsbereich 'Lebensraum wildlebender Pflanzen und Tiere' wird daher nicht mit einbezogen.

Die Bewertungsbereiche 'Trinkwasser' und 'Nahrung' (aus landwirtschaftlichen Flächen) können ebenfalls zurückgestellt werden, da eine kontinuierliche Qualitätskontrolle stattfindet, die eine akute Gesundheitsgefährdung unwahrscheinlich erscheinen läßt.

Drei Gefahrenlagen werden weiterhin berücksichtigt:

1. **Direkter Kontakt**
2. **Aufnahme von in Hausgärten produzierten Nahrungsmitteln**
3. **mögliche Explosionsgefahr von Deponiegasen**

Im folgenden sind die Bewertungskriterien der Auswahl für die besonders dringlich zu bearbeitenden kv-Flächen zusammengefaßt. Diese sind nur branchenbezogen; es wird dabei vorausgesetzt, daß eine entsprechend hohe Betroffenheit der bewertungsbereichsbezogenen Flächennutzungen vorliegt:

1. mögliche Explosionsgefahr
   Gefahrenlage ist insbesondere gegeben bei Hausmülldeponien und wilden Müllkippen

2. Direkter Kontakt und Aufnahme kontaminierter, in privaten Hausgärten produzierter Nahrungsmittel
   Gefahrenlage ist insbesondere gegeben bei Ablagerungen von Industrie- und Gewerbeabfällen, Schlammdeponien und wilden Müllkippen sowie Branchen mit hohem Freisetzungspotential von Schadstoffen, die nicht in Betrieb sind

Hierbei ist zu berücksichtigen, daß es in der SVS-Datei einige Branchennennungen gibt, die so allgemein sind, daß das angenommene hohe Freisetzungspotential einer Überprüfung bedarf (Tab. 3). Flächen, die durch solche Branchen gekennzeichnet sind, wurden gesondert zusammengefaßt.

Tab. 3: Branchen, bei denen das zugeordnete hohe Freisetzungspotential einer Überprüfung und Präzisierung bedarf

1.	Herstellung u. Verarbeitung v. Glas
2.	Stahlerzeugnisse
3.	Elektrotechnik
4.	Herstellung v. Eisen, Blech- u. Metallwaren / Draht
5.	Holzverarbeitung / Verarbeitung von Rohholz
6.	Holzweiterverarbeitung, Großschreinereien
7.	Färberei
8.	Druck
9.	Dachdeckerbetriebe / Teerpappen- und Bitumenverarbeitung

Für die kv-Flächen, die durch die o.g. Branchen betroffen sind, besteht insofern ein dringender Handlungsbedarf, als daß es erforderlich ist, differenziertere Angaben zu den Branchen zu erhalten, um eine erste Gefahrenabschätzung durchführen zu können.

Entsprechend den o.g. für die Dringlichkeitsbewertung relevanten drei Gefahrenlagen bzw. Bewertungsbereichen und deren Kombinationsmöglichkeiten wurden die kv-Flächen in die folgenden **Bewertungskategorien** eingeteilt:

1. hohe Dringlichkeit infolge möglicher Explosionsgefahr

2. hohe Dringlichkeit infolge direkten Kontaktes und Aufnahme kontaminierter in privaten hausgärten produzierter Nahrungsmittel

3. hohe Dringlichkeit infolge Explosionsgefahr und infolge direkten Kontaktes und Aufnahme kontaminierter, in privaten Hausgärten produzierter Nahrungsmittel

4. kv-Flächen, die durch Branchen gekennzeichnet sind, bei denen das zugeordnete hohe Freisetzungspotential einer Überprüfung und Präzisierung bedarf

5. kv-Flächen, bei denen zunächst kein erhöhter Handlungsbedarf besteht.

5.2 ERGEBNISSE DER DRINGLICHKEITSBEWERTUNG

Insgesamt ist über 100 kv-Flächen eine hohe Dringlichkeit bezüglich des weiteren Untersuchungsbedarfs zugeordnet worden. Die meisten dieser als besonders dringlich eingestuften Flächen im Gebiet des SVS liegen in Saarbrücken, Völklingen und Sulzbach. Auffallend ist der hohe Anteil derjenigen Flächen, die aufgrund einer möglichen Explosionsgefahr als dringliche Fälle eingestuft worden sind. So sind über 80 Flächen allein wegen einer bestehenden Explosionsgefahr und über 10 Flächen wegen einer bestehenden Explosionsgefahr in Verbindung mit anderen Gefahrenbereichen eingestuft worden. Hierin spiegelt sich noch einmal der Sachverhalt wider, daß es im Gebiet des SVS offenbar recht häufig überbaute Altablagerungen gibt, die aufgrund möglicher Gasproduktion eine erhöhte Explosionsgefahr bergen.

Karte 1 zeigt die Ausgangssituation der Dringlichkeitsbewertung: die Verteilung der im Rahmen der Zweitbewertung in der Prioritätsstufe I zusammengefaßten kv-Flächen. In Karte 2 ist die Verteilung der kv-Flächen dargestellt, denen eine hohe Dringlichkeit zugeordnet worden ist.

6 ZUSAMMENFASSUNG

Zusammenfassend ergibt sich hinsichtlich der Beurteilung der Untersuchungsergebnisse folgendes Bild:

1. In Verbindung mit der Dringlichkeitsbewertung liefert die **Zweitbewertung** über die Festsetzung eines nach Prioritäten abgestuften Handlungsbedarfs einen ersten handhabbaren Einstieg in die Altlastenproblematik des SVS.

2. Aufgrund bestehender **Informationsdefizite** ist davon auszugehen, daß das von den kv-Flächen ausgehende Gefährdungspotential teilweise zu hoch bzw. zu niedrig eingestuft worden ist.

3. Vor diesem Hintergrund ist es wichtig,
   - o den sich aus der Bewertung ableitenden Untersuchungsbedarf dahingehend festzulegen, zunächst die eingesetzten Bewertungskriterien durch einfache Verfahren zu überprüfen, bevor detaillierte Untersuchungen durchgeführt werden und
   - o neu gewonnene Informationen in die kv-Flächen-Datei des SVS einzufügen und auf Basis aktualisierter und erweiterter Daten die Bewertung einzelner kv-Flächen zu überprüfen.

4. Trotz dieser methodischen Einschränkungen bleibt festzuhalten, daß sich das Konzept der Vorbewertung zur ersten Gefahrenabschätzung **in der Praxis** bewährt hat und zu einer **deutlichen Reduzierung** und damit handlungsorientierten und fachpolitischen Operationalisierung der regionalen Altlastenproblematik im Stadtverband Saarbrücken beigetragen hat.

5. Nicht zuletzt wurde durch diese Vorbewertung der Weg für weitere Untersuchungen und Datenauswertungen im Rahmen der **Hauptuntersuchung** vorbereitet. Diese zwischenzeitlich angelaufenen Arbeiten und Bewertungen haben die noch **verbliebenen Kenntnislücken weitgehend geschlossen.**

LITERATURVERZEICHNIS

HESSISCHE LANDESANSTALT FÜR UMWELT (1987):
Handbuch Altablagerungen, Teil 2. Wiesbaden.

INSTITUT FÜR UMWELTSCHUTZ, UNIVERSITÄT DORTMUND (1989):
Branchenkatalog zur historischen Erhebung von Altstandorten. Bericht im Auftrag der Landesanstalt für Umweltschutz Baden-Württemberg.

KINNER, H.U., KÖTTER,L. und M. NICLAUS (1986):
Branchentypische Inventarisierung von Bodenkontaminationen - ein erster Schritt zur Gefährdungsabschätzung für ehemalige Betriebsgelände. Forschungsbericht im Auftrag des Umweltbundesamtes. Berlin.

KRISCHOK, A. (1987):
AGAPE - Abschätzung des Gefährdungspotentials altlastverdächtiger Flächen zur Prioritätenermittlung. Entwurf für die Umweltbehörde Hamburg. Hamburg.

LANDESAMT FÜR UMWELTSCHUTZ, SAARLAND:
Erstbewertung Altablagerungen/Altstandorte (unveröffentlicht).

MINISTERIUM FÜR ERNÄHRUNG, LANDWIRTSCHAFT, UMWELT UND FORSTEN BADEN-WÜRTTEMBERG (1987):
Altlastenhandbuch, Teile 1 - 4. Stuttgart.

UMWELTAMT DES STADTVERBANDES SAARBRÜCKEN (1988):
Methodik und Erfahrungen bei der Bestandsaufnahme kontaminationsverdächtiger Flächen im Stadtverband Saarbrücken. Saarbrücken.

UMWELTAMT DES STADTVERBANDES SAARBRÜCKEN (1988a):
Leitfaden zur Erfassung kontaminationsverdächtiger Flächen. Saarbrücken.

UMWELTAMT DES STADTVERBANDES SAARBRÜCKEN (1989):
Methodik der Erfassung kontaminationsverdächtiger Flächen unter Berücksichtigung der laufenden Produktion. Saarbrücken.

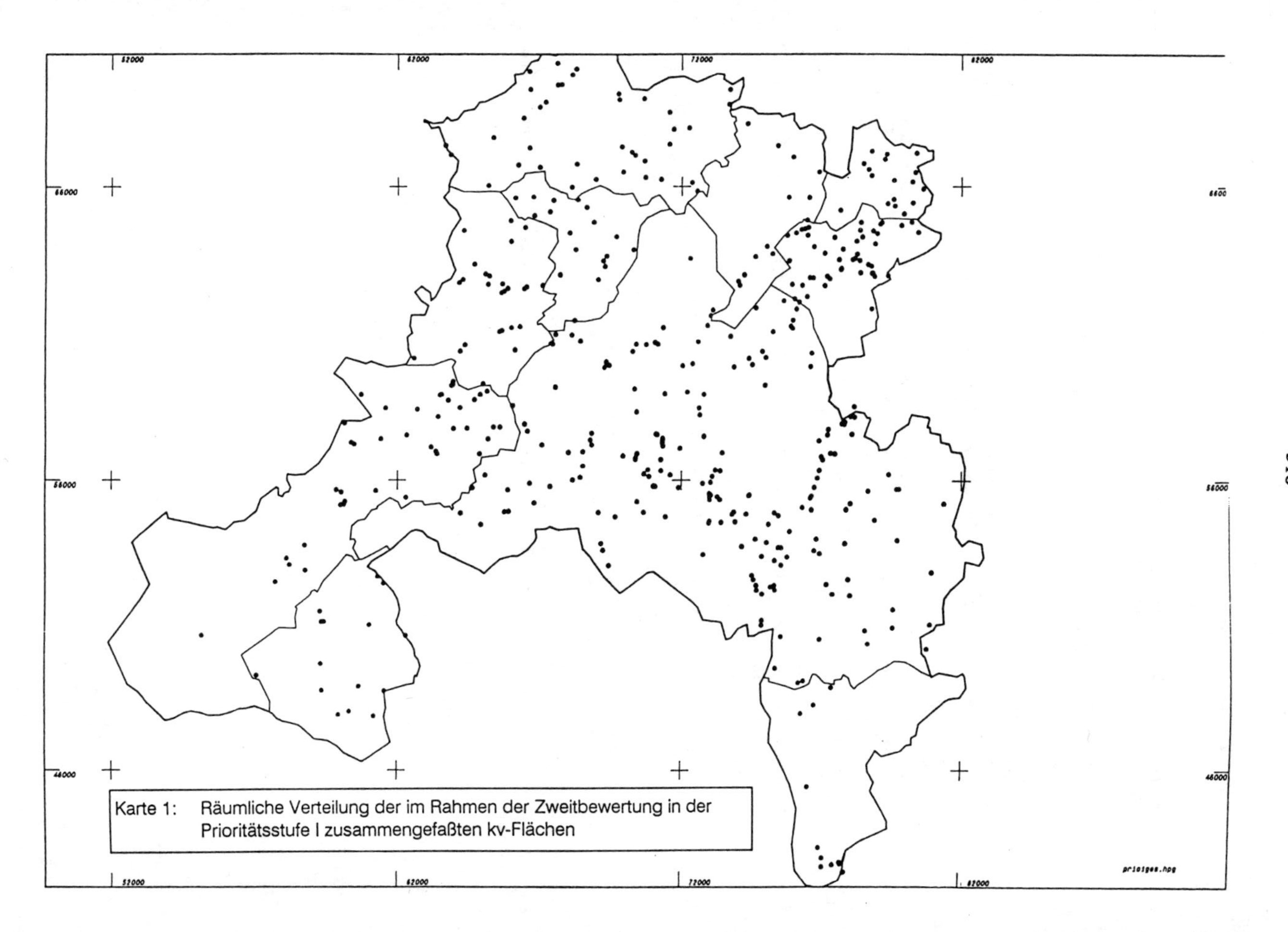

Karte 1: Räumliche Verteilung der im Rahmen der Zweitbewertung in der Prioritätsstufe I zusammengefaßten kv-Flächen

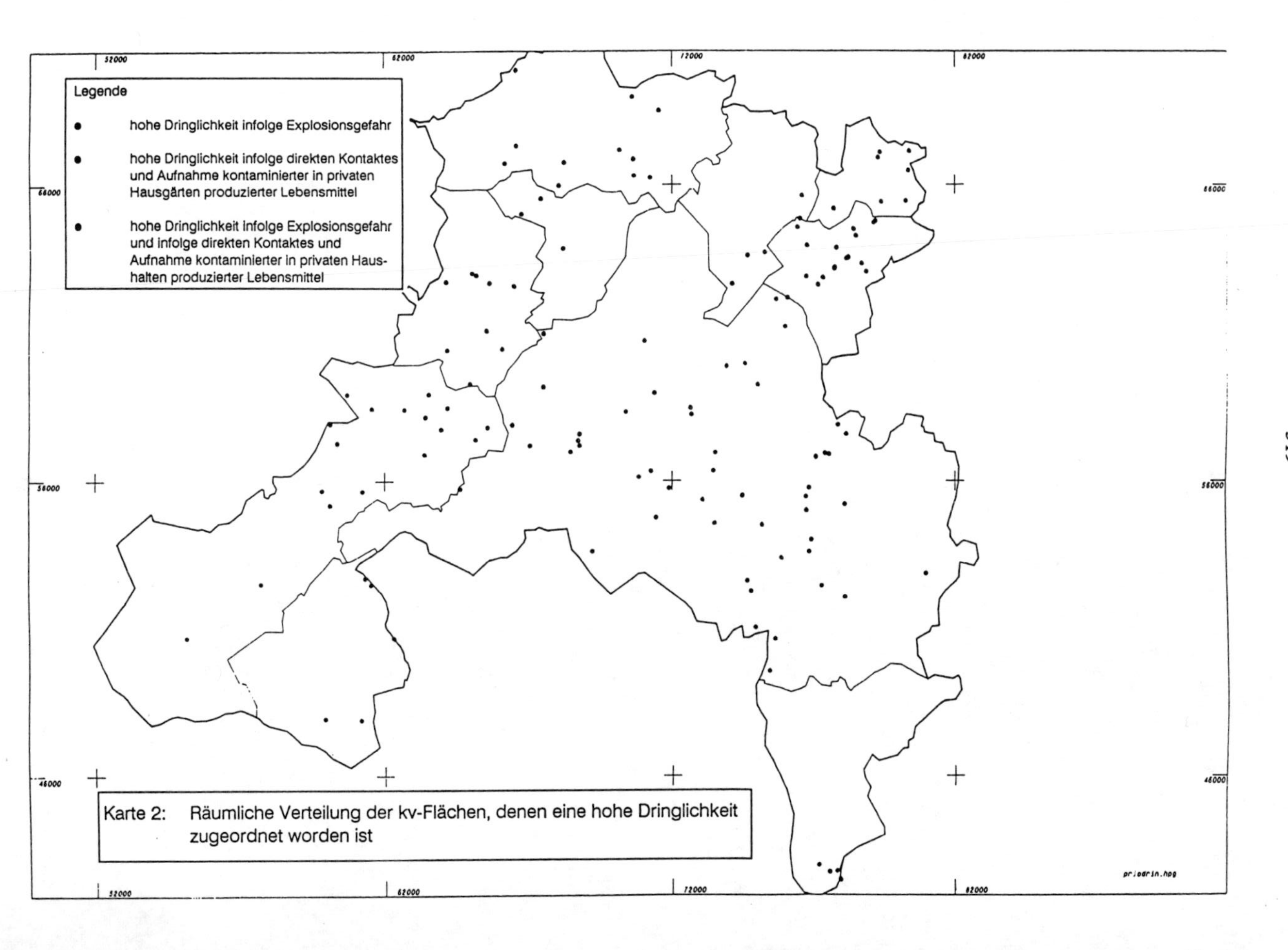

Karte 2: Räumliche Verteilung der kv-Flächen, denen eine hohe Dringlichkeit zugeordnet worden ist

6. FALLSTUDIEN

Modellhafte Sanierung der Altablagerung Stade-Riensförde

- Stand der Erkundungsarbeiten -

H. Hoins, F. Tönjes, U. Schmidt

1. Gefährdungspotential und Sanierungskonzept

Die ehemalige Hausmülldeponie in Riensförde, am Südrand der Stadt Stade gelegen (Abb. 1), ist von 1963 bis 1978 betrieben worden. Auf einer Fläche von ca. 6,5 ha wurden ca. 350.000 m^3 Müll abgelagert.
Neben Hausmüll und hausmüllähnlichen Gewerbeabfällen wurden auch Klärschlämme, Bauschutt sowie verschiedene Industrie- und Sonderabfälle, darunter Öl- und Galvanikschlämme, abgelagert. Zumindest ein Teil der Schlammablagerungen erfolgte im zentralen und südöstlichen Deponiebereich. Die Ablagerungen erfolgten z.T. illegal. Aus der historischen Erhebung ist darüber hinaus bekannt, daß Produktionsabfälle eines Unternehmens aus dem Bereich der Synthese chlororganischer Verbindungen eingebaut worden sind. Aufgrund der gemeinsamen Ablagerung von Haus- und Industrieabfällen stellt die Altablagerung Stade-Riensförde ein typische Beispiel für die Problematik früherer Hausmülldeponien in Deutschland dar.

Die Altablagerung in Riensförde besitzt keine Basisabdichtung. Nach Schließung der Deponie wurde eine geringmächtige Abdeckung aus minderwertigem Boden aufgebracht. Die Müllmächtigkeiten - soweit aus den ursprünglichen und gegenwärtigen Geländedaten rekonstruierbar - liegen einschließlich der Abdeckung in einem Bereich von etwa 1 m bis 9 m (Abb. 2).

Betroffen durch deponiebürtige Schadstoffe sind vor allem die Schutzgüter Grund- und Oberflächenwasser. Der am südlichen Deponiefuß verlaufende Deponierandgraben (Abb. 1) ist u.a. durch halogenierte Kohlenwasserstoffe verunreinigt.

Von den beiden im Deponiebereich vorliegenden oberflächennahen Grundwasserleitern (Sande des Drenthe-Stadiums der Saale-Kaltzeit), die vermutlich durch eine Geschiebemergelschicht (Drenthe-1) getrennt werden, weist bislang nur der obere Grundwasserleiter Beeinträchtigungen durch deponiebürtige Schadstoffe auf. Eine zweite Geschiebemergelschicht (Drenthe-2), die über dem oberen Grundwasserleiter liegt, streicht am Nordrand der ehemaligen Deponie aus. Über dem Drenthe-2-Geschiebemergel folgen wiederum Sande (Abb. 3).

Das Sanierungskonzept für die Altablagerung Stade-Riensförde sieht folgende Einzelschritte vor:

- Phase 1: Lokalisierung der in der Altablagerung vorhandenen Kontaminationsschwerpunkte und Erkundung des geologischen Umfeldes (1992)

- Phase 2: Entnahme der hochkontaminierten Bereiche, Behandlung und Wiedereinbau des Materials (1993 - 1995)

- Phase 3: Sicherung der in der Altablagerung verbleibenden Abfälle durch Einkapselung (ab 1996).

Die Phasen 1 und 2 der Sanierung werden vom BMFT im Rahmen des Programms "Modellhafte Sanierung von Altlasten" sowie vom Niedersächsischen Umweltministerium gefördert.

Durch das in Ausführung befindliche, systematische Erkundungsprogramm sollen die Kontaminationsschwerpunkte im Deponiekörper lokalisiert werden. Am Beginn dieses Programms steht die geophysikalische Vorerkundung der Altlast, an die sich ein umfangreiches Bohrprogramm zur Gewinnung und Untersuchung von Probenmaterial anschließt.

In der zweiten Projektphase sollen verschiedene Verfahren bzw. Verfahrenskombinationen zur Dekontaminierung erprobt werden.

Art und Umfang möglicher Sicherungsmaßnahmen der dritten Projektphase richten sich nach dem Grad der im Rahmen des Modellvorhabens (Phasen 1 und 2) erreichbaren Reduzierung des Gefährdungspotentials.

Nach Abschluß der Sanierung wird auf und im Umfeld der ehemaligen Hausmülldeponie Riensförde ein vom Landkreis Stade betriebenes Abfallentsorgungszentrum entstehen, das Aufgaben der Zwischenlagerung von Sonderabfällen (Kleinmengenregelung), der Problemabfallannahme und der Kompostierung von Grün- und Bioabfällen wahrnehmen wird.

2. Geophysikalische Vorerkundung

Aus der Zielsetzung des Sanierungskonzeptes ergeben sich folgende Aufgabenstellungen für die geophysikalische Erkundung der Altablagerung:

- Lokalisierung geophysikalisch auffälliger Bereich im Deponiekörper
- Bestimmung der Verbreitung und Dichtigkeit des Geschiebemergels zwischen den Grundwasserleitern.

Zur Klärung dieser Fragestellungen wurden in zwei Meßperioden im April 1992 geoelektrische Messungen auf der Altablagerung Riensförde durch das Büro für Geophysik, Dipl.-Geophys. B. Lorenz, Berlin, durchgeführt. Ziel der Untersuchungen war die Bestimmung der Verteilung des spezifischen Widerstandes und der Aufladefähigkeit im Untergrund. Diese Summenparameter sind in unterschiedlichem Maß abhängig von Bodenart, Porosität, Wassergehalt etc. und können als Indikatoren für das Vorhandensein von Schadstoffen im Untergrund dienen. Als Auffällig im Hinblick auf Kontaminationen werden stark erniedrigte spezifische Widerstände bzw. erhöhte Aufladefähigkeiten angesehen.

Über die Möglichkeit, geoelektrische Meßdaten im Rahmen von Deponieuntersuchungen gezielt zur Lokalisierung bzw. Identifizierung besonderer Inhaltsstoffe (z.B. Galvanikschlämme, Gießereisande) zu nutzen, ist bereits von anderer Seite berichtet worden .

Die Messungen in Riensförde wurden mit einem Gerät Typ Syscal R2, BRGM, Frankreich, durchgeführt. Im einzelnen wurden gemessen:

- Geoelektrische Kartierungen
  (Wenner-Konfiguration, Auslagen a = 5 m bzw. 16 m, 325 Meßpunkte)

- Geoelektrische Sektionen
  (Wenner-Konfiguration, Auslagen a = 4 m bis 64 m, 210 Meßpunkte)

- Geoelektrische Sondierungen
  (Wenner-Offset-Konfiguration, max. Auslage a = 32 m bis 128 m,
  44 Sondierungen).

Die Lage der einzelnen Meßpunkte ist in Abb. 4 dargestellt. Die Auswertung der Meßdaten erfolgte computerunterstützt.

Aufgrund unterschiedlicher Müllmächtigkeiten wurde das Untersuchungsgebiet in drei Teilflächen gegliedert: "Südfläche" und "Nordfläche" mit maximalen Müllmächtigkeiten von ca. 2,5 m sowie "Hauptfläche" mit einer maximalen Müllmächtigkeit von ca. 9 m.

Messungen außerhalb der Altablagerung

Zum Vergleich und zur Kalibrierung wurden zwei geoelektrische Sondierungen nördlich der Altablagerung durchgeführt. Oberhalb des oberen Grundwasserleiters wurden spezifische Widerstände bzw. Aufladefähigkeiten von ca. 500 bis 3.000 Ωm bzw. 3 bis 10 mV/V modelliert. Diese Meßdaten entsprechen den für trockene Sande zu erwartenden Werten.

Für die Geschiebemergelschichten (Drenthe-1 und -2) wurden charakteristische spez. Widerstände von 30 bis 50 Ωm bestimmt; die Aufladefähigkeiten liegen bei 0,5 bis 6 mV/V. Die beiden Grundwasserleiter zeigen in beiden Sondierungen die für wasserführenden Sande typischen Werte (z.B. oberer GW-Leiter: 118 bis 155 Ωm bzw. 1 bis 8 mV/V).

Messungen auf der Südfläche

Die geoelektrische Kartierung auf der Südfläche wurde mit einer Auslage a = 5 m durchgeführt. Hier zeigt sich eine auffällige Struktur etwa im Flächenzentrum mit spezifischen Widerständen unter 10 Ωm und Aufladefähigkeiten über 40 mV/V. Diese Werte deuten darauf hin, daß möglicherweise Material mit besonderen elektrolytischen Eigenschaften abgelagert wurde und/oder die Müllmächtigkeit deutlich über den vermuteten max. 2,5 m liegt.

Messungen auf der Hauptfläche

Die Meßergebnisse der geoelektrischen Kartierung auf der Hauptfläche (Auslage a = 16 m) korrelieren sehr stark mit der Mächtigkeit des Deponiekörpers; es zeigen sich zwar Anomalien, diese sind allerdings nur unzulänglich abgrenzbar. Zur Klärung der Struktur der Altablagerung wurde daher auf die Modellierungsergebnisse der geoelektrischen Sondierungen zurückgegriffen.

In den Isolinenplänen der Abb. 5 und 6 sind die geoelektrischen Parameter des Deponiekörpers an seiner Basis dargestellt. Im spez. Widerstand (Abb. 5) zeigt sich ein ausgeprägtes Minimum bei Sondierung 11, das sich fächerförmig nach Süden ausweitet. Desweiteren ergeben sich bei Sondierung 20 und südöstlich davon auffällige Werte. Die Aufladefähigkeiten (Abb. 6) sind im gesamten Deponiebereich sehr hoch. Ein Maximum liegt im Bereich der beim spez. Widerstand auftretenden Anomaliezone (Sondierung 11), setzt sich aber nicht nach Süden fort. Da in der Nähe der Sondierung 11 ein ehemaliger Zufahrtsweg zur Deponie endet, liegt die Vermutung nahe, daß das Aufladefähigkeitsmaximum bzw. Widerstandsminimum im Norden (Sondierung 11) im

Zusammenhang mit einer Ablagerung von industriellen Schlämmen steht, während die Widerstandsminima im Süden - mit weniger auffälligen Aufladefähigkeiten - auf Sickerpfade hinweisen.

Um nähere Informationen über den Aufbau der Hauptfläche zu erhalten, wurden drei geoelektrische Sektionskartierungen durchgeführt; die Ergebnisse der Sektion 2 sind in Abb. 7 dargestellt. Insgesamt zeigen die Sektionskartierungen einen im Norden schmalen, dicht unter GOK beginnenden Anomaliebereich, der sich nach Süden hin rasch verbreitert. Die nach Süden zunehmende Tiefe unter GOK ist vor allem auf die Topographie der Altablagerung zurückzuführen, die Tiefe in Bezug auf NN ändert sich nur geringfügig.

Die sich aus der Modellierung der Sondierungen ergebenden geoelektrischen Parameter des oberen Grundwasserleiters (10 Ωm, 25 mV/V) bestätigen den aus der Gefährdungsabschätzung bekannten Sachverhalt einer Beeinträchtigung durch deponiebürtige Schadstoffe.

Der Drenthe-1-Geschiebemergel ist in den geoelektrischen Sondierungen nicht exakt zu erkennen. Alle Sondierungen zeigen jedoch unterhalb der vermuteten Lage des Geschiebemergels ansteigende Widerstände und sinkende Aufladefähigkeiten. Dies ist ein deutlicher Hinweis auf das Durchhalten des Drenthe-1-Geschiebemergels unterhalb der Altablagerung und eine geringe Durchlässigkeit.

Messungen auf der Nordfläche

Auf der Nordfläche wurde die geoelektrische Kartierung mit einer Auslage a = 5 m durchgeführt. In dem unmittelbar an die Hauptfläche angrenzenden Bereich zeigt sich ein ausgeprägter Anomaliebereich mit spez. Widerständen von z.T. unter 5 Ωm und Aufladefähigkeiten von bis zu mehr als 45 mV/V. Diese Meßdaten zeigen, daß hier stark elektrolythaltiges Material abgelagert worden ist.

3. Erkundung des geologischen Umfeldes

Zur Erweiterung der Kenntnisse über die geologische Umfeldsituation wurden im August/September 1992 zehn Bohrungen am Deponierand abgeteuft. Für bodenmechanische Laboruntersuchungen wurden gestörte und ungestörte Bodenproben entnommen.

Einer ersten Auswertung der Bohrdaten zufolge muß mit z.T. sehr geringer Mächtigkeit (< 1 m) des Drenthe-1-Geschiebemergels im Deponieumfeld gerechnet werden. Die Ergebnisse der bodenmechanischen Unterschungen liegen noch nicht vor.

4. Zusammenfassung und Ausblick

Die geophysikalische Erkundung der Altablagerung Stade-Riensförde hat mehrere geoelektrisch auffällige Bereiche im Deponiekörper aufgezeigt. Der Deponiekörper wird im Rahmen des nachfolgenden Bohrprogramms (Herbst 1992) intensiv beprobt; in den geophysikalisch auffälligen Bereichen wird das Bohrraster verdichtet.

Sobald erste Daten aus den Bohrungen und der begleitenden Analytik vorliegen, sollen die geophysikalischen Messungen weiter ausgewertet und interpretiert werden, insbesondere im Hinblick auf die Korrelation der geoelektrischen Parameter mit der konkreten stofflichen Zusammensetzung des abgelagerten Materials.

Anmerkung

Das diesem Bericht zugrundeliegende Vorhaben wird mit Mitteln des Umweltministers für Forschung und Technologie (Förderungskennzeichen 1440647 I) gefördert. Die Verantwortung für den Inhalt dieser Veröffentlichung liegt bei den Autoren.

Autorenverzeichnis

Prof. Dr.-Ing. Henning Hoins c/o Fachhochschule Nordostniedersachsen, Fachbereich Bauingenieurwesen, Harburger Straße 6, 2150 Buxtehude

Dipl.-Ing. Friedrich Tönjes, Leiter des Umweltamtes des Landkreises Stade, Am Sande 4, 2160 Stade

Dipl.-Geol. Udo Schmidt, c/o Ing.-Büro Prof. Dr.-Ing. Hoins + Partner GmbH, Schölischer Straße 52, 2160 Stade

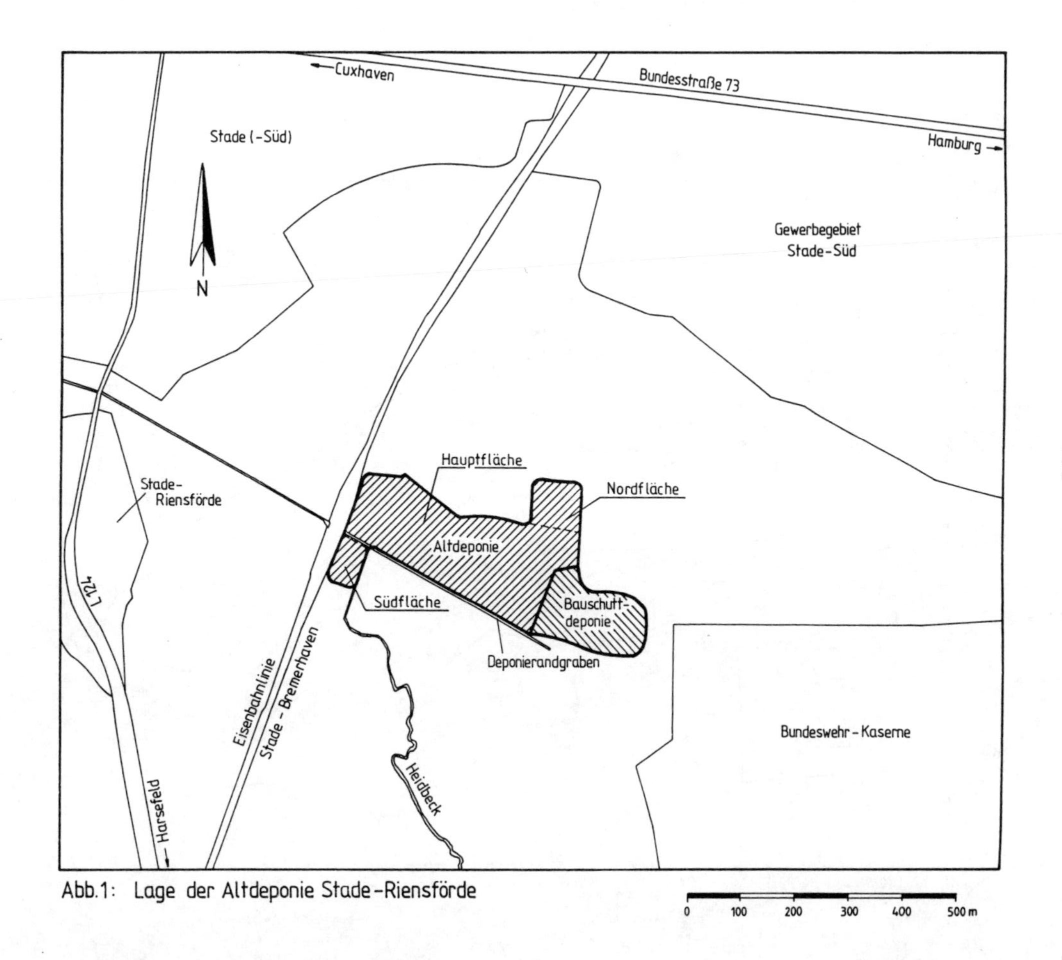

Abb.1: Lage der Altdeponie Stade-Riensförde

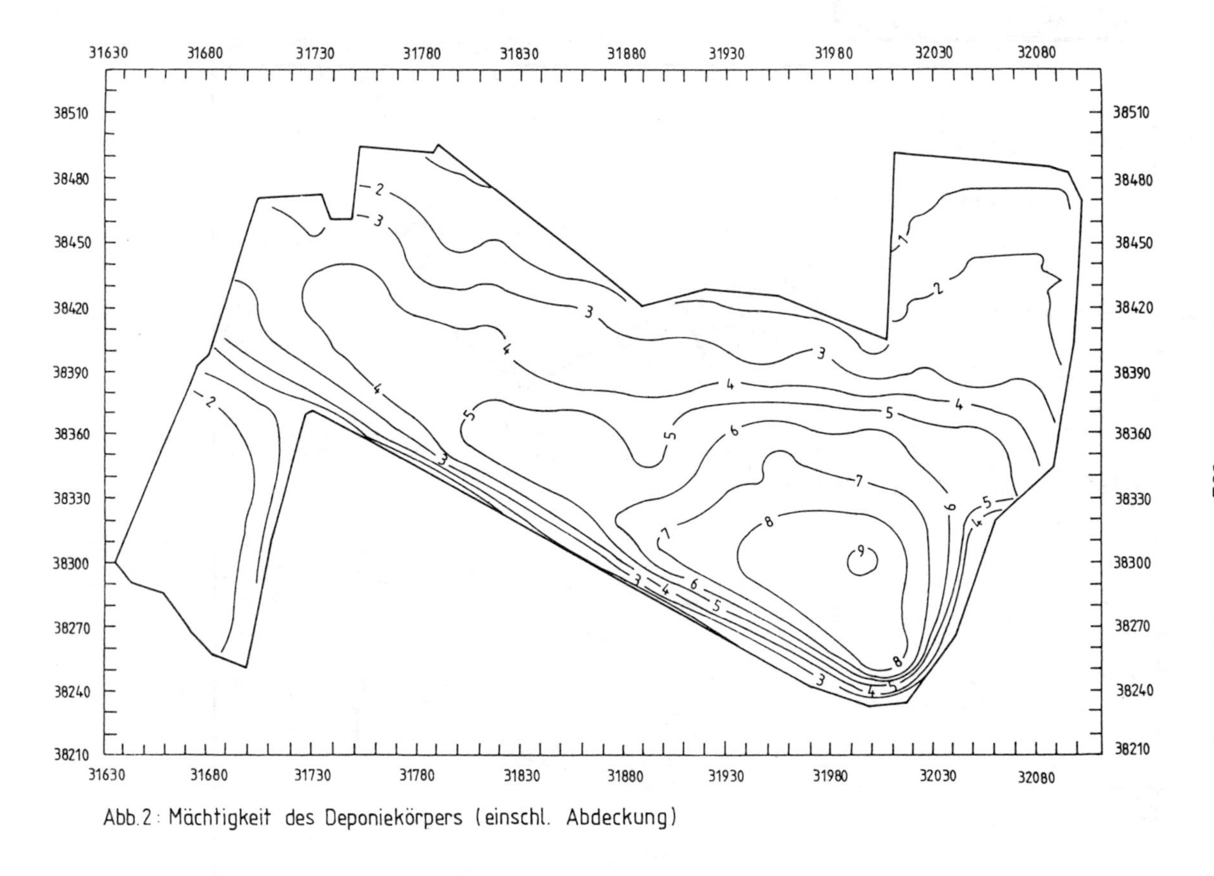

Abb. 2: Mächtigkeit des Deponiekörpers (einschl. Abdeckung)

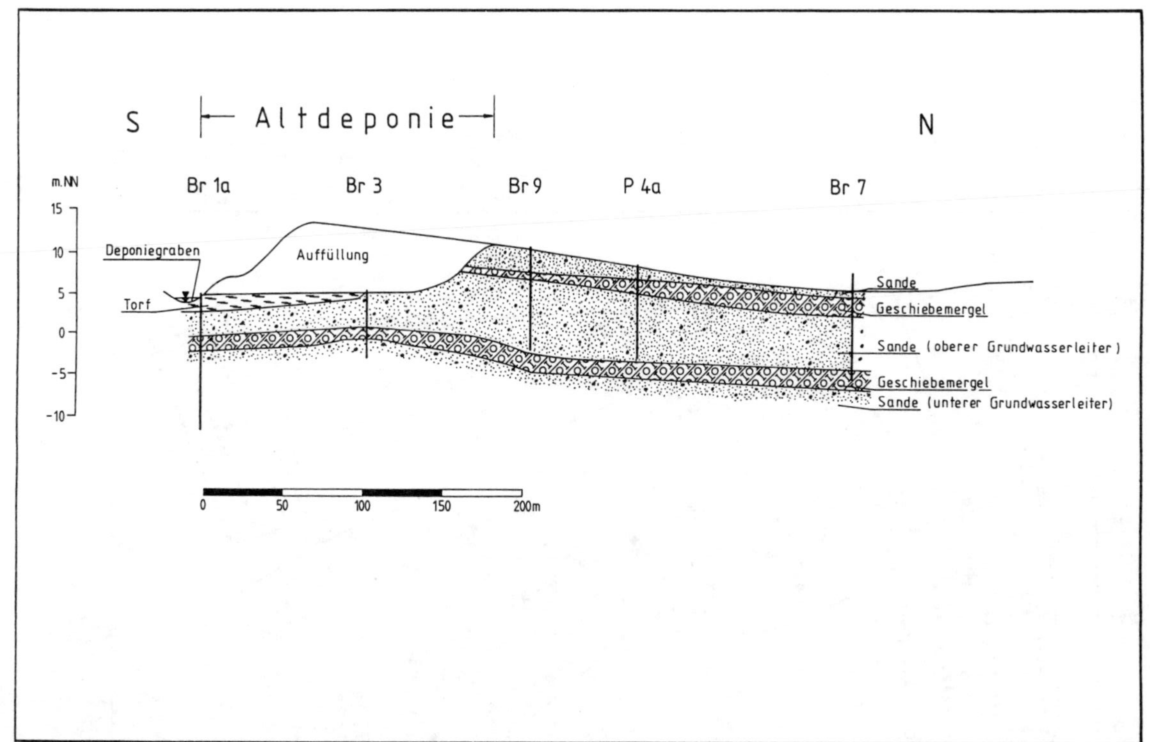

Abb. 3: Schematisches geologisches Profil (N-S)

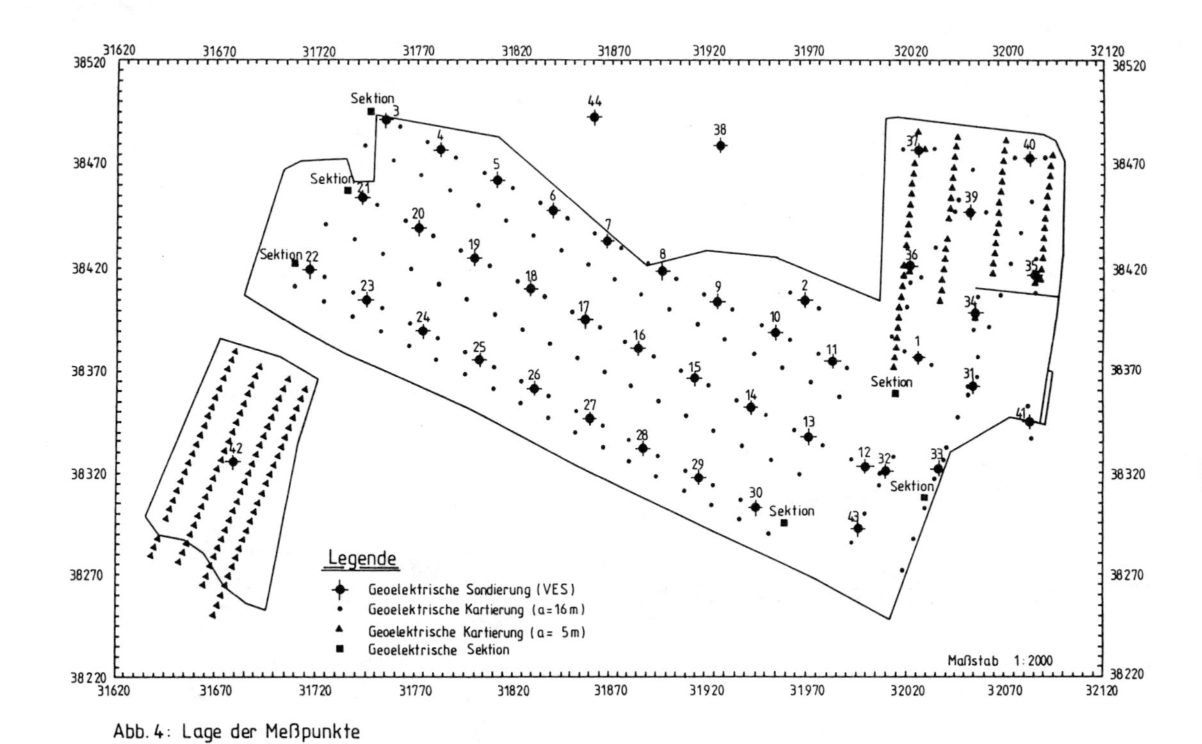

Abb. 4: Lage der Meßpunkte

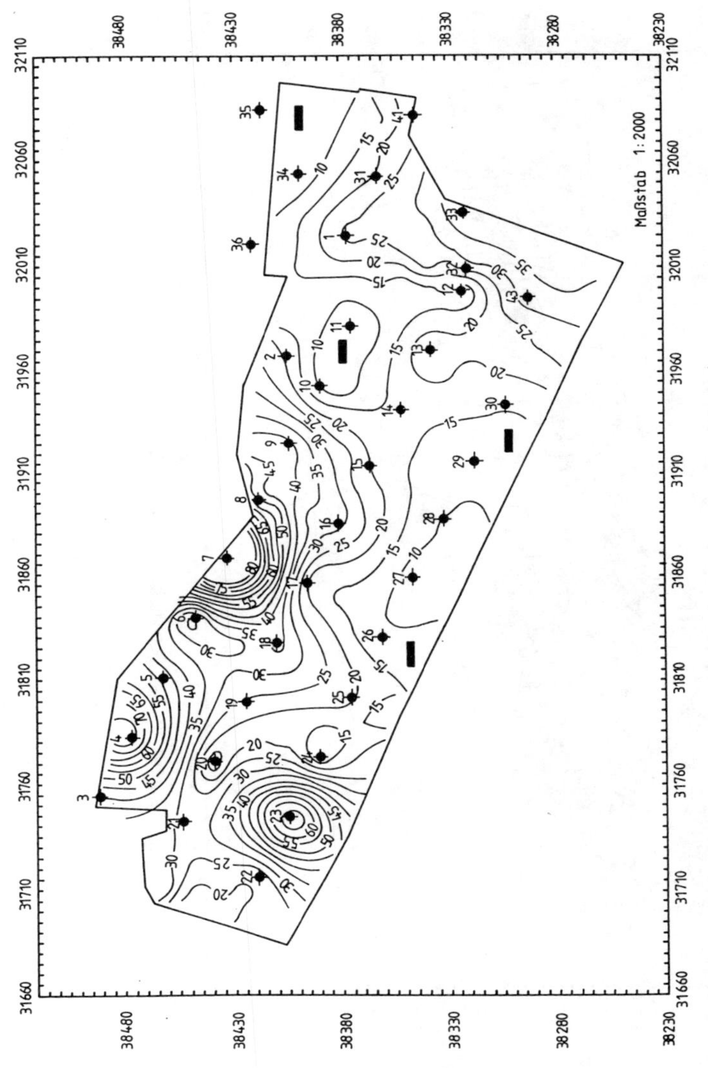

Abb. 5 : Spezifische Widerstände an der Deponiebasis (Hauptfläche)

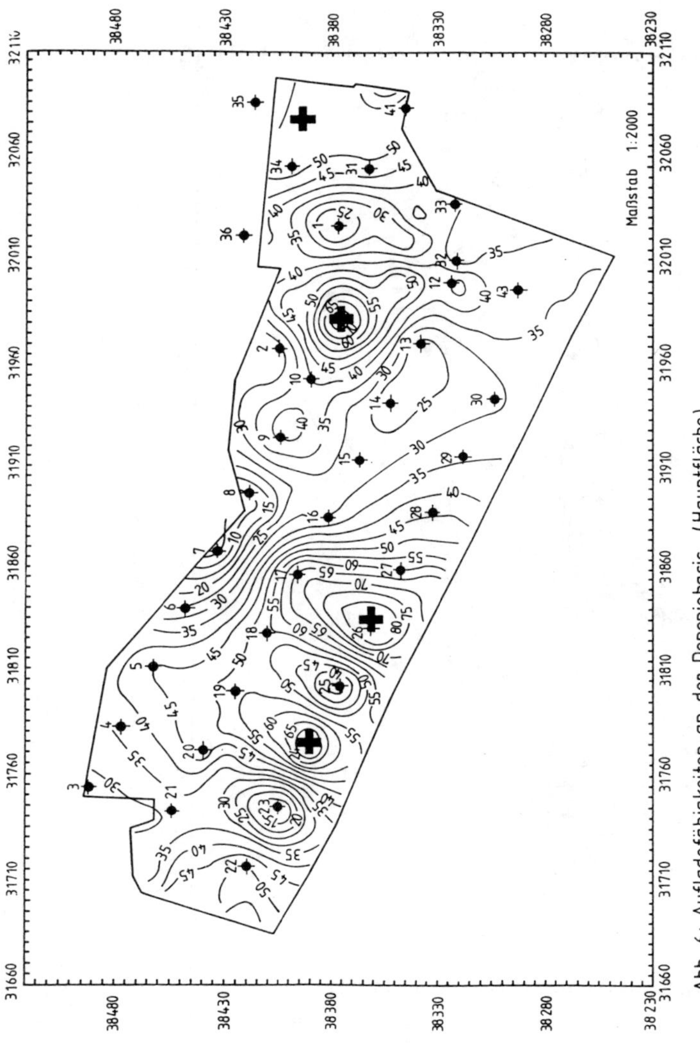

Abb. 6: Aufladefähigkeiten an der Deponiebasis (Hauptfläche)

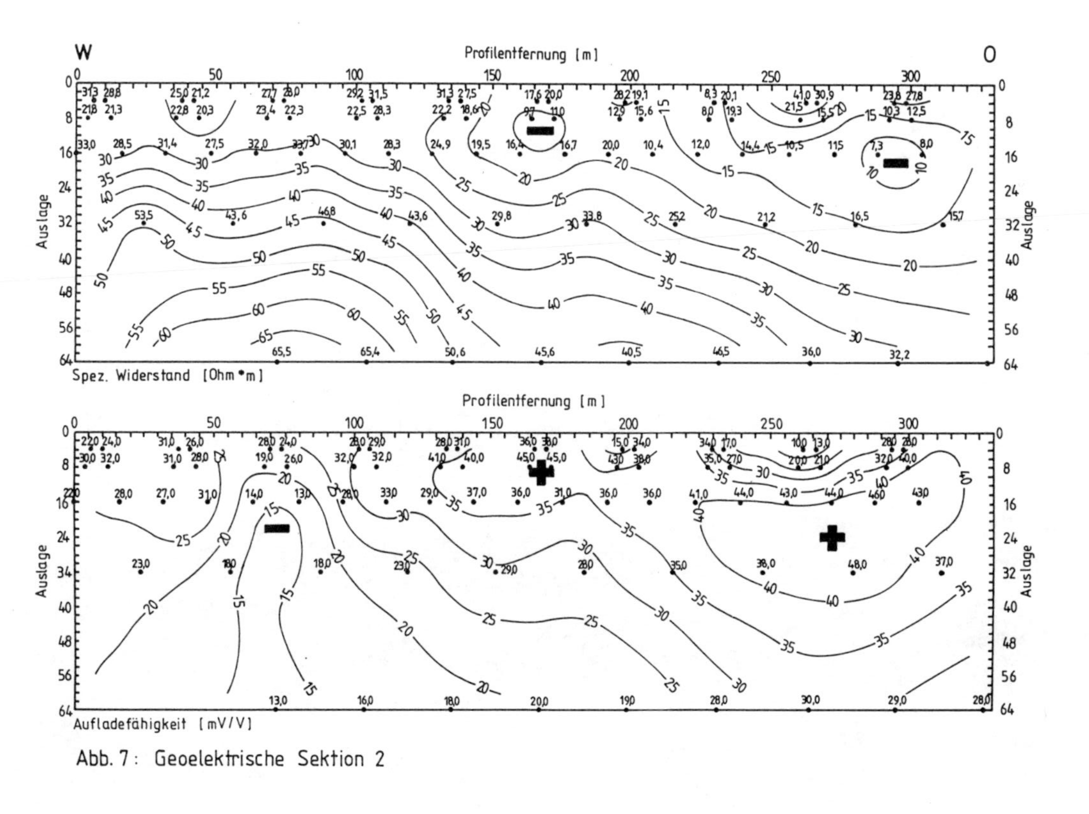

Abb. 7: Geoelektrische Sektion 2

Sanierung einer Untergrundverunreinigung mit phenolischen Substanzen

K. MARG

*Umweltbehörde der Freien und Hansestadt Hamburg, Amt für Umweltschutz, Facham*t
Altlastensanierung, Amelungstr. 3, 2000 Hamburg 36

EINLEITUNG

Auf dem Grundstück Moorfuhrtweg 9 in Hamburg-Winterhude arbeitet das Stadtteilzentrum "Goldbekhaus" in den Gebäuden einer ehemaligen Desinfektionsmittelfabrik. Der Boden, das Grundwasser und Teile der leerstehenden Nachbargebäude des Stadtteilzentrums sind mit Chemikalien erheblich verunreinigt. Die Sanierung des Untergrundes und der Gebäude ist daher geboten.

ZUR GESCHICHTE

In der Zeit von 1889 bis 1963 befand sich am Moorfuhrtweg 9 die Desinfektionsmittelfabrik Schülke & Mayr. Diese hat hier unter anderem das Präparat LYSOL hergestellt und mit dem Präparat große Verdienste bei der erfolgreichen Bekämpfung der Cholera-Epidemie von 1892 in Hamburg erworben. Später wurde von ihr das in vielen privaten Haushalten, Arztpraxen und Krankenhäusern verwendete Desinfektionsmittel SAGROTAN entwickelt und produziert.

1963 verlegte die Firma ihre Produktion in einen Neubau nach Norderstedt. Die Freie und Hansestadt Hamburg kaufte die ehemalige Fabrik und vermietete die Gebäude in den folgenden Jahren an kleine Handwerksbetriebe und Künstler.

1980/1981 entstand zuerst im Nordflügel, später dann im ehemaligen Verwaltungsgebäude der Fabrik das Stadtteilzentrum GOLDBEKHAUS. 1985 sollten dem Stadtteilzentrum weitere Räume in den Nachbargebäuden zur Verfügung gestellt werden. Aber noch im gleichen Jahr wurden im Boden, Grundwasser und teilweise auch in den Gebäuden erhebliche Verunreinigungen mit Grundstoffen der ehemaligen Desinfektionsmittelherstellung festgestellt.

In den Folgejahren wurde das Ausmaß und die Art der Verunreinigung näher erkundet und ein Konzept zur Sanierung aufgestellt. Verschiedene Verfahren zur Sanierung des Grundstücks wurden geprüft und schließlich 1991 nach Abschluß der Planungen die Firmen Keller Grundbau GmbH und HANSATEC GmbH mit der Durchführung der Sanierung beauftragt. Die Kosten der Sanierung werden von der Freien und Hansestadt Hamburg getragen und betragen ca. 22 Mio DM.

UNTERGRUNDVERHÄLTNISSE

Der Untergrund ist im Bereich der Verunreinigung sehr heterogen aufgebaut. Kleinräumig treten wechselnde Lagerungen der verschiedenen Bodenarten auf. Auf dem Grundstück liegen unter einer zumeist sandigen Auffüllung geringmächtige Torfschichten, die von Sanden (Fein- bis Grobsande) unterlagert werden. Darunter folgt eine Torf-, Mudde- bzw. Kalkmuddeschicht. Die Basis dieser Weichschichten bilden wiederum Sande, die von Geschiebemergel unterlagert sind. Die einzelnen Schichten sind nicht durchgängig vorhanden und haben sehr unterschiedliche Mächtigkeiten und Tiefenlagen. Das oberflächennahe Grundwasser befindet sich im direkten Kontakt zum Goldbekkanal. Der Grundwasserstand liegt ca. 1 m unter Geländeoberkante.

ART UND GRÖSSE DER VERUNREINIGUNG

In den Jahrzehnten der Produktion versickerten Chemikalien in den Untergrund. Sie befinden sich heute im Boden, im Grundwasser und auch in Teilen der ehemaligen Fabrikgebäude Nord- und Ostflügel. Es handelt sich um Phenol, verschiedene Kresol- und Xylenol-Isomere.

Im Bereich des Hofes und unter den Gebäuden Nord- und Ostflügel haben die Schadstoffe bereits mehrere Bodenschichten (Sandige Auffüllung, Torfe und Mudden, Sande, Geschiebemergel) durchsickert und das Grundwasser verunreinigt. Da im Bereich des Grundstücks praktisch keine Grundwasserströmung vorhanden ist, hat sich die Verunreinigung bisher nicht weiter ausgedehnt. Die Boden- und Grundwasserverunreinigung haben nahezu die gleiche Ausdehnung.

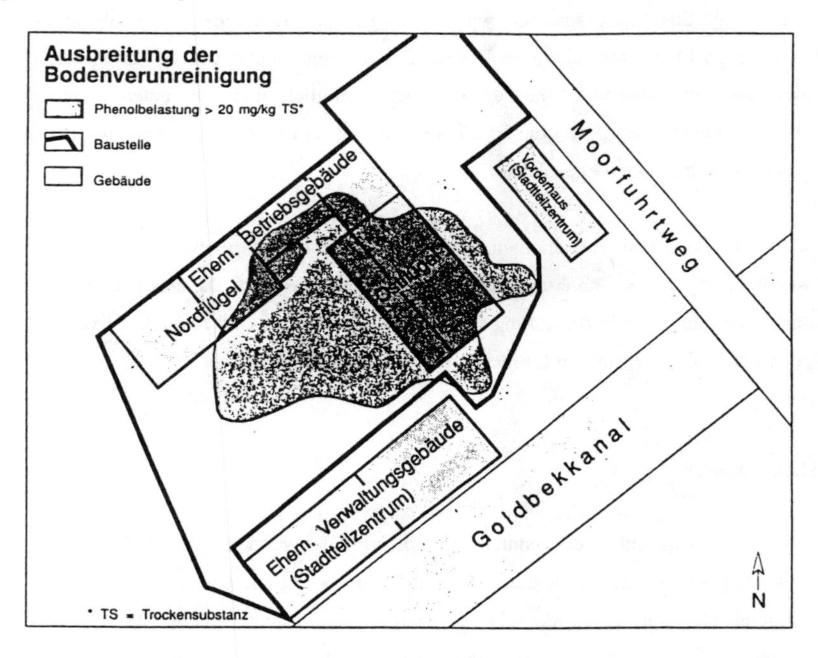

Abb. 1: Ausbreitung der Bodenverunreinigung

Die Schadstoffgehalte betragen bis zu 63.000 mg/kg TS im Boden bzw. 20.000 mg/l im Grundwasser. Der tolerierbare Schadstoffgehalt im Boden von 20 mg/kg TS wird erheblich überschritten. Zum Schutz des Grundwassers müssen ca. 10.500 m^3 Boden und Grundwasser bis in 16 m Tiefe saniert werden.

DAS SANIERUNGSVERFAHREN

Bei der Auswahl eines Sanierungsverfahrens war der sehr heterogene Untergrundaufbau, der herkömmliche Verfahren vor große Probleme stellt, und die hohe Geruchsintensität der Schadstoffe (Ihre Geruchsschwelle beträgt nur ca. 0,5 bis 5 ppm) von besonderer Bedeutung. Zusätzlich sollte die Sanierung so durchgeführt werden, daß die ehemaligen Fabrikgebäude, die das dortige Stadtbild prägen und wegen ihrer geschichtlichen Bedeutung als denkmalschutzwürdig zu betrachten sind, erhalten bleiben. Es mußte daher ein Verfahren gefunden werden, daß zum einen den Erhalt der Gebäude ermöglicht und zum anderen eine weitgehende Reinigung des Untergrundes sicherstellt und so durchgeführt werden kann, daß keine Geruchsemissionen entstehen.

1988 wurde in einem aufwendigen Feldversuch auf dem Grundstück das heute zur Anwendung kommende Sanierungsverfahren erfolgreich getestet. Das aus dem bewährten Soilcrete-Verfahren zur Verbesserung von Gebäudegründungen und Herstellung von Dichtwänden entwickelte Verfahren erfüllt die o.g. Anforderungen.

Bodenaustausch

Da die Schadstoffe sehr geruchsintensiv sind, wird der verunreinigte Boden nur in so genannten "geschlossenen Systemen" gefördert, transportiert und behandelt. Eine Geruchsbelästigung oder Gefährdung der direkten Umgebung (Wohnbebauung, Stadtteilzentrum, Gaststätte mit Biergarten) durch die Sanierungsarbeiten soll damit ausgeschlossen werden.

Der verunreinigte Boden wird zunächst im Untergrund mit einem Wasserstrahl (400-600 bar Wasserdruck) gelöst und verflüssigt. Anschließend wird er gegen sauberen Bodenmörtel ausgetauscht, der im Untergrund erhärtet. Der Bodenaustausch wird auch unter den Gebäuden und deren Fundamenten durchgeführt. Die Gebäude werden dabei in ihrem Bestand nicht gefährdet. Durch die Aneinanderreihung auf diese Weise sanierten Bodensäulen kann ein nahezu beliebig gestalteter Bodenbereich behandelt werden.

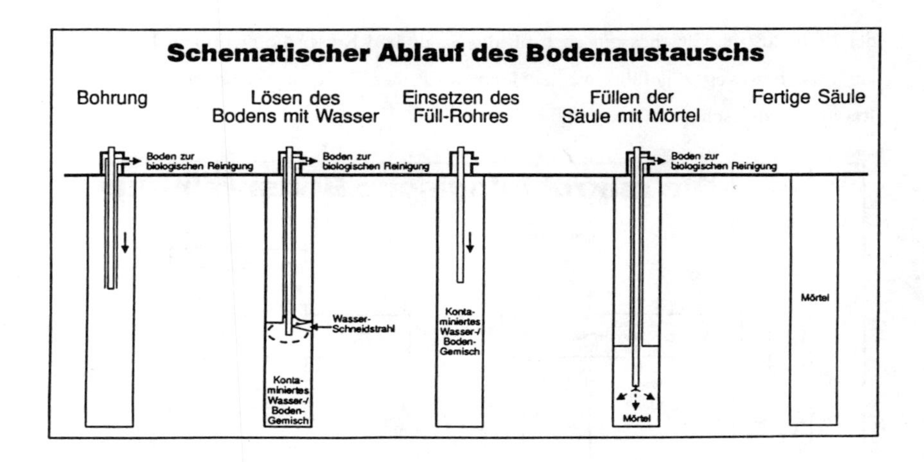

Abb. 2: Schematischer Ablauf des Bodenaustausches

Messungen in bereits fertiggestellten Bodensäulen haben gezeigt, daß der Bodenaustausch so vollständig erfolgt, daß der Sanierungsgrenzwert weit unterschritten wird.

Bodenbehandlung

Nach der Abtrennung gröbster Bestandteile (große Steine, Holzstücke u.ä.) wird das mit Schadstoffen belastete Wasser-/Boden-Gemisch am Goldbekkanal in Tankschuten verladen und über Alster und Elbe in den Hamburger Hafen zum Nippoldweg (Nähe Köhlbrandbrücke) transportiert. Dort wird das Gemisch in seine Bestandteile (Sand/Kies, Torf/Mudde/Schluff, Wasser) aufgetrennt. Die festen Bestandteile werden chargenweise in Biobeeten behandelt. Das Wasser wird in einer Abwasserbehandlungsanlage biologisch gereinigt und dann in das öffentliche Siel eingeleitet.

Der gereinigte Sand und der Kies werden zum Grundstück Moorfuhrtweg zurücktransportiert, dort dem Bodenmörtel zugegeben und wieder in den Untergrund eingebaut. Der gereinigte Torf, die Mudde und der Schluff finden eine anderweitige Verwendung, z.B. in der Bauindustrie. Gleiches gilt auch für die Sande und Kiese, die nicht dem Bodenmörtel am Moorfuhrtweg zugeführt werden können, da der Bodenaustausch bereits vor deren Reinigung abgeschlossen ist.

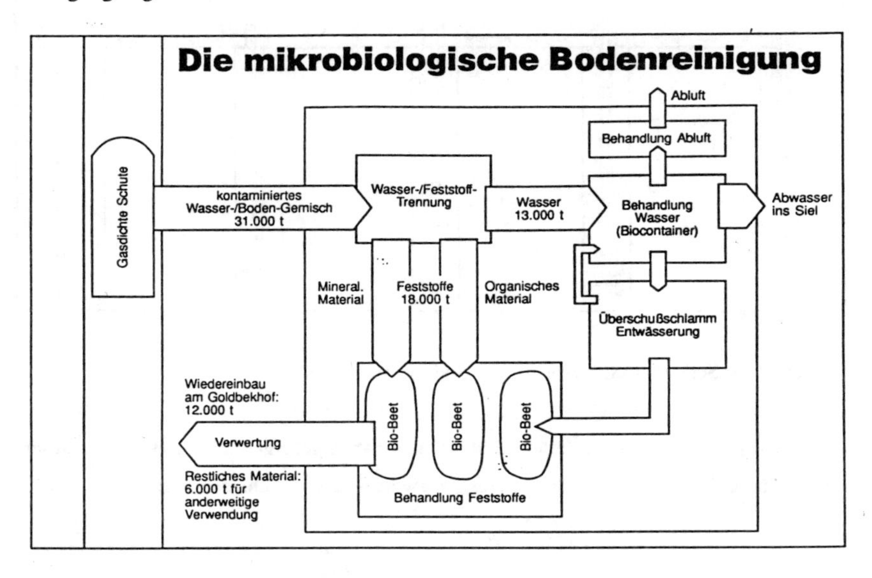

Abb. 3: Mikrobiologische Bodenreinigung

SANIERUNG UND RENOVIERUNG DER GEBÄUDE

Die Schadstoffe in den Gebäuden sind teilweise in Fußböden, Wandverkleidungen u.ä. eingedrungen. Diese Gebäudeteile werden nach Abschluß der Sanierung des Untergrundes entfernt und entsorgt bzw. behandelt. Die Gebäude sollen anschließend renoviert und als Stadtteilzentrum genutzt werden. Bei der Renovierung und dem Ausbau der Gebäude müssen die Belange des Denkmalschutzes berücksichtigt werden.

ZEITLICHER ABLAUF DER SANIERUNG

Die Sanierungsarbeiten begannen im Januar 1992. Es waren u.a. Ver- und Entsorgungsleitungen umzulegen, die Gebäude zu entrümpeln und für die Sanierung vorzubereiten (Entfernen von Trennwänden; Tieferlegen der Kellersohle; Abriß von Anbauten usw.). Mit dem eigentlichen Bodenaustausch wurde im August 1992 begonnen. Trotz anfänglicher technischer und logistischer Probleme sollen die Arbeiten wie ursprünglich geplant im Frühjahr 1993 abgeschlossen werden. Das Grundstück wird anschließend wieder hergerichtet und die Gebäude saniert und renoviert.

ÖFFENTLICHKEITSARBEIT

Unter dem gemeinsamen Vorsitz der Umweltbehörde und des Trägervereins Goldbekhaus e.V. wurde der "Arbeitskreis Sanierung Goldbekhof " gebildet. Dem Arbeitskreis gehören Vertreter des Bezirksparlamentes, des Bezirksamtes Hamburg Nord und des Umweltbüros ÖKOPOL, das den Trägerverein und andere Betroffene berät, sowie die ausführenden Firmen an. In den monatlichen Sitzungen des Arbeitskreises werden Informationen ausgetauscht und Fragen zur Sanierung erörtert. In regelmäßigen öffentlichen Fragestunden haben interessierte BürgerInnen darüberhinaus die Möglichkeit, Fragen zu stellen und sich über den Stand der Sanierungsarbeiten zu informieren. Die durchgeführte Öffentlichkeitsarbeit hat zu einer hohen Akzeptanz bei den Betroffenen für die Sanierungsarbeiten und die damit verbundenen Belästigungen und Einschränkungen geführt.

Schadstoffeinbindung in Bodenmörteln: Fallbeispiel Goldbekhaus

REINHARD WIENBERG

Chemie und Biologie der Altlasten; Büro und Labor Dr. R. Wienberg
Gotenstraße 4, 2000 Hamburg 1

1 Einleitung

Im Fall "Goldbekhaus" in Hamburg Winterhude, wird die Sanierung einer Bodenverunreinigung mit Phenolen und mit PAK in folgenden Schritten ausgeführt: (1) durch Hochdruckspülung wird der verunreinigte Boden erodiert und zutage gefördert, (2) die verunreinigte Boden/Wasser-Suspension wird einer off-site Behandlung unterzogen, und (3) nach einer Klassierung wird der gereinigte Boden mit einer Zementsuspension zurückgefüttert, so daß es zu einer in-situ-Verfestigung einer evtl. vorhandenen Restkontamination oder beim Bauvorgang eingemischten Kontamination kommt (Marg, 1993).

Durch diese Verfestigung soll der Eintrag der Kontaminanten in die Umwelt auf ein Minimum reduziert werden. Zur Beurteilung der Umweltverträglichkeit dieser Sanierungsmaßnahme war es daher erforderlich, Aussagen zur **Stabilisierung** und **Einbindung** der Schadstoffe im Bodenmörtel und somit zur **Langzeitmobilität der Restkontamination** zu machen.

Die Methoden für die Abschätzung der Mobilität der Kontamination in den Bodenmörteln reichen von einfachen Plausibilitätsbetrachtungen bis hin zu komplexen dreidimensionalen Schadstoff-Ausbreitungsmodellierungen. In jedem Fall sind die transportbestimmenden Faktoren Porenwassergeschwindigkeit, Diffusion, Dispersion und Sorption/Desorption. Weiterhin sind Daten über die chemische bzw. biochemische Stabilität des Schadstoffes erforderlich. Während zum Abbau im Boden unter verschiedenen Bedingungen Literaturdaten vorlagen, wurden mit verschiedenen Bodenmörteln experimentelle **Sorptions/Desorptions**- und **Diffusionsuntersuchungen** durchgeführt.

2 Sorptions- und Desorptionsversuche

2.1 Grundlagen

Zur Sorption an geogenen Feststoffen liegen zusammenfassende Arbeiten für Gewässersedimente (Wienberg & al 1987), Böden und Deponietone (Wienberg, 1990), aber auch für Baustoffe wie mineralische Verfestigungsprodukte oder Bodenmörtel (Wienberg & Calmano, 1989) vor; in folgendem soll daher lediglich eine kurze Einführung gegeben werden.

Bei Sorptionsuntersuchungen wird so vorgegangen, daß bekannte Feststoffmengen (hier: Bodenmörtel) mit wäßrigen Lösungen der Schadstoffe in Kontakt und ins Gleichgewicht gebracht (equilibriert) werden. Danach wird jeweils der Anteil, der sich in der Lösung befindet und derjenige, der an den Feststoffen sorbiert vorliegt, bestimmt. Die Beziehung dieser beiden Fraktionen wird als **Sorptionsisotherme** bezeichnet: zur ihrer Darstellung wird der am Feststoff sorbierte Schadstoffanteil gegen die Konzentration in der Lösung aufgetragen (Abbildung 1).

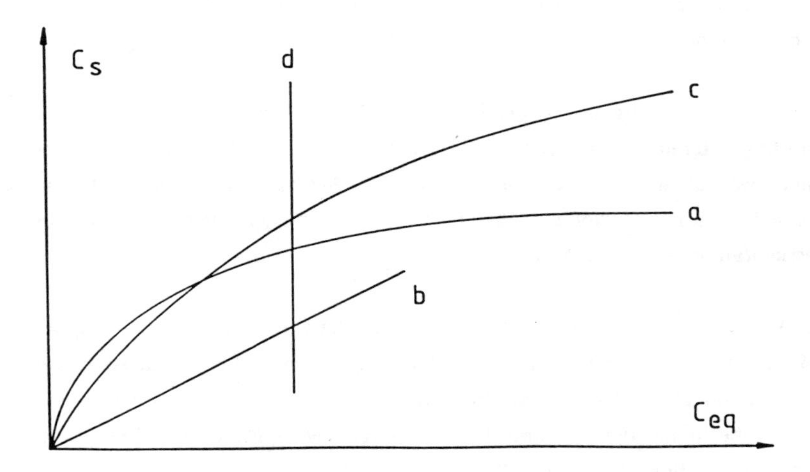

Abb. 1: Verschiedene Sorptionsisothermen: c_S: am Feststoff sorbierter Anteil; c_{eq}: Konzentration der Lösung bei Gleichgewichtsbedingungen.
a: Langmuir-Isotherme; b: lineare Isotherme; c: Freundlich-Isotherme; d: Fällungs-Auflösungsbeziehung

Das Sorptionsverhalten kann je nach Verlauf der Isothermen mit verschiedenen mathematischen Modellen beschrieben werden. Die **Langmuir-Isotherme** (Fall a) zeigt mit zunehmenden Gehalt des Sorbats in der Lösung einen Plateaubereich (eine weitergehende Sorption findet nicht statt) und ist typisch für Fälle, bei denen die Zahl der Sorptionsplätze (z.B. durch die Ionenaustauschkapazität) begrenzt ist.

Langmuir-Isotherme:

$$C_s = \frac{Q_o * bC_{eq}}{1 + bC_{eq}}$$

(C_{eq}: Konzentration des Stoffes in der Lösung unter Gleichgewichtsbedingungen; C_s: am Feststoff sorbierter Anteil; Q^o maximal mögliche Sorption; b: Sorptionskoeffizient der Langmuir-Isothermen, Ausdruck für Sorptionsenthalpie)

Bei der **Freundlich-Isotherme** geht man davon aus, daß die in mehreren Schichten sorbierten Teilchen selbst wieder mit dem gelösten Sorbat in Wechselwirkung treten (K_F, n: empirische Konstanten).

Freundlich-Isotherme:

$$C_s = K_F * C_{eq}^{1/n}$$

Häufig und insbesondere bei niedrigen Konzentrationen und kleinen Konzentrationsspannen in der Lösung ist n annähernd 1 und es liegt eine **lineare Sorptionsisotherme** vor (Fall b). In diesem Fall wird der Proportionalitätsfaktor K_p als linearer Sorptionskoeffizient (oder oft einfach als K_p-Wert) bezeichnet.

Lineare Sorptionsisotherme:

$$C_s = K_p * C_{eq}$$

Findet ausschließlich **Fällung/Auflösung** statt, stellt sich bei jeder Konzentration am Feststoff die gleiche Sättigungskonzentration in der Lösung ein (Fall d).

2.2 Material und Methoden

2.2.1 Herstellung der Bodenmörtel und Probekörper

Die zu untersuchenden Baustoffe wurden nach den vom Auftraggeber vorgegebenen Rezepturen angemischt. Bei den Versuchen zur Einbindung von Phenolen wurde als Füller Kalksteinmehl verwendet. Bei den später durchgeführten Versuchen zur Einbindung der PAK wurde als Füller dagegen Tonmehl eingesetzt. In beiden Versuchsserien wurde auf unseren Vorschlag neben der "konventionellen" Rezeptur auch mit einer weiteren, bei der der Füller durch Steinkohlen-Flugasche ersetzt wurde, gearbeitet, die Menge und Mischungsreihenfolge jedoch nicht weiter geändert. Schließlich wurden einzelne Versuche zur Einbindung von Phenolen mit einem weiteren Mörtel, bei dem ein teilweiser Ersatz des Ca-Bentonits mit "Tixosorb", einem organisch modifizierten Bentonit, ersetzt war, ausgeführt. Die Rezepturen für die Mörtel finden sich in Tabelle 1. Um zylindrische Probekörper zu erhalten, wurden die Mischungen in 3,5 x 4 cm große Kunststoffringe gefüllt und anschließend (soweit unten nichts anderes angegeben ist) zum Aushärten 28 Tage in feuchten, geschlossenen Glasbehältern gelagert.

Tab. 1: Rezepturen der eingesetzten Mörtel I - V, alle Angaben in kg/l

	Phenol-Versuche			PAK-Versuche	
	I	II	III	IV	V
Kornzuschlag	1,325	1,250	1,325	1,450	1,450
Zement HOZ 35L NWHS	0,120	0,075	0,120	0,100	0,100
Kalksteinmehl	0,216	0,210			
Füller (Tonmehl				0,150	
Flugasche			0,216		0,150
Ca-Bentonit	0,050	0,040	0,050		
Tixosorb		0,015			
Anmachwasser	0,400	0,395	0,400	0,362	0,362
Masse pro 1l	2,111	1,985	2,111	2,062	2,062

2.2.2 Herstellung der wäßrigen Sorbatlösungen

Die Sorbatlösungen wurden mit ^{14}C-markierten Substanzen in folgender Weise angesetzt:

Phenol: ^{14}C-Phenol, als Feststoff, spezifische Aktivität 1,12 mCi/mg. Zunächst wurde eine wäßrige Lösung mit aktivem Phenol mit einer spezifische Aktivität von ca. 6000 cpm/ml angesetzt. Anschließend wurde inaktives Phenol so hinzudosiert, daß jeweils die gewünschte Gesamtkonzentration erreicht wurde.

Anthracen: ^{14}C-Anthracen, gelöst in Benzol, spezifische Aktivität 85,49μCi/mg. Da Anthracen nur zu etwa 50μg/l im Wasser löslich ist, wurde nur aktives Anthracen eingesetzt. Die Lösung wurde so angesetzt, daß eine spezifische Aktivität der Lösung von ca. 10 000 cpm/ml enstand. Die genaue Aktivität und darüber die Konzentration wurde unmittelbar vor dem Versuch ß-scintillometrisch bestimmt.

Benz(a)pyren: ^{14}C-Benz(a)pyren, gelöst in Toluol, spezifische Aktivität 206,1 μCi/mg. Aufgrund der sehr geringen Wasserlöslichkeit von 4,5μg/l wurde die Sorbatlösung beim Benz(a)pyren ebenfalls nur mit aktiven Material angesetzt. Die spezifische Aktivität betrug ca. 1 000 cpm/ml. Wie beim Anthracen wurde auch beim Benz(a)pyren die genaue Aktivität und darüber die genaue Konzentration vor dem Versuch ß-scintillometrisch ermittelt.

2.2.3 ^{14}C-Bestimmungen

Die Messungen wurden mit ^{14}C-markierten Substanzen ß-scintillometrisch durchgeführt (ß-Scintillationszähler: Tri-Carb 1600 TR, Canberra Packard; Scintillatorgel: Pico-Fluor 40). Die Überprüfung des Farbquenches und des chemischen Quenches erfolgte geräteintern über einen internen Ba-122-Standard und Berechnung des sog. tSIE Faktors. Der Hintergrund, vor allem durch Eigenimpulse des Gerätes und natürliche Zerfälle, betrug 20 bis 30 cpm. Jede Messung erfolgte über einen Zeitraum, in dem 10 000 cpm gemessen wurden, aber längstens 10 Minuten. Die Bestimmung der Konzentrationen erfolgte rechnerisch aus den Aktivitäten über die bekannten spezifischen Aktivitäten der Sorbate.

2.2.4 Durchführung der Sorptions- und Desorptionsversuche

Die ausgehärteten Probekörper wurden zermörsert und in 30 ml Zentrifugengläser eingewogen. Die Mörteleinwaage betrug für die Versuche mit Phenol 5 g, für Anthracen 1 g und für Benz(a)pyren 0,1 g. Danach wurden 20 ml Sorbatlösung hinzugefügt. Alle Versuche wurden als Duplikate angesetzt. Die Gläser wurden durch Glasstopfen mit Teflonmanschetten verschlossen, 24 Stunden mit einem Flügelrotationsschüttler gerührt und dann bei 2500 upm 20 Minuten zentrifugiert. Der klare Überstand wurde abpipettiert und ß-scintillometrisch vermessen. Bei allen Versuchen wurde nach dem Sorptionsschritt bzw. nach dem letzten Desorptionsschritt (s.u.) die feststoffgebundene Fraktion extrahiert. Dazu wurde nach dem Zentrifugieren die Lösung abdekantiert, die Restwassermenge durch Wägung ermittelt und mit 20 ml Ethanol wieder aufgefüllt. Nach kurzem Aufschütteln und 15 minütiger Ultraschallbehandlung wurde wiederum zentrifugiert, ein Aliquot des klaren Überstandes entnommen und ß-scintillometrisch vermessen.

Die Sorption läßt sich (1) aus der Bilanz der Substanzen in der Lösungsphase oder (2) aus den Lösungskonzentrationen und den Extraktionsergebnissen errechnen. Bei den PAK ergaben die Bilanzen nach (2) Fehlbeträge zwischen 11 und 41 %. Da die untersuchten PAK Substanzen eine relativ geringe Flüchtigkeit aus Wasser besitzen, können die Fehlbeträge nur auf geringere Extraktionsausbeuten beruhen. Daher ist in diesem Fall die Berechnung nach Methode (1) besser, während bei den Phenolen nach (2) die zuverlässigeren Werte erhalten wurden.

Bei der Aufnahme der **Sorptionskinetiken** werden die Sorptionskoeffizienten in Abhängigkeit von der Equilibrier-Zeit gemessen um den Zeitpunkt der Gleichgewichtseinstellung des Schadstoffes zwischen Feststoff und der Lösung zu ermitteln. Bei der graphischen Darstellung wird der Verteilungskoeffizient $Kp=(C_S/C_{eq})$ gegen die Zeit aufgetragen.

Bei der Sorptionskinetik hatte die Sorbatlösung vor der Equilibrierung jeweils folgende Konzentration: Phenol: 6 mg/l, Anthracen 53,2μg/l, Benz(a)pyren 2,14 μg/l. Mit den Einzelschritten *1*, 2, *4*, 8, *16* Stunden, 1, 2, 4, 7 und 14 Tage wurden 7 bzw. 10 Zeitschritte, als Duplikate angesetzt, gemessen (kursiv: zusätzliche Zeitschritte nur bei den Phenolen).

Bei der Bestimmung der **Sorptionsisothermen** werden die Sorbatkonzentrationen variiert. Sie betrugen: Anthracen: 60, 45, 30 und 15 µg/l; Benz(a)pyren: 2; 1; 0,5; 0,25 µg/l; Phenol: 1,3 und 6300 bis 7200 µg/l. Die Versuchsdauer betrug bei den Phenolen 24 Stunden, bei den beiden PAK 48 Stunden.

Bei **aufeinanderfolgenden Desorptionsversuchen** gilt das Augenmerk der Frage, ob mit jedem Desorptionsschritt die Verteilungskoeffizienten zunehmen; ist dies der Fall, kann es als Hinweis auf "resistierende Komponenten" der Sorption genommen werden; zumindest ein Teil des Sorbats wird nicht nur sorbiert, sondern an den Feststoffen "irreversibel" gebunden.

Bei den Desorptionen wurden zwei unterschiedliche Versuche durchgeführt. Bei Desorptionsversuchen nach vorangegangener Sorption wurde in Anschluß an den Sorptionsversuch die Schadstofflösung abdekantiert und mit 20 ml deionisiertem Wasser wieder aufgefüllt. Die Zentrifugengläser wurden in diesem Fall weitere 24 (Phenol) bzw. 48 Stunden (PAK) auf dem Flügelrotationsschüttler gerührt. Dies wurde bei allen Desorptionsschritten (bis zu 4) wiederholt, bevor abschliessend die Extraktion der feststoffgebundenen Fraktion erfolgte.

Bei der reinen Desorption ohne vorangegangenen Sorptionsschritt wurden die Schadstoffe bereits beim Anmischen mit dem Anmachwasser dem Mörtel zugegeben. Diese Versuche geben Hinweise darauf, ob während der Aushärtung eine weitergehende Einbindung der Schadstoffe in die Hydratationsprodukte stattfindet. Die sowohl mit inaktiven als auch mit aktiven Phenol, Benz(a)pyren und Anthracen kontaminierten Probekörper hatten eine Konzentration von ca. 10 mg/kg und eine Aktivität von 5 000 cpm/g für Phenol, 25 058 cpm/g für Benz(a)pyren sowie 23 900 cpm/g für Anthracen. Bei den reinen Desorptionsversuchen wurden 4 konsekutive Desorptionen durchgeführt. Der Versuch wurde, als Triplikat angesetzt.

Bei den einfachen **Kp-Wert-Bestimmungen mit Vergleichsmörteln** erfolgte die Versuchsdurchführung nur mit einer Konzentration und ohne Variation der Zeiten. Die Konzentration der Sorbatlösung betrug bei Phenol 6 mg/l, Anthracen 55,18 µg/l und für ^{14}C-Benz(a)pyren 2,50 µg/l. Die Versuchszeit betrug bei den Phenolen 24 Stunden, bei den PAK dagegen 42 Stunden.

2.3 Ergebnisse der Sorptions- und Desorptionsversuche

2.3.1 Sorptionskinetik

Die Versuche zur Sorptionskinetik sind in Tabelle 2 dargestellt. Es zeigt sich, daß bei **Phenol** offensichtlich bereits nach 8 Stunden Equilibrierzeit keine Zunahme der Sorption erfolgt. Bei **Anthracen** konnte dagegen ein Anstieg der Kp-Werte bis zur 24-Stunden Messung beobachtet werden. Darüber hinaus wurde allenfalls ein schwacher Anstieg bis zur 4-Tage Messung beobachtet. Bei **Benz(a)pyren** ist das Maximum nach zwei Tagen erreicht. Darüber hinaus deutet sich wieder eine abnehmende Tendenz an, allerdings nimmt mit zunehmender Zeit die Streuung der Werte bei den Parallelproben zu. Es zeigt sich also, daß die Gleichgewichtseinstellung relativ rasch erfolgt, so daß sie bei den zu erwartenden geringen Porenwassergeschwindigkeiten in den Bodenmörteln den Schadstofftransport nicht oder nur wenig beeinflußt. Für die experimentelle Durchführung erweist sich 24 Stunden Equilibrierzeit als ausreichend; lediglich bei dem Vergleichsmörteluntersuchungen mit den PAK wurde 42 Stunden equilibriert.

Der Größe nach unterscheiden sich die Verteilungskoeffizienten für die Sorbate um vier Zehnerpotenzen: während nach 24 Stunden bei Phenol nur eine äußerst schwache Sorption festzustellen ist (K_p = 0,3), wurde bei Anthracen ein K_p-Wert von etwa 8 gemessen; Benz(a)pyren ist mit K_p = 3 000 dagegen hoch sorptiv.

Tab. 2: Sorptionskinetik.- Phenol an Bodenmörtel III, Anthracen und Benz(a)pyren an Bodenmörtel IV

Versuchszeit Stunden	Verteilungskoeffizienten (ml/g) Phenol	Anthracen	Benz(a)pyren
1	0,21		
2	0,24		
4	0,24	6,9	1290
8	0,33	6,2	1300
16	0,30		
24	0,29	8,5	2840
48	0,30	8,7	3330
72	0,28	10,0	2500
168	0,25	9,1	1840
336	0,28	8,6	2720

2.3.2 Sorptionsisothermen

Zur Abschätzung des Verlaufs der Sorptionsisothermen wurde bei **Phenol** zunächst mit zwei weit auseinanderliegenden Konzentrationen gearbeitet. Dabei zeigten sich keine konzentrationsabhängige Unterschiede (Tabelle 3), so daß davon ausgegangen werden kann, daß im geprüften Konzentrationsbereich eine lineare Isotherme die Sorption am besten beschreibt.

Tab. 3: Einfluß der Sorbat-Einsatzkonzentration auf die Verteilungsgleichgewichte (K_p-Werte, in ml/g) bei Phenol an den Mörteln I und III

Feststoff	K_p-Wert	Sorbatkonzentration
Mörtel I	0,19	1,03
Mörtel I	0,33	6 300
Mörtel III	0,30	1,03
Mörtel III	0,32	7 200

Bei der Bestimmung der Sorption von **Anthracen** wurde in einem relativ engen Konzentrationsbereich von 60 bis 15 μg/l gemessen. Mit abnehmender Konzentration zeigte sich ein starker Anstieg der Kp-Werte von 7 bis 35. Dies läßt sich nicht signifikant nach der Freundlich-Verteilung, wohl aber nach Langmuir beschreiben. Der Langmuir-Parameter Q_o ist die maximal mögliche Sorption und liegt mit Werten um 320 μg/kg bereits in dem Bereich der durchgeführten Experimente. Demnach bindet der Mörtel durch Sorption lediglich ca. 320 μg/kg, darüber hinaus ist nur noch eine Ausfällung des Anthracens bei Überschreitung seiner Wasserlöslichkeit zu erwarten.

In Abbildung 2 sind die Isothermen für beide PAK dargestellt. Bei Anthracen findet keine weitere Sorption mit steigender Konzentration statt; es scheint sich sogar eine Remobilisierung zu zeigen, die feststoffgebundene Fraktion nimmt oberhalb einer Gleichgewichtskonzentration in der Lösung von etwa 20 μg/l wieder ab. Im Gegensatz dazu zeigt die Isotherme für **Benz(a)pyren** offensichtlich eine lineare Beziehung; der Freundlich-Parameter 1/n liegt mit 0,882 nahe bei 1.

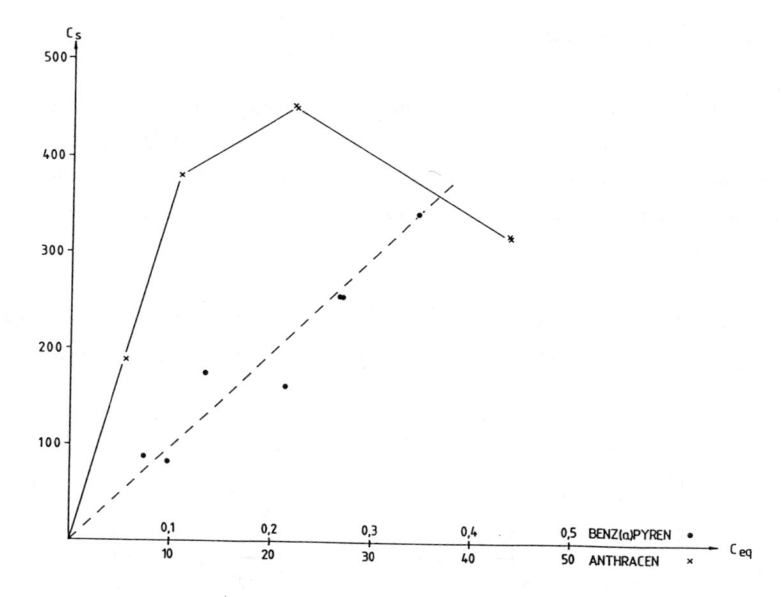

Abb. 2: Sorptionsisotherme für Antracen (durchgezogene Linie) und Benz(a)pyren (gerissene Linie) an einem konventionellen Bodenmörtel. C_s : Feststoffgebundener Anteil; C_{eq} : Gleichgewichtskonzentration in der wäßrigen Lösung

2.3.3 Desorptionsverhalten

2.3.3.1 Desorption nach vorausgegangener Sorption

Desorptionsversuche nach vorausgegangener Sorption wurden nicht bei den Phenolen durchgeführt, da wegen deren geringer Sorptivität keine sinnvollen und zuverlässigen Desorptionswerte gemessen werden können. Bei **Antracen** zeigt sich von der Sorption bis zur 3. Desorption ein starker Anstieg der K_p-Werte; mit jedem Desorptionsschritt nimmt der Verteilungskoeffizient um das ca. 3-4-fache zu, so daß er nach dem 3. Desorptionsschritt um etwa das dreißigfache über dem Sorptionswert liegt (Tabelle 4). Dieses starke Sorptions-Desorptions-Ungleichgewicht deutet bei Anthracen auf Einbindungsvorgänge mit einer "irreversiblen" Bindungs-Komponente hin.

Tab. 4: Verteilungskoeffizienten K_p in ml/g, Sorption und drei aufeinanderfolgende Desorptionen, für Benz(a)pyren (Einsatzkonzentration: 1 μg/l) und Anthracen (Einsatzkonzentration 30 μg/l). Sorbent: konventioneller Bodenmörtel, Mörtel IV

Versuchsschritt	K_p Benz(a)pyren	K_p Anthracen
Sorption	750	35
1. Desorption	2130	127
2. Desorption	2610	419
3. Desorption	3050	1410

Bei **Benz(a)pyren** findet sich ebenfalls ein Anstieg der Sorptionskoeffizienten K_p mit jedem aufeinanderfolgenden Desorptionsschritt, allerdings ist dieser Anstieg weniger stark ausgeprägt. Vom Sorptionsschritt zur 3. Desorption nehmen die K_p-Werte etwa um den Faktor 3-5 zu. Auch in diesem Fall deutet sich somit eine resistierende Komponente der Sorption an.

2.3.3.2 Reiner Desorptionsversuch

Die Ergebnisse der reinen Desorptionsversuche finden sich in Tabelle 5. Bei **Phenol** zeigt sich folgendes Bild: (1) Die Verteilungskoeffizienten sind deutlich größer, als im Sorptionsversuch, (2) die Verteilungskoeffizienten für den EFA-haltigen Mörtel III sind deutlich höher als für den Kalksteinmehlhaltigen Feststoff, Mörtel I, und (3) nehmen die Verteilungskoeffizienten von der ersten bis zur dritten konsekutiven Desorption um mehr als das 4-fache zu.

Für **Anthracen** ergaben sich im ersten Desorptionsschritt etwa um den Faktor 2 niedrigere K_p-Werte als beim nächstfolgenden Desorptionsschritt. Allerdings unterscheiden sich die Schritte 2 bis 4 nicht mehr wesentlich voneinander (Tabelle 5). Betrachtet man die Konzentrationen der wässrigen Lösungen, so liegt diejenige der

1. Desorption mit ca. 100 µg/l weit über der Wasserlöslichkeit des Anthracens, die der anderen drei Schritte im Bereich der Wasserlöslichkeit bei ca. 50 µg/l. Demnach hätten in diesem Versuch die Gleichgewichtseinstellungen nicht durch Sorption, sondern ausschließlich durch Auflösung und Fällung stattgefunden.

Zur Bestimmung von Wasserlöslichkeiten lipophiler Substanzen ist es erforderlich, mit hochreinem Wasser zu arbeiten, ansonsten können sich durch geringe Verunreinigungen kleinste Agglomerate in der wässrigen Phase halten, so daß erheblich zu hohe Konzentrationen in der Wasserphase auftreten. Dies erklärt auch die relativ hohen Konzentrationen im ersten Desorptionsschritt.

Verstärkt findet sich diese Erscheinung beim **Benz(a)pyren**: während sich beim Ansatz der Versuchslösungen maximal Wasserlöslichkeiten um 2,5 µg/l ergaben, finden sich bei den reinen Desorptionsversuchen in den Gleichgewichtslösungen bis zu 23 µg/l. Die Einzel-Versuchsergebnisse sind außerdem nur schlecht reproduzierbar. Die K_p-Werte liegen bei ca. 3 000 bis 70 000, wobei die kleineren Werte sowohl im ersten als auch im letzten Desorptionsschritt auftreten (Tabelle 5). Wie beim Anthracen, so finden also auch beim Benz(a)pyren die Gleichgewichtseinstellungen ausschließlich durch Lösung/Fällung statt, eine darüber hinausgehende Sorption ist nicht mehr zu erkennen.

Tab. 5: Verteilungskoeffizienten K_p, reiner Desorptionsversuch mit Zugabe des Sorbats zum Anmachwasser, für Phenol, Benz(a)pyren und Anthracen (Mittelwerte aus zwei bzw. drei Versuchsparallelen.

	Mörtel IV Benz(a)pyren	Mörtel IV Anthracen	Mörtel I Phenol	Mörtel III Phenol
1. Desorption	5720	97	0,6	1,9
2. Desorption	46100	183	1,3	3,4
3. Desorption	31300	213	3,0	9,3
4. Desorption	4550	166		

2.3.4 Sorptionsversuch mit Vergleichsmörtel (Kp-Wert-Bestimmung)

Die Bearbeitung des Vergleichsmörtels mit Ersatz des Tonmehls durch Steinkohlen-Flugasche als Füller war vorgeschlagen worden, weil die Steinkohlen-Flugasche mit ca. 3 % Restkoksgehalt eine hochsorptive Komponente enthält und eine wesentlich bessere Einbindung erwartet wurde.

Die Ergebnisse der Untersuchungen bestätigen diese Erwartung nicht bei Phenol, wohl aber bei den beiden PAK (Tabelle 6): die Kp-Wertbestimmung des Mörtels mit Flugasche (Mörtel V) ergab eine wesentliche Verbesserung der Einbindung des **Anthracens.** Es wurde eine um mehr als das 15-fache höhere Sorption als bei dem konventionellen Baustoff(Mörtel IV) gemessen. Auch für **Benz(a)pyren** verbesserte sich die Sorption erheblich, in diesem Fall lag der K_p-Wert um den Faktor 5 über demjenigen des konventionellen Mörtels ohne Flugasche. Die Lösungs-Gleichgewichtskonzentrationen lagen weit unter den Wasserlöslichkeiten der Sorbate.

Der Mörtel II, bei welchem ein Teil des Ca-Bentonits durch den organisch modifizierten Ton Tixosorb ersetzt waren, wurde nur mit Phenol getestet. Ähnlich wie bei der Flugasche wurde hier wegen des organischen Anteils mit erhöhter Sorption gerechnet. Der K_p-Wert ist im Vergleich zu den anderen beiden Mörteln mit 1,04 etwa dreimal so hoch; dies ist insofern bemerkenswert, als die Absoluteinwaage des Tixosorb nur 15 g auf 1985 g Gesamtmasse (1l) betrug.

Tab. 6: Vergleich der Verteilungskoeffizienten K_p für
- die konventionellen Bodenmörtel I (Phenol) bzw. IV (PAK),
- Mörtel III (Phenol) bzw. V (PAK) mit Zugabe von Flugasche, sowie
- den Tixosorbhaltigen Mörtel II

	konventioneller Baustoff K_p	Vergleichsmörtel mit Flugasche K_p	Mörtel mit Tixosorb K_p
Phenol	0,33	0,32	1,04
Anthracen	7,2	103	
Benz(a)pyren	989	4890	

3 Diffusionsversuche

3.1 Grundlagen

Durch die Brown'sche Molekularbewegung befinden sich gelöste Moleküle in stetiger, ungerichteter Bewegung. Sobald Konzentrationsgradienten auftreten, besteht das Bestreben, diese vollständig auszugleichen. Die Geschwindigkeit dieses diffusiven Ausgleichs läßt sich durch die Stoffmenge n ausdrücken, die in der Zeiteinheit t durch die Fläche F hindurchgeht. Die Stoffflußdichte dn/Fdt ist dem Konzentrationsgradienten proportional; die Proportionalitätskonstante D (Einheit: Fläche/Zeit, also z.B. cm^2/s) ist der Diffusionskoeffizient. Im eindimensionalen Fall gilt somit:

$$\frac{dn}{dt} = - FD \frac{dC}{dx}$$

(1. Ficksches Gesetz). Während des Diffusionsvorganges ändert sich die Konzentration C an der jeweiligen Stelle x, so daß für die Konzentration C zur Zeit t gilt:

$$\frac{\partial C}{\partial t} = D \frac{\partial^2 C}{\partial x^2}$$

(2. Ficksches Gesetz). Der Diffusionskoeffizient D ist abhängig von der Temperatur, der Viscosität der Lösung und der Molekülgröße. Für Wasser und bei 20°C gibt es für viele Substanzen tabellierte Diffusionskonstanten D.

In porösen, wassererfüllten Feststoffen wie z.B. in den Bodenmörteln wird der diffusive Stofftransport durch die Feststoffteilchen und ihre Wechselwirkungen mit den Molekülen behindert. Die in einem Lockergestein gemessene effektive Diffusion, D_{eff}, ist bei nicht sorptiven Substanzen proportional der Diffusion im freien Wasser; der Proportionalitätsfaktor ξ wird als Impedanzfaktor bezeichnet. Neben anderem ist hier vor allem die Tortuosität, d.h. die geometrische Behinderung der Moleküle ("Umwegfaktor") wirksam

Da nur der nicht sorbierte Teil der Schadstoffe in den Poren diffusiv beweglich ist, geht die Sorption umgekehrt proportional in die effektive Diffusion ein, so daß der Zusammenhang Diffusion im freien Wasser und im porösen, wassererfülltem Gestein folgendermaßen zu beschreiben ist:

$$D_{eff} = \frac{D_o \cdot \theta \cdot \xi}{\rho K_p + \theta}$$

mit D_{eff} als effektivem Diffusionskoeffizienten, Do als Diffusionskoeffizienten der gleichen Substanz im freien Wasser, θ als Porenvolumen, ξ als Impedanzfaktor (Tortuosität) und ρ als Schüttdichte des Feststoffes.

Finden keine sorptiven Wechselwirkungen statt, so vereinfacht sich die genannte Beziehung zu:

$$D_{eff} = D_o \cdot \xi \quad ; \quad \xi = \frac{D_{eff}}{D_o}$$

Somit kann mit Hilfe eines geeigneten, nicht sorptiven "Diffusionstracers" die Impedanz und somit als deren wesentlicher Anteil die Tortuosität direkt bestimmt werden.

Insgesamt ergeben sich für altlastenrelevante Feststoffphasen zwei wichtige Schlußfolgerungen:

1. der diffusive Schadstofftransport läßt sich allein durch Unterbinden des Wassertransportes nicht verhindern,

2. für die Optimierung der Dichtwirkung bezüglich minimalem diffusiven Schadstoffaustrags lassen sich zwei Wege beschreiten. Zum einen kann der Porenraum Θ (und als damit gekoppelte Größe auch der Impedanzfaktor ξ) minimiert werden, zum anderen kann ein Material mit möglichst hoher Sorptivität gewählt werden.

3.2 Material und Methoden

Gleichzeitig mit der Herstellung der Probenkörper für die Sorptionsversuche wurden weitere Proben in 3,5 x 4 cm große Kunststoffringe abgefüllt und anschließend (soweit unten nichts anderes angegeben ist) zum Aushärten 28 Tage in feuchten, geschlossenen Glasbehältern gelagert. Wie bei der reinen Desorption ohne vorangegangenen Sorptionsschritt wurden die Schadstoffe bereits beim Anmischen mit dem Anmachwasser dem Mörtel zugegeben. Die sowohl mit inaktiven als auch mit aktiven Phenol, Benz(a)pyren und Anthracen kontaminierten Probekörper hatten eine Konzentration von jeweils ca. 10 mg/kg und eine Aktivität von 5 000 cpm/g für Phenol, 25 058 cpm/g für Benz(a)pyren sowie 23 900 cpm/g für Anthracen. Zusätzlich wurden weitere Körper für die Versuche zur Bestimmung der Tortuositäten mit 2,5 g/kg Lithiumbromid angerührt.

Die Diffusionsuntersuchungen wurden nach einer Methode der amerikanischen Umweltbehörde, EPA, 1982, der "uniform leach procedure" durchgeführt. Diese Methode wird angewandt, um bei verfestigten Abfällen den diffusiven Transport über die Feststoffoberfläche ins umgebene Wasser zu bestimmen. Das Verfahren basiert darauf, daß ein schadstoffhaltiger Probekörper bekannter Größe und Oberfläche (hier: Zylinder mit 4 cm Durchmesser und 3,6 cm Länge) in Wasser (Volumen der Lösung bei unseren Versuchen: 656 ml) getaucht wird. Das Wasser wird nach einem vorgegebenen Zeitschema gewechselt (2; 7; 24 Stunden, 2; 3; 4; 5; 8; 11; 14 Tage) und jeweils die Schadstoffkonzentrationen bzw. C-14-Aktivitäten bestimmt. Nach einem bei der EPA, 1982, vorgegebenen Rechenweg wird aus den Konzentrationen der effektive Diffusionskoeffizient ermittelt.

3.3 Ergebnisse

3.3.1 Tortuosität des Mörtels

Als Diffusionstracer zur Bestimmung der Tortuosität in Böden wird in der Regel LiBr eingesetzt, wobei sowohl das Li^+- als auch das Br^--Ion zur Bestimmung herangezogen werden kann, da beide nur in vernachlässigbarem Umfang mit den Bodenbestandteilen interagieren. Allerdings haben eigene Untersuchungen gezeigt, daß bei Zementgebundenen Feststoffen diese Voraussetzung nicht zutrifft; Li^+ bildet schwerlösliche Karbonate, Br^- mit dem Zement ettringitähnliche Phasen, schwerlösliche sog. Friedelsche Salze. Dennoch läßt sich Bromid oft zur Bestimmung der Tortuosität heranziehen: meist wird nur ein Teil des Broms schwerlöslich gebunden. Der ungebundene, mobile Teil kann aus der Massenbilanz im Diffusionsversuch errechnet werden. Setzt man allein diese Fraktion als "Ausgangskonzentration" bei der Berechnung der Bromid-Diffusion ein, so erhält man meist plausible Werte für die Tortuosität. In der nachstehenden Tabelle 7 finden sich die unkorrigierten und die korrigierten Diffusionskoeffizienten und die daraus ermittelten Tortuositäten. Der Diffusionskoeffizient für das Bromid-Ion in freiem Wasser beträgt $1{,}3 \cdot 10^{-5}$ cm^2/s. Nach Tabelle 7 ergibt sich eine Tortuosität von $\xi = 0{,}03$. Dieser Wert ist jedoch wahrscheinlich zu gering. Im Zusammenhang mit der Vermörtelung chromkontaminierter Böden wurden von uns bei einem fast gleichen Mörtel Werte um 0,1 gemessen.

Tab. 7: Effektive Diffusionskoeffizienten (in cm^2/s) und daraus berechnete Tortuositäten für Bromid im konventionellen Bodenmörtel. Bei den korrigierten Daten wurde allein auf den mobilen Anteil der Kontamination (Plateau-Wert, s. Anhang) als Ausgangskonzentration bezogen

	unkorrigierte Daten		korrigierte Daten	
	D_{eff}	ξ	D_{eff}	ξ
Probe a	0,944.10-7	0,0073	2,910.10-7	0,022
Probe b	0,981.10-7	0,0075	3,532.10-7	0,027

3.3.2 Effektive Diffusion

Die Ergebnisse der Diffusionsuntersuchungen mit **Phenol** finden sich in Tabelle 8. Diffusionskoeffizienten wurden sowohl für 3 Tage als auch für 28 Tage gelagerten Probekörpern bestimmt. Der flugaschehaltige Mörtel unterscheidet sich nicht signifikant vom kalksteinmehlhaltigen. Der Tixosorbhaltige Versuchsmörtel setzt die Diffusivität dagegen um mehr als das zehnfache herab. Allerdings wird die diffusive Schadstoffausbreitung mit zunehmender Aushärtung des Materials ebenfalls erheblich vermindert; der Diffusionskoeffizient nimmt um etwa das fünffache ab.

Tab. 8: Effektive Diffusionskoeffizienten für Phenole in Bodenmörteln (D_{eff}), nach 3 und 28 Tagen Aushärtungsdauer, sowie der Diffusionskoeffizient in Wasser (D_o), bei 20 °C.

Feststoff	Aushärtungsdauer in Tagen	effektiver Diffusionskoeffizient, in cm^2/s
Mörtel I	3 Tage	$9{,}2 * 10^{-7}$
Mörtel I	28 Tage	$1{,}9 * 10^{-7}$
Mörtel III mit Flugasche	3 Tage	$7{,}6 * 10^{-7}$
Mörtel III mit Flugasche	28 Tage	$1{,}2 * 10^{-7}$
Mörtel II mit Tixosorb	3 Tage	$6{,}2 * 10^{-8}$
Wasser, D_o		$8{,}4 * 10^{-6}$

In Tabelle 9 sind die ermittelten Diffusionskoeffizienten für Anthracen, und Benz(a)pyren dargestellt. Weiterhin finden sich die Angaben auch als "Leach factor" L_i, das ist der dimensionslose negative dekadische Logarithmus des effektiven Diffusionskoeffizienten.

Tab. 9: Effektive Diffusionskoeffizienten sowie deren negativer dekadischer Logarithmus ("Leach factor") für Antracen und Benz(a)pyren an einem konventionellen Bodenmörtel (Mörtel IV) sowie zum Vergleich für Phenol (Mörtel I)

	eff. Diffusionskoeffizient D_{eff} in cm2/s	"Leach factor" Li
Anthracen a	$1{,}2 \cdot 10^{-10}$	9,9
b	$1{,}1 \cdot 10^{-10}$	10,0
Benz(a)pyren a	$1{,}2 \cdot 10^{-12}$ *	11,9 *
b	$3{,}3 \cdot 10^{-11}$ *	11,5 *
Phenol	$1{,}9 \cdot 10^{-7}$	6,7

* Tendenzparameter > 5 und somit nicht akzeptabel

Die Diffusionsversuche zeigen erheblich geringere Diffusivitäten der geprüften PAK im Vergleich zum mobilen Phenol.

Anthracen ist wesentlich diffusiver als Benz(a)pyren: zwischen Anthracen und Benz(a)pyren liegt ein Faktor von ca. 30 bis 100. Bei Benz(a)pyren fallen die Diffusionskoeffizienten für die einzelnen Versuchsschritte mit zunehmender Versuchszeit stark ab; beim Versuch a ist Benz(a)pyren im 4. und 5. Schritt nicht mehr nachweisbar. Im Parallelversuch b sinken die Koeffizienten von $8{,}6 \cdot 10^{-12}$ im ersten bis auf $4{,}7 \cdot 10^{-13}$ im letzten Schritt um das ca. 20-fache ab. Nach den Kriterien der amerikanischen Norm ANS-16.01 ist diese Tendenz zu stark für die Angabe des "Leach-factors". Dieses abnehmende Verhalten kann so erklärt werden, daß in den ersten Schritten zunächst überwiegend ein reiner Auflösungsprozeß des im äußersten Bereichs des Probenkörpers befindlichen Benz(a)pyrens stattfindet. Die darauf folgende diffusive Nachlieferung von Benz(a)pyren aus dem Probenkörper ist wesentlich langsamer als die initiale Lösung, daher werden die Diffusionskoeffizienten im Laufe der Zeit wesentlich geringer.

4 Diskussion der Ergebnisse

4.1. Mobilität der Restkontaminanten : Auslaugung, Sorption und Diffusion

Die geringe K_p-Werte des **Phenols** bei den Sorptionsversuchen wurde eine fast vollständige Elution im S-4 Test bestätigt (Petersen & Wienberg, 1992). Phenol besitzt als sehr schwache Säure eine Dissoziationskonstante - ausgedrückt als pK_s - von etwa 10, d.h. oberhalb von pH 10 liegt Phenol überwiegend dissoziiert als Anion vor. Da die silikatischen Oberflächen der Mörtelbestandteile überwiegend negativ geladen sind, und das pH der Porenlösung wegen des Freikalkes des Bindemittels bei 12,6 liegt, ist eine Bindung auch schlecht denkbar. Demnach herrschen im Bodenmörtel gerade diejenigen chemischen Milieubedingungen - hohe pH-Werte -, die bei Phenolen zur geringsten Sorptivität und höchsten Mobilität führen. Allerdings waren die Verteilungskoeffizienten bei den De̲sorptionsversuchen um das 3 bis 50-fache erhöht. Die zunehmende Sorption bei aufeinanderfolgenden Desorptionsschritten könnte nach Di Toro & Horzempa, 1982, so gedeutet werden, daß ein Teil des Schadstoffes "resistierend" von der Feststoffmatrix gebunden wird, und nicht mehr desorbierbar ist. Verbindet man die korrespondierenden Desorptionswerte in Abbildung 3 mit einer Geraden, so schneidet diese an der Stelle die y-Achse, die dem "resistierenden Anteil" entspricht. Eine solche "resistierende Bindung" wäre zwar wünschenswert, eine chemische Erklärung gäbe es hierfür jedoch kaum, und auch die geringen Sorptionswerte sind hiermit nicht in Übereinstimmung zu bringen. Wahrscheinlicher ist eine andere Erklärung: Würde man die Desorptionsschritte beliebig oft wiederholen, würde die Desorptionskurve nicht einer Geraden folgen, sondern doch wieder dem Nullpunkt zustreben (siehe auch Abbildung 3, alternative Möglichkeit). Derartige "Hystereseerscheinungen" treten vor allem dann auf, wenn die Desorption wesentlich langsamer verläuft, als die Adsorption. Dies wäre auch leicht aus dem Gefüge des erhärtenden Zementes abzuleiten: durch das Wachstum der kurzfaserigen Ettringitkristalle entsteht ein intersertal-sperriges Gefüge, daß die Phenollösung in den entstehenden Mikroporen, die zum Teil kaum noch oder gar nicht miteinander in Verbindung stehen, einschließt. Das Phenol wird also rein mechanisch durch die gute Einbindung bei der Desorption zurückgehalten.

Diese Hypothese wird durch die **Diffusionsuntersuchungen** unterstützt. Nimmt man den Wert für die Diffusion von Phenol im Wasser ($84*10^{-7}$ cm^2/s), und geht unter folgenden Annahmen in die Gleichung für die effektive Diffusion: der Porenraum Θ sei 0,3 und der "Umwegfaktor" ξ sei 0,2. Gemessen wurde die spezifische Dichte ρ des Mörtels mit 1,9 und der Verteilungskoeffizient K_p mit 0,2. Dann ergibt sich rein rechnerisch ein effektiver Diffusionskoeffizient D_{eff} von $7{,}4*10^{-7}$ cm^2/s. Dies ist nahe beim gemessenen Wert, $9{,}2*10^{-7}$ (Tabelle 8). Nach 28 Tagen ist die Diffusion wesentlich geringer. Die Aushärtung hat zugenommen, das Porenwasser ist zum großen Teil kristallin in den Zementphasen gebunden, und der Umwegfaktor nimmt auf Grund der zunehmend sperrigeren Struktur noch weiter ab. Wenn man nun in der Berechnung für Θ 0,2 und für ξ 0,1 annimmt, so erhält man für D_{eff} rechnerisch $2{,}9*10^{-7}$ cm^2/s; das experimentelle Ergebnis war $1{,}9*10^{-7}$. Es zeigt sich also, daß mit zunehmender Aushärtung die rein mechanische Einbindung der Phenollösung in den Bodenmörtel immer wirksamer wird, und somit auch der diffusive Transport weiter eingeschränkt wird, was den Nachteil der geringen Sorptivität zum Teil kompensieren dürfte.

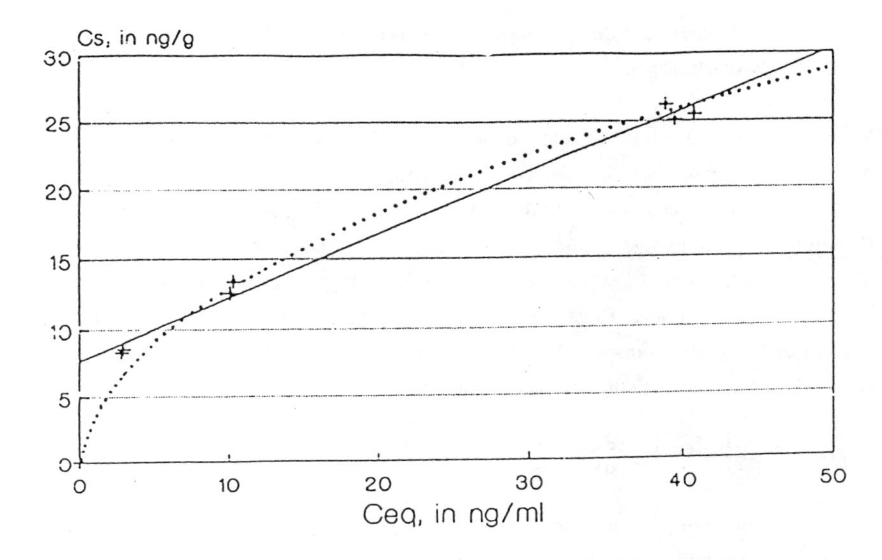

Abb. 3: Desorptionsversuch von Phenol am Mörtel I:

———: Lineare Extrapolation der Desorptionswerte; der Schnittpunkt mit der Y-Achse ist der "resistierende Anteil der Sorption"

.... : Extrapolation zum Nullpunkt, "Hystereseerscheinung"

Das wichtigste "Schlüsselergebnis" der Untersuchungen an den beiden PAK, **Anthracen und Benz(a)pyren** ist die überraschend geringe Sorptionskapazität des Bodenmörtels; bei niedrigen Konzentrationen von Schadstoffen liegen die Gleichgewichte weit auf der Feststoffgebundenen Seite, die Verteilungskoeffizienten liegen über 35 (Anthracen) bzw. um 1000 (Benz(a)pyren). Zusammen mit den sehr niedrigen Diffusivitäten sind die Schadstoffe unter diesen Bedingungen somit sehr immobil und durch den Mörtel gut einbindbar. Allerdings ergibt sich bei höheren Feststoffkonzentrationen ein ungünstiges Bild. Bereits bei ca. 0,3 mg/kg scheint für Anthracen die maximal mögliche Sorption am konventionellen Bodenmörtel erreicht zu sein (Q_0-Werte der Langmuir-Isothermen um 320 μg/kg). Bei darüber hinaus gehenden Konzentrationen regelt Auflösung/Fällung die Gleichgewichte. Besonders deutlich wird dies bei den reinen Desorptionsversuchen. Bei den dort eingesetzten 10 mg/kg Mörtel liegen die Wasserkonzentrationen im Bereich - teilweise sogar über - der Wasserlöslichkeiten der beiden geprüften PAK.

4.2. Abschätzung der Schadstoffausbreitung: einfache "worst-case"-Betrachtungen

Mit Hilfe eines einfachen Transportmodells (Van Genuchten & al., 1974) kann die Ausbreitung organischer Schadstoffe in gesättigten Porenwasserleitern für den **einfachsten, eindimensionalen Fall** in ihrer Größenordnung berechnet werden. Folgende Voraussetzungen müssen erfüllt sein: (1) die Sorption/ Desorption verläuft reversibel, (2) die Fließgeschwindigkeiten sind langsam genug, daß sich in der zur Verfügung stehenden Kontaktzeit die notwendigen Gleichgewichte ausbilden können und (3) der Transport erfolgt nicht durch Klüfte, Fehlstellen oder Risse. Dann gilt folgende partielle Differentialgleichung:

$$\frac{\partial C}{\partial t} = D_O \frac{\partial^2 C}{\partial x^2} - V_O \frac{\partial C}{\partial x} - \frac{\rho}{\theta} \frac{\partial S}{\partial t}$$

wobei D_o der hydrodynamische Dispersionskoeffizient [cm^2/h], V_o die durchschnittliche Porenwassergeschwindigkeit [cm/h], ρ die Raumdichte, Θ das Porenvolumen, x der Transportweg [cm], t die Zeit [h], S der sorbierte Anteil des Schadstoffes und C die Konzentration des Schadstoffes in der Lösung ist.

Die Dispersion setzt sich zusammen aus molekularer Diffusion und mechanischer Dispersion und führt zur Ausbreitung der Schadstofffahne. Bei sehr geringer oder fehlender Porenwasserbewegung kann die Diffusion den Transport bestimmen.

Das Sorptionsverhalten von Phenol ließ sich als lineare Sorption, mit Hilfe eines linearen Verteilungskoeffizienten, K_p beschreiben. Für diesen Fall erhält die Transportgleichung folgende Form:

$$0 = D_O \frac{\partial^2 C}{\partial x^2} - V_O \frac{\partial C}{\partial x} - \left(1 + \frac{\rho K_p}{\theta}\right) \frac{\partial C}{\partial t}$$

Der Term $R = (1 + \rho K_p / \Theta)$ wird als Retardationsfaktor bezeichnet. Er gibt an, um das wievielfache ein Wasserkörper weiter gewandert ist als die gelöste und durch Sorption/Desorption zurückgehaltene Substanz und kann aus Sorptionskoeffizienten, Raumdichte und Porenvolumen berechnet werden. Mehrere Arbeiten mit Böden und Sedimenten (z.B. Davidson & Chang, 1972, Wilson & al., 1981,

Schwarzenbach & Westall, 1983) haben in der Regel gute Übereinstimmung ihrer experimentellen Ergebnisse mit der errechneten Retardation gezeigt.

Der biochemische Abbau läßt sich nach Uchrin & Lewis, 1988, für organische Substanzen in der Regel als Kinetik erster Ordnung in die Berechnung einfügen, wobei K_r der entsprechende Abbaukoeffizient ist (Einheit: $Zeit^{-1}$, also z.B. Tag^{-1}):

$$0 = D_O \frac{\partial^2 C}{\partial x^2} - V_O \frac{\partial C}{\partial x} - (1 + \frac{\rho K_p}{\theta}) \frac{\partial C}{\partial t} - K_r C$$

Für diese Transportgleichung gibt es numerische und analytische Lösungswege. Mit Hilfe des Programms MSCOLDEG von Uchrin & Hayes, 1988, einer analytischen Lösung, wurde für den Sanierungsfall Goldbekhaus eine sehr einfache "worst case Betrachtung" durchgeführt: Welche Konzentrationen können in 1 bis 10 m Entfernung vom verfestigten, kontaminierten Bodenmörtel im Grundwasser maximal auftreten ? Dabei wurde von folgenden, pessimistischen Annahmen ausgegangen:

- horizontaler Transport: der Niederschlag betrage 3 mm/Tag und soll unvermindert den verfestigten Bodenkörper durchdringen und an der Basis beladen mit 100 mg/l Phenol austreten;
- vertikaler Transport: durch den Verfestigungskörper komme es zu einem Grundwasseraufstau, der hydraulische Gradient betrage 0,1, der Durchlässigkeitsbeiwert $k_f = 1x10^{-7}$ m/s und somit die Filtergeschwindigkeit ca 1 mm/-Tag. Das Wasser trete lateral aus dem Bodenmörtel mit 20 mg/l Phenol belastet in den umgebenen Boden ein. Dieser Fall wäre somit günstiger als der des horizontalen Transportes, und braucht daher nicht weiter betrachtet zu werden.
- der Sorptionskoeffizient für Phenol betrage im Boden 0,2 ml/g. Bei der Untersuchung der Sorption an einer Reihe von Böden war dies der niedrigste gefundene Wert (Euro-Böden für den OECD-Ringtest, hier ein C_{org}-armer Unterboden);
- der Abbaukoeffizient betrage 0,01, dies ist zwei Zehnerpotenzen niedriger als aus der Literatur (Verschuren, 1977, Medvedev & Davidov, 1972) für den Abbau von Phenol und Cresol in Böden unter aeroben Bedingungen zu entnehmen ist. Unter anaeroben Bedingungen ermittelten Rees & King, 1981

einen etwa fünffach höheren Wert, um 0,05/Tag. Der Abbau finde nur in der gelösten, nicht in der sorbierten Phase statt;

- Weitere Randbedingungen: der Boden habe ein Schüttgewicht ρ von 1,8 g/ml. Das Porenvolumen Θ betrage 0,4. Der hydrodynamische Dispersionskoeffizient sei 1,5 cm^2/Tag und somit etwa 1 Zehnerpotenz größer als der Diffusionskoeffizient;

Das Ergebnis findet sich in der Tabelle 10. Bereits in 5 m Entfernung würde der Grenzwert der EG für die Qualität von Wasser für den menschlichen Gebrauch für Phenol von 0,5 μg/l unterschritten werden. Dieser Wert ist identisch mit dem A-Wert der holländischen Liste. Ein mehr als 99%iges Gleichgewicht für die Nachlieferung des Phenols und seinen mikrobiellen Abbau, also ein stationärer Zustand, wäre in 5m Entfernung nach 10 Jahren, in 10 m erst in 17 Jahren erreicht.In 10 m Entfernung wäre die Kontamination nur noch im pg-Bereich zu erwarten, von der ehemals starken Kontamination wäre also nichts mehr festzustellen.

Tab.10: Abschätzung der Konzentration von Phenol im Grundwasser in 1 bis 10 m Entfernung vom vermörtelten und gereinigten Boden, nach 1 , 5 und 10 Jahren, sowie die rechnerisch maximal mögliche Kontamination, C_{max}, alle in μg/l. (Randbedingungen der Abschätzung siehe Text)

Entfernung (in m)	1 Jahr	5 Jahre	10 Jahre	C_{max}
1	780	5400	5400	5400
5	$4{,}1 \cdot 10^{-4}$	$4{,}8 \cdot 10^{-2}$	$4{,}8 \cdot 10^{-2}$	$4{,}8 \cdot 10^{-2}$
10	0	0	$8{,}5 \cdot 10^{-12}$	$0{,}2 \cdot 10^{-8}$

Zur Sensitivität der Modellrechnung: Alle Faktoren, die in den Retardationsfaktor eingehen, beeinflussen damit auch den Zeitpunkt des Durchbruches der Schadstoffe. Dabei ist die Variabilität der Porenräume und Dichten vergleichsweise gering. Der Hauptfaktor ist in diesem Zusammenhang wegen seiner großen Variabilität der Sorptionskoeffizient.

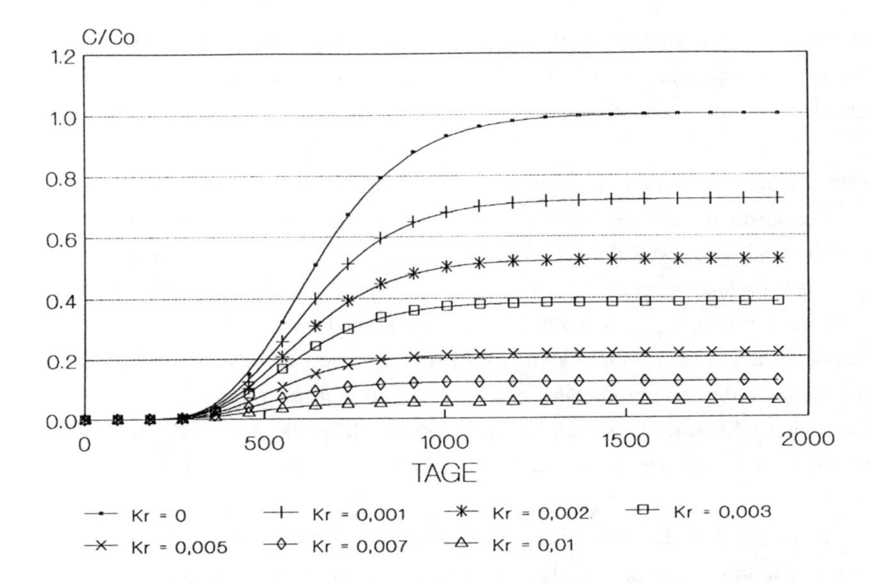

Abb. 4: Durchbruchkurven für verschiedene Abbauraten K_r, in 1/Tag. (Randbedingungen siehe Text). C : Konzentration des Schadstoffes im Grundwasser in 1 m Entfernung von der Schadstoffquelle; C_o : Schadstoffkonzentration an der Schadstoffquelle

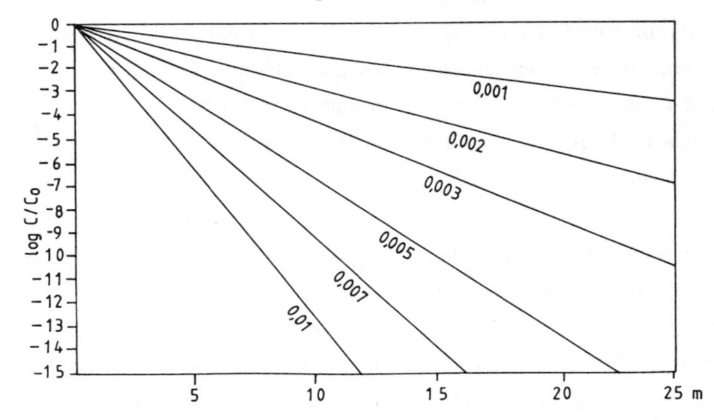

Abb. 5: Rechnerische Zusammenhang zwischen Abbaukoeffizienten für eine Kinetik erster Ordnung (0,01/Tag bis 0,001/Tag) und Maximalkonzentration von Phenol im Boden in verschiedener Entfernung von der Schadstoffquelle. Randbedingungen siehe Text

Der Dispersionskoeffizient reduziert sich bei sehr geringen Porenwassergeschwindigkeiten weitgehend auf den Diffusionskoeffizienten. Er bestimmt, wie steil die Durchbruchskurve verläuft; je größer er ist, desto flacher verläuft die Kurve.

Der Abbaukoeffizient für eine Abbaukinetik erster Ordnung, K_r, bestimmt wesentlich die maximal mögliche Schadstoffkonzentration an einem bestimmten Ort. Es stellt sich nach dem vollständigen Durchbruch des Schadstoffes ein Gleichgewicht zwischen Nachlieferung und Abbau ein, rechnerisch ergibt sich damit eine Maximalkonzentration, C_{max}. Je größer K_r, desto niedriger ist diese Maximalkonzentration (Abbildung 4). Findet kein Abbau statt, und vernachlässigt man Verdünnungseffekte durch zuströmendes Grundwasser, so muß im Unterstrom bei kontinuierlicher Schadstoffreisetzung zu irgendeinem Zeitpunkt die gleiche Konzentration C auftreten, wie die an der Schadstoffquelle, C_o (Abbildung 4, $K_r = 0$).

In Abbildung 5 ist der rechnerische Zusammenhang zwischen Abbaukinetik und Maximalkonzentration in verschiedener Entfernung von der Schadstoffquelle unter sonst gleichen Randbedingungen wie bei der Modellrechnung dargestellt.

Es zeigt sich, daß bereits geringfügige Veränderungen der Abbaukoeffizienten zu Unterschieden in der Maximalkonzentration von vielen Zehnerpotenzen führen können. Ohne Verdünnung ist die Maximalkonzentration also vom Abbaukoeffizienten und der Porenwassergeschwindigkeit abhängig. Der Sorptionskoeffizient wird hier dann bedeutsam, wenn der Schadstoff auch im adsorbierten Zustand abgebaut wird. Dies scheint in den meisten untersuchten Fällen nicht oder kaum der Fall zu sein.

Eine "worst-case" Berechnung zum Schadstofftransport und -abbau wie für Phenol ist für die beiden **PAK** nicht sinnvoll, da (1) unter den Bedingungen beim Goldbekhaus (voraussichtlich langfristig reduzierende Verhältnisse) nicht mit einem nennenswerten biochemischen Abbau der Kontaminanten zu rechnen ist, und (2) als mobilitätsbestimmende Faktoren nicht mit Sorption/Desorption sondern mit Lösung/Ausfällung zu rechnen ist und die Bedingungen für die Anwendung des Transportmodells nach Van Genuchten & al., 1974, nicht gegeben sind.

Soweit der verfestigte Bodenkörper als Quellfläche betrachtet wird, würde bei einer angenommenen PAK-Kontamination mit jeweils 10 mg/kg austretendes Wasser wegen der geringen Sorptionskapazität der Mörtel bis zur Wasserlöslichkeit, d.h. bei Anthracen ca. 50 μg/l, bei Benz(a)pyren ca. 2,5 μg/l belastet sein. Diese Werte liegen über den C-Werten der Holland-Liste; für die Beurteilung der Gefährdung ist allerdings die Kenntnis der emittierten **Schadstofffrachten** maßgeblich. Eine Schadstofffrachtenabschätzung erfordert jedoch die gründliche Bearbeitung der Grundwasserhydraulik vor und nach der Sanierung. Eine Schadstofffrachtenabschätzung kann hier nur als "worst-case"-Betrachtung weitgehend unabhängig von den lokalen Gegebenheiten erfolgen.

Ein **lateraler konvektiver Wasseraustrag** ist dann denkbar, wenn sich das Grundwasser im Anstombereich des vermörtelten Bodens aufstaut. Folgende Annahmen werden getroffen:

- die Durchlässigkeit des Mörtels betrage **k** = $1 \cdot 10^{-8} m^3/s$,
- die Austrittsfläche im Abstrombereich habe eine Länge von 50 m und eine Tiefe von 10 m, somit eine Fläche **A** = 500 m^2,
- der Aufstau betrage **h** = 1 m; die Entfernung Anstromfläche/Abstomfläche sei **l** = 50 m und der hydraulische Gradient ist somit **i** = h/l = 0,02,

Es soll die ausströmende, mit Schadstoffen belastete Wassermenge $\mathbf{V_w}$ in der Zeit **t** = 1 Jahr berechnet werden. Es gilt das Darcy'sche Filtergesetz (**v** : Filtergeschwindigkeit in m/s; **Q** : Durchfluß (in m^3/s) durch die Fläche A):

$$v = k \cdot i \quad ; \quad Q = v \cdot A \quad .$$

Aus beidem folgt:

$$k = \frac{V_w \cdot l}{A \cdot t \cdot h} \quad ; \quad V_w = k \cdot A \cdot t \cdot \frac{h}{l} \quad .$$

Unter den genannten Annahmen errechnet sich V_w zu3,15 m^3/Jahr. Darin konnen aufgrund der oben angegebenen Schadstoffkonzentrationen maximal 7,9 mg Benz(a)pyren bzw. 158 mg Anthracen enthalten sein.

Für den **diffusiven Schadstoffaustrag** gilt im stationären Zustand:

$$f_{dif} = -\theta \cdot D_{eff} \cdot \frac{C}{I} \quad ,mit \quad f_{dif.ges} = A \cdot f_{diff}$$

Dabei haben die Parameter folgende Bedeutung und nachstehende Bedingungen wurden für die Abschätztung eingesetzt:

- f'_{dif} = diffusiver Massenfluß der Wasserinhaltsstoffe im Wassererfüllten Porenraum [kg/m^{2}s],
- $f'_{dif.ges}$ = diffusiver Massenfluß der Wasserinhaltsstoffe über die gesamte Grenzfläche A,
- D_{eff} = effektiver Diffusionskoeffizient [m^2/s]; Anthracen: $1{,}2 \cdot 10^{-14}$ m^2/s, Benz(a)pyren $3{,}3 \cdot 10^{-16}$ m^2/s,
- A = Einheitsgrenzfläche; A sei die gesamte Oberfläche des vermörtelten Bodenkörpers und wird zu 5000 m^2 angenommen,
- C_o = Konzentration an der Grenzfläche; Anthracen: 50 μg/l, Benz(a)pyren: 2,5 μg/l,
- C_l = Konzentration in der Entfernung l von der Grenzfläche; es wird C_l zu 0 angenommen; dies ist insofern konservativ als tatsächlich nicht mit wesentlichen Verdünnungseffekten oder mit einer Konzentrationsabnahme durch Abbau zu rechnen ist.
- l = Diffusions-Weglänge, hier zu 1 m angenommen.
- i_c = C/l = (C_o-C_l)/l, Konzentrationsgradient senkrecht zur gedachten Einheitsgrenzfläche [kg/m^3***m]
- θ = Porenvolumen; dieses ist immer kleiner 1 und wird einfachheitshalber hier zu 1 gesetzt.

Unter diesen Bedingungen und Annahmen errechnet sich $f'_{dif.ges}$ für Anthracen zu 0,09 mg/a und für Benz(a)pyren zu < 0,001 mg/a und wäre somit gegenüber dem konvektiven Austrag zu vernachlässigen.

5. Zusammenfassung

Im Vergleich zum gering sorptiven Phenol ist Anthracen und Benz(a)pyren wesentlich sorptiver. Die **Sorptionskoeffizienten** liegen bei Phenol um 0,3 und - je nach Schadstoffkonzentration - für Anthracen zwischen 7 und 35, für das erheblich sorptiver Benz(a)pyren zwischen 840 und 1310, in Einzelfällen bis zu 3000. Dabei finden die Gleichgewichtseinstellungen rasch (innerhalb von 1-2 Tagen) statt. Ein geringfügig veränderter Mörtel (Steinkohlen-Flugasche anstelle von Tonmehl als Füller) ergab mit Ausnahme von Phenol wesentlich verbesserte Sorptivitäten. Die K_p-Werte lagen beim Anthracen um mehr als das 15-fache, beim Benz(a)pyren um mehr als das 5 fache über den Vergleichswerten mit dem konventionellen Mörtel.

Die Sorption von Phenol entspricht einer linearen Sorptionsisothermen. Dagegen läßt sich die Sorption von Anthracen auch nicht nach Freundlich sondern nur nach Langmuir beschreiben. Dabei ergibt sich eine maximal mögliche Sorption von nur ca. 0,3 mg/kg Mörtel. Darüber hinaus findet ausschließlich Lösung/Ausfällung statt. Diese sehr geringe Sorptionskapazität des Mörtels wird in den reinen Desorptionsversuchen bestätigt: bei Feststoffkonzentrationen von 10 mg/kg Mörtel bewegten sich die Lösungskonzentrationen bei den Desorptionen im Bereich der Wasserlöslichkeiten (und darüber) der Sorbate. Dagegen war eine Sorption nicht mehr feststellbar.

Bei den PAK findet sich eine Zunahme der Sorptionskoeffizienten bei aufeinanderfolgenden Desorptionen. Während bei Anthracen die K_p-Werte bis zum 3. Desorptionsschritt um den Faktor 30 zunehmen, liegt bei Benz(a)pyren zwischen Sorption und dritter Desorption nur eine Zunahme um das dreifache. Diese zunehmenden Sorptionskoeffizienten werden damit erklärt, daß ein Teil des Sorbats "irreversibel" in den Feststoffen eingebunden wird.

Der diffusive Transport der beiden PAK aus dem Bodenmörtel in umgebenes Wasser ist nur sehr gering. Die effektiven Diffusionskoeffizienten lagen bei Anthracen bei $1{,}1 \cdot 10^{-10}$, bei Benz(a)pyren bei 1,2 bis $3{,}3 \cdot 10^{-12}$ cm^2/s. Wahrscheinlich liegen die Werte für Benz(a)pyren noch zu hoch, weil in der initialen Versuchsphase vergleichsweise viel Schadstoff durch reine Auflösung im Versuchswasser auftrat. Bei Phenol liegt der entsprechende Wert mit $1{,}9 \cdot 10^{-7} cm^2/s$ um drei bis 5 Größenordnungen höher.

Bei Phenol zeigt eine überschlagsmäßige Berechnung der Schadstoffausbreitung im einfachen eindimensionalen Fall bei Zugrundelegen pessimistischer Annahmen, daß ein Phenol-Trinkwassergrenzwert von 0,0005 mg/l (EG-Grenzwert) in 5 m Entfernung vom vermörtelten sanierten Bereich, auch bei einer Restkontamination von 100 mg/kg im Mörtel, unterschritten werden kann. Dabei wurde auch berücksichtigt, daß Phenole sowohl unter aeroben wie auch unter anaeroben Bedingungen im Boden rasch abgebaut werden können, soweit bakterizide Konzentrationen nicht überschritten werden.

Soweit der verfestigte Bodenkörper als PAK-Quellfläche betrachtet wird, würde austretendes Wasser bei den vorgegebenen Schadstoffkonzentrationen bis zur Wasserlöslichkeit, d.h. bei Anthracen ca. 50, bei Benz(a)pyren ca. 2,5 μg/l belastet sein. Diese Werte liegen über den C-Werten der Holland-Liste; allerdings dürften aber die Schadstofffrachten nur äußerst gering sein, da nennenswerte hydraulische Gradienten kaum auftreten werden und der Bodenmörtel nur eine geringe Durchlässigkeit haben dürfte. Ähnlich wie beim Phenol - aber auf Grund vollständig anderer Mechanismen - ist also auch hier eine geringe Durchlässigkeit des Mörtels der wesentliche Garant für eine langfristige Einbindung.

Eine sehr grobe Schadstoffrachten-Betrachtung ergab folgende Abschätzung: unter der Annahme eines Wasseraufstaus von 1 m im Bereich des Grundwasserzustroms läßt sich für den Abstrombereich eine konvektiv aus dem vermörtelten Bodenkörper ausgetragene Wassermenge von 3,15 m^3/Jahr abschätzen. Darin können maximal 7,9 mg Benz(a)pyren bzw. 158 mg Anthracen enthalten sein. Der diffusive Austrag ist dagegen zu vernachlässigen.

6 Literatur

Davidson, J.M., Chang, R.K. (1972): Transport of Picloram in relation to soil physical conditions and pore water velocity.- SoilSci. Soc. Amer. Proc. **36**: 257-261

EG (Rat der Europäischen Gemeinschaft): Richtlinie des Rates vom 15. Juli 1980 über die Qualität von Wasser für den menschlichen Gebrauch (80-778-EGW)

Marg, K. (1993): Erfahrungen bei der Altlastensanierung "Goldbekhaus".-in diesem Band

Medvedev, V.A., Davidov, V.C. (1972): Transformation of individual organic products of the coke industry in chernozemic soil.- Pochvovedenie **11**: 22-28

Petersen, M.S., Wienberg, R. (1992): Sorptionsversuche zur Verkürzung der Elutionszeiten für baubegleitende Untersuchungen an phenolhaltigen Mörteln des Sanierungsprojektes Moorfurthweg 9-13 (Goldbekhaus). Gutachten i.A. der Umweltbehörde Hamburg, 18 S.

Rees, F.F., King, J.W.: The dynamics of anaerobic Phenol biodegradation in lower Greensand.- J. Chem. Tech. Biotechnol. **31**: 306-310 (1981)

Schwarzenbach, R.P., Westall, J. (1983): Transport of nonpolar organic compounds from surface water to groundwater. Laboratory sorption studies.- Environ. Sci. Technol. **15**: 1360-1367

Uchrin, Chr.G., Lewis, T.E. (1988): A basic encoded model for onedimensional ground water systems incorporating first order degradation Kinetics.- J. Environ. Sci. Health **A23** (5): 469-482

US EPA (1982): Guide to the disposal of chemically stabilized and solidified Waste.- US EPA SW-872, Cincinnatti, 114 S.

Van Genuchten, M.Th., Davidson, J.M., Wierenga, P.J. (1974): An evaluation of kinetic and equilibrium equations for predicting pesticide movement through porous media.- Soil Sci. Soc. Amer. Proc. **38**: 29-35

Verschueren, K. (1977): Handbook of environmental data on organic chemicals.- London, 503 S.

Wienberg, R., Förstner, U., Haug, Th., Kienz, W. (1987): Sediment - Wasser - Gleichgewichte.- Verhalten flüchtiger Chlorkohlenwasserstoffe und der Dichlorbenzole an Gewässersedimenten.- Ber. Arbeitsber. Umweltschutztechnik, TU Hamburg Harburg, (1), 113 S.

Wienberg, R. (1988): Bewertung der Altlasten aus der Sicht der Sorption und Mobilität von organischen Schadstoffen im Boden.- In: Franzius, V., Stegmann, R. & Wolf, K. (Hrsg.): Handbuch Altlastensanierung, Teil 4.1.4.2, 15 S.

Wienberg, R., Calmano, W. (1989): Grundlagen der Schadstoffbindung bei Verfestigungsverfahren.- In: Franzius, V., Stegmann, R., & Wolf, K. (Hrsg.): Handbuch Altlastensanierung, Teil 5.4.2.0.2., 22 S.

Wilson, J.T., Enfield, C.G., Dunlap, W.J., Cosby, R.L.,Foster, D.A., Baskin, L.B. (1981): Transport and fate of selected organic pollutants in a sandy soil.- J. Environ. Qual. **10**: 501-506

Zusammenfassende Darstellung des Sonderforschungsbereiches 188 der DFG Reinigung kontaminierter Böden - 2. Antragsphase -

Zusammenfassende Darstellung des Sonderforschungsbereiches 188 der DFG - Reinigung kontaminierter Böden -2. Antragsphase-

SPRECHER: R. STEGMANN [1)]

STELLV. SPRECHER: U. FÖRSTNER [2)]

REDAKTION: K. HUPE [1)]

[1)] *Technische Universität Hamburg-Harburg, Arbeitsbereich Abfallwirtschaft und Stadttechnik, Harburger Schloßstraße 37, D-2100 Hamburg 90*

[2)] *Technische Universität Hamburg-Harburg, Arbeitsbereich Umweltschutztechnik, Eißendorfer Straße 40, D-2100 Hamburg 90*

EINLEITUNG

1989 wurde von der Deutschen Forschungsgemeinschaft (DFG) ein Sonderforschungsbereich (SFB) "Reinigung kontaminierter Böden" eingerichtet. Im Rahmen dieses SFB erforschen 17 Teilprojekte der TU Hamburg-Harburg (Sprecherhochschule) und der Universität Hamburg die Grundlagen für Verfahren zur Sanierung kontaminierter Böden. Der SFB wurde in der ersten Phase für den Zeitraum vom 01.01.1989 bis zum 31.12.1991 gefördert. Die zweite Förderungsperiode wird am 31.12.1994 enden.

AUSGANGSSITUATION

In der Bundesrepublik gibt es eine große Anzahl kontaminierter Standorte. Es handelt sich dabei z.B. um Industriestandorte, auf denen Produktionsrückstände vergraben oder unsachgemäß gelagert wurden (z.B. ehemalige Gaswerke, Kokereien, Chemiefabriken). Daneben sind vielerorts Untergrundverunreinigungen durch Leckagen in Transportleitungen oder Tanks (Altraffinerien, Flughäfen) entstanden.

Beeinträchtigungen der Bodennutzung bis zum Bewirtschaftungsverbot und Grundwasserverunreinigungen sind häufig die Folge. Die Bundesregierung hat den Bodenschutz im März 1985 zu einer dringenden Aufgabe erklärt. Die Altlastensanierung sieht sich nach der Phase der Schadenserfassung und Schadensbeurteilung zunehmend mit konkreten Sanierungsmaßnahmen konfrontiert.

Im wesentlichen bieten sich vier Alternativen bei der Behandlung kontaminierter Böden:

- Belassen vor Ort und Veranlassung einer Nutzungsbeschränkung
- Abdeckung oder Einkapselung mit weitgehendwasserundurchlässigem Material und kulturfähigem unbelasteten Boden
- Ausgraben und Verbringen auf Sondermülldeponie
- Reinigung des Bodens ("in-situ" bzw. "on-site" am Standort oder "off-site" in dezentraler oder zentraler Anlage)

Die langfristig einzig sinnvolle Alternative stellt die Reinigung des Bodens dar. Sie kann eine tatsächliche Kontaminationsbeseitigung bewirken, eine lokale Problemverlagerung verhindern und eine Rekultivierung und Wiedernutzbarmachung des Bodens ermöglichen. In der aktuellen Sanierungspraxis werden vor allem mechanische, thermische und biologische Verfahren angewandt. Der Stand der Technik ist dabei durch eine Vielzahl konkurrierender Verfahren gekennzeichnet, die im wesentlichen auf empirischer Grundlage entwickelt wurden.
Aufgrund fehlender Grenzwerte sowie unterschiedlichen analytischen Aufwandes fällt die Beurteilung der Reinigungsleistung der Verfahren schwer.

Es ist die Absicht des SFB, die wissenschaftlichen Grundlagen für die verschiedenen Verfahren zu erarbeiten, um diese zu optimieren und eine zweckmäßige Auswahl von Verfahrensschritten und Apparaten für die verschiedenen Anwendungsfälle zu ermöglichen. Der Schwerpunkt liegt dabei auf den biologischen und deren Kombination mit chemisch-physikalischen Verfahren.

Der technische Bodenschutz entwickelt sich zu einer selbständigen wissenschaftlichen Disziplin, in der mit Hilfe der Kenntnisse und Erfahrungen verschiedener Fachdisziplinen

Problemlösungen gefunden werden können. Durch die integrierte Zusammenarbeit innerhalb des Sonderforschungsbereiches von Bauingenieuren, Verfahrenstechnikern, Chemikern, Mikrobiologen, Bodenkundlern, Geologen sowie Umweltplanern soll dieses neue Arbeitsgebiet erschlossen werden.

FORSCHUNGSZIEL

Um die Ziele, die sich der SFB gestellt hat, zu erreichen, sind neben der Untersuchung, Entwicklung und Optimierung von Reinigungsverfahren vor allem die analytischen und meßtechnischen Verfahren zu optimieren, welche die schnelle und umfassende Beschreibung von Prozessen ermöglichen. Wichtig sind in diesem Zusammenhang auch die Untersuchungen zur Definition von Reinigungszielen. Um diese zu erreichen, sind u.a. Schadstoffbilanzen zu erstellen, ökotoxikologische Grenzwerte zu erarbeiten und die Schadstoffverfügbarkeit für Organismen zu quantifizieren. Darüber hinaus sollen ökologisch/planerische Bewertungskriterien für Sanierungsverfahren entwickelt werden.

Die Möglichkeiten der Rekultivierung und Revitalisierung behandelter Böden sollen in der nächsten Antragsphase bearbeitet werden.

LÖSUNGSANSATZ

Um grundlegende Zusammenhänge erkennen zu können, wurde zunächst mit künstlich ölverunreinigten ausgewählten Bodentypen gearbeitet. Dieses Vorgehen bot sich an, da die Vielfalt der Bodenstrukturen und der Kontaminationen keine universell anwendbaren Behandlungsrezepte zulassen wird. Die Entwicklung methodischer Ansätze in der Bodenreinigung ist auf diese Weise möglich. In der zweiten Phase werden vermehrt andere künstlich und "natürlich" verunreinigte Böden untersucht, wobei die PAK im Vordergrund stehen.

Bei der Entwicklung neuer bzw. modifizierter Verfahren zur Bodenreinigung sollen biologische Methoden eine zentrale Stellung einnehmen. Der Boden wird entweder direkt in Biorektoren behandelt oder nach einer chemisch-physikalischen Vorbehandlung biologischen Abbauprozessen ausgesetzt.

Als chemisch-physikalisches Verfahren wird überkritisches Wasser eingesetzt, um hochmolekulare, biologisch nicht oder nur schwer abbaubare Stoffe soweit zu spalten, daß in einer nachgeschalteten biologischen Behandlung ein rascher und vollständiger Abbau möglich wird. Da dieses Verfahren vor allem bei hochkonzentrierten Kontaminationen sinnvoll erscheint, werden diese stark verunreinigten Bodenfraktionen zuvor mit mechanischen Aufbereitungsmethoden abgetrennt. Für Feinststoffe wird die Anwendung von Flotationsverfahren untersucht.

Bei all diesen Projekten geht es primär um die Aufklärung und Beschreibung der Mechanismen, die zu einem Reinigungsergebnis führen bzw. dieses einschränken. Von Interesse sind insbesondere folgende Mechanismen:

- physikalische (Ausbreitung, Transport und hydrodynamische Effekte)
- chemisch-physikalische (Adsorption, Desorption)
- chemische (Spaltung organischer Verbindungen unter der Einwirkung von überkritischem Wasser)
- biologische (biologische Stofftransformation, Selektion und Anreicherung spezieller Mikroorganismen, Sukzession von Arten, Stoffbilanzen und Aufklärung von Bilanzlücken (bound residues), Mikrobiologie bei hohen Feststoffgehalten)

Die Untersuchung der biologischen Bodenreinigungsprozesse erfordert eine Beurteilung der Leistungsfähigkeit der Mikroflora. Dazu sind Maßnahmen zur Verstärkung der vorhandenen biologischen Abbauprozesse sowie mikrobiologisches Screening in Verbindung mit Techniken der Stammentwicklung erforderlich.

Die verfahrenstechnischen und bewertungsorientierten Untersuchungen erfolgen in Kooperation mit den naturwissenschaftlichen Projekten zur Bodenchemie und Bodenphysik sowie der chemischen Analytik. Die Projekte bewerten die Ergebnisse und erarbeiten Entscheidungskriterien für die Planung und Durchführung der hier eingesetzten Techniken.

STRUKTUR DES SONDERFORSCHUNGSBEREICHES

Der SFB besteht aus 4 Bereichen:

Bereich A: **Chemisch-physikalische Extraktion** von organischen Schadstoffen und **daran anschließende biologische Reinigung**

Bereich B: Verfahrensgrundlagen zur **direkten biologischen Reinigung**, wobei der kontaminierte Boden in Reaktoren behandelt wird

Bereich C: **Bewertung von Verfahren** und der erzielten Ergebnisse aus Sicht der **Ökotoxikologie**, der **Mobilität** von Schadstoffen sowie der **Raum und Umweltplanung**

Bereich D: **Bewertung von Verfahren** hinsichtlich **bodenchemischer und bodenphysikalischer Kriterien; Analyse der organischen Haupt- und Spurenstoffe** der Kontamination

Der wichtige Bereich der Rekultivierung und Revitalisierung dekontaminierten Bodenmaterials wird für die kommende Arbeitsphase in die Antragstellung aufgenommen werden.

Im Sonderforschungsbereich stehen somit die relevanten Wissenschaften und Methoden zur Verfügung, um das neue Aufgabengebiet "Bodenreinigung" fundiert bearbeiten zu können.

ÜBERSICHT ÜBER DIE EINZELEN TEILPROJEKTE

Projektbereich A

Chemisch-Physikalische Verfahren mit Biologischer Nachbehandlung

Teilprojekt A1

Prof. Brunner, TU Hamburg-Harburg, Arbeitsbereich Thermische Verfahrenstechnik (VT II), Eißendorfer Straße 38, 2100 Hamburg 90

Hydrolytische und thermische Spaltung organischer Verunreinigungen kontaminierter Böden mit überkritischem Wasser zur Erzeugung biologisch abbaubarer Produkte

Keywords:
Überkritisches Wasser (T > 374°C, p > 220 bar)

Teilprojekt A3

Dr. Gulyas, Prof. Sekoulov, TU Hamburg-Harburg, Arbeitsbereich Gewässerreinigungstechnik, Eißendorfer Str. 42, 2100 Hamburg 90

Oxidation von abgetrennten refraktären Schadstoffen aus kontaminierten Böden mit Ozon/ Wasserstoffperoxid in einem Sprühreaktor mit nachgeschalteter biologischer Behandlung

Keywords:
Ozonisierung, Sprühreaktor

Teilprojekt A4

Prof. Märkl, TU Hamburg-Harburg, Arbeitsbereich Bioprozeß- und Bioverfahrenstechnik, Denickestr. 15, 2100 Hamburg 90

Membranreaktoren für den mikrobiellen Abbau von Bodenextrakten aus kontaminierten Böden

Keywords:

Membran-Bioreaktoren

Teilprojekt A5

Prof. Werther, TU Hamburg-Harburg, Arbeitsbereich Verfahrenstechnik I, Denickestr. 15, 2100 Hamburg 90

Abtrennung kontaminierter Bodenanteile durch Flotation

Keywords:

Flotation

Teilprojekt A6

Prof. Sekoulov, TU Hamburg-Harburg, Arbeitsbereich Gewässerreinigungstechnik, Eißendorfer Str. 42, 2100 Hamburg 90

Biologischer Abbau von wäßrigen Lösungen aus der mechanischen und thermischen Behandlung von Böden und Schlämmen

Keywords:

Membran-Biofilm-Reaktoren

Projektbereich B

Biologische Verfahren ohne Vorbehandlung

Teilprojekt B1

Prof. Kasche, Dr. Mahro, TU Hamburg-Harburg, Arbeitsbereich Biotechnologie II, Denickestr.15, 2100 Hamburg 90

Mikrobieller Abbau niedrigkonzentrierter polyaromatischer Kohlenwasserstoffe (PAK) in ölkontaminierten Böden

Keywords:

Mikrobieller Abbau, Polyaromatische Kohlenwasserstoffe

Teilprojekt B3

Prof. Stegmann, TU Hamburg-Harburg, Arbeitsbereich Abfallwirtschaft und Stadttechnik, Harburger Schloßstr. 37, 2100 Hamburg 90

Reinigung kontaminierter Böden in Bioreaktoren

Keywords:
Bodenbioreaktoren

Teilprojekt B4

Prof. Steinhart, Dr. Herbel, Universität Hamburg, Institut für Lebensmittelchemie und Biochemie, Martin-Luther-King-Platz 6, 2000 Hamburg 13

Weiterführende Analytik zu den biochemischen und chemischen Produkten aus dem Mineralölabbau im Boden und aus technischen Prozessen

Keywords:
Mineralölkomponenten

Teilprojekt B5

Prof. Müller, TU Hamburg-Harburg, Arbeitsbereich Biotechnologie II, Denickestr. 15, 2100 Hamburg 90

Einfluß von Böden auf die Fähigkeit von Bakterien, chlorierte Kohlenwasserstoffe abzubauen

Keywords:
Chlorierte Kohlenwasserstoffe

Projektbereich C

Grundlagen und Bewertungskriterien für Verfahren

Teilprojekt C1

Dr. Ahlf, Prof. Förstner, TU Hamburg-Harburg, Arbeitsbereich Umweltschutztechnik, Eißendorfer Str. 40, 2100 Hamburg 90

Ökotoxikologische Bewertung von Bodenverunreinigungen mit Hilfe von Biotests

Keywords:
Ökotoxikologie

Teilprojekt C3

Dr. Calmano, Dr. Gerth, TU Hamburg-Harburg, Arbeitsbereich Umweltschutztechnik, Eißendorfer Str. 40, 2100 Hamburg 90

Sorption und Diffusion organischer Spurenstoffe im System Boden/Wasser/Öl

Keywords:
Sorption/Diffusion

Teilprojekt C6

Prof. Pietsch, TU Hamburg-Harburg, Arbeitsbereich Stadtökologie, Kasernenstr. 10, 2100 Hamburg 90

Methoden und Strategien zur Optimierung der Behandlung kontaminierter Böden und belasteter Standorte im Rahmen der Raum- und Umweltplanung

Keywords:
Altlasteninformationssystem, Raumplanung, Umweltplanung

Projektbereich D

Naturwissenschafliche Grundlagen zur Verfahrensentwicklung

Teilprojekt D1

Prof. Miehlich, Universität Hamburg, Institut für Bodenkunde, Allende Platz 2, 2000 Hamburg 13

Veränderung bodenchemischer Eigenschaften durch Ölverunreinigung und -dekontamination

Keywords:
Bodenchemie, Öleinfluß

Teilprojekt D2

Dr. Goetz, Prof. Wiechmann, Universität Hamburg, Institut für Bodenkunde, Allende Platz 2, 2000 Hamburg 13

Der Einfluß von Ölkontaminationen auf bodenmechanische und bodenphysikalische Eigenschaften

Keywords:
Bodenphysik

Teilprojekt D4

Prof. Matz, TU Hamburg-Harburg, Arbeitsbereich Meßtechnik, Harburger Schloßstr. 20, 2100 Hamburg 90

Schnelle Vor-Ort-Analyse von kontaminierten Böden

Keywords:
Schnellanalyse-GC/MS

Teilprojekt D5

Prof. Francke, Universität Hamburg, Institut für Organische Chemie, Martin-Luther-King-Platz 6, 2000 Hamburg 13

Mikroanalytische Untersuchung an kontaminierten Böden:
Veränderung des Schadstoffmusters in Abhängigkeit von der Behandlung

Keywords:
Mikroanalytik

Teilprojekt D6

Dr. Michaelis, Universität Hamburg, Institut für Biogeochemie und Meereschemie, Bundesstr. 55, 2000 Hamburg 13

Chemische Wechselwirkung von Erdölkontaminationen und deren Abbauprodukten mit der Humusfraktion von Böden

Keywords:
Wechselwirkung Kontamination/Humusfraktion

KURZFASSUNGEN DER TEILPROJEKTE

Projektbereich A
Chemisch-Physikalische Verfahren mit Biologischer Nachbehandlung

Teilprojekt A1 (Prof. Brunner)

Hydrolytische und thermische Spaltung organischer Verunreinigungen kontaminierter Böden mit überkritischem Wasser zur Erzeugung biologisch abbaubarer Produkte

Keywords: Überkritisches Wasser ($T > 374°C$, $p > 220$ bar)

Zur Reinigung von stark mit organischen Stoffen kontaminierten Bodenmaterialien mit teilweise hohem Feinkornanteil wird nahe kritisches/überkritisches Wasser (Tc = 374 °C, Pc = 22,1 MPa) eingesetzt. Dem Wasser fällt dabei eine zweifache Aufgabe zu: zum einen dient es als Lösungsmittel für die Kontaminationen, mit dem Ziel einer möglichst weitgehenden Reinigung der Bodenmaterialien; zum anderen wird es auch als Reaktionsmedium/Reaktionspartner für eine chemische Modifizierung der Kontaminationen eingesetzt, mit dem Ziel einer Verbesserung ihrer biologischen Abbaubarkeit. Dabei wird die vollständige Mischbarkeit des überkritischen Wassers mit Kohlenwasserstoffen, die Reaktionsfähigkeit des Wassers für hydrolytische Reaktionen, sowie die leichte Abtrennung des überkritischen Wassers von den Bodenmaterialien genutzt.

Die experimentellen Untersuchungen werden an einer Durchströmungsapparatur in einer halbkontinuierlichen Fahrweise durchgeführt. Während die Bodenmaterialien als Festbett vorgelegt werden, durchströmt das Wasser kontinuierlich die Apparatur. Die Versuche bestehen jeweils aus einer instationären Aufheizphase (ansteigende Temperatur) und einer stationären Endphase. Als kontaminierte Bodenmaterialien werden ein künstlich mit 50 000 mg/kgTS Dieselkraftstoff kontaminierter stark lehmiger Sand (Bt, Höltigbaum, 27 Gew% mit dp < 63 üm) und ein real kontaminierter stark toniger Schluff (CND 36, 86 Gew% mit dp < 63 üm) eingesetzt. Letzterer ist mit einer über 20 Jahre gealterten Kohlenwasserstoffkontamination hoch belastet (- 100 000 mg/kgTs).

Beide Bodenmaterialien können mit Extraktionsgraden von mehr als 99,8 Gew% gereinigt werden. Bei unterkritischen Temperaturen (T= 360 °C, P= 23 MPa) können Restkontaminationen von 1 000 mg/kgTs erreicht werden. Bei überkritischen Temperaturen (T=400 °C) liegen die Restkontaminationen unter 100 mg/kgts, unabhängig von der Dichte des Wassers (R= 38 kg/m3 bei P= tS MPa, R= 134 kg/m3 bei P= 23 MPa). Die extrahierten Kontaminationen fallen in Form von stabilen Öl-in-Wasser Emulsionen an. Diese weisen hohe Organikgehalte auf (TOC 1 000 - 20 000 mgc/t) und bestehen aus sehr feinen Öltropfen (90 Vol% mit dp < 3 üm). Die biologische Abbaubarkeit der beiden untersuchten Kontaminationen wird durch die Behandlung mit überkritischem Wasser deutlich verbessert bzw. überhaupt erst ermöglicht. Allerdings ist dafür eine hohe Dichte des Wassers (R - 130 kg/m3) erforderlich. Bei niedriger Dichte (R= 38 kg/m3, P= 10 MPa, T= 400 °C) werden die Bodenmaterialien zwar gereinigt, die anfallenden Prozeßwässer sind aber biologisch nicht abbaubar.

In der zweiten Antragsphase wird verstärkt die chemische Modifizierung der extrahierten Kontaminationen untersucht. Als Kontaminationen werden dann auch chlorierte Kohlenwasserstoffe und PAK's eingesetzt.

Teilprojekt A3 (Dr. Gulyas, Prof. Sekoulov)

Oxidation von abgetrennten refraktären Schadstoffen aus kontaminierten Böden mit Ozon/ Wasserstoffperoxid in einem Sprühreaktor mit nachgeschalteter biologischer Behandlung

Keywords: Ozonisierung, Sprühreaktor

Ziel dieses Teilprojekts ist die Entwicklung eines Sprühreaktors zur Ozonisierung schwer abbaubarer organischer Substanzen in biologisch vorbehandelten wäßrigen Lösungen, die aus der Flotation kontaminierter Böden (TP A5) bzw. aus der Behandlung mit überkritischem Wasser (TP A1) stammen. Insbesondere soll überprüft werden, ob der Sprühreaktor eine effektivere Ozonausnutzung aufweist und geringere Verweilzeiten gegenüber der herkömmlichen Ozonisierung mittels Blaseneintrag ermöglicht, was aufgrund theoretischer Überlegungen zu erwarten ist. Für beide Varianten sollen Energiebilanzen ermittelt werden.

Zur Beurteilung der Ozonisierung sind im wesentlichen folgende Fragen zu klären: Welche Produkte entstehen bei der Ozonisierung? In welchem Ausmaß und wie schnell sind die Ozonisierungsprodukte biologisch abbaubar? Bis zu welchem Grad muß die Ozonisierung durchgeführt werden, um anschließend einen möglichst vollständigen biologischen Abbau zu gewährleisten?

Im Rahmen der Untersuchungen werden die Abwässer der Teilprojekte A1 und A5 sowie wäßrige Lösungen von Modellsubstanzen zunächst im Belebtschlammverfahren biologisch behandelt und das Ergebnis mit dem biologischen Abbau in den Teilprojekten A4 und

A6 verglichen. Der Ablauf der jeweiligen Stufe (Belebtschlammverfahren, TP A4 oder TP A6) wird gegebenenfalls aufkonzentriert und anschließend mit Ozon bzw. mit einer Kombination von Ozon und Wasserstoffperoxid oxidiert. Dabei wird die Oxidation im Sprühreaktor mit der Oxidation in einem Rührkessel mit Blaseneintrag verglichen. Die entstehenden Reaktionsprodukte sollen mittels GC/MS charakterisiert werden. Der zeitliche Verlauf der Reaktionen wird durch die Quantifizierung charakteristischer Leitsubstanzen bzw. anhand von Summenparametern wie CSB, TOC und AOX ermittelt.

Die biologische Abbaubarkeit der Reaktionsprodukte wird durch die Behandlung des Ablaufs der Ozonisierungsstufe in einer zweiten biologischen Stufe überprüft und der Abbau durch die Messung von Summenparametern (CSB, TOC, AOX) und der Ausgangssubstanzen (GC, HPLC) verfolgt.

Teilprojekt A4 (Prof. Märkl)

Membranreaktoren für den mikrobiellen Abbau von Bodenextrakten aus kontaminierten Böden

Keywords: Membran-Bioreaktoren

Im Teilprojekt A1 wird durch hydrothermale Behandlung mit überkritischem Wasser kontaminiertes Bodenmaterial gereinigt. Durch die Prozeßbedingungen werden hochmolekulare Verbindungen aufgespalten, sodaß sie einem mikrobiellen Abbau leichter zur Verfügung stehen. Die anfallenden Prozeßwässer enthalten jedoch hohe Konzentrationen flüchtiger, schwer abbaubarer und toxischer Substanzen.

Der verwendete Membran-Bioreaktor bietet nun die Möglichkeit diese steril anfallenden Flüssigkeiten mit definierten Reinkulturen oder mit Mischpopulationen aufzuarbeiten.

Im konkreten Fall handelt es sich um die Kopplung von phototrophen Mikroalgen (*Chlorella fusca*) und heterotrophen Bakterien (*Pseudomonas putida*). Mit diesem System ist es möglich, leichtflüchtige oder toxische Substanzen abgasfrei zu mineralisieren.

Durch die Kopplung von Sauerstoffproduktion und Kohlendioxidverbrauch durch die Algen und Kohlendioxidproduktion und Sauerstoffverbrauch durch die Bakterien ist es möglich, ohne externe Begasung z.B. BTX-Aromaten abzubauen.

Untersucht werden vergleichend zwei unterschiedliche Systeme. In dem Ersten sind die beiden Einzelkulturen durch eine Membran voneinander getrennt. Der Stoffaustausch zwischen den Kulturen wird durch die entsprechenden Membrantransportprozesse kontrolliert und ist in jedem Kulturraum für sich vermeßbar. Im zweiten Fall werden die beiden Kulturen miteinander vermischt. Eine Kontrolle der Einzelkultur ist hier nicht möglich.

Ziel der Untersuchungen ist das dynamische Verhalten der Systeme durch Experimente zu vermessen und mit Hilfe von mathematischen Modellen zu analysieren, um so Daten für technische Anlagen zu erhalten.

Für die Durchführung der Arbeiten ist eine enge Kooperation mit den Teilprojekten A 1, A 6, und D 4 notwendig.

Teilprojekt A5 (Prof. Werther)

Abtrennung kontaminierter Bodenanteile durch Flotation

Keywords: Flotation

Im Verlauf der bisherigen Arbeiten wurden die Grundlagen von Verfahren zur Wäsche kontaminierter Böden untersucht. Die verfahrenstechnische Charakterisierung mineralölbelasteter Böden durch Bestimmung der Korngrößenverteilung, der korngrößenabhängigen Schadstoffverteilung und des korngrößenabhängigen Glühverlustes zeigte, daß die Kontaminationen überwiegend im Feinkornbereich akkumuliert und an den Oberflächen der Bodenpartikeln angelagert sind.

In einer Laborversuchsanlage zur Wäsche kontaminierter Böden mit Hochdruckwasserstrahlen wurden die Dispergierung des Bodenmaterials, die korngrößenabhängige Reinigungswirkung sowie verschiedene Klassierverfahren (Siebung, Aufstrom- und Hydrozyklonklassierung) untersucht.

Es konnte gezeigt werden, daß sich mineralölkontaminierte Böden durch die Abtragung oberflächlich anhaftender Schadstoffschichten und durch Abtrennung der hochbelasteten Feinkornfraktion reinigen lassen.

In der nächsten Phase des Projektes soll die Flotation als Verfahren zur weiteren Aufbereitung der hochbelasteten Feinkornfraktion aus der Bodenwäsche untersucht werden.

Ziel ist es, eine weitere Aufkonzentrierung der Schadstoffe in einer mengenmäßig geringen Fraktion durch selektive Abtrennung kontaminierter Bodenpartikeln zu erreichen. Hierbei wird der Untersuchung von Oberflächeneigenschaften sowie der Auswahl und Optimierung geeigneter Verfahrensvarianten besondere Bedeutung zukommen.

Teilprojekt A6 (Prof. Sekoulov)

Biologischer Abbau von wäßrigen Lösungen aus der mechanischen und thermischen Behandlung von Böden und Schlämmen

Keywords: Membran-Biofilm-Reaktoren

Bei der thermischen und mechanischen Behandlung von kontaminierten Böden (Behandlung mit überkritischem Wasser, TP A1; Flotation, TP A5) entstehen Prozeßwässer, die im Rahmen dieses Teilprojektes auf ihre biologische Abbaubarkeit hin untersucht werden und zu deren biologischer Reinigung Strategien und Verfahren entwickelt werden. Das Hauptinteresse richtet sich dabei auf die Geschwindigkeit des biolologischen Abbaus in einer Biozönose und die maßgeblichen Einflußfaktoren.

Im Mittelpunkt der Arbeit stehen Reaktionssysteme, in denen Bakterien auf porösen Membranen immobilisiert sind und dort Biofilme bilden. In Versuchen mit Membran-

Biofilm-Reaktoren werden die kinetischen Parameter des Schadstoffabbaus ermittelt. Zusätzlich wird Fragen nach der Langzeitstabilität dieser Reaktoren nachgegangen. Neben Mischpopulationen wird auch der Einsatz von Spezialisten (Mikrobieller Abbau von PAH, TP B1) zum Abbau einzelner Schadstoffe bzw. Schadstoffgruppen untersucht. Die im Verlauf des Abbaus mögliche Aufkonzentration von Metaboliten oder von Salzen in membrannahen bzw. biofilmnahen Zonen der wässrigen Phase wird besonders berücksichtigt.

Die Betriebsstrategie des Reaktors ist die eines “Sequencing Batch Reactors” -SBR. Nach den bisherigen Erfahrungen wird durch zyklische Erhöhung der Schadstoffkonzentration eine Steigerung der Abbaufähigkeit der etablierten Biozönose erreicht. Angestrebt wird eine Erhöhung der Flexibilität, da z.B. bei der Behandlung mit überkritischem Wasser die Zusammensetzung und die Konzentration des Prozeßwassers innerhalb eines Extraktionszyklus großen Schwankungen unterworfen ist.

Um den Einfluß dieses Verfahrensschrittes auf die biologische Abbaubarkeit der Prozeßwasserinhaltsstoffe zu ermitteln, werden Abbaubarkeitstests durchgeführt. Ziel dieser Arbeiten ist es, in leicht handhabbaren Tests zu einer Bewertung des Prozeßwassers mit seinen Kontaminationen zu kommen und Daten für die Verfahrensentwicklung zu ermitteln. Die Bewertung des Prozeßwassers ist notwendig zur Optimierung der Behandlung mit überkritischem Wasser, die neben der Extraktion der Kontaminationen eine chemische Transformation bewirkt. Hierbei gehen wesentliche Einflüsse auf die biologische Abbaubarkeit von der Wahl der Reaktionsbedingungen aus.

Projektbereich B
Biologische Verfahren ohne Vorbehandlung

Teilprojekt B1 (Prof. Kasche, Dr. Mahro)

Mikrobieller Abbau niedrigkonzentrierter polyaromatischer Kohlenwasserstoffe (PAK) in ölkontaminierten Böden

Keywords: Mikrobieller Abbau, Polyaromatische Kohlenwasserstoffe

Es sind bisher 2 unterschiedliche Wege zum Abbau von polyaromatischen Kohlenwasserstoffen identifiziert und untersucht worden. Danach gibt es eine Gruppe von Mikroorganismen (untersucht am Beispiel Pyren), die PAK als C-Quelle für Wachstumsprozesse nutzen können und vermutlich nur CO_2 als Endprodukt ausscheiden. Daneben konnte auch ein PAK-Abbau beobachtet werden, der eng an das Vorhandensein einer Huminstoff-umsetzenden Mikroflora gekoppelt ist. Der Mechanismus dieses Abbaus ist noch ungeklärt, doch kann vermutet werden, daß die PAK nach Oxidation in der organischen Bodenmatrix festgelegt werden. Zur Zeit wird daran gearbeitet, Mikroorganismen bzw. Mischkulturen zu identifizieren, die für diesen Abbauweg verantwortlich sind. Für den Mineralisierungsweg sind bereits Einzelstämme isoliert und physiologisch charakterisiert worden. In der kommenden Antragsphase soll die begonnene Arbeit zu folgenden Punkten fortgeführt werden:

1. Untersuchung und Bilanzierung der verschiedenen PAK-Eliminationspfade im Boden mittels differenzierender Extraktionsverfahren, Isotopentechnik und GC/MS-Analyse der Festlegungsprodukte (Koop. B3, B4, C3, D4, D5, D6).
2. Untersuchung externer Einflußfaktoren auf den Stofffluß im Boden durch Variation externer Parameter (z.B. Bodentyp, Wassergehalt, Einsatz von Mischsubstrat oder Zuschlagstoffen).
3. Langzeituntersuchungen zur verzögerten Mineralisierung von gebundenen Rückständen und deren ökotoxikologischen Auswirkungen (Koop. C1).
4. Untersuchungen von Möglichkeiten zur Steuerung oder Optimierung des PAK-Abbaus im Boden durch Einsatz von Spezialisten (Koop. B5).

Teilprojekt B3 (Prof. Stegmann)

Reinigung kontaminierter Böden in Bioreaktoren

Keywords: Bodenbioreaktoren

Die Behandlung kontaminierter Böden erfordert Methoden zur Optimierung und Bilanzierung des Schadstoffumsatzes. Die alleinige Messung des Schadstoffgehaltes ist aufgrund der chemisch-biologischen Prozesse im Boden nicht ausreichend. Entsprechende Methoden wurden an künstlich mit Dieselöl kontaminierten Böden (Boden eines Ah-Horizontes) erarbeitet. Dabei wurde der Wassergehalt auf ca. 60% der maximalen Wasserkapazität ("Trockenverfahren") eingestellt. Optimierungsuntersuchungen bezüglich der Milieubedingungen (Temperatur, pH-Wert, Zuschlagstoffe, Kompostalter, Kompostmenge) wurden im Respirometer mit Hilfe der Messung des biochemischen Sauerstoffverbrauchs durchgeführt.

Aufgrund dieser Optimierungsuntersuchungen wurde anschließend in zwangsbelüfteten, geschlossenen Bioreaktoren die Umsetzung des Öl-Kohlenstoffs, unter Zugabe reifen Kompostes bei etwa 30°C, verfolgt. Zur Bilanzierung des Schadstoffumsatzes wurden die Parameter CO_2 und TOC in der Abluft, Schadstoffkonzentration im Boden und Biomasse gemessen. Der Eintrag organischen Materials (Kompost) verstärkt die Wechselwirkung mit den Schadstoffen. Dies drückt sich bei der Bilanzierung in einer Bilanzlücke aus, die auf die Bildung gebundener Rückstände (bound residues) zurückzuführen ist.

Bei Untersuchungen zur Behandlung des Bodens in Mischreaktoren spielt die Pelletbildung eine zentrale Rolle. Es wurde eine Methode zur Beschreibung und Verminderung der Pelletbildung durch geeignete Zuschlagstoffe entwickelt.

In weiteren Untersuchungen sollen die erarbeiteten Methoden (Optimierung im Respirometer, Bilanzierung in Reaktoren, Beschreibung und Verminderung der Pelletbildung) verbessert und auf bindigere Böden (Boden eines Bt-Horizontes, Klei) und schwerer abbaubare Kontaminationen (Schmieröl und PAK) ausgedehnt werden.

Einen Schwerpunkt wird die Weiterentwicklung der Mischreaktoren und die Optimierung von Schaufelmischer-Reaktoren darstellen. Die Mischhäufigkeit und die Art und Menge der Zuschlagstoffe sind zu optimieren. Dabei wird im Vergleich die Behandlung in statischen Reaktoren untersucht.

Im Rahmen der Kooperation mehrerer Teilprojekte im SFB soll die Bildung gebundener Rückstände aufgeklärt werden (Wechselwirkung der Kontaminationen mit Humus/Kompost). Die Prozesse des Kohlenstoffumsatzes im Boden sind in diesem Zusammenhang eingehend zu betrachten. Mit der Erarbeitung geeigneter Bemessungsparameter für die Behandlung kontaminierter Böden in Trockenverfahren soll begonnen werden.

Teilprojekt B4 (Prof. Steinhart, Dr. Herbel)

Weiterführende Analytik zu den biochemischen und chemischen Produkten aus dem Mineralölabbau im Boden und aus technischen Prozessen

Keywords: Mineralölkomponenten

Die Entwicklung einer effektiven Sanierungstechnik setzt das Vorhandensein einer leistungsfähigen Analytik voraus. Besonderes Augenmerk sollte dabei auf die Bestimmung der persistenten Mieralölinhaltsstoffe und deren Abbauprodukte im Boden gelegt werden. Die komplexe und heterogene Matrix Boden und das Vielstoffgemisch Mineralöl werfen hier eine Reihe analytischer Probleme auf, von denen bisher nur einige bearbeitet werden konnten:

1. Methodenentwicklung zur Indentifizierung und Quantifizierung von Einzelkomponenten der vom SFB eingesetzten Mineralöle (Dieselkraftstoff und Schmieröl) zur Charakterisierung der stofflichen Ausgangssituation
2. Vergleich der Extraktionsverfahren nach Soxhlet und mittels Ultraschall zur Bestimmung von Mineralölinhaltstoffen und deren Abbauprodukten im Boden
3. Einsatz der HPLC-Technik zur Charakterisierung der aromatischen Kohlenwasserstoffe im Mineralöl
4. Untersuchungen zum Abbauverhalten aromatischer Kohlenwasserstoffe im Boden zur Aufdeckung und Lösung ungeklärter analytischer Fragen, wie die Aufnahme von Kinetiken im unteren Konzentrationsbereich (z.B. bei Minorkomponenten) sowie die Erfassung und Strukturaufklärung möglicher Metaboliten.

Die Bearbeitung der aufgeführten Fragestellungen ergab wichtige Erkenntnisse über die Ausgestaltung der weiteren Forschungsschwerpunkte:

Entwicklung einer effektiven und umweltfreundlichen Extraktionsmethode zur quantitativen Erfassung von Mineralölinhaltstoffen und vor allem deren Stoffwechselprodukten im Boden. Insbesondere auf dem Gebiet der Wechselwirkungen mit der anorganischen und organischen Bodenmatrix ergeben sich wichtige Forschungsansätze.

Fortsetzung der bisherigen Arbeiten auf dem Gebiet der Strukturaufklärung von Mineralölbestandteilen und deren Metaboliten. Entwicklung geeigneter Probenaufarbeitungsverfahren für die GC-MS-Analyse.

Entwicklung praktikabler Verfahren zur Beschreibung der Hochmolekularen Mineralölbereiche unter Einsatz neuer flüssigkeitschromatographischer Verfahren.

In Zusammenarbeit mit den mikrobiologischen und verfahrenstechnischen Teilprojekten erfolgt eine Optimierung und stoffliche Verfolgung des Abbaus von Minorkomponenten des Schadstoffspektrums.

Teilprojekt B5 (Prof. Müller)

Einfluß von Böden auf die Fähigkeit von Bakterien, chlorierte Kohlenwasserstoffe abzubauen

Keywords: Chlorierte Kohlenwasserstoffe

In der Literatur sind eine Reihe von Bakterien beschrieben, welche in der Lage sind, xenobiotische Stoffe in Flüssigkultur abzubauen. Diese Bakterien werden in vielen Fällen zur Reinigung kontaminierter Böden eingesetzt. Dabei wird oft vorausgesetzt, daß dieselben Abbauvorgänge wie in Flüssigkultur in der gleichen Weise auch im Boden ablaufen. Genaue Untersuchungen, inwieweit diese Fähigkeiten der Organismen durch Böden oder durch die verschiedenen Bestandteile verschiedener Böden beeinträchtigt werden, gibt es jedoch noch nicht. In dem vorliegenden Projekt soll daher untersucht werden, inwieweit verschiedene Böden beziehungsweise Bodenfraktionen einen Einfluß auf die Leistungen von Bakterien mit der Fähigkeit zum Abbau chlorierter Verbindungen besitzen. Eine Reihe solcher Bakterien sind in anderen Projekten isoliert und untersucht worden. Es ist vorgesehen, die Abbauleistungen und die Metabolitbildung dieser Organismen in Flüssigkultur mit denen in verschiedenen Böden oder Bodenfraktionen zu vergleichen.

Dazu sollen diese Bakterien in Modellböden eingebracht und mit Substrat versetzt werden. Die Abbauleistungen und die Metabolitbildung sollen dann in Abhängigkeit von den Verfahrensparametern bestimmt werden und mit denen in Flüssigkultur verglichen werden. Durch dieses Projekt sollen grundlegende Erkenntnisse darüber gewonnen werden, inwieweit Ergebnisse aus Versuchen mit Bakterien in Flüssigkulturen auf die Verhältnisse in Boden übertragbar sind, und welche verfahrenstechnischen Bedingungen hierfür erfüllt sein müssen.

Projektbereich C
Grundlagen und Bewertungskriterien für Verfahren

Teilprojekt C1 (Dr. Ahlf, Prof. Förstner)

Ökotoxikologische Bewertung von Bodenverunreinigungen mit Hilfe von Biotests

Keywords: Ökotoxikologie

Ergebnisse der ersten Förderphase
Das Teilprojekt erfüllt innerhalb des Sonderforschungsbereiches eine Doppelfunktion: zum einen liefert es ein Instrumentarium zur Erfassung der toxischen Wirkung von Schadstoffen in Böden, zum anderen studiert es gezielt in Zusammenarbeit mit anderen Teilprojekten chemisch-biologische Wechselwirkungen zwischen Stoff- und Mikroorganismenbestand. Die Untersuchungen der ersten Förderphase überprüften schwerpunktmäßig bodenbiologische Methoden, um das naheliegende Ziel einer Sanierungsbegleitung zu

ermöglichen. Dazu wurde unter anderem die Aktivität der autochthonen Mikroflora über verschiedene Enzymsubstrate bestimmt. Es zeigte sich, daß diese Methoden zwar wenig sensitiv gegenüber dem Modellschadstoff Dieselöl sind, andererseits aber sanierungshemmende Effekte durch ungünstige Milieubedingungen richtig erkennen. Die toxische Wirkung konnte mit den Keimpflanzentests und mit einem neu entwickelten Bodenalgentest charakterisiert werden. Daraus leitete sich für die Sanierungsbegleitung eine Testkombination ab, bestehend aus: mikrobieller Aktivitätsmessung mit der FDA-Methode, Toxizitätsprüfung der Bodenlösung im Hinblick auf wasserlösliche toxische Abbauprodukte mit B.cereus, sowie Algen- und Pflanzen-Toxizitätstests im Boden selbst.

Anhand der nachgewiesenen Toxizität von Dieselöl im Bodenalgen- und Keimpflanzentest, und durch den Vergleich mit den Bakterientoxizitätstests wäßriger Eluate oder Lösungsmittelextrakte läßt sich die Bedeutung der Bodenmatrix für die Toxizität lipophiler Schadstoffe anschaulich belegen.

Ziele der zweiten Förderphase

Übergreifendes Ziel des Teilprojektes ist es weiterhin, quantitative Angaben über toxische Wirkungen von Schadstoffen in Böden zu erhalten, um eine Kontamination zu bewerten. Die Anwendung einer Testkombination soll dazu beitragen, summarische Toxizitätsendpunkte zu überwinden, um differenzierter bewerten zu können. Dabei werden standardisierte Verfahren eingesetzt, um ein ökotoxikologisches Potential durch sich ergänzende Biotests abzuschätzen. Der eigentliche ökotoxikologische Anspruch, die Schädlichkeit einer Bodenkontamination in der Natur zu bewerten, kann bislang nur in Einzelfällen erfüllt werden.

Die vorhandenen Methoden berücksichtigen besonders bei der Untersuchung der Toxizität auf Mikroorganismen oft nicht die Bodenmatrix. In der zweiten Förderphase sollen deshalb Methoden eingesetzt und entwickelt werden, die den Matrixeinfluß erfassen, wozu neue methodische Ansätze notwendig sind. Darüberhinaus sollen vermehrt sensitive Gruppen der autochthonen Bodenmikroflora mit analysiert werden. Die gezielte Ausweitung auf zusätzliche Testorganismen soll einen Vergleich von einfachen Biotests mit aufwendigen Laborökosystemen ermöglichen (scaling up).

Folgende drei Kernfragestellungen sind zur Bearbeitung vorgesehen:

- Einfluß der Bodenmatrix auf die Toxizität für Mikroorganismen
- Ansätze für expositionsorientierte Bewertungskonzepte
- Übertragbarkeit ökotoxikologischer Untersuchungen auf komplexere Systeme.

Teilprojekt C3 (Dr. Calmano, Dr. Gerth)

Sorption und Diffusion organischer Spurenstoffe im System Boden/Wasser/Öl

Keywords: Sorption/Diffusion

In diesem Teilprojekt werden Wechselwirkungen organischer Schadstoffe mit Bodenkomponenten im System Boden,Wasser,Öl untersucht. Dabei sollen Erkenntnisse über die Art und Festigkeit der Bindung sowie über die Assoziation von Öl mit Bodenpartikeln gewonnen werden.

Das Verhalten ausgewählter organischer Schadstoffe wird mit Hilfe von Sorptionsversuchen im Batch-Verfahren und Diffusionsversuchen im Röhrchenverfahren gekennzeichnet. Für die Untersuchungen wurden als Modellschadstoffe verschiedene unpolare, polare und ionisierbare organische Verbindungen ausgewählt. Die untersuchten Feststoffe umfassen Bodenproben unterschiedlichen Stoffbestandes und isolierte Bodenkomponenten wie Huminstoffe, aufweitbare Dreischichtsilicate sowie Eisen- und Manganoxide . Als Ölphase wird ein aus neun Einzelkomponenten bestehendes Modellöl verwendet.
Die durchgeführten Versuche zeigen, daß die Sorption unpolarer organischer Spurenstoffe im System Feststoff/Wasser durch ihre Wasserlöslichkeit und den Corg-Gehalt des Feststoffs bestimmt wird. Insbesondere polare und ionisierbare Stoffe werden auch von den Oberflächen mineralischer Bodenkomponenten in Abhängigkeit vom pH-Wert in der Lösung gebunden. Im System Feststoff/Öl verbleiben unpolare organische Stoffe auch bei hohen Corg-Gehalten des Feststoffs in der Ölphase. Polare und ionisierbare Stoffe werden je nach Polarität aus der Ölphase entfernt und von der Feststoffoberfläche sorbiert.

Mit Hilfe eines Röhrchenverfahrens werden effektive Diffusionskoeffizienten unter wasserungesättigten Bedingungen ermittelt. Aus den Ergebnissen können Verteilungskoeffizienten (Kp-Werte) für Sorptions-/Desorptionsgleichgewichte abgeleitet werden. Das Diffusionsverhalten organischer Schadstoffe wird stark durch Öl beeinflußt und läßt Rückschlüsse über die Verteilung des Öls im Probenkörper zu.

Teilprojekt C6 (Prof. Pietsch)

Methoden und Strategien zur Optimierung der Behandlung kontaminierter Böden und belasteter Standorte im Rahmen der Raum- und Umweltplanung

Keywords: Altlasteninformationssystem, Raumplanung, Umweltplanung

Ergebnisse:
Um Reinigungsprozesse und Technologien in Planungsabläufe und Nutzungsabfolgen einbetten und standortgerecht optimieren zu können, wurde ein Bezugsrahmen "Ökologische Planung" erstellt, der unter Anwendung geeigneter Umweltqualitätsziele auch dem Vorsorgegrundsatz entspricht. Insbesondere wurde die mit der Behandlung kontaminierter Standorte verbundene Stoff- und Substratdynamik thematisiert. Planerische und technologische Anforderungen an regionale Bodenbehandlungszentren sowie Kriterien der Umweltverträglichkeit dienen der Einbettung entsprechender Anlagen in vorhandene Nutzungs- und Funktionsstrukturen.

Eine wesentliche Voraussetzung hierfür ist die Ableitung von medienübergreifenden, ökosystemar begründeten Umweltqualitätszielen, da über diese die Möglichkeit objektivierbarer, nachvollziehbarer Entscheidungen im Umweltbereich geschaffen werden kann (PIETSCH, J., 1990). Umweltqualitätsziele werden für den Stofftransfer und Flächeneigenschaften systematisiert. Sie dienen bereits als Maßstab für die Auswahl zu erhebender Daten.

Wissen über Belastungen und Bewertung sowie rechtliche und ökonomische Aspekte im Umgang der Planung mit kontaminierten Standorten wurde in der Veröffentlichung

"Stadtböden" (PIETSCH, J., 1991) systematisiert. Hier sind Hintergrundinformationen zum Boden als "Medium" und als Planungsgegenstand erarbeitet worden. Der Boden wird dabei als Komponente urbanindustrieller Ökosysteme verstanden.

Eine Operationalisierung von Wissen aus dem systemar verstandenen Umweltbereich "Boden" auf der Basis der Anforderungen von Umweltverträglichkeitsprüfungen wird parallel zum Teilprojekt C6 auch im EXCEPT-Projekt (Expert-System for Computer Aided Environmental Planning Tasks) (WEILAND et al., 1991) bearbeitet. Hier findet ein Austausch von inhaltlichem und technischem Wissen zwischen beiden Projekten statt.

Konzeptionell wird auf den "Prototyp eines kommunalen Umweltinformationssystems-Umweltbereich Boden" (PIETSCH, J., 1990) zurückgegriffen, auf dessen Basis der Prototyp eines Informationssystems zur Behandlung von Altlasten in der Raum- und Umweltplanung erstellt worden ist. Zur Validierung des Ansatzes wurde aus umfassendem Wissen zur Behandlung von kontaminierten Standorten ein für die Planung repräsentativer Querschnitt in das System übernommen.

Erste Tests zeigten, daß der Prototyp ein DV-Werkzeug darstellt, mit dem vorhandenes Wissen in geeigneter Weise strukturiert und das System dynamisch an wachsende Anforderungen angepaßt werden kann. Die Strukturen der Wissensverarbeitung und -bereitstellung ermöglichen in einer zweiten "Phase der Wissensakquisition" eine problemlose Erweiterung des Systems.

Im Rahmen der inhaltlichen Arbeiten des Projekts ist ein umfangreiches Literaturverzeichnis entstanden, das durch ein auf die speziellen Bedürfnisse abgestimmtes eigenes Literaturverwaltungssystem verfügbar gemacht wird. Für eine transparente Quellenverwaltung wurde jedem Meßwert und jeder Textzeile der zugehörige Literaturhinweis zugeordnet. Damit sind die Grundlagen für eine automatische Literaturdokumentation bei neuen Text- oder Datenzusammenstellungen geschaffen worden.

Die Darstellung der Texte kann als Hypertext erfolgen und an weitere Medien geknüpft werden (Hypermediaaspekt). Die Datenbanken werden als Kreuztabellen behandelt, d.h. die Darstellung erfolgt immer in Abhängigkeit von Voreinstellungen, die vorher getroffen worden sind, um den Auswahlkriterien und verschiedenen "Sichtweisen" Rechnung tragen zu können.

Ausblick:

Der vorgestellte Prototyp für ein Informationssystem bietet eine gute Grundlage für die Integration weiterer Wissensbereiche. Die Vorteile der Hypertext-Technik werden vor allem bei der - geplanten - Erweiterung der Wissensbasis deutlich werden. So wird sich dieses Konzept insbesondere für die Darstellung kompliziert strukturierter Gesetzestexte und Verordnungen besonders eignen. Hierfür soll ein DV-Werkzeug erstellt werden, daß Abfragen sowohl über Suchwörter, Gesetzestexte und Verordnungen, als auch über natürlichsprachliche Sätze erlaubt.

Für Bewertungsanliegen sollen bestehende Bewertungsmodelle mit in das Programm aufgenommen werden. Das System soll Substratbilanzen bezogen auf Fläche und Nutzungstyp (und abhängig von den Substrateigenschaften) durch Registrierung und Archivierung der Substrate, ihrer Eigenschaften und Bewegungen ermöglichen. Ein Hilfsinstrument hierfür ist die graphische Darstellung der durch die Planung hervorgerufenen Massenflüsse der Substrate und Böden im überplanten Raum.

Umweltqualitätsziele (UQZ) zur Behandlung von kontaminierten Standorten in der Raum- und Umweltplanung werden auf der Grundlage des in anderen Projekten vorhandenen Wissens weiter entwickelt und implementiert. Sofern diese noch nicht klar definiert werden können, sollen sie vom Benutzer selbst definierbar sein und im weiteren Verlauf als Voreinstellungswerte zur Verfügung stehen. Damit wird dem Regionalisierungsaspekt Rechnung getragen und UQZ können in der Praxis erprobt, weiter entwickelt und auf ihre Funktionalität überprüft werden.

Insgesamt wird das Informationssystem in Zukunft eine Unterstützung für die Behandlung von kontaminierten Standorten darstellen. Insbesondere soll es Planern in der politischen Diskussion und bei der Umsetzung der Planung durch die Bereitstellung adäquaten Wissens dienen.

Projektbereich D
Naturwissenschafliche Grundlagen zur Verfahrensentwicklung

Teilprojekt D1 (Prof. Miehlich)

Veränderung bodenchemischer Eigenschaften durch Ölverunreinigung und -dekontamination

Keywords: Bodenchemie, Öleinfluß

Durch Ölkontamination werden im Boden die Benetzbarkeit der Feststoffoberflächen und deren Ladungsverhältnisse verändert und damit der Austausch von Bioelementen zwischen den Austauschern (Tonminerale, Oxide, Huminstoffe) und der Bodenlösung behindert. Dies ist abhängig von der Intensität und Art der Ölkontamination sowie den abiotischen und biotischen Bodenmerkmalen. Die Elementgesamtgehalte werden erhöht (z.B. C, N), durch den mikrobiellen Ölabbau können die verfügbaren Nährionen verringert und die Mineralisation der organischen Substanz beeinträchtigt werden.

Als Grundlage für die Untersuchungen zum Öl- und Dekontaminationseinfluß wurde mit Standard-Methoden eine bodenchemische Charakterisierung der im SFB eingesetzten Bodenmaterialien vorgenommen. Bei ölkontaminierten Bodenmaterialien hat sich gezeigt, daß einige Methoden nicht geeignet sind (z.B. Standard-Schüttelversuche aufgrund von Ölablösungen). Die Nährstoffverfügbarkeiten werden deshalb an einer Perkolationsanlage untersucht. Zur N-Mineralisation in ölkontaminierten Bodenmaterialien werden Standard-Brutversuche durchgeführt.

Bei den Schüttelversuchen findet bereits von Beginn an ein ungehinderter Kationenaustausch statt, unabhängig von variierenden Trocknungszuständen des Bodenmaterials bei Kontamination oder der Art der Austauscherfraktion. Mit den Perkolationsversuchen konnte für humushaltige Materialien ein deutlich verminderter Austausch der Ionen Ca, Mg, K, Na und Al gezeigt werden. Treten hingegen die Tonminerale als vorherrschende Austauscher auf, bleibt der Kationenaustausch unbeeinflußt.

Zur Bestimmung der steuernden Faktoren werden verschiedene Bodenfraktionen (Humus, Tonminerale und Oxide) und Ölkontaminanten (Diesel-/Schmier- u. gealterte Öle) in steigenden Konzentrationen eingesetzt. Begleitend zur Analyse der Nährstoffe in den Perkolaten, werden Ölgesamtgehalte und Ölbestandteile der Fest- u. Flüssigphasen mittels GC-FID bestimmt. Die Ergebnisse dienen auch zur Klärung des Aufbau der Grenzflächen Boden/Öl/Wasser/Luft. Das dekontamierte Bodenmaterial wird bodenchemisch, auch in Bezug auf die Wiederverwendbarkeit beurteilt.

Teilprojekt D2 (Dr. Goetz, Prof. Wiechmann)

Der Einfluß von Ölkontaminationen auf bodenmechanische und bodenphysikalische Eigenschaften

Keywords: Bodenphysik

Im TP D2 werden die durch Dieselkraftstoff und Schmieröl verursachten Veränderungen bodenmechanischer (Scherverhalten, Aggregatstabilität, Plastizitätsindex, Verdichtungsverhalten) und bodenphysikalischer (Wasserleitfähigkeit, Wasseraufnahmekapazität) Eigenschaften untersucht. Ziel dieser Untersuchungen ist einerseits die Erarbeitung von Grundlagen für die Sanierung von Standorten und Sanierungsrichtwerten. Andererseits sollen Grunddaten für die Wiederverwendbarkeit des gereinigten Materials erstellt werden.

Die bisherigen Untersuchungen haben gezeigt, daß die verwendeten Mineralöle das Bodenmaterial mit einem unpolaren Film überziehen, der die Wasseraufnahmekapazität bereits bei Kontaminationen von 0.1 Gew.% verringert. Die dadurch verminderte Quellfähigkeit des Bodenmaterials bewirkt eine höhere Durchlässigkeit des Bodens gegenüber beweglichen Phasen und kann somit eine Erhöhung des Stoffaustrages sowohl gasförmiger als auch flüssiger Phasen verursachen.

Die Bodenstabilität ist bei steigender Mineralölkontamination infolge der Hydrophobierung der Oberflächen für aggregiertes Bodenmaterial erhöht und für nicht aggregiertes verringert. Dieses Ergebnis spielt für die Verdichtung von Bodenmaterial im Rahmen von

Baumaßnahmen eine Rolle. Im Scherversuch unter der Einwirkung einer Auflast kann eine Erhöhung der Bodenstabilität festgestellt werden, die wahrscheinlich auf die Erhöhung des Scherwiderstandes von Wasser/Mineralöl-Emulsionen zurückzuführen ist.

Die bodenmechanischen und -physikalischen Untersuchungen sollen zukünftig auf gereinigtes Bodenmaterial anderer Teilprojekte und praktizierender Firmen angewendet werden. Im Hinblick auf die Erhöhung der Wasserleitfähigkeit und damit der Stofffrachten soll ein Auslaugtest für ungesättigten Boden zur Abschätzung der Mobilität von Restölgehalten nach vorgenommener Sanierung entwickelt werden. Die Anpassung der Auslaugmethode an natürliche Verhältnisse erfolgt über bereits bestehende Geländelysimeter, an denen seit zwei Jahren der Mineralölaustrag in Abhängigkeit von der Viskosität und Dichte des kontaminierenden Agens sowie des Humusgehaltes und der Körnung des Bodenmaterials untersucht wird.

Teilprojekt D4 (Prof. Matz)

Schnelle Vor-Ort-Analyse von kontaminierten Böden

Keywords: Schnellanalyse-GC/MS

Zur Erfassung einer organischen Bodenkontamination durch Screening Analysen, sowie zur quasi on-line Beurteilung eines Reinigungsprozesses vor-Ort wurden Verfahren für ein mobiles Massenspektrometer erarbeitet, die innerhalb kurzer Zeit sichere GC/MS Analysenergebnisse liefern.

Für die Schnellanalyse von Bodenproben wird zunächst volumetrisch beprobt. Der Probe wird Lösungsmittel (Aceton) und interner Standard zugefügt. Der Extraktionsschritt findet im Ultraschallbad innerhalb von 3 min statt. Ein Aliquot des Extraktes wird auf einen Probenträger gegeben und durch thermische Desorption in den Schnell-Gaschromatgraphen injiziert. Der Probenträger fungiert hierbei gleichzeitig als Einweg-GC-Injektor. Es wurde ein spezieller Schnell-Gaschromatograph entwickelt. Die GC-Kapillare befindet sich in einem Stahlrohr, das durch direktes Anlegen von Strom beheizt wird. Dies

ermöglicht Temperatur-Gradienten von bis zu 60°C/min im Temperaturprogramm. Die Abkühlphase von 220°C auf 30°C ist 2 min. Das Verfahren wurde für Substanzen mittlerer bis schwerer Flüchtigkeit entwickelt (Sdp. 150-430°C).
Das Schnellverfahren zur Probenaufarbeitung wurde automatisiert. Mittelpunkt der automatischen Probenaufarbeitung ist ein Industrie-Kleinroboter. Für den Roboter wurden spezielle pneumatische Werkzeuge entwickelt, z.B. eine Dosiereinrichtung mit Einweg-Kapillaren aus Glas zur Extraktaufnahme und Dosierung auf den Probenträger.

Aus der Zusammenarbeit im SFB heraus wurden Direktanalysen an Nährböden durchgeführt. Durch thermische Desorption des Agars an verschiedenen Punkten mit anschließender MS-Analyse wurde der mikrobiologische Abbau untersucht.

Ferner wurden Bodenluft-, sowie Laborluftbeprobungen durchgeführt. Die organischen Luftinhaltstoffe werden auf Tenax, einem polymeren Adsorptionsmittel angereichert. Für die folgende GC-MS Analyse wird das Tenax thermisch desorbiert. Mit dieser Technik konnte sowohl eine bisher unbekannte FCKW-Quelle auf einem SFB-Forschungsgelände entdeckt, als auch der Eintrag von Laborartefakten in einen SFB-Bioreaktor aufgezeigt werden.

Die entwickelten Schnellanalyseverfahren zur Bestimmung schwerflüchtiger organischer Stoffe im Boden erlauben, mit Hilfe der automatischen Probenaufbereitung, die angestrebten 5-min-GC-MS-Analysen. Auf diese Weise lassen sich große Probenzahlen analysieren, die zur Beurteilung der Kontamination im Boden notwendig sind. Diese Verfahren sollen weiter eingesetzt und optimiert werden.

Für die Bilanzierung von Reinigungsverfahren spielen jedoch auch die leicht- bis mittelflüchtigen Stoffe eine entscheidende Rolle, da sie als Emissionen über die Gasphase oder das Sickerwasser auftreten. Diese sollen mit neuen, vor Ort einsetzbaren Verfahren erfaßt werden.

Insbesondere zur Untersuchung des Strippeffektes bei biologischen Reinigungsverfahren, wie z.B. der Mietenreinigung, aber auch für Lysimeter- und Reaktorversuche, werden Analyseverfahren basierend auf Tenax-Anreicherung und thermischer Desorption entwikkelt. Unter Zusatz von internen Standards sollen quantitative Aussagen gemacht werden um eine Verteilung und Ausbreitung der Schadstoffe zu erfassen.

Abwässer aus der Bodenreinigung sollen mit Hilfe einer Membransonde und Massenspektrometer analysiert werden. Voruntersuchungen haben gezeigt, daß mit Schlauch-Membransonden die zu untersuchenden Stoffe aus der wässrigen Phase durch Permeation in die Gasphase überführt werden können. Für mittel- bis schwerflüchtige Substanzen muß die Sonde dazu kurzzeitig ausgeheizt werden. Dieser Prozeß kann zyklisch ablaufen, sodaß quasi online gemessen wird.

Da das Verfahren ohne mechanische Elemente wie Ventile auskommt, kann es langzeitstabil ablaufen. Es soll an Prozeßwässern verschiedener SFB-Teilprojekte eingesetzt werden, und mit in Teilprojekt A1entwickelten Analyseverfahren verglichen werden.

Als drittes Gebiet soll ein Schnellverfahren zur Analyse des mikrobiellen Abbaus erarbeitet werden. Auf Grundlage der Voruntersuchungen in der ersten Projektphase soll die bisher aufwendige PAK-Analyse durch ein thermisches Direktinjektionsverfahren und MS-Analyse in ca. 1 min ersetzt werden. Dieses Verfahren soll standardisiert werden, sodaß es sich für rotinemäßige Reihenuntersuchungen eignet.
Die Analyseverfahren basieren auf der Verwendung eines mobilen GC-MS-Systems, das sich im Injektions-, GC-, und Einlaßteil von herkömmlichen Meßsystemen unterscheidet. Im Rahmen des Vorhabens soll aufgezeigt werden, ob und mit welchen Modifikationen sich die Verfahren auf andere Meßsysteme übertragen lassen.

Teilprojekt D5 (Prof. Francke)

Mikroanalytische Untersuchung an kontaminierten Böden:
Veränderung des Schadstoffmusters in Abhängigkeit von der Behandlung
Elektroreduktion Aromatischer Verbindungen

Keywords: Mikroanalytik

Die Untersuchungen werden im Labor für Organisch-Chemische Mikroanalytik des Fachbereichs Chemie der Universität Hamburg durchgeführt. Eingebunden in das Konzept des SFB werden einzelne Aspekte in enger Kooperation mit anderen Teilprojekten des SFB bearbeitet.
Zwei Themen stehen dabei im Vordergrund:

A) Die Quantifizierung spezifischer Verbindungen in kontaminiertem Substrat vor und nach der Anwendung von Behandlungsmethoden beinhaltet eine Effizienzkontrolle der im SFB entwickelten neuen Reinigungstechniken, die für den Erfolg des SFB ebenso wichtig sind wie die Verfahrensentwicklung selbst.

Von erheblicher Bedeutung ist weiterhin die Kenntnis der chemischen Strukturen möglicher sekundärer Umwandlungsprodukte, die im Verlauf der Behandlung des kontaminierten Materials durch chemische Reaktionen entstehen können. Hier stehen chlorierte Biphenyle und Diphenylether sowie Chlorphenole im Vordergrund, da aus diesen Substanzen chlorierte Dibenzofurane und Dibenzo-p-diopxime entstehen können.

B) Wir konnten zeigen, daß Chloraromaten wie Polychlorbiphenyle (PCB) und verwandte Xenobiotica auf elektrochemischem Weg reduktiv dehalogeniert werden können. Polycyclische aromatische Kohlenwasserstoffe lassen sich auf diese Weise ebenfalls reduzieren. Die durch eine solche Teilreduzierung geschaffenen benzylischen Gruppen sind relativ oxidationsempfindlich und sollten daher mikrobiell leicht angreifbar sein.

Auf dieser Basis sollten sich in einem zweistufigen Prozess biologisch schwer abbaubare aromatische Problemstoffe nach elektrochemischer Modifizierung mineralisieren lassen. Die derzeit angewandten Elektrolysebedingungen müssen optimiert werden. Insbesondere sind die bisher in Methanol durchgeführten Untersuchungen auf wässrige Medien auszudehnen. Die bei der Elektrolyse entstehenden Produkte sollen chemische ebenso charakterisiert werden, wie die durch mikrobielle Oxidation gebildeten Folgeprodukte. Darüberhinaus wird die Entwicklung eines halbtechnischen Verfahrens angestrebt.

Teilprojekt D6 (Dr. Michaelis)

Chemische Wechselwirkung von Erdölkontaminationen und deren Abbauprodukten mit der Humusfraktion von Böden

Keywords: Wechselwirkung Kontamination/Humusfraktion

Im Rahmen dieses Forschungsvorhabens wird die chemische Wechselwirkung von Erdölkontaminationen und deren Abbauprodukten mit der Bodenhumusfraktion untersucht. Der mikrobiologische Abbau von Erdölbestandteilen in kontaminierten Böden erzeugt Abbauprodukte (Metabolite), die zum Teil eine höhere Reaktionsfähigkeit aufweisen als die Kohlenwasserstoffe des ursprünglichen Erdöls. Die Metabolite reagieren mit der makromolekularen organischen Matrix in Böden und bilden integrale Bestandteile der Humusstruktur. Damit können sich diese Verbindungen in Böden anreichern und darüberhinaus der herkömmlichen Kontrollanalytik entziehen. Im Verlauf des Forschungsvorhabens werden mit selektiven chemischen Abbaureaktionen aus Bodenmaterial isolierte Humusfraktionen bearbeitet. Die abgespaltenen niedermolekularen Bestandteile lassen sich mit der Gaschromatographie und Massenspektrometrie charakterisieren und quantifizieren. Art und Umfang der an die Humusfraktion chemisch gebundenen Erdölkontaminationen werden untersucht. Insbesondere werden Basisdaten zur Beurteilung der Mobilität von Schadstoffen und deren Metaboliten nach mikrobieller Degradation erwartet. Schwerpunkt der strukturchemischen Bearbeitung der makromolekularen organischen Huminstoff-Fraktionen ist die Entwicklung einer Methode zur umfassenden Effizienzkontrolle der mikrobiologischen Sanierungstechniken.

VERWENDETE BÖDEN UND ÖLKONTAMINATIONEN

Es wurde zunächst mit einer geringen Zahl ausgewählter Bodentypen gearbeitet, deren Horizonte sich vor allem in der Korngrößenverteilung, im Anteil an organischer Substanz sowie im Gehalt an pedogenen Eisenoxiden unterscheiden. Im einzelnen lassen sich die verschiedenen Bodenproben wie folgt charakterisieren:

- lehmiger Sand mit ca. 1 % Humus
- sandiger Lehm mit ca. 20 % Ton, 0,3 % Humus und hohem Anteil an Sesquioxiden
- Klei mit ca. 60 % Ton und 20 % organischer Substanz

Die Verwendung eines Modellöles als Bodenkontamination bot sich an, weil Ölkontaminationen einen in der Praxis häufig anzutreffenden Fall darstellen. Die biologische Abbaubarkeit der wichigsten Hauptkomponenten ist gewährleistet, so daß Grundlagen für Reinigungsverfahren entwickelt werden können. Andererseits enthalten Öle Minor-Komponenten, welche schwer oder gar nicht (nach dem aktuellen Kenntnisstand) abgebaut werden, wodurch eine chemisch-physikalische Vorbehandlung bzw. die Anzucht von Spezialisten in biologischen Verfahren erforderlich wird.

Typische Bodenbelastungen liegen zwischen 0,5 und 1,5 Gew.- % Mineralöl. Der Sonderforschungsbereich arbeitet deshalb zunächst mit einer 1 %-igen Dieselkraftstoffkontamination.

Als Modellöl dient einerseits ein realer Dieselkraftstoff und andererseits ein synthetisches Gemisch von 8 ausgewählten Ölkomponenten, welche die wichtigsten Ölinhaltsstoffe proportional repräsentieren. Letzteres Gemisch bietet Vorteile bei der detailierten Beobachtung des Einzelstoffabbaues und der analytischen Erfassung der Abbauprodukte. Für einige Projekte ist die Untersuchung der problematischen Spurenstoffe im Öl von besonderem Interesse, so daß diese verstärkt mit Schmieröl arbeiten werden.

Real kontaminierte Böden wurden schon zu Beginn der Forschungsarbeiten von Projekten eingesetzt, deren Inhalt die Inhomogenitäten des Bodenaufbaus und das Aufbrechen von Bindungen der Schadstoffe an die Bodenpartikeln sind (Mechanische Verfahren). Für die Untersuchung der Adaption der Mikroflora in kontaminierten Standorten ist ebenfalls die Verwendung real kontaminierten Bodens notwendig. In dieser Antragsphase wird verstärkt mit PAK und z.T. chlorierten Kohlenwasserstoffen als Bodenkontaminationen gearbeitet.

THEORETISCHE UND METHODISCHE ZUSAMMENHÄNGE

Die Projektbereiche A und B bilden den Kern des Sonderforschungsbereiches. Hier werden die Grundlagen für die verschiedenen Reinigungsverfahren erarbeitet.

Im Bereich A wird durch das Teilprojekt A5 mit Mitteln der mechanischen Verfahrenstechnik versucht, eine Auftrennung kontaminierten Bodens in eine stark verschmutzte und eine nicht oder doch wesentlich weniger verschmutzte Fraktion zu erreichen, wobei eine möglichst weitgehende Abtrennung von Feinststoffen erreicht werden soll.

Im Teilprojekt A1 wird versucht, mit überkritischem Wasser (hoher Druck und hohe Temperatur) eine hochkonzentrierte organische Verunreinigung einerseits aus dem Boden herauszulösen und andererseits soweit zu spalten, daß nachgeschaltet ein biologischer Abbau stattfinden kann. Dieser biologische Abbau wird in den Teilprojekten A4 und A6 (in der ersten Antragsphase A2) untersucht. Es werden maßgeschneiderte Bioreaktoren mit synthetischen Membranen (A4) weiterentwickelt und die Abbaudynamik verschiedener Bakterienkulturen erforscht (A6). Im neuen Teilprojekt A3 steht die Entwicklung eines Sprühreaktors zur Ozonisierung organischer Substanzen in wäßrigen Lösungen, die aus der Bodenwäsche (A5) bzw. aus der Behandlung von kontaminierten Böden mit überkritischem Wasser (A1) stammen, im Mittelpunkt der Untersuchungen.
Die direkte biologische Bodenreinigung wird im Projektbereich B untersucht. Das Teilprojekt B3 setzt Bodenbioreatoren (statisch und dynamisch) unter verschiedenen Bedingungen (aerob und anaerob) ein, um einen kontrollierten und beschleunigten Abbau der Schadstoffe zu erreichen. Spezialisierte Mikroorganismen werden im Rahmen des Teilprojektes B1 gezüchtet und die analytische Begleitung der Abbauprozesse wird im Teilprojekt B4 durchgeführt. Im neuen Teilprojekt B5 soll der Einfluß der Bodenmatrix auf die Aktivität von Organismenstämmen untersucht und mit deren Abbauleistungen in der Flüssigphase verglichen werden.

Die Teilprojekte des Bereiches C verfolgen das Ziel, Entscheidungskriterien für Verfahren zu entwerfen, Ergebnisse der Verfahren zu bewerten und Möglichkeiten und Grenzen der Bodenreinigungsverfahren abzuleiten. Das Teilprojekt C1 untersucht die Intensität der

Giftwirkung im Ausgangsmaterial und bewertet den Erfolg nach Durchführung eines Sanierungsverfahrens mit Hilfe von Biotests. Im Teilprojekt C3 soll die Art und Intensität der Bindung sowie das Diffusionsverhalten organischer Stoffe an Böden und deren Bestandteilen erforscht werden. Die Verfahren der Bodensanierung müssen in die unterschiedlichen Ebenen der Raum- und Umweltplanung integriert werden. Das Teilprojekt C6 orientiert sich an den Methoden und Erfordernissen der Umweltverträglichkeitsprüfung und entwirft mittels Techniken des "Computer Aided Environmental Planing" Regelabläufe zum Umgang mit kontaminierten Böden und zur Bewertung von verschiedenen Sanierungsverfahren.
Die im Bereich D zusammengefaßten Projekte stellen das komplexe System Boden ins Zentrum ihrer Betrachtungen. Ausgehend von der bodenchemischen (D1) und bodenphysikalischen (D2) Charakterisierung werden Auswirkungen der Verunreinigung durch Öl und Effekte der Bodenreinigungsverfahren auf Bodeneigenschaften verfolgt. Für die Identifikation der Bodenverunreinigung ist eine spezialisierte Analytik erforderlich. Es wird eine schnelle und mobile Vor-Ort-Analytik mit GC-MS (D4) und eine hochentwikkelte Spezialanalytik im Spurenbereich (D5) eingesetzt. Neu ist das Projekt D6, in dem die möglicherweise in der Humusmatrix inkorporierten Schadstoffe (bound residues) bestimmt werden sollen.

SCHLUßBEMERKUNG

Die entwickelten Verfahren und Methoden werden in dieser Antragsphase des SFB von der Modellkontamination Mineralöl auf andere Kontaminationsstoffe erweitert werden.

Die Förderung des Sonderforschungsbereiches durch die DFG betrug zunächst drei Jahre bis Dezember 1991 und ist um weitere 3 Jahre verlängert worden. Eine Verlängerung zur Fortführung der Arbeiten des SFB bis zu 9 bzw. 12 Jahren ist möglich.

Im Rahmen des SFB werden Seminare und Veranstaltungen durchgeführt, die dem Erfahrungs- und Wissensaustausch dienen. Dabei kommt, neben der Kooperation innerhalb des SFB, dem Kontakt mit Forschenden und Firmen außerhalb des SFB große Bedeutung zu.

Referentenverzeichnis

Prof. Dr.-Ing. R. Stegmann	Technische Universität Hamburg-Harburg Arbeitsbereich Abfallwirtschaft und Stadttechnik Harburger Schloßstr. 37 2100 Hamburg 90 Tel.: 040/7718-3054
Senator Dr. F. Vahrenholt	Umweltbehörde der Freien und Hansestadt Hamburg Steindamm 22 2000 Hamburg 1
Prof. Dr. G. Miehlich Prof. Dr. H. Wiechmann	Universität Hamburg Institut für Bodenkunde Allende-Platz 2 2000 Hamburg 13 Tel.: 040/4123-2017 u. 4194
Prof. Dr.-Ing. G. Matz	Technische Universität Hamburg-Harburg Arbeitsbereich Meßtechnik Harburger Schloßstr. 20 2100 Hamburg 90 Tel.: 040/7718-3113
Prof. Dr.Dr. H. Steinhart	Universität Hamburg Institut für Biochemie und Lebensmittelchemie Grindelallee 117 2000 Hamburg 13 Tel.: 040/4123-4356
Dr. W. Michaelis	Universität Hamburg Institut für Biogeochemie und Meereschemie Bundesstr. 55 2000 Hamburg 13 Tel.: 040/4123-5001
Prof. Dr.-Ing. R. Müller	Technische Universität Hamburg-Harburg Arbeitsbereich Biotechnologie II Denickestr. 15 2100 Hamburg 90 Tel.: 040/7718-3118

Dr. M. Kästner	Technische Universität Hamburg-Harburg Arbeitsbereich Biotechnologie II Denickestr. 15 2100 Hamburg 90 Tel.: 040/7718-2890
Dipl.-Ing. K. Hupe	Technische Universität Hamburg-Harburg Arbeitsbereich Abfallwirtschaft und Stadttechnik Harburger Schloßstr. 37 2100 Hamburg 90 Tel.: 040/7718-2438
Dr. V. Schulz-Berendt	Umweltschutz Nord Industriepark 6 2875 Ganderkesee 1 Tel.: 04222/47132
Dr. M. Zarth	Umweltbehörde der Freien und Hansestadt Hamburg Amt für Umweltschutz Fachamt Altlastensanierung Amelungstr. 3 2000 Hamburg 36 Tel.: 040/2486-11
Dipl.-Ing. M. Wilichowski	Technische Universität Hamburg-Harburg Arbeitsbereich Verfahrenstechnik I Denickestr. 15 2100 Hamburg 90 Tel.: 040/7718-2847
Dipl.-Ing. M. Kniebusch	Technische Universität Hamburg-Harburg Arbeitsbereich Gewässerreinigungstechnik Eißendorfer Str. 42 2100 Hamburg 90 Tel.: 040/7118-2982
Dipl.-Ing. F. Lorenz	Norddeutsches Altlastensanierungs- Centrum GmbH & Co.KG (NORDAC) Oberwerder Damm 1-5 2000 Hamburg 26 Tel.: 040/78 91 78-0

Dr.-Ing. W. Calmano	Technische Universität Hamburg-Harburg Arbeitsbereich Umweltschutztechnik Eißendorfer Str. 40 2100 Hamburg 90 Tel.: 040/7718-3108
Dipl.-Ing. P.C. Relotius	IMS -Ingenieurgesellschaft mbH Stadtdeich 5 2000 Hamburg 1 Tel.: 040/32 81 80
Prof. Dr. W. Francke	Universität Hamburg Institut für Organische Chemie Martin-Luther-King-Platz 6 2000 Hamburg 13 Tel.: 040/4123-2866
Dipl.-Biol. J. Gunkel	Technische Universität Hamburg-Harburg Arbeitsbereich Umweltschutztechnik Eißendorfer Str. 40 2100 Hamburg 90 Tel.: 040/7718-2862
Dipl.-Ing. J. Schwarz	Technische Universität Hamburg-Harburg Arbeitsbereich Städtebau III Kasernenstr. 10 2100 Hamburg 90 Tel.: 040/7718-2749
F. Froeschle	Bundesministerium für Umwelt Naturschutz, Reaktorsicherheit Postfach 12 06 29 5300 Bonn 1 Tel.: 0228/305-3412
Dr. G. Albert	Planungsgruppe Ökologie und Umwelt Kronenstr. 14 3000 Hannover 1 Tel.: 0511/31 32 12
Prof. Dr.-Ing. H. Hoins	IHP - Ingenieurbüro Prof.Dr. Hoins + Partner GmbH Schölischer Str. 52 2160 Stade Tel.: 04141/4 40 61

Dipl.-Ing. K. Marg

Umweltbehörde der Freien
und Hansestadt Hamburg
Amt für Umweltschutz
Fachamt Altlastensanierung
Amelungstr. 3
2000 Hamburg 36
Tel.: 040/2486-3553

Dr. R. Wienberg

Büro und Labor Dr. R.Wienberg
Gotenstr. 4
2000 Hamburg 1

Dr. I. Wollenburg

Energiesysteme Nord GmbH
Walkerdamm 17
2300 Kiel 1
Tel.: 0431/14327